马铃薯间、套、轮作

方玉川　张万萍　白小东　冯怀章　吴焕章　主编

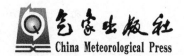

气象出版社
China Meteorological Press

内 容 简 介

在全国范围内,不同的播季和播期中,在一定条件下,实施马铃薯与其他作物的间作、套种和轮作,是实现多熟种植的有效方式,具有显著的经济效益和生态效益。全书由绪论和五章组成。绪论对中国马铃薯的生产概况、种质资源、种植区划以及马铃薯种植方式和间、套、轮作的意义进行了概述。第一章到第三章分别是马铃薯与粮食作物、经济作物、蔬菜作物的间套作,按照南方和北方,一熟制地区、二熟制地区和多熟制地区等不同地区,以玉米、棉花、向日葵、白菜、甘蓝、西瓜等作物为例进行了详细论述。第四章是果树间作马铃薯,分别对新疆绿洲果树间作马铃薯、北方果树间作马铃薯、南方果树间作马铃薯的栽培技术进行了阐述。第五章是马铃薯轮作,分别对一熟制地区马铃薯的年际轮作、多熟制地区马铃薯的年内轮作作了具体介绍。本书可供农业科研人员和马铃薯种植农户参考。

图书在版编目(CIP)数据

马铃薯间、套、轮作 / 方玉川等主编. — 北京：
气象出版社，2019.3
ISBN 978-7-5029-6936-3

Ⅰ.①马… Ⅱ.①方… Ⅲ.①马铃薯-间作②马铃薯
-套作③马铃薯-轮作 Ⅳ.①S532

中国版本图书馆 CIP 数据核字(2019)第 035714 号

Malingshu Jian、Tao、Lunzuo
马铃薯间、套、轮作
方玉川 张万萍 白小东 冯怀章 吴焕章 主编

出版发行：气象出版社

地　　址：北京市海淀区中关村南大街 46 号 　　　**邮政编码**：100081
电　　话：010-68407112(总编室)　010-68408042(发行部)
网　　址：http://www.qxcbs.com 　　　**E-mail**：qxcbs@cma.gov.cn
责任编辑：王元庆 　　　　　　　　　　　　　**终　审**：张　斌
责任校对：王丽梅 　　　　　　　　　　　　　**责任技编**：赵相宁
封面设计：博雅思
印　　刷：北京中石油彩色印刷有限责任公司
开　　本：787 mm×1092 mm　1/16 　　　　　　**印　张**：18
字　　数：460 千字
版　　次：2019 年 3 月第 1 版 　　　　　　　　　**印　次**：2019 年 3 月第 1 次印刷
定　　价：68.00 元

本书如存在文字不清、漏印以及缺页、倒页、脱页等，请与本社发行部联系调换。

编委会

冯　钰（山西省农业科学院高寒区作物研究所）

高青青（榆林市农业科学研究院）

郭　芳（山西省农业科学院高寒区作物研究所）

李　媛（延安市农业科学研究所）

李江涛（新疆农业科学院综合试验场）

李亚军（延安市子长县薯业局）

李增伟（榆林市农业科学研究院）

刘　飞（山西省农业科学院高寒区作物研究所）

刘延军（延安市农业科学研究所）

毛向红（山西省农业科学院高寒区作物研究所）

沈洪飞（新疆农业科学院综合试验场）

汪　奎（榆林市农业科学研究院）

王毛毛（榆林市农业科学研究院）

吴　燕（新疆农业科学院综合试验场）

杨茹薇（新疆农业科学院综合试验场）

杨小琴（榆林市农业科学研究院）

杨雪莲（贵州大学）

岳新丽（山西省农业科学院高寒区作物研究所）

张　圆（榆林市农业科学研究院）

张晓静（郑州市蔬菜研究所）

周　军（延安市农业科学研究所）

朱智慧（山西省农业科学院高寒区作物研究所）

前　　言

马铃薯是粮、菜、饲、加工兼用型作物,已成为世界上继水稻、小麦和玉米之后的第四大粮食作物。马铃薯在中国各个生态区域都有广泛种植,尤其发展成为西部贫困地区和边远地区的重要支柱产业。目前,中国是世界马铃薯生产第一大国,2016 年种植面积 8439.0 万亩[①],总产量 9739.5 万吨(鲜薯),分别占到世界总面积和产量的 1/4 左右。发展马铃薯产业对于实施乡村振兴战略、保障国家粮食安全、促进农村产业融合和农民持续增收意义重大。

马铃薯具有耐旱、耐寒、耐瘠薄的特点,适应范围广,增产空间大,是新一轮种植结构调整特别是“镰刀弯”地区玉米结构调整理想的替代作物之一。为此,农业部提出,把马铃薯作为主粮、纳入种植结构调整的重点作物,扩大种植面积,推进产业开发,延长产业链,打造价值链,促进一二三产业融合发展,助力种植业转型升级。

马铃薯用水用肥较少,水分利用效率高于小麦、玉米等大宗粮食作物,在同等条件下,单位面积蛋白质产量分别是小麦的 2 倍、水稻的 1.3 倍、玉米的 1.2 倍。而且马铃薯生育期伸缩性大、植株较矮、根系分布广度较小,是多种农作物的理想间套作物。马铃薯与玉米间套作是国内最常见的一种间套作模式,从北到南均有分布,特别在西南地区栽培面积最大,是当地马铃薯栽培最主要的模式之一。同时,马铃薯还与燕麦、大豆、芸豆、蚕豆、棉花、向日葵、白菜、甘蓝、萝卜、西瓜、中药材、牧草、绿肥、甘蔗、核桃、枣树、柑橘、桑树、苹果、梨、花椒等多种作物间套作,充分利用了栽培区域的土地资源和光热资源,提高了农民经济收入。马铃薯生产中施肥种类多而全、各类营养元素搭配均匀,有效改善了土壤理化性状;同时马铃薯是根茎类作物,要进行中耕除草和培土,且收获时需深挖土地,土壤结构疏松。所以,马铃薯是玉米、小麦、水稻、大豆、油菜、棉花等主要粮食、经济作物的良好前茬,在作物轮作制度中有极其重要的地位。

马铃薯间、套、轮作方式多样,中国从南到北因地域、气候差异,马铃薯间作套种搭配种植的作物种类繁多,模式多种多样,增收典型层出不穷。本书的编撰,有利于总结出新时代下不同地域、不同熟制、不同用途的马铃薯间、套、轮作新模式,加快马铃薯新品种、新技术的推广应用步伐,从而促进区域农业增效和农民增收。因此,撰写该书是作者们的共识。

本书由榆林市农业科学研究院、贵州大学、山西省农业科学院高寒区作物研究所、新疆农业科学院综合试验场、郑州市蔬菜研究所、新疆农业科学院经济作物研究所、安顺市农业科学院、延安市农业科学研究所等单位科研人员共同完成。

全书共由绪论和五章组成。绪论对中国马铃薯的生产概况、种质资源、种植区划以及马铃薯种植方式和间、套、轮作的意义进行了概述。第一章到第三章分别是马铃薯与粮食作物、经济作物、蔬菜作物的间套作,按照南方和北方,一熟制地区、二熟制地区和多熟制地区等不同地

---

① 　1 亩≈666.7 m²,下同。

区,以玉米、棉花、向日葵、白菜、甘蓝、西瓜等作物为例进行了详细论述。第四章是果树间作马铃薯,分别对新疆绿洲果树间作马铃薯、北方果树间作马铃薯、南方果树间作马铃薯的栽培技术进行了阐述。第五章是马铃薯轮作,分别对一熟制地区马铃薯的年际轮作、多熟制地区马铃薯的年内轮作进行了阐述。

在本书的编写过程中,承蒙中国农业科学院作物科学研究所曹广才研究员为此书策划以及统稿,付出了很多时间和精力;本书的出版得力于气象出版社的鼎力相助,在此表示真诚的感谢。

本书的出版,得到了国家马铃薯产业技术体系(CARS-09)、国家食用豆产业技术体系(CARS-08)、国家特色油料产业技术体系(CARS-14)、陕西省农业协同创新与推广联盟重大科技项目(LMZD201705)、陕西省科技统筹创新工程计划项目(2016TZC-N-14-2)、陕西省科技重点产业创新链项目(2018ZDCXL-NY-03-01)、延安市科技成果转化项目(2016CGZH-03-01)、山西省农业科学院院市县共建项目(2018YSXGJ-01)、山西省农业科学院科技自主创新能力提升工程(2017ZZCX-05)、新疆维吾尔自治区星火计划项目(20140731862)、新疆维吾尔自治区农业科技推广与服务项目的资助。

本书可供农业管理部门、农业院校、科研单位以及马铃薯种植、加工、生产等领域的人员参考。

限于作者水平,书中错误和不妥之处,敬请同行专家和读者批评指正。

方玉川

2018 年 6 月于陕西榆林

目　　录

作者分工

绪　　论

一、中国马铃薯生产概况

马铃薯是一种分布广、相对集中、具备多功能用途的农作物和工业原料,有着丰富、全面、平衡的营养价值,低脂肪、低热量的双重优点,是符合现代饮食理念的理想食物来源,被称为21世纪最有发展前景的作物之一。目前,马铃薯在中国被广泛种植,已成为继小麦、水稻和玉米之后的第四大粮食作物,且可作蔬菜、饲料等,在保障国家粮食安全、增加农民收入、带动地方经济发展等领域发挥着越来越重要的作用。

(一)中国马铃薯产业发展现状

据2017年《中国农业年鉴》统计,2016年,中国马铃薯种植面积8439.0万亩,鲜薯产量9739.5万t,平均单产1154.1 kg/亩(详见表0-1,因山东、河南两省将马铃薯作为蔬菜作物统计,不计入粮食作物面积与产量,所以中国马铃薯实际的种植面积与产量比表0-1中数据要大)。从表0-1中可以看出,2016年种植面积排名前10的省(区、市)分别为四川、贵州、甘肃、云南、内蒙古、重庆、陕西、湖北、黑龙江和山西,其中四川省、贵州省和甘肃省年种植面积超过1000万亩,云南省和内蒙古自治区年种植面积超过800万亩,重庆市年种植面积超过500万亩。总产量排名前10的省(区、市)分别为四川、贵州、甘肃、云南、内蒙古、重庆、黑龙江、湖北、陕西和河北,其中四川省、贵州省和甘肃省年总产量超过1000万t,云南省和内蒙古自治区年总产量超过800万t,重庆市和黑龙江省年总产量超过500万t。平均单产排名前10的省(区、市)分别为吉林、西藏、新疆、辽宁、江西、浙江、广东、黑龙江、湖南和福建,其中吉林省和西藏自治区平均单产达到2000 kg/亩以上,新疆维吾尔自治区、辽宁省、江西省、浙江省、广东省和黑龙江省平均单产达到1500 kg/亩以上。

表0-1　2016年全国各地马铃薯播种面积、产量和单产(方玉川整理)

地区	播种面积(万亩)	产量(万t)	单产(kg/亩)
河北	272.0	297.5	1094.0
山西	274.2	208.5	760.4
内蒙古	818.6	835.0	1020.1
辽宁	112.2	214.0	1907.3
吉林	110.7	250.0	2258.4
黑龙江	323.7	502.0	1550.8
浙江	106.4	182.5	1716.0

地区	播种面积(万亩)	总产量(万 t)	单产(kg/亩)
安徽	10.4	9.0	869.6
福建	126.3	171.5	1357.9
江西	22.1	42.0	1904.8
湖北	377.3	379.5	1006.0
湖南	122.4	171.5	1401.1
广东	69.9	111.0	1588.0
广西	98.4	127.5	1295.7
重庆	557.7	646.5	1159.2
四川	1210.5	1611.5	1331.3
贵州	1097.6	1167.0	1063.3
云南	836.7	862.0	1030.2
西藏	1.5	3.0	2000.0
陕西	443.9	373.5	841.5
甘肃	1010.9	1130.5	1118.4
青海	139.7	181.5	1299.7
宁夏	253.4	177.0	698.6
新疆	43.1	85.5	1986.1
全国总计	8439.0	9739.5	1154.1

注:表中数据来自《中国农业年鉴(2017)》;马铃薯产量为鲜薯产量。

(二)一些省、区马铃薯产业发展现状

1. **贵州省马铃薯产业发展现状** 贵州省是中国马铃薯主产区之一。据黄俊明(2017)介绍,2005 年以来,贵州省将马铃薯产业作为确保粮食安全、促进农民增收和助推精准脱贫的重要产业来抓,2008 年省委一号文件专门对发展马铃薯产业作出部署,省政府出台《关于马铃薯产业发展的意见》,推动了马铃薯产业的快速发展。2016 年,贵州省马铃薯种植面积 1097.55 万亩,鲜薯产量 1166.75 万 t,平均产量 1063 kg/亩,分别较 2005 年的 862.05 万亩、738 万 t、855 kg/亩增加 27.3%、58.1%、24.3%。种植面积和总产量均居全国第二位,马铃薯生产大省地位基本形成。品种选育成效显著,近几年,有 31 个新品种通过贵州省审定;脱毒种薯得到大面积应用,据 2016 年行业统计,贵州全省马铃薯脱毒种薯普及率达到 61.17%。现有马铃薯加工企业 25 家,其中淀粉加工企业 1 家,薯片、薯条加工企业 5 家,马铃薯米粉加工企业 6 家,马铃薯面条加工企业 10 家,马铃薯馒头加工企业 3 家。

2. **陕西省马铃薯产业发展现状** 近年来,陕西省抓住国家马铃薯主食产品开发战略这一重要机遇,大力发展马铃薯产业,"小土豆"已成为富民强省的"大产业"。据方玉川等(2017)介绍,陕西省马铃薯主要分布在陕北和陕南地区,2016 年,陕西省马铃薯种植面积为 567.0 万亩,总产量 554.3 万 t,平均单产达 977.7 kg/亩(陕西省农业厅统计数字)。其中陕北地区马铃薯种植面积 346.5 万亩,总产量 329.3 万 t,总产值 44.7 亿元;陕南地区马铃薯种植面积 202.5 万亩,总产量 200.1 万 t,总产值 28.7 亿元。2016 年,陕北马铃薯第一大县为定边县,种植面积 94.5 万亩,总产量 12.46 万 t(折粮),分别占到当地粮食作物面积和产量的 56.81% 和 40.15%。陕南马铃薯第一大县为紫阳县,播种面积 22.5 万亩,总产量 3.59 万 t(折粮),分别占到当地农作物总面积和粮食总产量的 33.08% 和 32.23%。

3. 山西省马铃薯产业发展现状 山西省地处国家燕山—太行山、吕梁山两大集中连片贫困区,马铃薯具有抗旱、耐瘠薄、高产和营养丰富等特点,全省 2 个片区 58 个贫困县中有 10 多个县将马铃薯作为主要脱贫产业。据白小东等(2017)介绍,2016 年山西省马铃薯播种面积 274.2 万亩,鲜薯总产量 208.4 万 t,平均产量 760 kg/亩。当前,山西省马铃薯生产中应用 20 多个品种,尤其是晋薯 16 号、大同里外黄、晋薯 24 号、冀张薯 8 号、青薯 9 号等近年新审定、新引入的品种种植面积占到总播种面积的 60% 左右。山西省有马铃薯淀粉、全粉、薯条和薯片等加工企业 12 个,年消耗马铃薯鲜薯约 35.84 万 t,各类产品 14.37 万 t。

4. 河南省马铃薯产业发展现状 河南省地处中原,是全国的农业大省,马铃薯生产市场具有南北互补、承东启西的区位优势。据吴焕章等(2016)介绍,2015 年,河南省马铃薯种植面积 93.0 万亩,总产量 183.6 万 t,平均单产 1974 kg/亩。马铃薯种植主要是鲜食品种,2015 年种植面积较大的品种为费乌瑞它、郑薯 6 号、郑薯 5 号,约占总种植面积的 50%;其次为中薯 3 号、洛马铃薯 8 号、早大白、郑薯 7 号、郑商薯 10 号、中薯 5 号、中薯 8 号等,约占总种植面积的 50%。种植模式大部分为地膜覆盖,约占总种植面积的 65%;其次为露地栽培,约占总种植面积的 30%;再次为双膜覆盖早熟栽培,约占总种植面积的 5%。马铃薯主产区大部分为马铃薯与粮、菜、瓜等多种形式的间作套种,约占 70% 以上,一小部分为单作。

5. 新疆维吾尔自治区马铃薯产业发展现状 马铃薯耐旱、耐瘠薄、高产稳产,是新疆贫困地区脱贫致富的重要农作物之一。据古丽米拉等(2016)介绍,新疆马铃薯种植主要分布在沿阿勒泰山、昆仑山及天山南北坡,面积 52.5 万亩左右,约占全疆农作物种植面积比例不足 1%,总产量 86 万~137 万 t,单产在全国排名前列。新疆有很多的传统马铃薯特色菜肴,如新疆大盘鸡、哈萨克土豆条、酸辣土豆丝等;全疆人均每年消耗马铃薯 20 kg 左右,即每年消耗菜用马铃薯约 40 万 t,新疆马铃薯鲜食市场需求量较大。近年来,在新疆伊犁、阿勒泰、昌吉、塔城、博州、乌鲁木齐等地入驻马铃薯加工企业 10 多家,但当地商品薯生产难以满足加工需求,大部分淀粉加工企业处于停工待料状态。

(三)国家马铃薯主食化发展趋势

与小麦、玉米、水稻相比,马铃薯全粉储藏时间更长,在常温下可贮存 15 年以上,一些国家把马铃薯全粉列为战略储备粮。许多专家认为,随着全球人口的快速增加,"在未来世界出现粮食危机时,只有马铃薯可以拯救人类"。世界上有很多国家将马铃薯当作主粮,比如欧洲国家人均年消费量稳定在 50~60 kg,俄罗斯人均消费量达到 170 多 kg。当前中国只有少数地区将马铃薯当主粮,更多的将马铃薯作为配菜来食用。

2015 年,国家农业部实施了马铃薯主粮化发展战略,推进把马铃薯加工成馒头、面条、米粉等主食,马铃薯成为稻米、小麦、玉米外又一主粮。2016 年,农业部又专门出台了《推进马铃薯产业开发的指导意见》(农发〔2016〕1 号),明确指出要"实施新形势下国家粮食安全战略""加快马铃薯主粮产品的产业开发,选育一批适宜主食加工的品种,建设一批优质原料生产基地,打造一批主食加工龙头企业,培养消费者吃马铃薯的习惯,推进马铃薯由副食消费向主食消费转变,由原料产品向加工制成品转变,由温饱消费向营养健康消费转变"。

目前,具有鲜明中国特色的马铃薯系列主食产品,如马铃薯馒头(含全粉 40%)、马铃薯面条(含全粉 35％)、马铃薯米粉(含全粉 15％)以及一些适宜户外活动携带的速食食品等已经开发成功并进入市场,这为马铃薯主食化战略的全面推进开了好头并奠定了坚实的基础。为了扎实推进马铃薯主食化战略,王芳等(2016)认为,一是做好引导和宣传工作,使饮食与消费在观念和理念上得到更新。中国社会经济发展正在由温饱型向小康型过渡,吃得好、吃得健康和吃得营养应当成为主题,而学习和借鉴西餐文化和方式,淡化主副食边界很有必要,马铃薯含有人体必需的碳水化合物、蛋白质、维生素以及膳食纤维等全部 7 大类营养物质,赖氨酸含量远高于水稻和小麦,还有谷物中没有的胡萝卜素等。所以,除现在正在大力推进的现代工艺技术下米面薯结合的马铃薯主食品种,还应当考虑和鼓励结合地域饮食文化与习惯的各种马铃薯消费形式。通过促进马铃薯的各种消费拉动马铃薯的供给,从而推动种植业尤其是粮食作物结构的战略性调整,最终达到实施马铃薯主食化的战略目标。二是在生产和种植上,强调因地制宜、因势利导地发展粮食生产。在充分考虑环境与资源约束的条件下,突出科学种田和科学生产,包括采取轮作、套作、间作以及冬闲田利用等农业技术措施,提高土地利用率和复种指数,在粮食供给上狠下功夫,不仅要提高粮食的数量安全水平,更要提高粮食的质量安全水平,以满足人们日益增长的消费需求。还要努力根据市场与加工的需求,生产和种植更多的专用型马铃薯品种,使生产、加工和消费形成科学、合理的循环链。三是要在加工环节上寻求技术的新突破,不仅要使产品更加丰富、更加新颖、更加多元,而且要使之更加便捷、更加廉价。首先要通过加工,保持马铃薯的一些传统消费习惯,或菜用或作主食。其次是通过加工,开发出新的主食品种,如与谷物结合的馒头、面条、饺子等。四是通过精深加工,提取马铃薯营养精华,制成营养保健或方便食品等,使马铃薯的价值得到充分利用。

二、中国马铃薯种质资源

(一)马铃薯的分类地位及其野生近缘种

马铃薯(*Solanum tuberosum* L.)别名很多,《中国植物志》中,阳芋是其正名。各地别名很多,如洋芋、土豆、山药蛋等,是茄科(Solanaceae)茄属(*Solanum*)一年生草本植物。

吕文河等(2010)提出,马铃薯有着丰富的二级基因库(Secondary gene pool),如何客观地定义马铃薯种,它们在分类学的地位,明确各个种之间的相互关系,对马铃薯种质资源改良和育种工作非常重要。现在人们广为接受的马铃薯分类系统是 Hawkes 1990 年提出的。他将马铃薯及其野生种划到茄属(genus the *Solanum* L.)马铃薯组(sect. *Petota* Dumort.),该组又分成 21 个系,其中结块茎的系 19 个,包含在两个大系 *Stellata* Hawkes 和 *Rotata* Hawkes 中,不结块茎的系 2 个。这 21 个系共有 227 个结块茎的种(包括 7 个栽培种和 9 个不结块茎的种)。数据表明,Hawkes 的分类系统过细。2009 年 Spooner 等认为,Petota 组应重新划分为 3 个进化枝,其中含有 110 个结块茎的种,至于栽培种,2007 年 Spooner 等认为,可以重新划分成 4 个种:*S. tuberosum*(其中含有 2 个品种类群,Andigenum 和 Chilotanum),*S. ajanhuiri* (二倍体),*S. juzepczukii*(三倍体),*S. curtilobum*(五倍体)。

(二)栽培种的起源与进化

1. 栽培种的起源　据科学家考证,马铃薯栽培种主要分布在南美洲哥伦比亚、秘鲁、玻利维亚的安第斯山山区及乌拉圭等地,栽培种有 20 多个。马铃薯有两个起源中心,其起源中心以秘鲁和玻利维亚交界处的 Titicaca 湖盆地为中心地区。这里发现了所有的原始栽培种,其

中 *Solannum stenotomum* 的二倍体栽培种密度最大，该种被认为是所有栽培种的祖先。野生种约 150 个，大多数也在这里发现。另一个起源中心则是中美洲及墨西哥，那里分布着具有系列倍性的野生多倍体种，即 $2n=24$、$2n=36$、$2n=48$、$2n=60$ 和 $2n=72$ 等种。到 20 世纪 80 年代，科学家们仍在继续发现新的野生种，因而对马铃薯种的数量还不能做定论。

马铃薯栽培种起源之争有单一源头和多源头两种观点。单一源头论认为，种植马铃薯起源于秘鲁南部或玻利维亚北部两地之一；而多源头论认为，不同品种种植的马铃薯可能从秘鲁、玻利维亚、阿根廷等多处起源。最激烈的争论集中表现在秘鲁和智利对马铃薯起源的争论。智利的农业部称，世界上 99% 的马铃薯都是起源于智利；秘鲁方面则强烈反对，理由是，马铃薯起源于安第斯山脉和 Titicaca 湖附近，今天这个区域大部分位于秘鲁境内，而且秘鲁土地上有 3000 多个马铃薯品种。

直到 2005 年 10 月，美国农业部的植物分类学家大卫·斯普纳等人利用 DNA 技术，证明世界上种植的马铃薯品种，都可以追溯到秘鲁南部的一种野生祖先，从而为种植马铃薯起源的争议画上句号。研究成果发表在 2005 年 10 月美国《全国科学院学报》上。斯普纳说，部分科学家之所以认为马铃薯有多个起源，可能是因为较早种植马铃薯的地域比较广阔，也可能因为有多个野生植物品种形态上与马铃薯较接近，但基因证据清楚地指明了种植马铃薯的单一起源。

2. 栽培种的进化　谷茂等（2000）提出，马铃薯栽培种是在人类干预下由野生种进化而来的。其过程和机制从某种程度上看还不是十分清楚，有待于科学的进一步发展予以阐明。在长期的进化中，马铃薯栽培种保持了祖先的远系繁殖、自交不亲和或近交衰退的习性，始终以杂合的基因型适应自然或人类的选择。这种变异与选择还将不断地进行下去。遗传基础的高度杂合或曰异质性是推动马铃薯栽培种进化的内在动力。近万年来气候与生态环境的变化是其进化的必要外在条件。马铃薯栽培种的无性繁殖保持了其异质性和杂种优势。冷凉的生态条件能有效地减缓因无性繁殖而导致的病毒积累和危害问题，从而保证栽培种无性系在相对稳定的农业生态环境中自由高效地繁衍生存。马铃薯栽培种起源与进化的这些基本情况和基本原理，对今天的马铃薯育种和栽培的科学实践有重要指导意义。

（三）中国马铃薯种质资源的现状和利用

1. 中国马铃薯种质资源现状　据估计，目前中国共保存了 4000 多份种质资源，其中国家种质克山试管苗库现保存各类种质资源 2200 余份，中国农业科学院蔬菜花卉研究所保存 2000 余份（详见表 0-2）。保存的材料包括：国内育成和国外引进的品种及优良无性系、2n 配子材料、新型栽培种、优良加工亲本材料、野生种和近缘栽培种材料、优良孤雌生殖诱导者、双单倍体与野生种杂种、耐旱高淀粉材料等。

表 0-2　中国农业科学院蔬菜花卉研究所资源库保存的马铃薯种质资源（汪奎，2017）

类别	份数
国外品种/系	346
CIP 资源	292
国内品种	384
二倍体/野生种	430
优良品系	720
地方品种	56

* 引自 2015 年全国马铃薯区试培训会议资料。

2. 种质资源的研究和利用

(1)马铃薯种质资源的主要性状鉴定 刘喜才等(2007)针对育种和生产最为重要的主要农艺、抗病性、抗逆性和品质性状,对1100余份马铃薯种质资源进行了初步的特性鉴定,对部分材料还进行了多点种植综合评价。初步鉴定出一批综合性状优良或单一性状突出的材料,已提供育种利用。其中早熟的种质90份;高产的种质260份;高淀粉含量的43份;高维生素C的8份;低还原糖的32份;食味优良的56份;抗晚疫病的152份;抗癌肿病的39份;抗疮痂病的9份;抗环腐病的29份;抗青枯病的14份;抗黑胫病的7份;抗PVX的33份;抗PVY的79份;抗PLRV的26份;抗PVA的25份;抗二十八星瓢虫的1份;耐寒的5份;耐旱的20份;耐涝的6份。

(2)马铃薯种质资源的研究利用 马铃薯普通栽培种经不断的传播和适应性选择,形成了大量的适应不同生态条件和不同用途的栽培品种,具有抗晚疫病、抗疮痂病、抗马铃薯病毒病、高淀粉、高蛋白、低还原糖、适应性广、薯型好等多种经济特性和形态学特征,是育种的主要亲本资源,也是种间杂交中改良其他种不良性状的主要回交亲本。多子白、卡它丁、疫不加、米拉、白头翁、小叶子是中国马铃薯育种中最常用的亲本材料,用这些亲本育成了80多个品种,几十年来,创造了几百份具有不同特性的优良亲本材料。据不完全统计,利用上述种质资源,国内育种单位已选育推广了包括东农、克新、中薯、春薯、延薯、冀张薯、青薯、陇薯、内薯、晋薯、鄂薯、宁薯、郑薯、云薯等系列优良品种200多个,同时创造了几百份具有不同特性的优良品系。

为了克服普通栽培种基因狭窄问题,近年来各育种单位开始将马铃薯野生种和原始栽培种用于品种改良中,并取得较好的效果。安第斯亚种遗传变异类型多,含有多种抗原(如抗癌肿病、黑胫病、病毒病等);有高淀粉、高蛋白质和低还原糖含量等优良基因。在广泛收集安第斯亚种的基础上,在长日照条件下,通过多于6周期的轮回选择,获得了适应长日照条件、经济性状和特性近似于普通栽培种、遗传基础更丰富、变异更广泛的新型栽培种(Neo-tuberosum)。20世纪70年代通过轮回选择方法对引进的经初步改良的安第斯亚种进行群体改良,东北农业大学等选育出了 NS12-156、NS79-12-1 等高淀粉、高蛋白、低还原糖的新型栽培种亲本。拓宽了中国马铃薯育种的遗传基础,并选育出东农304、克新11号、内薯7号、中薯6号、尤金等10余个新品种。中国农业科学院蔬菜花卉研究所和南方马铃薯研究中心通过对富利哈种(*S. phureja*)、落果种(*S. demissum*)和无茎种(*S. acaule*)等野生种及近缘栽培种的种间杂种鉴定,筛选出高淀粉(18%~22%)的材料67份。河北省坝上地区农业科学研究所利用野生匍枝种(*S. stoloniferum*)与栽培品种杂交和回交,选出了淀粉含量高达22%的坝薯87-10-19。黑龙江省农业科学院马铃薯研究所利用野生匍枝种(*S. stoloniferum*)、无茎种(*S. acaule*)等与普通栽培种杂交和回交,筛选出40份抗PVX、PVY的材料。应用各种育种技术将野生种和近缘栽培种的有用基因转育到四倍体栽培品种中的方法,育成国家级审定品种"中大1号"(高淀粉品种)。

中国马铃薯种质资源改良总体上滞后于世界先进水平,野生资源开发利用进展缓慢,缺乏长期和系统的研究。栽培种的改良要想有较大的突破,必须将新型栽培种和野生种的种质导入普通栽培种中,因此,野生种和原始栽培种的研究与利用是非常重要的课题。在资源利用过程中,应坚持有针对性地收集与引进,对已引进的资源材料,必须及时有效地评价与鉴定,防止丢失。另外,中国拥有丰富的地方品种资源,具有独特的区域适应性,所以在引进国外资源的同时,也应当重视本国地方品种资源的筛选利用。在资源利用的总体策略上应采取在鉴定中发掘,在发掘中改良,在改良中创新,在创新中利用。

3. 种质资源的保存

(1)田间种质库保存 中国马铃薯种质资源过去一直采用"春播、秋收、冬窖藏"的方法保存。但是,田间保存不仅需要大量的人力、物力和财力,而且不可避免地受到各种灾害(干旱、洪涝、病虫害等)和人为因素的影响,最终可能造成资源混杂或遗失。在一代一代田间保存过程中,马铃薯不可避免地会感染各种病害,如病毒病、环腐病、黑胫病等,造成马铃薯退化,一代不如一代。

(2)离体保存 20世纪80年代以来利用茎尖脱毒、组织培养技术逐渐将资源转育成试管苗保存。离体条件下试管苗保存即避免田间病虫害的侵袭,减少资源流失,又具有占用空间小、维持费用相对较低、便于国际种质交流等优点。离体保存可分为一般保存和缓慢生长法保存。一般保存马铃薯试管苗利用 MS 固体培养基,保存温度为 20～22 ℃,光照为 2000 lx(16h),每 3～6 个月继代培养一次。缓慢生长法保存是通过调节培养环境条件,在 MS 培养基中添加适量甘露醇、矮壮素等,抑制保存材料的生长和减少营养消耗来延长继代培养时间。低温及甘露醇相结合也能增加试管苗的保存时间。例如克山马铃薯研究所从 20世纪80年代初,就利用茎尖组织培养技术逐渐将资源材料转育成试管苗保存。

(3)微型薯保存 马铃薯微型薯的诱导成功为资源保存开辟了一条新的途径。据国际马铃薯中心报道,与试管苗相比,微型薯一般条件下可保存 2 年,低温条件下能延长至 4～5 年。例如,"八五"初期,克山马铃薯研究所利用含有 Bap 和 8％蔗糖的 MS 培养基在光照条件下生产出部分资源的微型薯,并在 6℃下保存近 1 年半。

(四)中国马铃薯代表性品种名录

1. 马铃薯品种熟期类型 马铃薯按照熟期可以分为极早熟、早熟、中早熟、中熟、中晚熟、晚熟、极晚熟(详见表 0-3)。不同品种在不同的环境条件下栽种,其熟期会发生变化。

表 0-3 马铃薯不同熟性划分标准(朱渭兵,2011)

品种熟期	生育期(出苗到茎叶枯黄)
极早熟	少于 60 d
早熟	61～70 d
中早熟	71～85 d
中熟	86～105 d
中晚熟	106～120 d
晚熟	121 d 以上

2. 中国马铃薯代表性品种名录(详见表 0-4)

表 0-4 中国马铃薯代表性品种名录(方玉川整理)

品种名称	育成单位	适宜地区	熟性
中薯 3 号	中国农业科学院蔬菜花卉研究所	北京、河北、山东等	极早熟
中薯 5 号	中国农业科学院蔬菜花卉研究所	北京、中原二作区	极早熟
中薯 9 号	中国农业科学院蔬菜花卉研究所	河北、山西、内蒙古、陕西等	中熟

品种名称	育成单位	适宜地区	熟性
中薯 10 号	中国农业科学院蔬菜花卉研究所	河北、山西、内蒙古、陕西等	中早熟
中薯 11 号	中国农业科学院蔬菜花卉研究所	河北、山西、内蒙古、陕西等	中早熟
中薯 12 号	中国农业科学院蔬菜花卉研究所	辽宁、河南、山东、北京等	早熟
中薯 13 号	中国农业科学院蔬菜花卉研究所	中原二作区的辽宁、山东、河南等	中早熟
中薯 14 号	中国农业科学院蔬菜花卉研究所	福建、广西、广东、湖南冬作区	中早熟
中薯 15 号	中国农业科学院蔬菜花卉研究所	华北、西北一季作区	中熟
中薯 16 号	中国农业科学院蔬菜花卉研究所	黑龙江、吉林、内蒙古等	中早熟
中薯 17 号	中国农业科学院蔬菜花卉研究所	河北、陕西、山西、内蒙古等	中熟
中薯 18 号	中国农业科学院蔬菜花卉研究所	内蒙古、山西等	中熟
中薯 19 号	中国农业科学院蔬菜花卉研究所	华北、西北一季作区	中熟
中薯 20 号	中国农业科学院蔬菜花卉研究所	河北、陕西、山西、内蒙古等	中熟
中薯 21 号	中国农业科学院蔬菜花卉研究所	甘肃等	晚熟
克新 1 号	黑龙江省农业科学院马铃薯研究所	东北、华北一季作区	中熟
克新 2 号	黑龙江省农业科学院马铃薯研究所	东北、华北、山东、陕西、湖南、湖北、福建、广东等	中熟
克新 3 号	黑龙江省农业科学院马铃薯研究所	东北、内蒙古、山东、福建、广东等	中熟
克新 4 号	黑龙江省农业科学院马铃薯研究所	东北、华北、山东、河南等	早熟
克新 9 号	黑龙江省农业科学院马铃薯研究所	黑龙江北部	早熟
克新 17 号	黑龙江省农业科学院马铃薯研究所	黑龙江等	中熟
克新 18 号	黑龙江省农业科学院马铃薯研究所	广西等	中熟
克新 19 号	黑龙江省农业科学院马铃薯研究所	内蒙古、黑龙江、辽宁等	中熟
克新 20 号	黑龙江省农业科学院马铃薯研究所	黑龙江省	中熟
克新 21 号	黑龙江省农业科学院克山分院	黑龙江等	中早熟
青薯 2 号	青海省农林科学院	宁夏宁南山区塬台地及川水地	中晚熟
青薯 5 号	青海省农林科学院	青海等	中熟
青薯 6 号	青海省农林科学院	青海、宁夏、甘肃等	晚熟
青薯 7 号	青海省农林科学院作物所	青海等	中早熟
青薯 8 号	青海省农林科学院作物所	青海等	中熟
青薯 9 号	青海省农林科学院生物技术研究所	西北、西南等	晚熟
青薯 10 号	青海省农林科学院作物所	青海等	晚熟
青薯 168 号	青海省农林科学院作物所	青海等	晚熟
新大坪	定西市安定区农技中心	北方一季作区	中晚熟
陇薯 3 号	甘肃省农业科学院粮食作物研究所	北方一季作区	中晚熟
陇薯 6 号	甘肃省农业科学院粮食作物研究所	宁夏、内蒙古、河北等	中晚熟
陇薯 7 号	甘肃省农业科学院马铃薯研究所	西北、华北一季作区	中晚熟
陇薯 8 号	甘肃省农业科学院马铃薯研究所	甘肃等	中晚熟

续表

品种名称	育成单位	适宜地区	熟性
陇薯 9 号	甘肃省农业科学院马铃薯研究所	甘肃省高寒阴湿地区	中晚熟
陇薯 10 号	甘肃省农业科学院马铃薯研究所	甘肃等	中晚熟
陇薯 11 号	甘肃省农业科学院马铃薯研究所	甘肃等	中晚熟
陇薯 13 号	甘肃省农业科学院马铃薯研究所	甘肃等	中熟
庄薯 3 号	庄浪县农业技术推广中心	甘肃等	晚熟
天薯 9 号	天水市农业科学研究所	渭源、临夏及天水等地	晚熟
天薯 10 号	天水市农业科学研究所	甘肃等	中晚熟
天薯 11 号	天水市农业科学研究所	甘肃等	中晚熟
LK99	甘肃省农业科学院马铃薯研究所	甘肃等	中早熟
云薯 101	云南省农业科学院马铃薯研究中心	云南省中、高海拔地区等	中熟
云薯 201	云南省农业科学院马铃薯研究中心	云南等	中熟
丽薯 2 号	云南省丽江市农业科学研究所	云南省冷凉山区等	中晚熟
丽薯 6 号	丽江市农业科学研究所	云南等	中晚熟
丽薯 7 号	丽江市农业科学研究所	云南等	中晚熟
冀张薯 8 号	河北省高寒作物研究所	华北、西北地区等	中熟
冀张薯 11 号	河北省高寒作物研究所	河北等	中熟
冀张薯 12 号	河北省高寒作物研究所	河北等	中熟
宁薯 12 号	宁夏固原市农业科学研究所	宁夏等	中晚熟
宁薯 14 号	宁夏固原市农业科学研究所	宁夏等	晚熟
晋薯 2 号	山西省农业科学院高寒区作物研究所	一季作区的山、川、丘陵地	中熟
晋薯 5 号	山西省农业科学院高寒区作物研究所	山西、内蒙古、河北等	中晚熟
晋薯 7 号	山西省农业科学院高寒区作物研究所	马铃薯产区的一季作区	晚熟
晋薯 13 号	山西省农业科学院高寒区作物研究所	华北、东北等一季作区	中熟
晋薯 14 号	山西省农业科学院高寒区作物研究所	华北、东北等一季作区	中晚熟
晋薯 15 号	山西省农业科学院高寒区作物研究所	山西、华北一季作区等	中晚熟
晋薯 16 号	山西省农业科学院高寒区作物研究所	山西等	中晚熟
同薯 20 号	山西省农业科学院高寒区作物研究所	华北、西北、东北一季作区等	中晚熟
同薯 22 号	山西省农业科学院高寒区作物研究所	华北、西北一季作区	中熟
同薯 23 号	山西省农业科学院高寒区作物研究所	华北、东北一季作区	中晚熟
同薯 28 号	山西省农业科学院高寒区作物研究所	山西等一季作区	中晚熟
延薯 3 号	吉林省延边州农业科学研究院	吉林省东部和中西部地区	中熟
延薯 4 号	吉林省延边州农业科学研究院	东北等一季作区	中熟
延薯 5 号	吉林省延边州农业科学研究院	吉林省东部和中西部地区	中熟
延薯 6 号	吉林省延边州农业科学研究院	吉林省	中熟
春薯 1 号	吉林省蔬菜花卉科学研究所	吉林、二作区	早熟
东农 303	东北农业大学	一、二季作区及冬作区	极早熟

品种名称	育成单位	适宜地区	熟性
东农 304	东北农业大学	黑龙江省	早熟
豫马铃薯 1 号	河南省郑州市蔬菜研究所	河南、中原二作区	极早熟
郑薯 3 号	河南省郑州市蔬菜研究所	河南、山东	极早熟
郑薯 5 号	河南省郑州市蔬菜研究所	河南等一、二季作区	早熟
郑薯 6 号	河南省郑州市蔬菜研究所	河南、江苏、山东	早熟
郑薯 9 号	河南省郑州市蔬菜研究所	河南等一、二季作区	极早熟
泉引 1 号	泉州市农业科学研究所	福建等	早熟
凉薯 8 号	四川省凉山州农业科学研究所	四川、云南、贵州等	中早熟
鲁马铃薯 1 号	山东省农业科学院蔬菜研究所	中原二作区	极早熟
鄂马铃薯 4 号	湖北省恩施中国南方马铃薯研究中心	湖北等	中早熟
鄂马铃薯 5 号	湖北省恩施中国南方马铃薯研究中心	中国西南及南方等区域	中熟
富金	辽宁省本溪马铃薯研究所	吉林等	中早熟
乌盟 601	内蒙古乌兰察布市农业科学研究所	内蒙古	中早熟
呼薯 1 号	内蒙古呼伦贝尔市农业科学研究所	一、二作区	中早熟
秦芋 30 号	陕西省安康市农业科学研究所	西南马铃薯产区	中熟
秦芋 32 号	陕西省安康市农业科学研究所	西南马铃薯产区	中早熟
威芋 3 号	贵州省威宁县农业科学研究所	云南、贵州等	中熟
威芋 5 号	贵州省威宁县农业科学研究所、贵州省马铃薯研究所	贵州省	中熟
川芋 5 号	四川省农业科学院作物研究所	四川等	中早熟
安薯 58	陕西省安康市农业科学研究所	西南各省(区)低海拔区	中晚熟
会—2 号	云南省会泽县农技中心	云南等	中晚熟
早大白	辽宁省本溪市马铃薯研究所	马铃薯二季作区	极早熟

三、马铃薯种植区划

(一)中国马铃薯生产布局和种植区划

中国地域广阔,由于地区间纬度、海拔、地理和气候条件的差异,造成了光照、温度、水分、土壤类型的不同,而且马铃薯具有很强的地域性,在全国不同区域形成了各具特点的栽培方式和栽作类型。滕宗璠等(1989)把中国马铃薯适宜种植地区分为北方一作区,中原二作区,南方二作区,西南一、二作垂直分布区。20 世纪末 21 世纪初,南方广东省、广西壮族自治区、福建省等秋季晚稻收获利用冬闲田种植一季马铃薯的种植模式得到广泛推广,栽培季节与传统的南方二作区有所不同。因此,李志勤等(2009)把中国马铃薯生产的优势区域分为北方一作区,中原二作区,西南混作区,南方冬作区。

1. 北方一作区　本区域范围较大,包括东北地区的黑龙江、吉林两省和辽宁省除辽东半岛以外的大部分,华北地区的河北省北部、山西省北部、内蒙古自治区全部,西北地区的陕西省北部、宁夏回族自治区、甘肃省、青海省全部和新疆维吾尔自治区的天山以北地区。据陈伊里（2007）介绍，本区是中国重要的种薯生产基地，也是加工原料薯和鲜食薯生产基地，种植面积排名在前10位的省（区、市）有甘肃、内蒙古、陕西、黑龙江和宁夏5省（区），约占全国马铃薯总播种面积的49%左右。

这一地区地处高寒区，纬度或海拔较高，气候冷凉，无霜期短，一般在110～70 d，年平均温度在−4～10℃，最冷月份平均温度−8～2.8℃，最热月份平均温度24℃左右，大于5℃积温在2000～3500℃·d。年降水量500～1000 mm，分布很不均匀。东北地区的西部、内蒙古自治区东南部以及中部的狭长地区、宁夏回族自治区中南部、黄土高原东北部为半干旱地带，降水量少而蒸发量大，干燥度（K）在1.5以上；东北中部以及黄土高原东南部则为半湿润地带，干燥度多在1.0～1.5；而黑龙江省的大、小兴安岭地区的干燥度只有0.5～1.0，可见该区的降水量极不均衡。该区马铃薯生育期日照充足，大部分地区土壤肥沃，结薯期在7月至8月间，雨量充沛，昼夜温差大，有利于块茎膨大和光合产物的积累。

本地区春季蒸发量大，易发生春旱，尤其西北地区气候干燥，局部地区马铃薯生育期间降水量偏少，时呈旱象，马铃薯产量不够稳定。

本地区种植马铃薯一般是一年只栽培一季，通常春种秋收，生育季节主要在夏季，故又称夏作类型。每年的4—5月份播种，9—10月份收获。本区晚疫病、早疫病、黑胫病发病比较严重。适于本区的品种类型应以中晚熟为主，休眠期长、耐贮性强、抗逆性强、丰产性好的品种。本区拥有"中国马铃薯之乡"称号的有甘肃省定西市安定区、黑龙江省讷河市、宁夏回族自治区西吉县、河北省围场县、内蒙古自治区武川县和陕西省定边县。

2. 中原二作区 中原二作区位于北方一作区以南，大巴山、苗岭以东，南岭、武夷山以北各省。包括辽宁、河北、山西三省南部，湖南、湖北二省东部，江西省北部，以及河南省、山东省、江苏省、浙江省和安徽省。

该区受气候条件、栽培制度等影响，马铃薯栽培分散，其面积约占全国马铃薯总播种面积的7%。在该地区马铃薯多与棉、粮、菜、果等间作套种，大大提高了土地和光能利用率，增加了单位面积产量和效益。据庞万福等（2013）介绍，该区域是中国重要的马铃薯产区之一。近年来，为了提早上市，延长销售时间，普遍采用地膜覆盖栽培和两膜、三膜甚至四膜覆盖栽培，使得马铃薯上市时间由6月初提早到4—5月份，经济效益也成倍提高，马铃薯亩产值突破万元大关，马铃薯已成为中原二作区重要的经济作物。

本区无霜期较长，为180～300 d，年平均温度10～18℃，最热月份平均温度22～28℃，最冷月份平均温度为1～4℃，≥5℃积温为3500～6500℃·d，年降水量在500～1750 mm。因温度高，蒸发量大，在秦岭淮河一线以北地区干燥度大于1，栽培马铃薯需要有灌溉条件。此线以南的地区干燥度小于1，栽培中不需要灌水。庞万福等（2013）研究表明，中原二作区灌溉方式落后，仍采用土渠灌溉，大水漫灌，水分浪费严重，一般马铃薯生长期间灌溉5～6次，用水量300～400 t/亩。

本区由于南北纬度相差15°左右，加之地势复杂，各地气候条件悬殊，春、秋季的播种期幅度相差较大。但共同特点是，夏季长，温度高，月平均气温超过24℃，有些地区降水多，连续下雨天数长达1～2个月，不适于马铃薯的生长。为躲开火热高温或多雨季节，因此，将马铃薯作为春、秋两季栽培，据陈焕丽（2012）介绍，该区春季以生产商品薯为主，秋季主要是种薯生产，但近年来秋季马铃薯商品薯生产面积也在逐年扩大。春季生产于2月下旬至3月上旬播种，设施栽培可适当提前,5月至6月上中旬收获;秋季生产则于8月份播种,到11月份收获。本区应选用早熟或极早熟、休眠期短的品种,春播前要进行催芽处理,提早播种。本区拥有"中国马铃薯之乡"称号的有山东省滕州市。

3. 西南混作区　西南混作区包括云南、贵州、四川、重庆、西藏等省(区、市),以及湖南、湖北二省西部和陕西省南部。这些地区以云贵高原为主,湘西、鄂西、陕南为其延伸部分。大部分地区位于北纬22°30′～34°30′。地域辽阔,地形复杂,万山重叠,大部分地区侧坡陡峭,但顶部却比较平缓,并有山间平地或平坝错落其间。全区有高原、盆地、山地、丘陵、平坝等各种地形。在各种地形中以山地为主,占土地总面积的71.7%;其次为丘陵,占13.5%;高原占9.9%;平原面积最小,仅占4.9%。山地丘陵面积大,形成了本区旱地多、坡地多的耕作特点,土壤多呈偏酸性。据隋启君等(2013)介绍,该区马铃薯的播种面积占全国马铃薯总播种面积的39%左右,是仅次于北方一作区的中国第二大马铃薯生产区。按马铃薯种植面积排名的前10名省(区、市)中,西南地区就有5个(贵州、云南、四川、重庆、湖北)。

该区地形地貌复杂,气候的区域差异和垂直变化十分明显,有"一山分四季,十里不同天"的说法。西南山区不同海拔及其复杂的气候特点确定了作物的垂直分布,马铃薯栽培类型多样化。低山平坝和峡谷地区,无霜期达260～300 d,以及1000～2000 m的低山地带都适宜于马铃薯二季栽培;1000 m以下的江边、河谷地带可进行冬作;半高山无霜期为230 d左右,马铃薯主要与玉米进行套种;高山区无霜期不足210 d,有的甚至只有170 d左右,马铃薯以一年一熟为主。马铃薯是山区人民的主要粮食和蔬菜,马铃薯占这些地方粮食总产的20%～40%,随着海拔的升高,比重也逐渐增大,在高海拔不适于种植玉米的地方,马铃薯成为当地农民的重要粮食作物。

本区属于亚热带季风气候,受东南季风和西南季风影响,一年当中,分为雨季(5月中旬至10月)和干季(11月至次年5月初)。夏季炎热多雨,气候湿润,秋季比较凉爽,冬季温和降水偏少,受地形地势影响,地区差异性较大。年均日照时数为1894 h,为短日照地区。尤其以四川盆地、云贵高原及湘鄂西部为甚,是全国云雾最多、日照最少的地方,全年日照时数仅1100～1500 h,日照百分率大都在30%以下。在东南季风和西南季风控制之下,加上地形的影响,年降水量较多,一般达500～1000 mm,高山可达1800 mm。高原山地气温不高,除河谷、丘陵外,7月份平均温度只有22℃左右,云贵高原只有20～22℃,川滇横断山区在16～18℃。

由于秦岭、巴山、岷山等的屏障,阻挡了冬季北方寒潮的袭击,因此,本区冬季温和。又因海拔较高,故夏无炎热,气候凉爽。本区雨量充足,晚疫病、青枯病等病害发生严重,应选用抗晚疫病、青枯病的高产品种为主。本区拥有"中国马铃薯之乡"称号的有贵州省威宁县。

4. 南方冬作区　南方冬作区位于南岭、武夷山以南的各省(区),包括江西省南部,湖南、湖北二省南部,广西壮族自治区大部,广东省大部,福建省大部,海南省和台湾省。大部分地区位于北回归线附近,即北纬26°以南。

本区的气候特点是夏长冬暖,属海洋性气候,雨量充沛,年降水量1000～3000 mm,平均气温18～24℃,≥5℃的积温6500～9000℃·d,无霜期300～365 d,年辐射能量461～544 kJ/m²。冬季平均气温12～16℃,恰逢旱季,通过人工灌溉,可显著提高马铃薯产量。

本区的粮食生产以水稻栽培为主,主要在水稻收获后,利用冬闲地栽培马铃薯,按其种植季节,有冬种、春种、秋种三种形式,因而也称作三季作区。目前,该区马铃薯以冬种、早春种为主,产量水平普遍较高,季节和区位优势明显,市场相对稳定,因此冬作马铃薯生产效益较高。

加之冬作区还有大量冬闲田可以开发利用。据汤浩等（2006）介绍，该区具有冬季气候温暖、昼夜温差大、无霜期长等得天独厚的自然条件，充分利用冬闲田，不与其他作物争地，收获时间正值中国北方和长江流域马铃薯生产空白季节，其产品销售南至台、港、澳地区，北至京、津、沪等大城市，种植马铃薯已成为当地农民一项重要的冬种收入来源。本区马铃薯播种时间范围跨度较大，为 10 月上旬至次年 1 月中旬，收获期为当年年底至次年 5 月上旬。据袁照年（2003）介绍，该区最普遍的种植季节为 11 月播种，次年 2—3 月收获，其种植面积约为 500 多万亩。本区晚疫病和青枯病发生较严重，栽培的品种类型应选用中、早熟品种。本区是目前中国重要的商品薯出口基地，也是目前马铃薯发展最为迅速的地区，面积约占全国马铃薯总播种面积的 5%。

（二）一些省、区马铃薯种植区划

马铃薯具有生育期短、适应性广、耐旱耐瘠薄等特点，在中国广泛种植，各省（区、市）在栽培中形成了各具地域特色的生产区域。下面就栽培面积较大的省（区）为例，对中国各马铃薯主产区种植区域分作具体介绍。

1. 内蒙古自治区马铃薯区划　马铃薯是内蒙古自治区的主要农作物之一，作为粮菜兼用作物，得到越来越广泛的重视，在内蒙古自治区农业生产结构中所占比重越来越大。内蒙古自治区气候特征属温带大陆性气候，气候冷凉、日照充足、昼夜温差大，全区均属一作区，自治区农牧业厅 2016 年印发《内蒙古自治区推进马铃薯产业发展的指导意见》，提出内蒙古马铃薯产业布局分为东部马铃薯优势区和中部马铃薯优势区。

（1）东部马铃薯优势区　主要包括呼伦贝尔市、兴安盟、通辽市和赤峰市 4 个盟（市）的 17 个旗（县、区），种植面积约占到内蒙古全区马铃薯种植面积的 30% 左右。该区的重点工作是研究选育、引进筛选、示范推广高产优质抗病专用新品种，大力建设马铃薯脱毒种薯繁育基地和加工产业基地。

（2）中部马铃薯优势区　主要包括呼和浩特市、乌兰察布市、锡林郭勒盟、包头市、鄂尔多斯市等 5 个盟（市）的 23 个旗（县），种植面积约占到内蒙古全区马铃薯种植面积的 70% 左右。该区属于地下水严重超采区和干旱半干旱区域。重点工作是研究选育、引进筛选、示范推广抗旱节水、早熟高产、抗病虫害的优质专用品种，建设脱毒种薯繁育基地，大力推广旱作节水保墒、高产高效设施栽培、机械化生产、远程信息控制等配套生产技术。

2. 山西省马铃薯区划　山西省特殊的气候、地理和土壤条件，使得马铃薯成为当地主要的粮食作物和经济作物，是贫困山区农户快速脱贫致富的最有效途径之一。李荫藩等（2009）将山西省马铃薯生产区域划分为晋北一季作区、晋中一二季混作区和晋南二季作区。

（1）晋北一季作区　主要分布在塞外高寒地区和东西两山地区，重点包括吕梁、大同、朔州、忻州等地（市），是山西省的主产区，播种面积占全省的 80% 以上，产量占 75% 以上。种植大县主要有平鲁、临县、右玉、五寨、浑源、天镇，其中右玉县马铃薯种植面积和产量分别占本县粮食播种面积和产量的 50.1% 和 69.1%。这一区域海拔多在 1200 m 以上，年平均气温 6℃左右，无霜期 100～140 d，气候冷凉，昼夜温差较大，以克新 1 号、晋薯 7 号等高产、高淀粉、加工型中晚熟品种为主，所产马铃薯表皮光洁、淀粉含量高，除当地食用和加工外，主要销往京津地区和南方省份。近年来，中早熟品种的种植呈良好势头，7 月份马铃薯就能上市供应，补淡季之需，经济效益较好。由于海拔高，气温低，风速大，病毒传媒少，繁育马铃薯脱毒种薯退化慢，产量高，是中国的良好繁种区。

（2）晋中一二季混作区　主要指晋中和晋东南平川地区。这一产区气候比较温暖,无霜期140～160 d,降水量相对较多,种植马铃薯一年一作有余,两作不足。生产上多采用与玉米、蔬菜等作物间作套种方式,以增加单位面积产量,主要作为蔬菜来发展。

（3）晋南二季作区　主要是运城、临汾等市。无霜期180～220 d,是山西省的棉麦主产区。以前种植马铃薯不多,近年由于市场的需求,早熟品种推广较快。生产上选择中薯 3 号、郑薯5 号、费乌瑞它等品种,春播一茬,秋播一茬,充分利用春、秋两季的凉爽气候和昼夜温差较大的自然条件,所产马铃薯淡季供应本省和南方市场或出口,有较高的经济效益。

3. 陕西省马铃薯区划　马铃薯是陕西省仅次于小麦、玉米的第三大粮食作物,也是主要的蔬菜作物,在陕西省尤其是陕北、陕南地区农业经济发展中具有举足轻重的地位。根据陕西省地理、气候特点,结合当地马铃薯生产实际,将陕西省马铃薯生产区域划分为陕北长城沿线风沙区和丘陵沟壑一季单作区、秦岭山脉东段双季间作区、陕南双季单作区。

（1）陕北长城沿线风沙区和丘陵沟壑一季单作区　主要包括陕西省北部榆林和延安两市,是陕西马铃薯的主产区,播种面积占全省的 60% 以上。其中定边县马铃薯年种植面积达到100 万亩以上,为陕西省马铃薯第一种植大县。长城沿线风沙区平均海拔 1000 m 以上,年平均气温 8℃左右,无霜期 110～150 d,降水量 300～400 mm,地势平坦,地下水资源较为丰富,适宜发展专用化和规模化马铃薯生产基地,也是陕西省脱毒种薯繁育基地。栽培的主要品种有克新 1 号、夏波蒂、费乌瑞它等。陕北南部丘陵沟壑区,平均海拔 800 m 左右,年平均气温8.5～9.8℃,无霜期 150～160 d,降水量 450～500 mm。适宜发展淀粉加工薯和菜用薯,栽培的主要品种有克新 1 号、陇薯 3 号、冀张薯 8 号、青薯 9 号等。

（2）秦岭山脉东段双季间作区　主要包括关中地区和陕南的商洛市。该区年平均气温12～13.5℃,无霜期 199～227 d,降水量 600～700 mm,雨热条件可以保证一年两熟。生产上多与玉米、蔬菜等作物间作套种,主要种植早熟菜用型马铃薯品种。

（3）陕南双季单作区　主要包括陕南的安康和汉中两市。雨量充沛,气候湿润,年均气温12～15℃,无霜期 210～270 d,年降水量 800～1000 mm,属一年两熟耕作。浅山区每年 11—12 月播种,通过保护地栽培,4—6 月份上市,生产效益较高。高山区每年 2—3 月份播种,6—8月份上市,大都是单作,也有间作套种。

4. 甘肃省马铃薯区划　马铃薯是甘肃省第二大粮食作物,为实现甘肃粮食自给、确保粮食安全做出了重大贡献。王鹤龄等(2012)基于甘肃省地面气象观测站 1961—2008 年气象观测资料和马铃薯生长条件,选择最佳小网格推算出 500 m×500 m 的高分辨率的网格序列;确立马铃薯种植适宜性气候区划指标,结合地理信息资料,运用 GIS 技术,开展马铃薯种植适宜性动态气候区划,把甘肃省马铃薯种植划分为最适宜种植区、适宜种植区、次适宜种植区、可种植区和不适宜区。

（1）最适宜种植区　包括洮岷山区、甘南高原的部分及祁连山、华家岭、六盘山、关山和秦岭等海拔 2000～2600 m 的山间盆地、高山河谷台地及浅山区地带。该地区热量适宜,在块茎膨大期无高温天气,气候温凉,适宜营养物质积累,块茎膨大迅速;降水充足,光照满足,产量高,品质好,投入产出比高。

（2）适宜种植区　包括陇中大部分及河西走廊海拔 1700～2000 m 的广大地区。该区域热量丰富,块茎膨大期有高温天气,但持续时间短、影响小;降水能满足生长发育的要求,光照充足,病虫害轻,品质好,产量高,是马铃薯理想的生产基地。

(3)次适宜种植区 包括平凉、庆阳市和天水市大部分地区以及河西走廊海拔 1300～1700 m 的地区。本地区光照充足,旱作区降水能满足生长要求,但块茎膨大期易受高温影响而产量较低。

(4)可种植区 包括陇南大部分、天水部分地方、河西的安敦盆地海拔小于 1300 m 的地区以及祁连山区和甘南高原海拔 2600～2900 m 的地区。高温直接影响块茎膨大,块茎较小;陇东南生长后期降水偏多,多阴天,光照偏少,影响马铃薯淀粉含量及产量。陇中的临潭、夏河、合作等地及河西的肃南、天祝海拔较高地区气温低、热量不足,生长期短,易受霜冻影响,物质积累差,产量低。

(5)不适宜区 主要分布在海拔大于 2900 m 的甘南高原大部分和祁连山的中高区。该区域海拔高、气温低、无霜期短,马铃薯无法正常生长。但是随着气候变暖,高海拔区逐渐由不适宜区变为可种植区。

5. 贵州省马铃薯区划 吴永贵等(2008)通过分析贵州马铃薯的生态和生产特点,提出贵州马铃薯种植区划,将贵州马铃薯划分为春播一熟区、春秋播二熟区、冬播区、不适宜区 4 个一级区,还分出 8 个二级区。

(1)春播一熟区 春播一熟区气候凉爽,适宜马铃薯生长期长、昼夜温差大的需求,有利马铃薯块茎膨大,病虫害较轻,是马铃薯的最适宜区。该区包括 2 个二级区。

①黔西北高原中山区 主要是指黔西北威宁、赫章等县及条件相似的乡镇。海拔高(1600～2200 m),年均温低(8～12℃),7 月平均气温低(16～20℃),≥10℃活动积温 2000～3000℃·d,霜期长(120 d 以上),年日照时数多(≥1200 h)。一年一熟,主要种植马铃薯(或玉米),采用品种是晚熟、淀粉加工型品种(或鲜食型)。一般 3 月、4 月播种,8 月、9 月、10 月收获,生产水平高,单产可达 2500 kg/亩,是种薯、加工型专用薯的主要生产基地。

②黔西、黔中高原中山丘陵区 主要指黔西北盘县、纳雍、毕节、大方等县。标准是年均温低(12～14℃),7 月平均气温低(20～21℃),≥10℃活动积温 3000～4000℃·d,霜期长(110 d左右),年日照时数较多(≥1000 h)。一年一熟或一年两熟,主要是马铃薯或马铃薯套作玉米间大豆二熟。采用品种是中晚熟、晚熟,粮饲兼用型或淀粉加工型品种。一般 3 月前后播种,7月、8 月收获,生产水平较高,单产可达 2000 kg/亩。

(2)春、秋播两熟区 两熟区生态类型复杂,气候变化大,病虫害重。春薯常发生初春旱或春雨,应注意抗旱防渍。特别要注意马铃薯晚疫病、早疫病、轮枝黄萎病、黑痣病、青枯病和马铃薯块茎蛾、地老虎等病虫害的防治。该区包括 3 个二级区。

①黔西南高原中山丘陵区 主要包括黔西、兴义、安龙、镇宁、长顺、紫云等县(市)。海拔较高(800～1200 m),年均温较高(13～15℃),7 月平均气温较高(22～23℃),≥10℃活动积温4000～5000℃·d,霜期较长(80 d左右),年日照时数＜1000 h。一年两熟。稻田:薯—稻,旱地:春薯—秋薯。采用品种是中、早熟,鲜食、菜用型品种,旱地春薯可搭配中晚熟品种。一般春薯 2 月播种,5 月前后收获;秋薯 8 月中下旬播种,11 月收获。单产可达 1500～2000 kg/亩,是中、早熟品种适宜区。

②黔北、黔东北中山峡谷区 主要指黔北、黔东北的道真、务川、正安、遵义、湄潭、德江、印江、铜仁、石阡等县(市)。海拔较高(1000～1500 m),年均温较高(14～16℃),7 月平均气温较高(22～24℃),冬季温度低(3～5℃),≥10℃活动积温 3000～4000℃·d,霜期较长(70 d左右),年日照时数＜1000 h。一年两熟,稻田:薯—稻,旱地:春薯—秋薯。品种以中、早熟,鲜

食、菜用型品种为主。春薯2月前后播种,5月收获;秋薯8月下旬播种,11月收获。单产可达1500 kg/亩左右,是早、中熟品种适宜区。

③黔中、黔东南高原丘陵区　主要指黔中、黔东南的贵阳、惠水、福泉、剑河、台江、雷山、凯里、天柱等县(市)。海拔较高(800~1200 m),年均温较高(16~18℃),7月平均气温较高(24~26℃),≥10℃活动积温5000~6000℃·d,霜期较短(60 d左右),年日照时数<1000 h。一年两熟。稻田:薯—稻,旱地:春薯—秋薯。采用品种主要有早、中熟搭配中晚熟,鲜食、菜用、兼用型品种。春薯2月播种,5月前后收获;秋薯8月中旬播种,11月前后收获,平均单产1500 kg/亩以上。

(3)冬播区　包括黔南、黔西南低山丘陵区(主要指罗甸、册亨、望谟、荔波等县)、黔东南低山丘陵区(主要指榕江、从江、黎平等县市)和黔北低热河谷区(主要指赤水、仁怀等县市)三个亚区。其标准是海拔低(160~900 m),年均温高(17~18℃),7月平均气温高(26~29℃),≥10℃活动积温5000~6000℃·d,霜期除黔东南低山丘陵区较长(60 d左右)外,其余两区没有霜期,年日照时数较少,<1000 h。一年三熟。稻田:冬马铃薯—稻—秋菜,旱地:冬马铃薯—春菜—甘薯。采用品种主要是早熟鲜食、菜用、休闲食品型品种,通常12月下旬播种,收获期3月下旬,播种至收获70~80 d,≥10℃活动积温1300℃·d以上,单产可达1500 kg/亩以上。

(4)不适宜区　主要指海拔高度在2200~2700 m山区,温度低,年均温<8℃,7月平均温度<15℃,有霜期在130 d以上地区,不宜种植马铃薯。

6.云南省马铃薯区划　桑月秋等(2014)通过调研云南省马铃薯种植区域分布和周年生产情况,对数据进行统计分析,将云南省种植马铃薯的128个县划分为滇东北、滇西北高海拔区大春一作区,滇中中海拔春秋二作区,滇南、滇东南、滇西南低海拔河谷冬作区。

(1)云南省马铃薯周年生产季节划分标准　大春作马铃薯分布在中高海拔区域,一般3—4月播种,5月雨季来临前出苗,7—10月收获。大春作的特点是生产面积大、总产量高、单产水平中等、种植效益差。主要问题就是晚疫病发生严重,防控措施薄弱;不具备灌溉条件,靠天吃饭,干旱对其影响较大。

小春作马铃薯分布在滇中、滇西南中海拔区域,其面积仅次于大春作,一般每年12月末至翌年1月初播种,4—5月收获,可以避过1月、2月的霜冻危害。恰逢旱季,不具备灌溉条件的地方无法种植,干旱和霜冻影响很大。

秋作马铃薯与小春作马铃薯分布在相近区域,一般每年在7月中下旬至8月初播种,11月末至12月收获。往往在遭受自然灾害的年份,如雨季来得太迟,玉米、烟草种不下去,就采用扩大秋播马铃薯的补救措施。秋作栽培的生长期较短,产量一般低于大春作和小春作马铃薯。

冬作马铃薯栽培区域是滇南、滇西南、滇东南河谷或坝区,一般为水稻收获后,在11月播种,次年3月初收获。生产区域为很少有霜冻的热带坝区和低海拔干热河谷区。该季马铃薯生长期光照充足,降水稀少,依赖灌溉,一般品质好、产量高、价格高、效益好。

(2)云南省马铃薯周年生产分布　由于云南省属于热带、亚热带立体气候,导致一年四季都有马铃薯生产和收获。根据调研,大春作马铃薯为主要生产季节,占全省马铃薯种植面积的66.1%,总产量的66.3%;小春作马铃薯次之,占全省马铃薯种植面积的18.5%,总产量的19.6%;冬作马铃薯排名第三,种植面积占全省马铃薯种植面积的8.6%,总产量的8.8%;秋作马铃薯种植面积多年变化不大,占全省马铃薯种植面积的6.8%,总产量的5.3%。近年来,云南省冬作马铃薯种植面积呈现逐年增加的态势;秋作和大春作马铃薯基本稳定;小春作马铃薯受干旱和市场波动影响变化很大,呈波动状态。

四、马铃薯的种植方式和间、套、轮作的意义

马铃薯种植方式多样,有单作、轮作、间作、套作;有设施栽培、露地栽培;有膜侧种植、全膜种植、半膜垄种等多种种植方式。

(一)连作

连作指的是一年内或连年在同一块田地上连续种植同一种作物的种植方式。马铃薯为茄科作物,不适宜连作,但在马铃薯一作区,马铃薯连作现象比较普遍。尤其是在一些无霜期短的地区,马铃薯连作特别严重;因为在这些区域只能种植马铃薯、荞麦、燕麦、油菜等生育期较短的作物,其中马铃薯单位面积的产值最高,使得不少农民连年种植马铃薯。另一个主要原因是农民并没有意识到长期连作会导致商品薯品质、产量下降。

(二)轮作

轮作指在同一田块上有顺序地在季节间和年度间轮换种植不同作物或复种组合的种植方式。马铃薯轮作方式很多,在不同地区根据当地作物有不同的轮作方式。如在北方一作区,轮作方式是年度间轮作,一般是马铃薯与玉米、大豆、谷子、糜子、荞麦等作物之间年度轮换种植。在二作区或三作区主要是马铃薯与玉米、水稻、豆类及各类蔬菜等经济作物之间季节间和年度之间轮作。

马铃薯与水稻、麦类、玉米、大豆等禾谷类和豆类作物轮作比较好,主要有以下优点。

1. 改善土壤生物群落　可以改善土壤微生物群落,增加细菌和真菌数量,提高微生物活性,减少病害的发生。

2. 保持、恢复及提高土壤肥力　马铃薯消耗土壤中的 K 元素较多,禾谷类作物需要消耗土壤中大量 N 素;豆类作物能固定空气中的游离 N 素;十字花科作物则能分泌有机酸。将这些作物与马铃薯轮作可以保持、恢复和提高土壤肥力。

3. 均衡利用土壤养分和水分　不同作物对土壤中的营养元素和水分吸收能力不同,如水稻、小麦等谷类作物吸收 N、P 多,吸收 Ca 少;豆类作物吸收 P、Ca 较多。这样不同的作物轮作能均衡利用各种养分,充分发挥土壤的增产潜力。根深作物与根浅作物轮作可利用不同层次土壤的养分和水分。

4. 减少病虫草害　轮作可以改变病菌寄生主体,抑制病菌生长从而减轻危害。实行轮作,特别是水旱轮作可以改变杂草生态环境,起到抑制或消灭杂草滋生的作用。

5. 合理利用农业资源　根据作物生理及生态特性,在轮作中合理搭配前后作物,茬口衔接紧密,既有利于充分利用土地和光、热、水等自然资源,又有利于合理均衡地使用农具、肥料、农药、水资源及资金等社会资源,还能错开农忙季节。

(三)单作

单作指在同一块田地上只种植一种作物的种植方式,也称为纯种、清种、净种。这种方式作物单一,群体结构单一,全田作物对环境条件要求一致,生育比较一致,便于田间统一管理与机械化作业。

在不同的马铃薯种植区域,存在不同的马铃薯单作方式,下面主要介绍几种常见的单作方式：

1. 单垄单行栽培　单垄单行栽培是一种常见的栽培方式,该方式适合机械操作,适宜相对平坦的地形。但在不同的区域,种植时,垄的宽度、播种深度、播种密度是不相同的。在土地集中度高的地区,例如在陕西省榆林市北部,机械化应用程度高,实现了从种到收全程机械化,采用国际先进的电动圆形喷灌机、播种机、收获机、打药机、中耕机、杀秧机等机械,实现标准化、集约化栽培。这种生产方式,一个喷灌圈面积可达 300～500 亩。一般垄距 85～90 cm,株距 20～23 cm,种植密度 3500～4000 株/亩。

2. 宽垄双行栽培　该栽培方式在各种生态区也都是一种常见的耕作方式,适合小型机械操作,适宜土地相对平坦的旱地、坝地等。不同的是各个地方采用的垄的宽度是不一样的。在陕西省定边县,一般在 5 月下旬播种,采用两行播种机种植,垄宽 120 cm,每垄 2 行。不同品种,密度有所不同,一般每亩控制在 2500～3500 株。据周从福等(2013)介绍,在贵州省海拔 400 m 以下地区,11 月中下旬播种,按 1 m 宽起垄,作深沟高垄,垄面 60 cm,垄高 35 cm,沟宽 40 cm,然后在垄面上开出行距 50 cm 的 2 条种植沟。

3. 平作　该方式适合小型机械操作,或在一些不适宜机械操作的地区完全人力生产。采用深耕法,适当深种不仅能增加植株结薯层次,多结薯,结大薯,而且能促进植株根系向深层发育,多吸水肥,增强抗旱能力。采用犁开沟或挖穴点播,播种密度的大小应根据当地气候、土壤肥力状况和品种特性来确定。例如在青海省高水肥的地块每亩密度 4500～6000 株,陕西省旱地密度 2200～3000 株。

(四)间作套种

间作是集约利用空间的种植方式。指在同一田地上于同一生长期内,分行或分带相间种植两种或两种以上作物的种植方式。间作与单作不同,间作是不同作物在田间构成人工复合群体,个体之间既有种内关系,又有种间关系。间作时,不论间作的作物有多少种,皆不增加复种面积。间作的作物播种期、收获期相同或不相同,但作物共处期长,其中至少有一种作物的共处期超过其全生育期的一半。

套作主要是一种集约利用时间的种植方式。指在前季作物生长后期的株行间播种或移栽后季作物的种植方式,也可称为套种。对比单作,它不仅能阶段性地充分地利用空间,更重要的是能延长后季作物对生长季节的利用,提高复种指数,提高年总产量。

间作与套作都有作物共处期,不同的是前者作物的共处期长,后者作物的共处期短,每种作物的共处期都不超过其生育期的一半。套作应选配适当的作物组合,调节好作物田间配置,掌握好套种时间,解决不同作物在套作共生期间互相争夺日光、水分、养分等矛盾,促使后季作物幼苗生长良好。

马铃薯与其他作物间作套种时,如果栽培技术措施不当,必然会发生作物之间彼此争光和争水肥的矛盾。而这些矛盾之中,光是主要因素,只有通过栽培技术来使作物适应。所以间作套种的各项技术措施,首先应该围绕解决间套作物之间的争光矛盾进行考虑和设计。马铃薯间套作进行中的各项技术措施,必须根据当地气候条件、土壤条件、间套作物的生态条件,理好间套作物群体中光、水、肥及土壤因素之间的关系,进行作物的合理搭配,以提高综合效益。

1. 间作套种原则

(1)间套作物合理搭配的原则　马铃薯与其他作物间作套种首先要考虑全年作物的选定和前后茬、季节的安排,还要参考当地的气象资料,如年降水量的分布及年温度变化情况。根据马铃薯结薯期喜低温的特性,选择与之相结合的最佳作物并安排最合理的栽培季节,以使这一搭配组合既最大限度地利用当地无霜期的光能又使两作物的共生期较短。

(2)间套作物的空间布局要合理 间套作物的空间布局要使作物间争光的矛盾减到最小,使单位面积上的光能利用率达到最大限度。另外在空间配置上还要考虑马铃薯的培土,协调好两作物需水方面的要求,通过高矮搭配,使通风流畅,还要合理利用养分,便于收获。间套作物配置时,还要注意保证使间套作物的密度相当于纯作时的密度。另外,应使间套的作物尽可能在无霜期内占满地面空间,形成一个能够充分利用光、热、水、肥、气的具有强大光合生产率的复合群体。

(3)充分发挥马铃薯早熟的优势 马铃薯在与其他作物间套种时,要充分发挥其早熟高产的生物学优势,此举关系到间套种的效益高低。在栽培措施上要采用以下措施:一是选用早熟、高产、株高较矮的品种;二是种薯处理,提前暖种晒种、催壮芽,促进生育进程;三是促早熟栽培,在催壮芽基础上,提早播种,促进早出苗、早发棵;四是中耕培土,适期合理灌溉。

2. 间作套种模式 马铃薯与粮、棉、油、菜、果、药等作物均可进行间作套种,其间套模式种类繁多,各地群众也不断创新出新的模式。具体间套模式详见本书第一章至第四章。

3. 马铃薯间作套种技术的效益 马铃薯由于其生育期短,喜冷凉,因此与其他作物共生期短,可以合理地利用土地资源、气候资源和人力资源,大幅度提高单位面积的产量,获得较好的经济效益、社会效益和生态效益,所以受到生产者的欢迎。尤其中国存在人口与土地两大问题的压力,利用马铃薯与其他作物进行间作套种这一种植模式,必将作为一种新的栽培制度纳入到中国的耕作制度之中。

马铃薯与粮、油、菜、果等作物间作套种,其他作物基本不减产,还可多收一季马铃薯,其效益是多方面的。马铃薯与其他作物间作套种,一是提高光能利用率,单位面积上作物群体茎叶截获的太阳辐射用于光合生产,光合生产率的高低决定产量的高低。间作套种的作物茎叶群体分布合理,可以有效地提高太阳能的利用率。特别是间作套种使边际效应增大,有利于通风透光,因而可以提高单位面积的产量。二是马铃薯的根系分布较浅,与根系分布较深的粮棉作物间作套种,可分别利用不同土层的养分,充分发挥地力。三是马铃薯与其他作物间作套种可以减缓土壤冲刷,保持水土和减轻病虫害的危害。由于间作套种错开了农时,可以减轻劳力和肥料的压力。四是马铃薯间作套种可以提高土地利用率,使一年一作变为一年二作,一年二作变为一年三作甚至四作,从而有效地提高单位面积的产量,增加了经济效益。

参考文献

白小东,杜珍,齐海英,等,2017.2016年山西省马铃薯产业现状、存在问题与发展对策[M]//马铃薯产业与精准扶贫论文集.哈尔滨:哈尔滨地图出版社:92-96.

白艳茹,马建华,樊明寿,2010.马铃薯连作对土壤酶活性的影响[J].作物杂志,29(3):34-36.

方玉川,常勇,黑登照,2017.2016年陕西省马铃薯产业现状、存在问题及建议[M]//马铃薯产业与精准扶贫论文集.哈尔滨:哈尔滨地图出版社:138-141.

高永刚,那济海,顾红,等,2007.黑龙江省马铃薯气候生产力特征及区划[J].中国农业气象,8(3):275-280.

古丽米拉·热合木土拉,杨茹薇,罗正乾,等,2016.新疆马铃薯种植现状、存在问题及发展对策[J].新疆农业科技(5):7-9.

谷茂,丰秀珍,2000.马铃薯栽培种的起源与进化[J].西北农业学报,9(1):114-117.

黄俊明,2017.发展马铃薯产业,助推贵州精准脱贫[M]//马铃薯产业与精准扶贫论文集.哈尔滨:哈尔滨地图出版社:3-9.

李荫藩,梁秀芝,王春珍,等,2009.山西省马铃薯产业现状及发展对策[M]//马铃薯产业与粮食安全论文集. 哈尔滨:哈尔滨工程大学出版社:77-81.

刘喜才,张丽娟,孙邦升,等,2007.马铃薯种质资源研究现状与发展对策[J].中国马铃薯,**21**(1):39-41.

吕文河,王晓雪,白雅梅,等,2010.马铃薯及其野生种的分类[J].东北农业大学学报,**41**(7):143-149.

秦越,马琨,刘萍,2015.马铃薯连作栽培对土壤微生物多样性的影响[J].中国生态农业学报,**23**(2):225-232.

隋启君,白建明,李燕山,等,2013.适合西南地区马铃薯周年生产的新品种选育策略[M]//马铃薯产业与农村 区域发展论文集.哈尔滨:哈尔滨地图出版社,243-247.

孙秀梅,2000.国外种质资源在我国马铃薯育种中的利用[J].中国马铃薯,**14**(2):110-111.

唐红艳,牛宝亮,张福,2010.基于GIS技术的马铃薯种植区划[J].干旱地区农业研究,**28**(4):158-162.

滕宗璠,张畅,王永智,1989.我国马铃薯适宜种植地区的分析[J].中国农业科学,**22**(2):35-44.

王芳,赵雁南,赵文,2016.推进中国马铃薯主食化进程研究[J].世界农业(3):11-14.

王鹤龄,王润元,张强,等,2012.甘肃马铃薯种植布局对区域气候变化的响应[J].生态学杂志,**31**(5): 1111-1116.

王仁贵,刘丽华,1995.中国马铃薯种质资源研究现状[J].中国种业(3):20-22.

吴焕章,陈焕丽,张晓静,等,2016.2015年河南省马铃薯产业现状、存在问题及建议[M]//马铃薯产业与中国 式主食论文集.哈尔滨:哈尔滨地图出版社:111-113.

吴永贵,杨昌达,熊继文,等,2008.贵州马铃薯种植区划[J].贵州农业科学,**36**(3):18-25.

赵竞宇,刘广晶,崔世茂,等,2016.增施 CO_2 对马铃薯植物光合特性及产量的影响[J].作物杂志(3):79-83.

赵亮,孔建平,魏龙基,2017.马铃薯栽培种种质资源引进鉴定和评价[J].农业科技通讯(1):57-59.

周从福,段德芳,胡玉霞,等,2013.贵州低海拔地区早熟马铃薯丰产栽培技术[J].农技服务,**30**(6):570-571.

周磊,马改艳,彭婵娟,等,2016.中国马铃薯生产风险区划实证研究——基于19个马铃薯主产省的数据[J]. 中国农学通报(32):193-199.

第一章　马铃薯与粮食作物间套作

第一节　中国南方马铃薯与玉米间套作

一、马铃薯与玉米间套作的意义

众多作物中,马铃薯不仅可作粮菜兼用作物,也是医药、化工的重要原料,人均占有马铃薯数量已是衡量国家生活水平高低的一个重要标志。马铃薯作为中国主要粮食作物之一,种植面积和总产量均占世界的 1/4 左右,在国民生活中的地位日益重要。西南地区历来是马铃薯的主产区之一,由于西南地区地势不同于其他地区,导致该区的马铃薯种植方式与其他地区不同,结合当地农业生产特点与自然条件,大都采用马铃薯与其他作物间套作种植,而马铃薯与玉米的种植模式因能充分提高土地的复种指数而被多地采用。据估计,西南地区马铃薯与玉米间套作面积超过 100 万 hm²,其产量高低极大地影响粮食安全。

马铃薯与玉米间套作模式是典型的薯类与禾本科作物间套作的组合,既增加了农田生态系统生物多样性,又减少了病虫害的发生。此种栽培模式广泛分布于亚洲、非洲和拉丁美洲,早年较多使用直接在马铃薯行间套种玉米的单行种植方式,但由于行间距窄小,影响复合群体对光、热等资源的获取,同时田间收获与管理皆不方便,于是渐渐向宽幅多行套作栽培方式发展,即宽幅套作模式。据各地经验,这种栽培模式中马铃薯单产一般能达到 1300～2000kg/亩,折算成原粮后,总产量提高 22.2% 左右。结合目前国家关于种植业结构调整和马铃薯主粮化的政策背景,适当调整玉米种植面积,适度加大马铃薯种植比例,实行二者的间套作,是一种理想的种植方式。

二、马铃薯与玉米间套作的有关生态、生理基础

(一)合理种植模式下生态效应

1. 边际效应　由于间作作物高矮搭配或存在空带,边行的生态条件不同于内行,由此表现出特有的产量效益——边际效应。前人研究认为,高秆作物的光分布多成"V"或"U"形,低秆作物的光分布与可照时间分布呈不均匀性,从而使高、低作物之间及带内不同株行间产生光竞争,间作田光水平分布不均匀,从而造成了边行优(劣)势。受此影响,种植在边行的高位作物由于通风透光和营养条件较好,增强了边行优势。对套种玉米进行研究发现,宽行行间风速比单作玉米行间大 1～2 倍,作物群体内部通风条件较好,有利于与外界气体进行交换,影响复

合群体内 CO_2 浓度,增强光合作用,进而表现出边际优势效应。玉米在同矮秆作物间套种时边行优势可深达 $0.5\sim1.0$ m,其中边 1 行、边 2 行优势最大,边 3 行以内优势减弱。对小麦/玉米/薯三熟间套模式进行研究表明,玉米种植密度对间作总产量的影响最大,变异系数达 32.3%,边际效应值平均为 53.99%。

2. 田间小气候　间、套作复合群体能吸收不同层次的光热能源,使群体受光面积增大,光能利用率提高,最终改善群体田间小气候。对空气温度、相对湿度进行相关研究表明,复合间作系统随着种植密度的增加,空气温度逐渐降低,而相对湿度却缓慢升高。王海燕等(2007)在马铃薯间作蚕豆的效益评价与栽培研究中表明,由于单作田种植密度稀疏,空白地与大气接触面积大,其蒸腾特别是蒸发量比间作田大,所以单种田的相对湿度比间作带状田低。李海(2005)在研究苜蓿间作禾本科作物时得出结论,间作青贮玉米 $0\sim30$ cm 土层平均地温均高于单作,这接近它们根系生长的最适温度,作物长势优良。刘景辉等(2006)对不同青贮玉米品种与紫花苜蓿的间作研究表明,$5\sim30$ cm 土层地温从上到下呈递减趋势,同一土层温度均为间作高于单作;5 cm 土层生育期内的平均地温间作比单作提高了 $1.0\%\sim1.8\%$。对马铃薯间作玉米进行田间小气候测定发现,在 8 月中旬晴天条件下,立体田较常规田白天地面温度偏低 $11.9℃$,中午偏低 $19.4℃$,地中表土温偏低 $4.7℃$,午后土温偏低 $6.5\sim7.0℃$,立体田株间气温较对照偏高 $0.3℃$。平均相对湿度偏大 18 个百分点,表明马铃薯与玉米间作模式能减少土壤水分蒸发,降低土温,有利于马铃薯块茎的形成和发育,同时大行距种植玉米增强了田间的通风透光性,利于玉米的产量形成。

(二)对土壤微生物群落结构、功能和多样性的影响

合理的间、套作可以改变土壤的微环境,由于根系分泌物、作物残体和根系残体在土壤中的累积,供给土壤微生物的营养物质增加,因此增加了土壤微生物的活性,增加了土壤微生物的群落结构多样性,进而形成与之相适应的微生物区系。

众多研究表明,间、套作栽培不仅能够改变土壤中微生物的群落结构,也能够改变土壤微生物的代谢功能。宋亚娜等(2006)对多种类型作物间、套作模式的研究表明,套作能改变根际细菌群落结构的组成,且证明了套作体系地上部多样性与地下部多样性存在着紧密联系;吴娜等(2015)在马铃薯间作燕麦的研究中指出,4 行马铃薯间作 2 行燕麦的种植比例能改善根际土壤微生态环境,优化土壤微生物群落构成;马琨等(2016)在间作马铃薯的研究中发现,间作栽培改变了马铃薯根际土壤微生物群落的结构组成,促进了以芳香族、羧酸类化合物等 4 种碳源为生的土壤微生物代谢活动,改变了土壤微生物群落功能;魏常慧等(2017)在间作马铃薯对土壤微生物影响的研究中发现,与单作马铃薯相比,间作栽培提高了土壤微生物群落总数,增加了细菌群落所占微生物总群落数的比例,并表示间作栽培时真菌/细菌比值的降低,有利于促进土壤由低肥效的"真菌型"向高肥效的"细菌型"土壤类型转换。杜春凤(2017)对马铃薯与玉米间作土壤的微生物进行研究发现,间作栽培模式下,马铃薯和玉米的根系相互交叉,根系分泌物的成分和含量发生改变,导致土壤微生物的区系结构发生变化,显著改变了土壤微生物群落的结构组成;间作模式提高了土壤细菌、放线菌和菌根真菌的生物量,提高了以羧酸类化合物和多聚化合物为碳源基质的微生物群落的生长代谢,改变土壤微生物对单一碳源的利用能力;同时土壤微生物群落功能多样性指数均有所提高,马铃薯与玉米间作栽培提高了土壤微生物群落功能多样性,改善了马铃薯连作栽培后土壤微生态环境。

（三）对光合作用的影响

在源库理论中，有机物质的生产主要来源于作物的光合作用。光能是作物进行有机物生产的能量基础，充分利用光能，对提高作物的生产效率具有重大意义。

1. 叶绿素 叶绿素是植物进行光合作用的物质基础，作为参与光合作用的重要色素，它的功能是捕获光能并驱动电子转移到反应中心，对作物的生长及产量的形成具有极其重要的作用。在正常生长的情况下，作物叶绿素的含量高低决定着光合速率的大小，其含量的变化反映着光合速率的动态变化。研究表明，叶绿素总量和叶绿素 b 含量较高的品种更适宜马铃薯和玉米的套作种植，在这种栽培模式中，高位作物玉米对马铃薯的荫蔽效应影响了马铃薯对光能的截获，使其处于弱光环境中。持续弱光改变了马铃薯叶肉细胞排列方式，导致叶片气孔密度下降，气孔器变小，气孔器长宽比呈现增长的趋势，细胞叶绿体数量减少，叶绿素成分比例改变。适应性较强的马铃薯品种可通过增加叶绿体基粒数、基粒片层数和叶绿素 b 的含量来提高胁迫下对有效光源的捕捉能力，对散射光中的蓝紫光有更高的利用效率。

2. 光合参数 间套作复合群体所特有的结构特征，有利于改善光在群体内的分布状况，提高光能截获率与转化效率。研究表明，马铃薯叶片的光合速率与生物产量和经济产量呈正相关，在间作栽培条件下光合强度与产量的相关系数可达 0.9855。赖众民（1985）发现马铃薯/玉米套作系统的密植效应使作物在物质积累的主要光合期具有了截获光能的优势，同时套作模式下植株叶面积增加，马铃薯的光能利用率比净作高 0.588%，群体立体的冠层结构也具有了多层次的优越性。王惠群等（2005）对不同马铃薯品种的光合特性研究发现，光合作用直接影响其他相关的生理性状。康朵兰等（2007）研究则说明叶片光合速率直接影响着块茎个数、产量和淀粉含量，并且正相关。黄承建等（2013a）对套作马铃薯光合特性研究结果表明，从马铃薯块茎形成期到块茎膨大期，净光合速率、气孔导度、蒸腾速率、胞间 CO_2 浓度均呈上升趋势，其中前 3 个参数随马铃薯叶位的降低显著下降。针对重庆市北碚区马铃薯/玉米套作系统的光合特性研究也发现套作有效降低了马铃薯的蒸腾速率、净光合速率和气孔导度，提高了玉米的光合速率。

（四）对水分生理的影响

众多研究表明，间作可以增加作物的水分利用效率。对玉米间作马铃薯栽培模式进行研究发现，间作水分利用率高于单作，其中玉米高于单作 5.5%，马铃薯高于单作 20.7%。不同生育期作物表观耗水量及水分利用效率有所不同，块茎形成期至淀粉积累期间作马铃薯水分利用率低于单作，表观耗水量高于单作，同时期间作玉米水分利用率高于单作，耗水量低于单作，且均达到显著性差异，这可能是由于不同生育期作物需水规律不同及对水分竞争优势不同造成的。马铃薯块茎形成期、块茎增长期和淀粉积累期由于地上部逐渐枯萎，蒸腾蒸发量减小，需水量随之降低，对水分竞争处于劣势，间作水分利用率低于单作；同时期玉米处于拔节、乳熟和成熟期，玉米因扬花抽穗和籽粒成熟需要消耗大量水分，对水分竞争更具优势，间作水分利用率高于单作。可见，在不影响作物生长和产量前提下，间作模式下减少玉米抽穗至成熟期间的供水量是可行的。

（五）土壤养分利用

1. 土壤养分 土壤养分是作物摄取养分的主要来源之一，在作物的养分吸收总量中占有很高比例，土壤养分含量的高低关系着植株能否健康生长或生存。间套作栽培时，不同作物由于生活习性、需肥特性、株型以及生理生态方面的诸多差异,对土壤中养分的吸收量以及养分种类有较大的差别。栽培模式中的不同作物可以利用其对土壤养分的需求不同,以及在时间、空间、需水特性等方面的不同而互补,同时可利用作物根系有各自特定的形态结构,地下根系的相互交叉以及空间分布的不均,弥补对土壤养分吸收的不均,避免了土壤养分含量的闲置和流失,增强了对土壤中养分的吸收和利用。

研究表明,合理间套作可以提升土壤中的养分含量。郝艳茹等(2002)对玉米间作小麦系统进行研究发现,间作栽培提高了土壤中的养分含量,改善了土壤对作物根部供肥能力,改变了养分吸收环境。时安东等(2011)的研究表明,连续间作栽培显著改善土壤养分含量比例,协调土壤养分含量的供给,能有效地缓解连作障碍。对马铃薯与玉米间作进行研究发现,间作模式下土壤有机质含量显著增高,可能是因为根系分泌物发生改变,导致根系枯落物增加,推动了土壤有机碳同化,有机质含量增加。

2. 土壤酶　土壤酶来自动植物落叶残体、根系分泌物以及土壤中微生物的残体,能通过催化土壤中的生化反应,将土壤中复杂的无机化合物转化为能被土壤根系以及微生物利用的简单有机化合物。土壤酶是生态系统的能量流动和物质交换等生态过程中活跃的生物活性物质,酶活性的大小是衡量土壤肥力以及养分吸收转化的重要指标。

已有研究表明,间套作对土壤酶活性的提高有促进作用。姜莉等(2010)研究发现,玉米间作花生、玉米间作红薯、玉米间作向日葵3种栽培模式的根际土壤酶活性较单作相比均有一定程度的提高。胡举伟等(2013)在桑树间作大豆对根际土壤酶活性的研究中表明,间作栽培对土壤酶活性的提高具有一定的促进作用,并且通过酶活性的提高有效地改善了土壤的养分条件,促进了作物的生长。但也有研究表明,间套作栽培会不同程度地降低土壤中的酶活性。吴志祥等(2011)在对不同间作模式进行研究发现,与单作处理相比,幼龄胶园与香蕉间作时降低了土壤多酚氧化酶和过氧化氢酶活性。在马铃薯与玉米间作模式下进行相关研究发现,土壤中脲酶、过氧化氢酶活性与土壤有机质、全氮含量呈正相关,与土壤速效磷、速效钾、碱解氮及全磷含量呈负相关;马铃薯与玉米间作栽培提升了土壤脲酶和过氧化氢酶活性,在生育期内适当追肥有利于增加土壤碱性磷酸酶活性,促进作物生长发育。

三、马铃薯与玉米间套作常规栽培技术

(一)播种时期

在中国南方马铃薯产区,可因地选择播种季节。以贵州省为例,高寒山区常见春玉米同马铃薯带状间作,马铃薯于3月下旬播种,出苗始期套入玉米。低热河谷地带间套复种玉米,早春马铃薯于3月播种,出苗后间作种入玉米,或马铃薯栽培春、秋二季,玉米栽培春、夏二季,一年四作四收。具体做法是:春马铃薯(2月下旬)播种4行,春玉米(3月上旬)条播2行,春马铃薯收后在中央垄沟上条播2行夏玉米(5月中旬),春玉米收后于夏玉米大行间播秋马铃薯(9月上旬)4行。

(二)整地

马铃薯与玉米间套作的地块,以土壤疏松肥沃、土层深厚,涝能排水、旱能灌溉,土壤沙质、中性的平地与缓坡地块最为适宜。马铃薯忌连作,也不能在茄果类(番茄、茄子、辣椒等)作物为前茬的地块上种植,以防共患病害的发生。

深耕是高产的基础,可以疏松土壤,改善透气性,提高土壤的蓄水、保肥和抗旱能力,协调土壤的水分、养分、空气和温度等,为作物地下部与地上部的健壮生长创造良好的条件。马铃薯的须根穿透力差,在出苗前根系的发育越好,幼苗出土后生长势越强,产量越高,因此深耕最好在秋季进行,因为地耕得越早越利于土壤熟化,可接纳冬春雨雪,利于保墒和冻死害虫。深耕要达到 20~25 cm,应做到地平、土细,以起到保墒的作用。在春雨多、土壤湿度大的地方,除深翻和耙压外,还要起垄,以便散墒和提高地温。山坡地则应采用等高线栽植,以防土壤冲刷流失。丘陵旱地排水良好的可采用平畦栽培,有利于保水。对排水不良或黏质的土壤,则宜推广高畦栽培。

(三)选用品种

马铃薯与玉米间套作模式的产量受品种的影响很大。研究者认为,马铃薯的熟性决定了共生期的长短和玉米对其荫蔽时间的长短,在选择马铃薯品种时不仅要注重自身高产,还需考虑间套作对玉米生长发育的抑制作用,目前生产中对套作马铃薯品种的选用多为早中熟、抗病品种。

以间套作系统中的马铃薯良种选用为例,具体如下。

1. 费乌瑞它

品种来源:农业部种子局从荷兰引进的马铃薯品种,该品种是以 ZPC50-35 为母本,ZPC55-37 为父本,杂交选育而成。

特征特性:费乌瑞它属中早熟品种,生育期 80 d 左右。株高 45 cm 左右,植株繁茂,生长势强。茎紫色,横断面三棱形,茎翼绿色,微波状。复叶大,圆形,色绿,茸毛少。小叶平展,大小中等。顶小叶椭圆形,尖端锐,基部中间型。侧小叶 3 对,排列较紧密。次生小叶 2 对,互生,椭圆形。聚伞花序,花蕾卵圆形,深紫色。萼片披针形,紫色;花柄节紫色,花冠深紫色。五星轮纹黄绿色,花瓣尖白色。有天然果,果形圆形,果色浅绿色,无种子。薯块长椭圆,表皮光滑,薯皮色浅黄。薯肉黄色,致密度紧,无空心。单株结薯数 5 个左右,单株产量 500 g 左右,单薯平均重 150 g 左右。芽眼浅,芽眼数 6 个左右;芽眉半月形,脐部浅。结薯集中,薯块整齐,耐贮藏,休眠期 80 d 左右。较抗旱、耐寒、耐贮藏。抗坏腐病,较抗晚疫病、黑胫病。

产量品质:一般水肥条件下产量 1500~1900 kg/亩;高水肥条件下产量 1900~2200 kg/亩。块茎淀粉含量 16.58%,维生素 C 含量 25.18 mg/100g,粗蛋白含量 2.12%,干物质含量 20.41%,还原糖含量 0.246%。

适宜地区:该品种适应性较广,黑、辽、内蒙古、冀、晋、鲁、陕、甘、青、宁、云、贵、川、桂等地均有种植,是适宜出口的品种。

2. 中薯 3 号

品种来源:中国农业科学院蔬菜花卉研究所以京丰 1 号为母本,BF67A 为父本,通过有性杂交后代选育而成,1994 年通过北京市农作物品种审定委员会审定,2005 年通过国家农作物品种审定委员会审定。

特征特性:早熟,生育期从出苗到植株生理成熟 80 d 左右。株高 60 cm 左右,茎粗壮、绿色,分枝少,株型直立,复叶大,小叶绿色,茸毛少,侧小叶 4 对,叶缘波状,叶色浅绿,生长势较强。花白色而繁茂,花药橙色,雌蕊柱头 3 裂,易天然结实。匍匐茎短,结薯集中,单株结薯数 3~5 个,薯块椭圆形,顶部圆形,浅黄色皮肉,芽眼少而浅,表皮光滑,薯块大小中等、整齐,大中薯率可达 90%以上。

产量品质:一般亩产 1500～2000 kg,淀粉含量 12％～14％,还原糖含量 0.3％,维生素 C 含量 20mg/100g,食味好,适合作鲜薯食用。

适宜地区:该品种适应性较广,适于二季作区春、秋两季栽培和一季作区早熟栽培。

3. 中薯 5 号

品种来源:中薯 5 号从中薯 3 号天然结实后代中经系统选育而成。中国农业科学院蔬菜花卉研究所选育。2001 年通过北京市农作物品种审定委员会审定,2004 年通过国家农作物品种审定委员会审定。

特征特性:早熟,生育期 60 d 左右。株型直立,株高 55 cm 左右,生长势较强。茎绿色,复叶大小中等,叶缘平展,叶色深绿,分枝数少。花冠白色,天然结实性中等,有种子。块茎略扁圆形,淡黄皮淡黄肉,表皮光滑,大而整齐,春季大中薯率可达 97.6％,芽眼极浅,结薯集中。田间鉴定调查植株较抗晚疫病、PVX、PVY 和 PLRV 花叶和卷叶病毒病,生长后期轻感卷叶病毒病,不抗疮痂病。苗期接种鉴定中抗 PVX、PVY 花叶病毒病,后期轻感卷叶病毒病。

产量品质:一般亩产 2000 kg,干物质含量 18.5％,还原糖含量 0.51％,粗蛋白含量 1.85％,维生素 C 含量 29.1mg/100g。炒食品质优,炸片色泽浅。

适宜地区:该品种适应性较广,适于二季作区。

4. 大西洋

品种来源:美国育种家用 B5141-6(Lenape)作母本、旺西(Wauseon)作父本杂交选育而成,1978 年由国家农业部和中国农业科学院引入后,由广西农业科学院经济作物研究所筛选育成。

特征特性:属中晚熟品种,生育期从出苗到植株成熟 90 d 左右。株型直立,茎秆粗壮,分枝数中等,生长势较强。株高 50 cm 左右,茎基部紫褐色。叶亮绿色,复叶大,叶缘平展,花冠淡紫色,雄蕊黄色,花粉育性差,可天然结实。块茎卵圆形或圆形,顶部平,芽眼浅,表皮有轻微网纹,淡黄皮白肉,薯块大小中等而整齐,结薯集中。块茎休眠期中等,耐贮藏。该品种对马铃薯普通花叶病毒(PVX)免疫,较抗卷叶病毒病和网状坏死病毒,不抗晚疫病,感束顶病、环腐病,在干旱季节薯肉会产生褐色斑点。

产量品质:2002 年冬种亩产量为 1485.6 kg,2003 年春夏繁种试验,亩产种薯为 2376.0 kg。2003 年秋种试验,平均亩产量为 1074.4 kg。蒸食品质好,干物质含量 23％,淀粉含量 15％～17.9％,还原糖含量 0.03％～0.15％,是目前主要的炸片品种之一。

适宜范围:适应范围广,在全国各地均有种植。

5. 宣薯 2 号

品种来源:云南省宣威市农业技术推广中心从中国南方马铃薯中心引进的实生种子,组合为 ECSort/CFK69.1,经连续多代无性株系选育而成。

特征特性:中熟品种,生育期 80～90 d。植株生长繁茂,株形直立,株高 60～80 cm,叶绿色,茎浅绿,花冠白色,无天然结实。结薯集中,薯块卵圆形,表皮光滑,芽眼浅,皮肉浅黄。

产量品质:一般水肥条件下单产 1900～2200 kg/亩,干物质含量 21.2％,蛋白质含量 2.14％,还原糖含量 0.16％,淀粉含量 16.24％,维生素 C 含量 22.1mg/100g。

适宜范围:800 m 以上中、高海拔地区种植。

6. 昆薯 2 号

品种来源:昆明市农业科学研究院、云南师范大学薯类作物研究所、寻甸县农业局农业技术推广工作站、大理州农业科学研究所等于 1994 年从国际马铃薯中心(CIP)引进的育种群体 B 杂交组合中编号 391585 组合(母本 387132.2×父本 387170.9)实生种子中,经协作选育出的一个马铃薯新品系(品系号 391585.5)。

特征特性:中晚熟品种,生育期 98d,植株直立,分枝较少,生长旺盛。茎秆紫色。叶色浓绿,心形顶叶较大。紫色,结薯集中、结薯数中等,商品薯率高,块茎长椭圆形,芽眼浅少略带黄色,薯皮光滑淡红色、成熟块茎肉色淡黄。自然休眠期约 100 d,较耐贮运。抗病性鉴定,抗晚疫病、感轻花叶病毒病和重花叶病毒病。

产量品质:参加 2011—2012 年云南省春作马铃薯区域试验,两年平均亩产量 1741.5 kg,比合作 88 增产 4.6%;折淀粉 320.61 kg,比合作 88 增产 24.61%;比云薯 201 增产 25.66%。2013 年生产试验,4 个点平均亩产 1624.4 kg,比对照增产 21.23%,增产点率 75%。其中剑川点比合作 88 增产 23.8%,会泽点比合作 88 增产 2.9%,宁蒗点比会-2 增产 79.0%,迪庆点比中甸红减产 6.2%。总淀粉含量 18.41%,维生素 C 含量 33.7 mg/100g,蛋白质含量 2.49%,还原糖含量 0.08%,水分 79.3%。

适宜区域:大春作马铃薯区域。

7. 云薯 801

品种来源:云薯 801(B71.74.39.10 作母本、SERRANA-INTA 作父本配制的杂交组合)是云南省农业科学院经济作物研究所与宣威市农业技术推广中心合作育成的马铃薯新品种。

特征特性:中晚熟品种,生育期 92 d。株型直立,株高 72.2 cm,叶片绿色,茎秆绿色,花冠紫色,花繁茂性为少花。结薯集中,块茎大小整齐;薯形为椭圆形,表皮粗糙,皮色为淡黄色、芽眼红色、肉色为乳白色。高抗晚疫病,中感 x 病毒病,感 y 病毒病。

产量品质:三年区试产量平均亩产 2136 kg,排名第一位,比米拉增产 681 kg,增 46.75%;比合作 88 号增产 712 kg,增 50.1%。蛋白质含量 2.28%,维生素 C 含量 18.7 mg/100g,还原糖含量 0.203%,干物质含量 24.5%,总淀粉含量 16.82%。

适宜区域:海拔 1900~2600 m 大春作马铃薯区域。

8. 靖薯 4 号

品种来源:曲靖市农业科学院于 2002 年从国际马铃薯研究中心引进的 A 系列杂交实生籽组合 998007(ATZIMBA/TS-15),经连续多代的无性株系选择,于 2006 年育成的马铃薯品种。

特征特性:中晚熟品种,全生育期 98 d。株型直立,株高 92.1 cm,叶片绿色,茎秆绿色略带褐色,花冠紫色,薯形为圆形,紫皮黄肉。高抗马铃薯晚疫病。

产量品质:2009—2011 年,参加曲靖市马铃薯品种区域试验,平均亩产 1777.3 kg,比对照米拉增产 321.8 kg,增幅为 22.1%;比对照合作 88 号增产 353.8 kg,增幅为 24.9%。2008—2009 年多点同田对比测产 16 亩,平均单产 2085.3 kg。总淀粉含量 17.8%,蛋白质含量 1.55%,维生素 C 含量 10.00 mg/100g,总糖含量 0.26%,还原糖含量 0.09%,干物质含量 23.3%。

适宜区域:海拔 2000~2550 m 马铃薯生产适宜区域种植。

9. 黔芋五号

品种来源:贵州省马铃薯研究所、云南省农业科学院经济作物研究所、贵州省威宁县农业科学研究所用呼选 C89-94×92-638 组配后选育而成。

特征特性:中晚熟品种,全生育期 92 d 左右。株高 73.3 cm,天然结实差,结薯集中性中等,株丛半直立,植株较繁茂,茎叶绿色,花浅紫色。薯形圆形,黄皮白肉,薯皮光滑,芽眼浅,大中薯率 77.3%。

产量品质:省区试两年平均亩产 1884.63 kg,比对照米拉增产 33.92%,增产点次为94.4%。2007 年生产试验平均亩产 1970.4 kg,比对照增产 12.53%,增产点次为 100%。食味中等,淀粉含量 19.9%。

适宜区域:贵州省马铃薯春薯种植地区种植。

10. 红宝石

品种来源:内蒙古农牧业科学院。

特征特性:中熟品种,全生育期 80 d 左右。株型半直立,分枝 3~4 个,株高 32 cm。茎、叶绿紫色,叶缘平展,茸毛少,复叶中等,侧小叶 2~3 对,排列较整齐。花冠紫色,无重瓣,雄蕊黄色,柱头三裂,花粉少,天然结实少。单株结薯 5~8 个,结薯集中,薯块圆形,皮红色,肉红色,表皮光滑,芽眼数和深度中等。块茎休眠期 50 d 左右,耐贮藏。对早疫病、普通花叶病有较好的抗性。

产量品质:单株平均结薯 473 g,大面积平均亩产 2000 kg 左右,每千克红宝石土豆中含粗淀粉 100.7 g、还原糖 1.23 g,每百克红宝石土豆中含蛋白质 2.11 g、脂肪 0.1 g、碳水化合物15.5 g,维生素 C 含量为 18.7 mg,花青素含量为 3.15 mg。

适宜区域:适宜春作区域种植。

(四)播种

1. 玉米种子处理

(1)直播

①选种　选种时要进行株选、穗选和粒选。一般果穗中部的种子发芽率为 86.5%,基部为 82%,顶部为 72.8%。由于在种子贮藏过程中常常会造成混杂,选种就是去劣、去杂、去病虫草,提高种子质量。一般要选择果穗中部的纯净饱满的种子播种。播种前要做发芽试验,测定其发芽率(7 d 时的发芽种子的百分率)和发芽势(3 d 时的发芽种子的百分率),发芽率在95% 以上的种子才能使用。随着杂交种(杂交种第二代会减产 20% 左右)的推广和使用,种子一般都是到种子部门购买,在购买时要注意对包衣、粒色、杂质、整齐度的选择。种子包衣就是给种子裹上一层药剂,主要包括杀虫剂、杀菌剂、复合肥料、微量元素、植物生长调节剂和成膜物质加工而成。

②种子处理

晒种:播种前晒种 2~3 d,可以促进种子吸水,减少病菌,促进种子发芽(提高发芽率和发芽势)。晒种后,出苗率提高 13%~28%,提早 1~3 d 出苗,病害降低。

浸种:播种前要浸种。浸种能增强种子的新陈代谢,提高发芽率,提早出苗。浸种一般用冷水浸泡 24 h 或者两烫一冷(55℃)浸泡 6~7 h。也可用腐熟人尿 50% 浸种 6~8 h,既能肥育种子,又能促进种子酶活,利于种子的养分转化,但必须随浸随种,不能过夜。还可用 0.15%~0.2% 的磷酸二氢钾溶液浸种 12 h。浸泡过的种子宜在湿润条件下播种,干旱缺水时不宜浸种,以免发生"炕种""烧芽"及种子发霉而降低发芽率,造成缺苗。在抢茬播种、晚播和补苗的情况下,浸种后结合催芽,一般可提早 3~5 d 出苗。

拌种:在有灌溉条件的地方,使用农贝得吡虫啉种子处理可分散粉剂 10 g 兑水 30~40 g

搅拌,再加入 10 mL 赠品助剂稀释均匀;将准备好的 2～3 kg 玉米种子倒在盆内淋上药液,翻拌均匀,使每粒种子都粘上药液,阴晾 1 h 即可播种。拌种可以减少鸟雀、地下害虫和病菌的危害。

（2）育苗移栽

①选用良种　选择比当地品种生育期长 10～15 d,叶片数多 2～3 片叶,所需积温比当地品种多 250～300℃·d 的高产、抗病、优质的品种。

②准备苗床　选择地势平坦、背风向阳、排灌方便、土质肥沃、运输方便的地块育苗。苗床两侧做好排水沟,防止积水涝苗。苗床长 5～7 m,宽 1.5～2.0 m。适当增大苗床面积,可提高早春抗低温霜冻的能力。苗床底部可铺上细沙或炉灰,便于起苗。床土的质地要适宜。床土过于黏重,影响根系的生长;过于疏松,起苗时又容易使营养块散落。床土还要肥力适度,过于贫瘠,幼苗营养不良,出现弱苗;N 肥过多,容易导致幼苗徒长。

配制营养土:把腐熟的细厩肥与过筛细碎的土以 4∶6 或者 5∶5 的体积比混合,加上适量的复合肥、Zn、B 肥和杀虫杀菌农药,加水到湿润后用薄膜覆盖堆捂供育苗用。

③育苗方法

苗床育苗,裸苗移栽:选择土质肥沃疏松的地块作苗床,幼苗育成后起苗,不带土移栽。这种方式省时省力,运输量减少。但移栽后缓苗较慢,移栽时需要及时灌溉。

苗床育苗,带土移栽:苗床幼苗育成后,将营养土连同幼苗一起切块铲起,带土移栽。这种方式可以提高成活率。但移栽时,根块土壤容易脱落,形成裸根,影响成活率。而且切块不规则,难以采用机械移栽。

营养钵育苗:将营养土制钵育苗。这种育苗方式的特点是,幼苗健壮,带钵移栽,为幼苗的生长创造了良好的条件,移栽后缓苗快,成活率高。但是,这种育苗方式需要大量的营养土,并需要制作钵体。在移栽时由于钵体积较大,移栽机容纳数量有限,因此,钵苗的运输量较大。

盘育苗:盘育苗最大的特点是可以进行机械化和立体化育苗,减少育苗时间和空间,易于控制幼苗的生长。但是,由于穴盘底部的根系相互交错,分苗困难,容易损伤幼苗。

营养块育苗:在玉米营养育苗移栽技术中,营养块技术相对简单,就地取土,按 1∶1 体积比兑水搅拌成泥浆,铺成宽 1 m、长 10 m、高 3 cm 的泥块,用刀划成 5 cm 的正方块,把浸泡 12～24 h 的玉米播入方块内,盖上 1 cm 的细土,插上支撑物盖膜即可。

营养球育苗:可用手工制成鹅蛋形状的营养球,球高 8～10 cm,直径 6～7 cm,并在球顶打 1 个筷子头大小、深约 3 cm 的小孔,整齐错位地排列在苗床里,等待播种。播种时,在小孔内播精选种子 1 粒,再盖上 1 cm 厚的细土,随即浇水,加盖薄膜即可。

④苗床管理

温度的管理:一般以 25～28℃ 为宜,最高不能超过 38℃。通常玉米育苗的温度管理分为出苗前管理、出苗后管理和移栽前管理 3 个阶段。

第一阶段,出苗前棚膜要封闭,以增温为主,但最高温度不应超过 38℃。只要积温达到 128℃·d 左右,玉米种子就很快发芽出土。这段时间的温度一般不用做特殊管理;第二阶段,出苗后,棚内温度随环境气温的升高而升高,可上升到 35℃ 以上。这时就要严格控制棚内温度,一般应控制在 25℃ 左右为宜。控制温度的办法是将棚的一端或两端接缝,进行空气对流,通风降温。随着温度的变化,下午 3～4 时再把两端压严。晚间气温过低,达到 −3～−4℃ 时,还要加盖草帘等进行防寒;第三阶段,移栽前 5～7 d,气温可升高到 25℃ 以上,棚内温度更高,有时达到 38～40℃。这段时间棚内温度的调节:前 2～3 d 内,早 8 时左右把棚膜全部打开,下午5时左右再把棚膜盖好压严;后3～4 d内,晚间也不用盖膜,使玉米逐渐适应外界环境条件,以增强其适应能力。

水分的管理:在育苗过程中,土壤水分、棚内湿度与温度是决定能否培育壮苗的关键。棚内温度高,土壤湿度大,就容易造成幼苗徒长,长势弱,移栽后成活率低。所以,水分管理的关键是如何控制水分。一般前期土壤含水量以50%～70%为宜,中后期以30%～40%为宜。具体做法是,播种同时把水浇透,土壤含水量可达80%左右,以后基本就不用再浇水。特别是在起苗前的5～6 d,要严格控制水分,进行蹲苗、炼苗。移栽前一天下午,要浇一遍透水,农民称之为"送嫁水",使幼苗吸足水,加快移栽后的缓苗速度。

炼苗:炼苗是培育壮苗、缩短缓苗时间、提高产量不可缺少的措施。炼苗内容有两方面,一是把温度调节到较适宜的温度,或偏低一点,降低土壤水分,使苗缓慢生长,称之为蹲苗;二是把苗床内地小气候条件逐渐改变,使之逐渐接近棚外气候。这段过程的主要目的是提高幼苗素质,增强适应性和抗逆能力。一般在育苗的第三阶段,温度控制在20～25℃,土壤含水量在30%左右为宜。最后把棚膜揭去,昼夜炼苗。但应该密切注意天气预报,遇到0℃低温仍需采取防寒措施。

育苗日期和移栽时间的确定:育苗移栽的关键问题是育苗日期和移栽时间的确定。育苗过早,迟迟不移栽,苗龄长,在棚内徒长,难以控制,移栽到田间成活率低;移栽过早,易遭终霜危害,有绝产的可能。育苗过晚,虽然温度适宜,但土壤返浆期已过,土壤水分下降,移栽时若不浇水则缓苗困难。待苗长到二叶一心或者三叶一心时移栽。移栽前3～4 d施一次送嫁肥和杀虫杀菌药。

2. 马铃薯脱毒种薯播前处理　挑选优质种薯,除去冻、烂、病、伤、萎蔫块茎,并将已长出纤细、丛生幼芽的种薯也予以剔除,选取薯块整齐、符合本品种性状、薯皮光滑细腻柔嫩、皮色新鲜的幼龄薯或壮龄薯。如块茎已萌芽,则应选择芽粗壮者。同时还需剔除畸形、尖头、裂口、薯皮粗糙老化、皮色暗淡、芽眼突出的老龄薯。种薯大小以50～160 g为宜。

种薯切块:生产中应视种薯大小和播种方式决定是否切块。一般种薯较大的需要进行切块处理,50 g以下小整薯无须切块,可经整薯消毒后(50%多菌灵500倍液浸种15～20 min)直接播种。种薯切块时间一般在催芽或播种前1～2 d进行,常用切块方法是顶芽平分法,切块应切成立块,多带薯肉,大小以30 g左右为宜,且每个切块至少带有1～2个芽眼,芽长均匀,切口距芽眼1 cm以上。一般50 g左右小薯纵切一刀,一分为二;100 g左右中薯纵切二刀,分成3～4块;125 g以上大薯,先从脐部顺着芽眼切下2～3块,然后顶端部分纵切为2～4块,使顶部芽眼均匀地分布在切块上。切块时随时剔除有病薯块。切块所用刀具需用医用酒精浸泡或擦洗消毒。切后的种薯亦要及时做好防腐烂处理,可用70%甲基托布津2 kg加72%的农用链霉素1 kg与石膏粉50 kg混拌均匀或用干燥草木灰消毒,边切边蘸涂切口。最后将薯块置于阴凉通风处摊开,使切口充分愈合形成新的木栓层后再行催芽或播种。切块前要先晒种2～3 d。

催芽种薯:马铃薯的催芽方法很多,有晒种催芽法、室内催芽法、赤霉素催芽法、温室大棚催芽法和黑暗催芽法等。一般经过5～7 d,待芽长0.5～1.0 cm时,将催好芽的种薯摊放在阴凉处,见散射光炼芽1～3 d,使幼芽变绿后即可播种。

3. 栽培模式　中国南方地区马铃薯与玉米间套作栽培具有不同的空间配置。云南省大面积推广二套作种植模式,采用2 m开厢(2 m为1个幅带,1个幅带种植2行马铃薯、2行玉米),马铃薯开沟直播,小行 40 cm,株距 28.3 cm;玉米育苗定向移栽,小行 40 cm,株距 25 cm。四川省海拔 800 m 以下地区,春马铃薯、玉米、大豆、高粱、红薯、秋马铃薯间套种植模式取得了较好的经济效益,具体做法为:1.83 m 开厢,播种春马铃薯 2 行,预留空行 0.78 m 内移栽玉米壮苗 2 行,在玉米中间种大豆,地边四周套栽高粱,7月中上旬春马铃薯收获后,套种红薯 2 行,8月中旬玉米收获后播栽秋马铃薯 2 行。在四川省海拔较高的山区,可采用 1.5 m 开厢,马铃薯与玉米行比 2:2 的种植模式,马铃薯于 3月中上旬沟播,株距 20 cm,行距 65 cm,播后起小垄;预先培养玉米壮苗,并于移栽期覆膜移栽到预留行中,行距 50 cm,株距 50 cm。贵州省海拔 1000 m 以下区域,将春玉米与马铃薯间作栽培,100 cm 厢面种植 2 行马铃薯,马铃薯行距 40 cm;宽窄行移栽玉米壮苗,玉米窄行距 50 cm,宽行 83 cm,株距 28.5 cm。西藏海拔 3600 m 以上的高海拔地区,马铃薯与玉米间作栽培,具体做法为:单畦单行种植,马铃薯株距 25 cm,行距 80 cm,玉米株距 30 cm,行距 40 cm,马铃薯与玉米行比为 2:2。

4. 合理密植 马铃薯与玉米间套作的栽培模式广泛分布于中国不同地区,但随着生态环境的变化,这种栽培模式的空间配置也存在较大差异。四川盆地的研究表明,通过调整马铃薯和玉米的厢宽行比,扩大单位面积马铃薯的种植行数,在 1.5 m 开厢、马铃薯和玉米行比 2:2、马铃薯行距 50 cm、玉米行距 50 cm、种间距 25 cm 时,马铃薯产量大幅度提高,综合效益也最大化。云贵高寒山区的相关研究表明,影响马铃薯与玉米套作产量的关键因素是种植密度,其次是带宽,高产栽培带宽不宜过大,在马铃薯 3271 穴/亩、玉米 3480 株/亩、带宽 1.72 m 时获得最大产量。贵州低山丘陵区的相关研究表明,2:2 行套作马铃薯与玉米,马铃薯行距 40 cm、玉米行距 40 cm、种间距 60 cm 时,复合群体有最大产量与综合效益。西藏河谷平原的相关研究表明,马铃薯与玉米套作栽培行比以 3:2 效果最好,收益最高。

(五)田间管理

1. 施肥

(1)基肥 基肥以有机肥为主,一般施有机肥 15000 kg/亩,尿素 25 kg/亩,普钙 40～50 kg/亩,钾肥 5～30 kg/亩或高氮肥高钾型复合肥 40～60 kg/亩。基肥中有机肥可全层深施,化肥可采用沟施或穴施方法。

(2)追肥 玉米"小喇叭口期"追施苗肥,采用速效性肥料碳酸氢铵 8～12 kg/亩,追肥时可结合中耕除草培土,肥料施用后用土覆盖。马铃薯开花后,追肥主要以叶面喷施 P、K 肥为主,叶面喷施 0.3%～0.5%的磷酸二氢钾溶液 50 kg/亩,若缺氮叶片发黄,叶面喷施 0.5%的尿素乳液 50 kg/亩,每 10～15 d 喷一次,连喷 2～3 次。

2. 防病治虫除草

(1)马铃薯常见病害与防治

①晚疫病

症状表现:主要侵害叶、茎和块茎。叶片染病:先在叶尖或叶缘产生水渍状褐色斑点,病斑周围具浅绿色晕圈,湿度大时病斑迅速扩大,呈褐色,并产生一圈白霜,即孢子囊梗和孢子囊,干燥时病斑干枯,不见白霜。茎或叶柄染病:出现褐色条斑,重者叶片萎垂、卷缩,致全株黑腐,全田一片焦枯。茎块染病:出生褐色或紫褐色大块病斑,稍凹陷,病部皮下薯肉呈褐色,并向四周扩大或烂掉。

发病条件:病菌适宜日暖夜凉高温条件,相对湿度 95% 以上,气温 18～22℃有利于发病。因此,多雨年份、空气潮湿或温暖多雾发病重,其次是品种。

防治方法:农业防治选用抗病品种,选用无病种薯,减少初侵染源。药剂防治可在发病初期用72%霜克600~800倍、70%代森锰锌800~1000倍、72%克露700~800倍、72.2%普力克800倍、64%杀毒矾500倍、77%可杀得500倍、58%甲霜灵锰锌500倍交替喷雾,7 d一次,连喷2~3次。

②青枯病

症状表现:幼苗和成株期都能发病,绿色枝叶或植株急性萎蔫,开始早晚恢复,持续4~5 d全株萎蔫枯死,但仍保持青绿色,横剖维管束变褐,切开薯块,维管束圈变褐,挤压时溢出白色黏液,重者外皮龟裂,髓部溃烂如泥,别于枯萎病。

发病条件:该菌在10~40℃均可发育,适温30~37℃,适宜pH 6~8,最适6.6,酸性土发病重,土壤含水量高、连续阴雨或大雨后转晴往往急剧发生。

防治方法:种植无病种薯;挖除病株,病穴灌药杀菌。药剂防治可用毕菌手500倍、DT500倍、3%克菌康1000倍灌根。

③粉痂病

症状表现:主要危害块茎及根部,有时茎也可染病。块茎染病,初在表皮上现针头大的褐色小斑,外围有半透明的晕环,后小斑逐渐隆起、膨大,成为直径3~5 mm不等的"疱斑",其表皮尚未破裂,为粉痂的"封闭疱"阶段。后随病情的发展,"疱斑"表皮破裂、反卷,皮下组织现橘红色,散出大量深褐色粉状物(孢子囊球),"疱斑"下陷呈火山口状,外围有木栓质晕环,为粉痂的"开放疱"阶段。根部染病,于根的一侧长出豆粒大小单生或聚生的瘤状物。

发病条件:土温18~20℃、土壤相对湿度90%左右、pH4.7~5.4适宜病菌生长发育,田间发病较重。马铃薯生长期降雨多、夏季凉爽利于发病。病害轻重主要取决于初侵染数量和程度。

防治方法:严格执行检疫制度,对病区种薯严加封锁,禁止外调。病区实行5年以上轮作。增施基肥或P、K肥,多施石灰或草木灰,改变土壤pH值。加强田间管理,提倡采用高畦栽培,避免大水浸灌,防止病菌传播蔓延。选留无病种薯,把好收获、贮藏、播种关,汰除病薯,必要时可用2%盐酸溶液或40%福尔马林200倍液浸种5 min,或用40%福尔马林200倍液将浸种薯浸湿,再用塑料布盖严闷2 h,晾干播种。

④早疫病

症状表现:主要危害叶片,也可侵染块茎。叶片染病:在叶面发生褐色或黑色圆形或近圆形具有同心轮纹的病斑,湿度大病斑生出黑色霉层,即病原菌的分生孢子梗及分生孢子。块茎染病:产生暗褐色稍凹陷圆形或近圆形斑,皮下呈浅褐色梯状干腐。

发病条件:遇到小到中雨或连续阴雨天,湿度高于70%,温度26~28℃,该病易发生流行。

防治方法:选用抗病品种,选用无病种薯,减少初侵染源。发病初期用72%霜克600~800倍、70%代森锰锌800~1000倍、72%克露700~800倍、72.2%普力克800倍、64%杀毒矾500倍、77%可杀得500倍、58%甲霜灵锰锌500倍交替喷雾,7d一次,连喷2~3次。

⑤病毒病

症状表现:有三种类型。

花叶型:叶面叶绿素分布不均,呈黄绿相间斑驳花叶,重时叶片皱缩,全株矮化,有时伴有叶脉透明。

坏死型:叶、叶脉、叶柄及枝条、茎出现褐色坏死斑,重时全叶枯死或萎蔫脱落。

卷叶型:叶片沿主脉或自边缘向内翻转,变硬、革质化,重时每片小叶呈筒状。

发病条件:管理差、蚜虫发生量大、25℃以上高温、干旱,利于病毒病发生。

防治方法:种植脱毒种薯,及时治蚜防病,加强田间管理,提高植株抗逆能力。发病初期喷药防治,病毒克星 500 倍、脱毒师 600 倍、1.5% 植病灵 800 倍、每亩使用绿野神 375 g 兑水 45 kg 喷雾防治。

(2)常见虫害与防治

①块茎蛾

症状表现:马铃薯块茎蛾的卵产于叶脉处和茎基部,薯块上卵多产在芽眼、破皮、裂缝等处。幼虫孵化后四处爬散,吐丝下垂,随风飘落在邻近植株叶片上潜入叶内为害,严重时嫩茎和叶芽常被害枯死,幼株甚至死亡;在块茎上则从芽眼蛀入,蛀成弯曲的隧道,严重时吃空整个薯块,外表皱缩并引起腐烂。田间马铃薯以 5 月及 11 月受害较严重,室内贮存块茎在 7—9 月受害严重。

形态识别:成虫为小型蛾子,体长约 5~6 mm,翅展约 14~16 mm,雌成虫体长 5.0~6.2 mm,雄成虫体长 5.0~5.6 mm。灰褐色,稍带银灰光泽。触角丝状。下唇须 3 节,向上弯曲超过头顶,第一节短小,第二节下方被覆疏松、较宽的鳞片,第三节长度接近第二节,但尖细。前翅狭长,鳞片黄褐色或灰褐色翅尖略向下弯,臀角钝圆,前缘及翅尖色较深,翅中央有 4~5 个黑褐色斑点。雌虫翅臀区有显著的黑褐色大斑纹,两翅合并时形成一长斑纹。雄虫翅臀区无此黑斑,有 4 个黑褐色鳞片组成的斑点;后翅前缘基部具有一束长毛,翅缰一根。雌虫翅缰 3 根。雄虫腹部外表可见 8 节,第 7 节前缘两侧背方各生一丛黄白色的长毛,毛从尖端向内弯曲。卵椭圆形,微透明,长约 0.5 mm,初产时乳白色,微透明且带白色光泽,孵化前变黑褐色,带紫蓝色光亮。空腹幼虫体乳黄色,危害叶片后呈绿色。末龄幼虫体长 11~13 mm,头部棕褐色,每侧各有单眼 6 个,胸节微红,前胸背板及胸足黑褐色,臀板淡黄。腹足趾钩双序环形,臀足趾钩双序弧形。蛹棕色,长 6~7 mm,宽 1.2~2.0 mm,臀棘短小而尖,向上弯曲,周围有刚毛 8 根,生殖孔为一细纵缝,雌虫位于第 8 腹节,雄虫位于第 9 腹节。蛹茧灰白色,长约 10 mm。

防治方法:农业防治:认真执行检疫制度,不从有虫区、已发生块茎蛾地区调进马铃薯。通过采用适当的农业措施,特别是避免马铃薯和烟草相邻种植,可减轻或减免危害。及时培土,在田间勿让薯块露出表土,以免被成虫产卵。药剂防治:使用药剂处理种薯,对有虫的种薯,用溴甲烷或二硫化碳熏蒸,也可用 90% 晶体敌百虫或 25% 喹硫磷乳油 1000 倍液喷种薯,晾干后再贮存。在成虫盛发期可喷洒 10% 赛波凯乳油 2000 倍液或 0.12% 天力 E 号可湿性粉剂 1000~1500 倍液。

②玉米蚜虫

症状表现:苗期在心叶内或叶鞘与节间为害,抽穗后危害穗部,吸食汁液,影响生长,还能传播病毒,引发病毒病。蚜虫密度大时分泌大量蜜露,叶面上会形成一层黑霉,影响光合作用,造成玉米生长不良,从而减产。

形态识别:玉米蚜可分为无翅孤雌蚜和有翅孤雌蚜。无翅孤雌蚜深绿色,披薄白粉,附肢黑色,复眼红褐色。触角 6 节,长度短于体长的 1/3。喙粗短,不达中足基节,端节为基节宽 1.7 倍;有翅孤雌蚜头、胸黑色发亮,腹部黄红色至深绿色,腹管前各节有暗色侧斑。触角 6 节比身体短,长度为体长的 1/3。腹部 2 至 4 节各具 1 对大型缘斑,第 6、7 节上有背中横带,8 节中带贯通全节。其他特征与无翅型相似。卵椭圆形。

防治方法：及时清除田间地头杂草,可明显减轻危害。玉米播种前,可选用 70％吡虫啉种子处理剂,制剂用量 600～700 g,35％噻虫嗪种子处理剂,制剂用量 400～600 g,拌种 100kg 种子,即可有效控制玉米苗期蚜虫的发生与危害。在玉米拔节期发现中心蚜株,进行点片式喷雾防治,可有效地控制蚜虫的为害。当有蚜株率达到 30％～40％、出现"起油株"时,应进行全田统一防治。可喷施如下杀虫剂:10％吡虫啉可湿性粉剂,10～20 g/亩;25％噻虫嗪水分散粒剂,8～10 g/亩;4.5％高效氯氰菊酯乳油,40～60 mL/亩;25 g/L 溴氰菊酯乳油,10～20 mL/亩。

(3)常见草害与防除 杂草为害是影响产量的主要因素之一。马铃薯与玉米间、套作田里杂草主要包括苘麻、反枝苋、皱果苋、刺儿菜、黄花蒿、马唐、牛繁缕、香附子等。播后苗前或移栽前用药,使用 50％乙草胺(150 mL·g/亩)或 50％都尔(300 mL·g/亩),兑水均匀喷雾土表。

(4)鼠害及防治 近年田间鼠害有加重趋势,为害老鼠种类包括黑线姬鼠、褐家鼠、黄胸鼠、黑线仓鼠、大仓鼠、小家鼠、黄毛鼠、社鼠、巢鼠等。苗期造成田间缺苗断垄,成熟期主要危害果实,造成减产减收。为了减少鼠害,在作物播种和中后期管理中,需要做好鼠害防治。目前应用较多的是化学灭鼠法,又称药物灭鼠法。播种期使用药剂杀鼠灵配制成 0.05％的毒饵,每亩 200～400 g。沿田埂每隔 3～5 m 放一堆,每堆 5～7 g,投药 24 h 毒饵吃完的要补投,全部吃完的加倍补投,能达到较好的灭鼠效果。生育中后期作物将成熟,老鼠偷食果实,为害更为严重,可使用 0.5％溴敌隆母液与粮食瓜果等拌成毒饵,农田每亩投放 30～40 堆,每堆 5 g,能较好消灭田间鼠害。玉米和马铃薯收获后,加强室内灭鼠,在每个房间投放 4～5 堆,每堆 5 g,在庭院四周每隔 5 m 投一堆,每堆 5～10 g,能较好消灭室内外鼠害。

(六)适期收获

1. 马铃薯收获 当马铃薯叶色由绿逐渐变黄转枯,块茎脐部与着生的匍匐茎容易脱离,不需用力拉即能与匍匐茎分开,块茎表皮韧性较大、皮层较厚时,马铃薯达到生理成熟时期,此时收获产量最高。但生产中有时并不一定在生理成熟期收获。如结薯早的品种,其生理成熟期需 80 d,但在 60 d 时块茎已达到市场要求,此时可根据市场需求进行早收,这是因品种而异的早收。另外,秋末早霜后,虽未达生理成熟期,但因霜后叶枯茎干,不得不收。有些地块因地势低洼,雨季来临时为避免涝灾,也需提前早收。当遇到这些情况时,应灵活决定马铃薯的收获期。

2. 玉米收获 玉米籽粒成熟标准一是籽粒基部黑色层形成,二是籽粒乳线消失。但适期晚收有利于提高产量。相关研究表明,推迟 7 d 收获,增产近 5％,推迟 14 d 收获增产近 8％。适期晚收即要求全田 90％以上的植株茎叶变黄,苞叶变黄变松,籽粒变硬,角质明显而有光泽,基部无浆,玉米籽粒乳线消失,籽粒基部出现了明显的黑层,籽粒已达到完全生理成熟后收获,可以获得最高的经济产量。

四、马铃薯与玉米间套作特殊栽培技术

(一)地膜覆盖栽培

马铃薯生产中使用最多的是黑色膜,一般采用平垄,按 60 cm 膜面、40 cm 膜间距划好行,再施入肥料,浅翻与土壤充分混匀,然后覆膜,等播期到了再破膜播种。但马铃薯种块较大,破膜播种不方便,因此,生产上也采用播后覆膜、出苗后放苗的做法,但这不利于保墒。因此在旱作农区应在早春覆膜(底墒较好)或等雨趁墒覆膜,再等到播期破膜下种。

玉米生产中有侧膜覆盖和全膜覆盖两种覆盖栽培模式。侧膜覆盖是株间厢面膜际栽培,全膜覆盖是植株范围膜内栽培。侧膜覆盖具有保水性更好、春雨利用率更高的优点,有利于春雨期间壮苗健苗。同时还减少了在薄膜上开孔引苗的工序,能够起到省工省时减轻劳动强度的作用。

(二)双行聚垄套作栽培

黔西北山区内山高坡陡,耕地破碎,马铃薯与玉米套作是该区旱地的主要耕作制度,每年播种面积达 10 万 hm² 以上。近年来当地大力推广并普及双行聚垄套作高产高效栽培技术。具体步骤如下:马铃薯采用复合行距 1.7~2.0 m 开厢,宽窄行双行种植,在窄行处聚垄 0.6 m 左右,垄高 0.10~0.15 m,在垄厢上开双行马铃薯播种沟,沟宽 0.15 m 左右,沟距 0.4~0.5 m,预留宽行 1.3~1.5m,在宽行中间聚垄 0.6 m 左右,套作双行玉米。马铃薯和玉米之间的距离为 0.45~0.50 m。马铃薯收获后,将茎叶压青并给玉米培土。马铃薯和玉米的行向一般为南北行向,移栽玉米的叶向与行向垂直,连片范围内应相对统一行向,有利于通风透光。

五、效益分析

间套作作物的产量优势主要源于间作系统中各边行优势效应的累加。马铃薯间作玉米增产,是因为玉米植株直立高大,而马铃薯植株较矮,两者带状相间种植,构成一个高低交错的田间复合群体,改善了通风透光条件,提高了光能利用率;并且这种高低搭配的间作复合群体使玉米边行的生态条件不同于内行,由此表现出特有的产量效益,同时玉米前期对光照敏感,生长快速,有利于充分发挥边行优势,因而表现出差异极显著的增产效应。桂富荣(2005)对云南省宣威的马铃薯与玉米不同套作模式进行经济效益分析发现,2∶2 种植模式下经济效益最高,显著高于单作处理下的经济效益。在单位产品投入产出和每公顷投入产出中,种植马铃薯的比较效益都低于玉米;进一步分析表明,套种模式对马铃薯单位产品投入产出效率影响不大,但对玉米单位产品投入产出效率影响显著,2∶2 种植模式影响最大。

间套作系统在植物病虫害的生物防控、杂草抑制、作物品质改善以及减少对栽培环境的负面影响等方面都表现出单作系统所无法比拟的优势。热带地区的研究表明,甘蔗与马铃薯、玉米、小麦和菜豆等间作后,土壤中有机碳的含量明显增加,增加量分别为 17%、25%、24% 和 13%;在不同的间作方式下,土壤中微生物碳和氮含量分别占土壤有机碳和总氮的 2.7%~3.3% 和 2.6%~3.7%。对半湿润偏旱的豫西丘陵区坡耕地进行研究发现,间作模式的防径流效果较好,比净作少 2.33 mm,比免耕和深松也减少 1.87 mm 和 1.59 mm,比深翻耕作减少 4.07 mm。针对目前人均耕地面积不断下降的压力背景,间套复种栽培无疑是一种较为理想的种植模式,且合理的间套作有利于充分利用自然、社会资源,达到最佳的经济和生态效益。

第二节 中国北方马铃薯与玉米间套作

一、应用地区

玉米是中国北方主要的粮食作物,马铃薯也是北方地区主要的粮食、经济作物,玉米与马铃薯间套作是一种代表高、矮秆作物的典型配置,能充分利用空间,形成多层次叶层,如同"立交桥"和"独木桥",间套作为"立交桥",而净作为"独木桥",间套作提高了田间的空间,是重要的多熟种植和立体栽培方式之一,能够提高光能利用率,发挥不同作物的空间互补作用,在北方地区普遍实施种植。

马铃薯是产量潜力极高的作物,因收获的是地下块茎,其地上部生产的光合产物不需要通过开花、授粉受精等过程而直接转运到地下块茎进行贮藏,因此,地上部分光合物质生产的能力以及向地下部分转运的效率,直接关系到马铃薯块茎的形成。马铃薯/玉米行间配置可以最大限度地发挥立体种植优势,合理利用土地,提高单位面积产量和产值,增加了收获指数,使马铃薯和玉米获得双丰收,提高耕地的总体生产能力,增加经济产出。

玉米和马铃薯均是重要的粮食作物,其间作种植是重要的旱地禾谷类与薯类作物间作模式,在中国各地广泛种植。生产实践和研究报道已证实,玉米马铃薯间作具有显著的产量优势。作物间作后具有比单作更高的产量优势,主要在于间作有更好的病虫害控制效应、更高的地上部光热资源利用和地下部养分吸收与利用效率。就玉米、马铃薯间作问题,有研究表明,间作水分捕获量和水分利用效率高于单作,间作系统有明显生物学产量和经济产量的优势。有研究结果表明,与单作相比,间作增加玉米、马铃薯地上部干物质量及玉米产量,土地当量比为1:58。

间套作栽培是在同一田地上进行。其原理是生长季节相近或相似两种或两种以上的作物按一定比例分行或分带种植。据记载,在中国汉代间套作已有萌芽,在南北朝时期得到了初步发展,是中国农业生产的传统栽培方法。通过合理的间套作,充分利用自然资源,可以提高光、温、水、气、肥等各项因子的利用效率,比单作得到更多的收获量;抑制杂草滋生和病虫害的蔓延,减少农药使用,起到生态防治的作用;中国人多地少,耕地逐年减少,通过间套作种植方式,不仅能使单位面积土地产值提高,增加农民收入,而且对中国农业的可持续发展有很大的促进作用。

间套作作为中国北方传统农业的精髓,具有增产、提高养分资源利用效率、增加农田生物多样性和稳定性、持续控制病虫草害的优势,并且改善农田生态环境,促进生态平衡。同时能显著提高植物的光合效率、抑制杂草滋生和病虫危害。已有研究表明,间作能改变根际土壤微生物群落多样性,增加作物对P的吸收,可获得比单作更高的产量和经济效益。由于玉米套种马铃薯,玉米间距比单种玉米间距大,比单作玉米更通光透气,玉米植株边际效应明显,因此,玉米套种马铃薯的玉米籽粒产量比单种玉米的籽粒产量高8%,玉米套种马铃薯的玉米秸秆产量比单种玉米的秸秆产量高5.5%。通过玉米间套作马铃薯栽培技术示范,结果表明,玉米套种马铃薯比单种玉米及单种马铃薯生产效益和经济效益都高,玉米套种马铃薯增产部分经济效益显著高于马铃薯减产部分经济效益。

间作、套种由于能充分利用土地、水分和养分资源,被世界各国广泛采用。随着优良品种和先进技术的推广应用,部分地区改良了耕作制度,采用马铃薯—玉米套作,提高了土地复种指数和粮食产量。为了更好地利用特有的光热条件,在现有栽培制度基础上,试验通过选用早熟的玉米品种和生育期适宜的马铃薯,进行玉米—马铃薯套作栽培技术研究,以期探索出一套更适合北方农区种植的套作栽培技术,不仅使土地利用率达到了一个新的水平,为农民增产增收创造一个新途径,而且对促进北方农区的社会主义新农村建设、农业生产的发展、创建和谐小康社会和富民安康,具有十分重要的意义。马铃薯和玉米间套作可以比较明显地改善田间的生态环境。研究认为,马铃薯生长、形态建成和产量对光照强度有强烈反应,幼苗期强光和适度高温,有利于促根、壮苗;发棵期强光和适当温度,有利于建立强大的同化系统;结薯期适当强光、适温,有利于同化产物向块茎转运,促进块茎高产。恰当的采取遮光降温措施可以对马铃薯起到明显的增产作用。马铃薯是 C_3 植物,马铃薯块茎膨大的适宜温度为 $16\sim18℃$,间套作增加行间风速,同时玉米的遮阴可以对马铃薯降温,温度、湿度、寒意、热力指数、露点温度、湿球温度均降低,为马铃薯的块茎膨大提供良好的自然环境;有利于块茎的膨大。马铃薯间套作较其净作茎粗增加、株高降低,叶面积系数、叶绿素含量增加,有利于光合作用。在玉米生育前期(刚出土),马铃薯对其有遮光作用,从而影响玉米生长发育,引起减产。马铃薯/玉米套作模式,在高寒山区气候冷凉条件下适宜马铃薯生长,马铃薯耐旱,高产、稳产性较好,不仅能大幅度提高北方地区土地单位面积产值、提高土地复种指数和土地利用率、增加农民收入,而且对促进北方地区的农业产业结构调整和农业产业化具有推动作用;另外,还能利用间作系统形成的群体微气候控制病虫害,减少农药的使用量,起到环境保护的生态效益。

在西北玉米生产区,海拔 $2500\sim2600$ m 及以下区域,无霜期 $180\sim190$ d 的地区,充分利用当地特有的光热条件,选择生育期 120 d 左右的早熟玉米品种和生育期适宜的马铃薯品种,合理安排茬口和播种期,配套相应栽培技术。

玉米、马铃薯同为宁夏节水型优势作物,近年来,宁夏马铃薯产业特别是南部旱区发展很快,但在引黄灌区主要种植菜用型早熟品种,晚熟马铃薯品种立体复合种植较为少见。另外,随着黄灌区水资源的日益紧张,马铃薯间作玉米是一种很节水的栽培方式,因此,很有必要对其具体的栽培模式、节水效果及经济效益等进行对比研究。

高效用水型立体复合栽培技术是生态农业集约化生产的重要举措之一,也是有效提高单位面积作物光合净效率、实现农业节本增收的重要环节之一。玉米与马铃薯间作可改善通风透光条件,有利于提高单位面积上的总产量,特别是玉米与马铃薯间作矛盾小,互利多,两者又都是高产作物,增产效果显著。玉米喜高温,前期因气温低生长慢,而马铃薯喜冷凉耐低温,前期生长快,且耐阴能力强,能在玉米之下正常生长发育。马铃薯薯块膨大期,适当降低地温,有利于积累干物质,提高马铃薯的品质和产量,减少浇水次数。因此,海拔在 $2500\sim2600$ m 水源充足的农区和农牧交界区适合推广玉米套种马铃薯栽培技术。

间套作集约种植在农业生产实践中得到推广运用的持续动力是经济效益,产量则是评判间套作是否具有生产推广潜力的首要指标。不同间套作模式下物种能通过竞争或促进原理,合理分配资源,从而直接或者间接影响种间生物和非生物的生长环境,提升可利用资源有效性。间套作可以改善作物生长环境,增加根际营养物质,提高作物光合能力,进而增加作物产量,改善作物品质,并能够在某种程度上调节粮食作物与油料作物、饲料作物等之间的争地矛盾,促进多种作物的全面发展。

马铃薯与玉米间套作种植形式是一种适合当前农业产业结构调整,一种寻求最佳经济和生态效益为目的的现代农业生产途径,被认为是发展高效农业的一个好路子。因此,在中国北方地区进行马铃薯玉米间套作栽培模式推广,对于增加农牧民收入和增加单位面积年产量具有重大的现实意义。

二、实用栽培技术

以间套作系统中的马铃薯栽培为主体进行论述。

（一）选地整地

1. 选地　马铃薯对土壤条件要求较高,要获得较高的马铃薯产量,在选择玉米、马铃薯间作地块时,只要适宜马铃薯栽培就适宜玉米栽培,土地选择得当能为马铃薯生长提供良好的环境条件和物质基础。种植马铃薯的地块,必须选择地势高燥、土层深厚、肥沃、疏松的地块,排水通气性良好的土壤,最好能浇水的沙壤土或轻沙壤土地块,富含有机质、微酸性、中性或微碱性的沙壤土的平地或缓坡地块为最佳,不能选择低洼、涝湿和盐碱地,否则,遇到多雨年份,土壤水分过多,通气不良,薯块皮孔爆裂,影响薯块呼吸,造成田间烂薯、储藏烂窖;切忌重茬或与茄科作物轮作,以免造成土壤养分失衡,病虫害严重。马铃薯播种要求的墒情以"合墒"最好,土壤含水量在 $14\% \sim 16\%$。

马铃薯是不耐连作的作物,忌连作和迎茬,也不要与块根块茎、茄科作物连作。种植马铃薯的地块要选择 3 年内没有种过马铃薯和其他茄科作物的地块。前茬以小麦、玉米、谷子、杂粮为好,其次是大豆、高粱、麻类、地瓜茬,忌用甜菜、向日葵、茄子、辣椒、番茄、白菜、甘蓝等与马铃薯有共同病害的地块。严禁选用在前茬使用过量持效性除草剂的地块上栽培马铃薯,因这些除草剂在土壤中的药效期都在 18 个月以上,栽植马铃薯后除草剂会使马铃薯产生药害,造成缺苗断条,严重影响产量。

2. 整地　整地是改良土壤条件最有效的技术措施之一。整地选择保水保肥条件较好的中等以上肥力地块,前茬作物收获后及时深耕灭茬。深耕是整地的基本方式,深耕可使土壤疏松,透气性好,提高土壤蓄水、保肥及抗旱能力。耕深一般在 $25 \sim 30$ cm,灌足冬水。耕后及时耕耱,平整地表,便于机械播种深浅一致,出苗匀、齐,可提高灌溉质量,利于缩小蒸发面,减少水分蒸发等。对于覆膜栽培的方式意义更大,将直接影响覆膜质量。

为了使植株生长苗壮,易于多结薯、结大薯,必须实行深耕整地,使土壤中水、肥、气、热等条件得到改善。加深耕层,为作物根系提供深厚的活动层。根深才能叶茂,作物才能高产。若要根系深扎,土层太硬不行。深耕整地,能够创造深厚疏松的耕作层,为根系的顺利伸展和下扎提供有利条件。

通过耕松并翻转耕层,上、下层土壤交换,土表粪肥、残茬等有机质翻埋到下层。通过冻融交替、干湿交替和作物根系的作用,把大而硬的土块变成酥而散,逐渐恢复土壤结构。同时把结构性已经变好的下层土壤翻至上层,有利于透水通气。并且还能消灭部分杂草,减少有害生物对田间造成的危害。耕翻时,将上层土壤连同地面的杂草、种子、残茬以及寄存在上面的病虫翻至下层,把潜藏在下层越冬的病虫翻至地表层,都会由于造成对杂草、病虫极端不利的生存条件,使之腐烂冻死。

最好不要选在春天整地,以免土壤失墒严重,整地一般在冬前前茬作物收获后进行深翻晾地待用。要使米薯间作获得高产必须实行大垄栽培,一般要把 60 cm 的小垄栽培改为 80 cm 的大垄栽培。

马铃薯以地下块茎为收获产品,整地时要求在播种前深耕、耙细、整匀、平整,欲促进高产,就要为块茎在地下生长创造良好的土壤环境。马铃薯的须根穿透力较弱,土壤疏松有利于根系的生长发育,播种后到出苗前,根系在土壤中发育得越好,后期的植株生长势越强,产量就越高,特别是前期生长比较缓慢的品种尤为重要。所以,深耕是保证马铃薯高产的基础,同等条件下,深耕比浅耕能增产10%左右。试验证明,耕层越深,增产效果越显著。若土壤墒情不好,要提前灌溉一次,再进行深耕。马铃薯适合沙壤土种植,深耕可使土壤疏松,透气性好,并可提高土壤的蓄水、保肥和抗旱能力,改善土壤的物理性状,为马铃薯的根系充分发育和薯块膨大创造良好的条件,为马铃薯的生长发育奠定良好的基础。

(二)分行或分带

1. 分行　马铃薯与玉米套种的模式有 3 种。第一种是 2 行马铃薯分别与 1 行、2 行、3 行玉米套种。第二种是 2 行玉米和 2 行马铃薯。第三种是 4 行玉米和 4 行马铃薯。2∶2 间作模式玉米和马铃薯密度分别为 47847 株/hm² 和 30075 株/hm²,占地面积分别为 47.37% 和 52.63%;4∶4 间作模式玉米和马铃薯密度分别为 49140 株/hm² 和 30888 株/hm²,占地面积分别为 45.95% 和 54.05%。生产中多采用第二种模式,目的是为了便于马铃薯的培土和浇水。

其技术要点如下:

土地整平后,按 170 cm 幅宽种植 2 行马铃薯、2 行玉米。

马铃薯行距 65 cm,株距 20 cm。每亩播种 3900 株。玉米行距 40 cm,株距 24 cm,每亩播种 3200 株。

2. 分带　旱地分带间、套、轮作是以带状种植为基础,在同一块地上实行多熟间套和轮作换茬。使所种作物形成一个完善的、理想的复合群体,并具有科学性、连续性的一种作物栽培制度。它的特点是:分带规格化种植,每年种植的作物按生长季节及其特性进行科学组配,同一作物在上下年度内虽在同一块地上种植,但不出现重茬口。实行这种分带间、套、轮作法,多熟、高产、效益高,且方法简便,易为群众所接受。

旱地梯田地膜玉米与马铃薯带状种植技术是近年来农技人员和广大农民在抗旱生产实践中探索出的一项抗旱、高产、高效栽培模式,这种种植模式,边行优势强,提高了光、热、水、土资源的利用率,可达到通风透光、防旱抗旱、用地养地、增产高效的目的,是干旱山区的一种优良种植形式。

提高播种质量采用一垄种 2 行玉米,另一垄种 2 行马铃薯,玉米亩保苗 1800～2000 株、马铃薯亩保苗 1200～1500 株,也可种植两垄玉米,再种植两垄马铃薯,马铃薯垄可覆盖地膜,也可不覆盖地膜,地膜马铃薯易发生烧苗,要采用先覆膜后打孔播种,马铃薯播深 8～10 cm。

间作模式多为 1.6 m 一带(也有 1.33 m 一带的,该模式玉米株、行距为 33 cm×67 cm),盖膜种玉米窄行带为 70 cm(2 行),大背垄种马铃薯带 90 cm(1 行或双行),一般马铃薯早于玉米播种 7～10 d,玉米、马铃薯平均株、行距为(26～30)cm×80 cm,每亩密度平均为 2800 株左右(马铃薯为单行的其密度为 1400 株/亩)。

分带间、套、轮作较合理地运用了农业生态学的层结构规律。宽窄行合理密植,作物茎秆高矮、根系深浅合理搭配,从而形成了作物生长发育上的多边行优势,使生育前期稀中有密,中期密中有稀,后期稀密匀称,缓和了作物间的光、温、水、气的矛盾,提高了复合群体的光能利用,也改善了田间小气候,从而有利作物高产。

(三)选用品种

1. 选用适宜熟期类型的品种　马铃薯与其他作物间作套种首先要考虑全作物的选定和前后茬、季节的安排,还要参考当地气象资料。马铃薯与玉米间套种既延长土地利用时间又实行了马铃薯与玉米的两熟种植。马铃薯的选择应遵循早熟、高产、株高较矮的脱毒品种,如克新 14 号、中薯 3 号、费乌瑞它、早大白等;玉米选择株型紧凑、株高中等、叶片上冲、抗病性强、活秆成熟的品种,如洛玉 1 号、登海 3 号等。马铃薯种薯选用幼龄薯、壮龄薯,不可选用老龄薯、龟裂薯、畸形薯、病薯。

根据马铃薯结薯期喜低温的特性,选择与玉米间套种应注意安排最合理的栽培季节,以使这一搭配组合最大限度地利用当地无霜期的光能,又使两作物的共生期较短。春马铃薯生长旺季时,春玉米正值苗期,不与马铃薯争光、争肥。待春马铃薯收获时,春玉米正开始拔节进入旺盛生长阶段,此时收获春马铃薯正好给春玉米进行了行间松土。

2. 间套作体系中的马铃薯良种简介

(1)克新 1 号(克星 1 号)

品种来源:黑龙江省农业科学院马铃薯研究所于 1958 年以 374-128 为母本、Epoka 为父本,经有性杂交系统选育而成,原系谱号克 5922-55。1967 年通过黑龙江省农作物品种审定委员会审定,定名为"克新 1 号"。1984 年经全国农作物品种审定委员会审定为国家级品种,在全国推广。1987 年获国家发明二等奖。

特征特性:"克新 1 号"属中熟品种,生育日数 90 d 左右(由出苗到茎叶枯黄)。株型直立,株高 70 cm 左右。茎粗壮、绿色,复叶肥大、绿色。花淡紫色,有外重瓣,花药黄绿色,雌雄蕊均不育不能天然结实和作杂交亲本。块茎椭圆形,大而整齐,白皮白肉,表皮光滑,芽眼中等深。耐贮性中等,结薯集中。高抗环腐病,抗 PVY 和 PLRV。较抗晚疫病,耐束顶病。较耐涝,食味一般。淀粉含量 13%,维生素 C 含量 14.4 mg/100g 鲜薯,还原糖含量 0.25%。

产量情况:丰产性好,亩产 2000 kg 左右。

栽培要点:黑龙江省南部地区以 4 月中下旬、北部地区以 5 月上中旬播种为宜。由于植株繁茂,每亩以栽植 3500 株为宜。也适于夏播留种。适应性广,是中国主栽品种之一。

适宜范围:适于黑、吉、辽、冀、内蒙古、晋、陕、甘等省(区)。南方有些省也有种植。

(2)晋薯 16 号

品种来源:山西省农业科学院高寒区作物研究所 1999 年用 NL94014 作母本,9333-11 作父本,杂交选育而成,原编号为 00-5-97。2006 年通过山西省农作物品种审定委员会审定,定名为"晋薯 16 号"。

特征特性:"晋薯 16 号"属中晚熟种,从出苗至成熟 110 d 左右,生长势强。植株直立,株高 106 cm 左右。茎粗 1.58 cm,分枝数 3~6 个。叶片深绿色,叶形细长,复叶较多。花冠白色,天然结实少,浆果绿色有种子。茎绿色。薯形长圆,薯皮光滑,黄皮白肉,芽眼深浅中等,结薯集中,单株结薯 4~5 个。蒸食菜食品质兼优。经农业部蔬菜品质监督检验测试中心品质分析,干物质含量 22.3%,淀粉含量 16.57%,还原糖含量 0.45%,维生素 C 含量 12.6mg/100g 鲜薯,粗蛋白含量 2.35%,符合加工品质要求;植株抗晚疫病、环腐病和黑胫病,根系发达,抗旱耐瘠;薯块大而整齐,耐贮藏,大中薯率 95%,商品性好,商品薯率高。

产量情况:2006 年参加山西省生产试验,5 个试验点全部增产,平均亩产 1640.7 kg,比对照"晋薯 14 号"增产 10.9%。

栽培要点:北方春播区播种时间一般在 4 月下旬至 5 月上旬为宜。播种前施足底肥,最好集中穴施,每亩种植密度为 3000~3500 穴。有灌水条件的地方在现蕾开花期浇水施 N 肥 15~20 kg/亩,可增加产量 10%~20%。中期应加强田间管理,及时中耕除草、高培土。

适宜范围:适于在山西、内蒙古、河北省北部、东北大部分等一季作区种植。旱薄、丘陵及平川等地区都可种植。

(3)青薯 9 号

品种来源:"青薯 9 号"是青海省农林科学院研究所通过国际项目合作,从国际马铃薯中心(CIP)引进杂交组合(387521.3×APHRODITE)实生种子,经系统选育而成。原单株编号 C92.140-05(代号:CPC2001-05)。2006 年 12 月通过青海省农作物品种审定委员会审定,定名为"青薯 9 号"(品种合格证号为青种合字第 0219 号,审定号:青审薯 2006001)。

特征特性:"青薯 9 号"属中晚熟品种,生育期从出苗到成熟 120 d 左右。株高 97.00 cm±10.40 cm,茎紫色,横断面三棱形,分枝多。叶较大,深绿色,茸毛较多,叶缘平展。聚伞花序,花冠浅红色,天然结实弱。块茎长椭圆形,表皮红色,有网纹;薯肉黄色,沿维管束有红纹;芽眼较浅,结薯集中,较整齐,商品率高。休眠期较长,耐贮藏。两年水地、旱地区试中,平均单株结薯数 8.60 个±2.80 个,单株产量 945.00 g±0.61 g,单薯平均重 117.39 g±4.53 g。生长整齐,中、后期长势强。抗马铃薯 PVX、PVY 和 PLRV 病毒,高抗晚疫病。经青海省农作物品质测试中心测试,鲜薯淀粉含量 19.76%,干物质含量 25.72%,还原糖含量 0.253%,维生素 C 含量 23.03 mg/100 g。

产量情况:2004—2006 年青海省水地、旱地区试中,两年平均亩产 3290.7 kg,较对照"下寨 65"平均增产 27.9%。2005—2006 年水地品种区试中,两年平均亩产 3708.7 kg,比对照"青薯 2 号"平均增产 10.3%,增产显著。平均商品率为 82.2%。大面积推广种植平均亩产可达 2500~3000 kg。

栽培要点:选择中等以上地力、通气良好的土壤种植。秋季结合深翻施有机肥 30~45 t/hm²,纯氮 0.093~0.155 t/hm²,五氧化二磷 0.124~0.179 t/hm²,氧化钾 0.187 t/hm²。4 月中旬至 5 月上旬播种,采用起垄等行距种植或等行距平种,播深 8~12 cm。播量 1.950~2.250 t/hm²。行距 70~80 cm、株距 25~30 cm,密度为 4.80 万~5.55 万株/hm²。苗齐后,结合除草松土进行第一次中耕培土,培土 3~4 cm;现蕾初期进行第二次培土,厚度 8 cm 以上,并追施纯氮 0.010~0.017 t/hm²。现蕾后至开花前,结合施肥进行第 1 次浇水,生育期浇水 2~3 次。开花期喷施磷酸二氢钾 1~2 次。在生育期内发现中心病株,及时拔除病株,并进行药剂防治。

适宜范围:该品种适宜在川水、浅山等地区推广种植。尤其在西部干旱、半干旱地区种植比较效益明显,抗旱性和耐寒性表现优良。

(4)冀张薯 8 号

品种来源:"冀张薯 8 号"是张家口市农业科学院 1990 年从国际马铃薯中心(CIP)引进杂交组合(720087×X4.4)实生种子,经系统选育而成。原系谱编号:92-10-2。该品种于 2006 年 7 月通过国家农作物品种审定委员会审定,定名为"冀张薯 8 号"。2006 年 10 月申请了农业植物新品种保护,申请号:20060555.0。

特征特性:"冀张薯 8 号"属中晚熟品种,生育期 112 d。株高 108 cm,分枝中等,茎叶浓绿色,叶片卵圆,花冠白色。花期长而繁茂,具有浓香味。天然结实性弱,抗卷叶病毒和花叶病毒病,耐晚疫病。薯皮淡黄色,薯肉白色,块茎扁圆形,芽眉稍大,芽眼平浅易去皮,结薯较集中,块茎膨大期为 45~50 d,单株结薯 5 个,大、中薯率为 78% 以上。

产量情况:2004—2005 年参加全国晚熟组马铃薯区域试验,连续两年均比对照增产。其中 2004 年平均亩产 1763.3 kg,比统一对照增产 40.95%。2005 年平均亩产 2093.6 kg,比统一对照增产 37.1%。大面积种植一般亩产 1500 kg,最高亩产可达 2000 kg。

栽培要点:种薯提前出窖,暗光催芽 12 d,晒种 7～8 d。北方一作区最适播种期为 4 月 30 日至 5 月 10 日。亩株数 3300～3500 株。要施足基肥,现蕾期结合浇水亩追尿素 15～20 kg。适宜收获期是 9 月 20—25 日,适当推迟收获可增加大、中薯率。

适宜范围:适宜北方一季作区种植。

(5)大西洋

品种来源:美国育种家用 B5141-6(Lenape)作母本,旺西(Wauseon)作父本杂交选育而成,1978 年由国家农业部和中国农业科学院引入中国后,由广西农业科学院经济作物研究所筛选育成。

特征特性:"大西洋"属中早熟品种,生育期从出苗到植株成熟 90 d 左右,株型直立,茎秆粗壮,分枝数中等,生长势较强。株高 50 cm 左右,茎基部紫褐色。叶亮绿色,复叶大,叶缘平展,花冠淡紫色,雄蕊黄色,花粉育性差,可天然结实。块茎卵圆形或圆形,顶部平,芽眼浅,表皮有轻微网纹,淡黄皮白肉,薯块大小中等而整齐,结薯集中。块茎休眠期中等,耐贮藏。蒸食品质好。干物质含量 23%,淀粉含量 15%～17.9%,还原糖含量 0.03%～0.15%,是目前主要的炸片品种。该品种对马铃薯普通花叶病毒(PVX)免疫,较抗卷叶病毒病和网状坏死病毒,不抗晚疫病,感束顶病、环腐病,在干旱季节薯肉会产生褐色斑点。

产量情况:2002 年在南宁和那坡县进行冬种筛选试验(15 个品种),产量为 1485.6 kg/亩,比本地对照品种"思薯 1 号"增产 134%。2003 年 3—6 月在那坡和上林进行春夏繁种试验,亩产种薯分别为 2250 kg 和 2376.0 kg。2003 年 10 月至 2004 年 2 月初,用那坡自繁种薯在北流、上林、岑溪、浦北、武鸣、博白、横县、平果等地进行秋种试验,平均产量为 1074.4 kg/亩,比本地对照品种"思薯 1 号"增产 60.4%。2003 年 11 月至 2004 年 2 月,南宁冬种平均产量 1274.8 kg/亩。

栽培要点:选择前作无茄科及胡萝卜等作物,排灌良好、质地疏松、肥力中上的壤土种植。每亩用种薯 125～150 kg。一般要求整薯播种,较大的种薯可按芽眼切块播种,纵切成 25～50 g 的薯块,每块带 1～2 个芽眼。冬种宜在 11 月中旬至 12 月上旬播种,4000～4500 株/亩;春播宜在 4 月下旬至 5 月上旬播种,5000～6000 株/亩。基肥以农家肥为主,每亩 1500～3000 kg,种肥每亩施复合肥 25～50 kg,撒施于种植沟内。播种后 25～30 d,结合施肥培土,每亩追施尿素 4～5 kg;现蕾期结合中耕除草培土,每亩施硫酸钾 15 kg、尿素 10 kg;块茎膨大期用 0.3%的尿素与 0.3%的磷酸二氢钾混合或 0.3%的硝酸钾进行叶面喷施。土壤要保持湿润。注意防治病毒病、晚疫病、蚜虫、马铃薯瓢虫、地老虎等病虫的危害。

适宜范围:在全国各地均可种植。

(6)费乌瑞它　别名鲁引 1 号、大引 1 号、津引 1 号、荷兰 17、荷兰 15。

品种来源:农业部种子局从荷兰引进的马铃薯品种,该品种是以 ZPC50-35 为母本、ZPC55-37 为父本,杂交选育而成。

特征特性:"费乌瑞它"属中早熟品种,生育期 80 d 左右。株高 45 cm 左右,植株繁茂,生长势强。茎紫色,横断面三棱形,茎翼绿色,微波状。复叶大,圆形,色绿,茸毛少。小叶平展,大小中等。顶小叶椭圆形,尖端锐,基部中间型。侧小叶 3 对,排列较紧密。次生小叶 2 对,互生,椭圆形。聚伞花序,花蕾卵圆形,深紫色。萼片披针形,紫色;花柄节紫色,花冠深紫色。五星轮纹黄绿色,花瓣尖白色。有天然果,果形圆形,果色浅绿色,无种子。薯块长椭圆,表皮光滑,薯皮色浅黄。薯肉黄色,致密度紧,无空心。单株结薯数 5 个左右,单株产量 500 g 左右,单薯平均重 150 g 左右。芽眼浅,芽眼数 6 个左右;芽眉半月形,脐部浅。结薯集中,薯块整齐,耐贮藏,休眠期约 80 d。较抗旱、耐寒、耐贮藏。抗坏腐病,较抗晚疫病、黑胫病。块茎淀粉含量 16.58%,维生素 C 含量 25.18 mg/100 g,粗蛋白含量 2.12%,干物质含量 20.41%,还原糖含量 0.246%。

产量情况:一般水肥条件下产量 1500～1900 kg/亩;高水肥条件下产量 1900～2200 kg/亩。

栽培要点:选择中上等肥力、耕层深厚、通气性好的地块。播前用药剂进行土壤处理,秋深翻,深度 18～20 cm。亩施农家肥 3000～4000 kg、纯氮 5 kg、五氧化二磷 10 kg、氧化钾 10 kg,基肥用量占总用量的 90%。现蕾至开花前亩追施纯氮 4.6 kg。整薯播种时选用 30～50 g 的小种薯播种,密度 5000～5500 株/亩。苗齐后除草松土,松土层达 5 cm 以上。开花前及时灌水、施肥、培土。第一次浇水在现蕾后至开花前进行,并及时培土,在开花前后喷施磷酸二氢钾 2～3 次。在生育期随时拔除中心病株,适时防治病、虫害。田间植株 90% 以上茎叶枯黄时收获,防止机械损伤,收获的薯块在通风透光阴凉处放置 1～2 d 后入窖,入窖前对窖清除和消毒,窖内薯块堆高不超过 1 m,窖温稳定在 1～4 ℃。

适宜范围:该品种适应性较广,黑、辽、内蒙古、冀、晋、鲁、陕、甘、青、宁、云、贵、川、桂等地均有种植,是适宜于出口的品种。在山西适宜大同、忻州、朔州、吕梁、太原、临汾、长治等地做早熟栽培。

(7)脱毒 175

品种来源:由青海大学农林科学院生物技术研究所用"疫不加(Epoka)"自交后代选育而成。2010 年福建省农业科学院作物研究所引进,2014 年 6 月通过福建省农作物品种审定委员会审定。定名为"脱毒 175"(审定号:闽审薯 2014003)。

特征特性:"脱毒 175"属中熟品种,生育期 90 d,株高 41.2 cm。叶片深绿色,茎绿色。薯型为扁圆形,薯皮淡黄色光滑,薯肉乳白色,芽眼深浅中等。单株块茎数 6.1 个,单株薯重 0.545 kg,商品薯率 87.5%,二次生长率 0.65%,裂薯率 0.45%,无空心,块茎干物质含量 18.96%,食用品质较好。中抗晚疫病。区试点田间病害调查,两年平均:晚疫病发病率 16.34%、病情指数 6.66,早疫病发病率 28.25%、病情指数 13.08,重花叶病发病率 4.64%、病情指数 1.16,卷叶病毒病发病率 2.47%、病情指数 0.73。

产量情况:2010—2012 年度参加福建省马铃薯区试,两年平均鲜薯亩产 2258.29 kg,比对照"紫花 851"增产 23.29%。

栽培要点:在东南地区冬播,一般选择在 11 月中旬至 12 月上旬播种,亩种植密度 5000 株左右。施足基肥,重施提苗肥,一般亩施硫酸钾复合肥 70 kg 作基肥,出苗后亩施硫酸钾复合肥 25 kg 左右,现薯期再每亩施碳酸氢铵、过磷酸钙各 25 kg。中后期要注意防治蚜虫、青枯病和晚疫病。

适宜范围:适宜在中国西北、东南及西南大部分地区种植。

(8)秦芋 30

品种来源:由陕西省安康市农业科学研究所蒲中荣利用 Epoka(波友 1 号)作为母本,4081 无性系(米粒×卡塔丁杂交后代)作为父本,杂交实生苗株系筛选育成的中熟品种。

特征特性:生育期 95 d 左右;株型较扩散,生长势强,株高 36.1～78.0 cm;主茎数 1～3 个,分枝数 5～8 个,茎绿色,茎横断面三棱形;中绿色,复叶椭圆形,排列较紧密,互生或对生,有 4～5 对侧小叶,顶小叶较大,次生小叶 4～5 对,互生或对生,托叶为镰形;花冠白色,花序排列较疏松,开花繁茂;天然结实少;块茎大中薯为长扁形,小薯为近圆形,表面光滑浅黄色,薯肉淡黄色,芽眼浅,芽眼少(5 个以下);结薯较集中,商品薯 76.5%～89.5%,田间烂薯率低(1.8%左右);耐贮藏,休眠期 150 d 左右;淀粉含量 15.4%(西南区试点测试平均数),还原糖含量收获后 7 d 分析为 0.19%(收获后 85 d 分析为 0.208%),每 100 g 鲜薯维生素含量为15.67 mg,鲜薯食用品质好,适合油炸食品加工、淀粉加工和食用;高抗晚疫病,较抗卷叶病,轻感花叶病。

产量情况:1999—2000 年经国家级西南区马铃薯品种区域试验,6 省份 18 个点试验,平均产量 2.6 万 kg/hm²,比对照米拉品种增产 35.1%,2001 年全国马铃薯品种区试生产试验 6 个点平均产量 2.7 万 kg/hm²,比对照品种米拉增产 29.7%,2000 年安康生产试验(与玉米套种)7 个点平均产量 2.3 万 kg/hm²,比对照安薯 56 号品种增产 34.7%。

适宜范围:适宜在中国西南各省区海拔 2200 m 以下地区推广种植。

(四)播种

1. 马铃薯种薯的播前处理　因地域条件差异,可整薯播种或切块播种。

(1)种薯催芽　播前 20 d 出窖,放置于 15℃左右环境中,平摊开,适当遮阴,散射光下催芽,种薯不宜太厚,2～3 层即可,1 周后每 2～3 d 翻动一次,培养绿(紫)色短壮芽。催芽期间不断淘汰病、烂薯和畸形种薯,并注意观察天气变化,防止种薯冻伤。

(2)小整薯播种　小整薯一般都是幼龄薯和壮龄薯,生命力旺盛,抗逆性强,耐旱抗湿,病害少,长势好。整薯播种能避免因切刀交叉感染而发生病害,充分发挥顶芽优势,单株(穴)主茎数多,结薯数多,出苗整齐,苗全、苗壮,增产潜力大。采用整薯播种首先要去除病薯、劣薯、表皮粗糙的老龄薯和畸形薯。由于小整薯成熟度不一致,休眠期不同,播前要做好催芽工作。

(3)切块及拌种　播前 1～2 d 切种,切块大小 30～50 g,每个切块带 1～2 个芽眼。在切种前和切种时切出病薯均要用 75%的酒精或 0.5%的高锰酸钾水进行切刀消毒;随切随用药剂拌种,根据所防病虫害选择拌种药剂,一般情况下,采用甲基硫菌灵＋农用链霉素＋霜脲氰＋滑石粉＝1 kg＋50 g＋200 g＋20 kg 拌 1 t 马铃薯,可以防治马铃薯真菌和细菌性病害,拌种所用药剂与滑石粉一定要搅拌均匀,防止局部种薯发生药害。切好的种块放在阴凉通风处,防止暴晒。

通过催芽拌种,能缩短出苗时间,减少播种后幼芽感染病源菌的机会,保证苗全、苗齐、苗壮。

2. 马铃薯的播种日期和密度

(1)播种日期　适期播种是马铃薯获得高产的重要因素之一。由于各地气候有一定差异,农时季节不一样,土地状况也不尽相同,因此,马铃薯播种期不能强求一致,应根据具体情况确定。北方一作区马铃薯播种日期一般在 4 月中下旬和 5 月上中旬,覆膜播种可以提前到 4 月上中旬。

(2)种植密度　马铃薯种植密度取决于品种、用途、播种方式、肥力水平等因素。早熟品种植株矮小、分枝少,播种密度大于晚熟品种;种薯生产为了提高种薯利用率,薯块要求较小,播种密度大于商品薯生产;炸条原料薯要求薯块大而整齐,播种密度要小于炸片和淀粉加工原料薯;单垄双行种植叶片分布比较合理,通风透光效果好,可以比单垄单行密度大一些,土壤肥力水平较高的地块可以适当增加密度。一般情况下,种薯生产的播种密度在 5000 株/亩以上,早熟品种播种密度 4000～5000 株/亩,晚熟品种播种密度 3000～3500 株/亩,炸片原料播种密度 4000～4500 株/亩,炸条原料播种密度 3000～3500 株/亩,淀粉加工原料播种密度 3500～4000 株/亩。

3. 规格和模式　马铃薯与玉米套种,比净种一季马铃薯或玉米可增加产量 30%～35%,大面积生产实践证明,在土质较好、栽培水平较高的情况下一般亩产可超吨粮,是增加粮食产量一项非常有效的措施。为促进单位面积产量的提高,搞好马铃薯、玉米品种搭配,要求马铃薯品种具有早熟、中早熟、株丛矮小或株型直立紧凑和结薯集中的优点,以减轻对玉米的荫蔽程度,收获马铃薯时不致损伤玉米根系,有利玉米增产。对玉米品种的要求是苗期耐荫蔽,后劲足,中、晚熟。高海拔地区由于无霜期短,则要求熟期偏早的品种,同时推广地膜覆盖,以保证玉米成熟。

马铃薯与玉米间套作,为解决玉米遮光问题,可采用 2:2 种植方式,即马铃薯和玉米各二行,行距均为 30 cm,每幅宽 120 cm,马铃薯株距 20 cm,马铃薯和玉米密度为每亩 3700 株。对于高秆玉米可用 3:2 种植方式,即三行玉米二行马铃薯,玉米行距 40 cm、株距 30 cm,马铃薯行距 60 cm、株距 20 cm,马铃薯与玉米的行距 30 cm,每幅宽 200 cm,马铃薯和玉米密度为每亩 3333 株。

(五)地膜覆盖

山西省北方地区常用的栽培技术有旱地地膜覆盖栽培技术,在马铃薯播前 10 d 左右,在整地作业完成后应立即盖膜,防止水分蒸发。覆膜方式有平作和垄作。平作覆膜多采用宽窄行种植,宽行距 65～70 cm,窄行距 30～35 cm,地膜覆在两个窄行上。垄作覆膜须先起好垄,垄高 10～15 cm,垄底宽 50～75 cm,垄背呈龟背状,垄上种两行,一膜盖双行。无论采取哪种覆盖方式,都应将膜拉紧铺平铺展紧贴地面,膜边入土 10 cm 左右,用土压实。膜上每隔 1.5～2.0 m 压一条土带,防止大风吹起地膜。覆膜 7～10 d,待地温升高后,便可播种。

播后要经常到田间检查,发现地膜破损要立即用土压严,防止大风揭膜。出苗前后检查出苗情况,若因幼苗弯曲生长而顶到地膜上,应及时放苗,以免烧苗。生育中期要及时破膜,在宽行间中耕、除草、培土,有灌水条件的可在宽行间开沟灌水。现蕾到开花期,大约在 7 月中旬,正值马铃薯膨大期,应揭膜培土,为薯块膨大创造良好的条件。结合揭膜培土,清除肥膜,消除污染。

(六)田间管理

1. 科学施肥　马铃薯正常的生长发育需要十余种营养元素,除 C、H、O 是通过叶子的光合作用从大气和水中得来之外,其他营养元素,N、P、K、S、Ca、Mg、Fe、Cu、Mn、B、Zn、Mo、Cl 等,都是通过根系从土壤中吸收来的,它们对于植物的生命活动都是不可缺少的,也不能互相代替,缺乏任何一种都会使生长失调,导致减产、品质下降。N、P、K 是需要量最大,也是土壤最容易缺失的矿物质营养元素,必须以施肥方式经常补充。

马铃薯施肥,一般以"有机肥为主,化肥为辅,重施基肥,早施追肥"为原则。马铃薯生产中常见的有机肥包括农家肥、商品有机肥、腐殖酸类肥料。基肥用量一般占总施肥量的 2/3 以上,一般为每公顷 22.5～45.0 t。施用方法依有机肥的用量及质量而定,一般采取撒匀翻入,深耕整地时随即耕翻入土,P、K 化肥在播种时施入。

在农业方面,提高化肥利用率。在保证作物产量的前提下,实现减少化肥消耗量,对于减少化肥生产过程中的 CO_2 排放和保护环境都具有重要的作用。

2. 适期追肥 马铃薯为喜肥高产作物,适时适量追施肥料是重要的增产措施。马铃薯一生对养分的吸收大致可以分为三个时期:①苗期。由于块茎含有丰富的营养物质,所以此时吸收的养分较少,大约相当于全生育期的1/4。②块茎形成至块茎增长的时期。此时地上部分茎叶的生长和块茎的膨大同时进行,马铃薯全生育期的干物质积累也在这个时期。所以,这个时期是马铃薯需肥最多的时期,是吸肥的高峰期。此时吸收的养分相当于全生育期吸收总量的50%以上。③淀粉积累期。此时吸收的养分较少,吸收量和苗期差不多,相当于全生育期的1/4。

追肥要结合马铃薯生长时期进行合理施用。一般在开花期之前施用,早熟品种最好在苗期施用,晚熟品种在现蕾期施用较好。主要追施 N 肥和 K 肥,补充 P 肥及微量元素肥料。追施方法可沟施、穴施或叶面喷施,土壤追肥应结合中耕灌溉进行,在山西省北部,中等肥力地块每亩需要农家肥 2500 kg、磷酸二铵 30 kg、硫酸钾 10 kg。追肥视苗情宜早不宜晚,一般在现蕾期进行。

3. 合理灌溉 马铃薯是需水量大而容易高产的作物。虽然较其他作物抗旱,但是对水分最为敏感,在整个生育期内需要大量水分。马铃薯生长过程中要供给充足水分才能获高产。马铃薯在不同生育阶段需水要求不同,灌溉标准通常为发芽期田间持水量 60%～65%,幼苗期田间持水量 65%～70%,块茎形成期田间持水量 75%～80%,块茎膨大期田间持水量 75%～80%,淀粉累积期田间持水量 60%～70%。现蕾—开花需水量达最高峰。因此,灌水要匀,用水要省,进度要快。有条件喷灌时,效果更好。

(七)防病治虫

以间套作系统中的马铃薯为例。

1. 病害 马铃薯主要病原性病害有晚疫病、黑痣病、干腐病、枯萎病等。

(1)马铃薯晚疫病

农业防治:轮作换茬,与十字花科蔬菜实行 3 年以上轮作,严格挑选无病种薯作为种薯,建立无病留种地,选土质疏松、排水良好的田块适期早播,增强抗病力。

化学防治:发病初,可交替喷洒不同内吸性杀菌剂及其混剂。72%霜脲·锰锌可湿性粉剂 600 倍液、722 g/L 霜霉威水剂 800 倍液、50%烯酰吗啉可湿性粉剂 1250 倍液、69%烯酰吗啉·锰锌可湿性粉剂 600 倍液、250 g/L 氟吗啉·唑菌酯悬浮剂 300 倍液、52.5%噁唑菌酮·霜脲氰水分散粒剂 2000 倍液、687.5 g/L 氟吡菌胺·霜霉威悬浮剂 600 倍液,每亩施药液量 45～60 kg。

(2)黑痣病 防治措施选用无病种薯,培育无病壮苗,建立无病留种地。选择易排涝、高垄地块种植。适时晚播和浅播,地膜覆盖,以提高地温,促进早出苗,缩短幼苗在土壤中的时间,减少病菌的侵染。在高海拔和冷凉地区,应特别注意适期播种,避免早播。待芽块出苗后黑痣病零星发生时,采用 10%苯醚甲环唑水分散粒剂 1500 倍液、325 g/L 苯醚甲环唑·嘧菌酯悬浮剂 1500 倍液、70%甲基硫菌灵可湿性粉剂 600 倍液、50%多菌灵可湿性粉剂 800 倍液喷施或浇灌至茎基部。喷药液量 60 kg/亩,灌药时,0.25L 药液/株。

(3)干腐病 防治措施挑选健康的种薯,保证后代少得病。整薯种植,避免因切割薯块造成伤口而引起感染。切块要及时撒上滑石粉拌匀吸干。不偏施 N 肥,增施 P、K 肥,培育壮苗。适量灌水。生长后期和收获前抓好水分管理,尤其是在雨后需及时清沟排水降湿,保护地种植要避免或减少叶片结露水。收获时尽量避免或减少人为对种薯造成伤口,减少侵染。最好在表皮韧性较大、皮层较厚而且较为干燥时适时收获。

收获后用 500 g/L 噻菌灵悬浮剂 400～600 倍液浸种薯或用 50％多菌灵可湿性粉剂 500 倍液喷洒消毒种薯,充分晾干后再入窖,严防碰伤。

(4)枯萎病　防治措施与禾本科作物或者绿肥等进行 4 年轮作。选择健薯留种,施用腐熟有机肥,加强水费管理,可减轻发病。播种前,种薯切块 2.5％咯菌腈悬浮剂包衣(每 100 kg 种薯用 100～200 mL)。发病初期,浇灌 50％多菌灵可湿性粉剂 300 倍液。

2. 地下害虫　在北方地区马铃薯常见的地下害虫有蛴螬、蝼蛄、金针虫等。

(1)蛴螬

农业防治:实行水、旱轮作;在玉米生长期间适时灌水;不施未腐熟的有机肥料;精耕细作,及时镇压土壤,清除田间杂草;大面积春、秋耕。合理安排茬口,前茬为大豆、玉米、花生或与之套作的菜田。合理施肥,施用的农家肥应充分腐熟,以免将幼虫和卵带入菜田,并能促进作物健壮生长,增强耐害力,同时蛴螬喜食腐熟的农家肥,可减轻其对蔬菜的危害。

化学防治:用 50％辛硫磷兑水与种子按 1∶30∶(400～500)的比例拌种;用 25％辛硫磷胶囊剂,还可兼治其他地下害虫。用 50％辛硫磷乳油拌种,辛硫磷、水、种子的比例为 1∶50∶600,将药液均匀喷洒于放在塑料薄膜上的种子上,边喷边拌,拌后闷种 3～4 h,期间翻动 1～2 次,种子干后即可播种,持效期为 20 d 左右。或每亩用 80％敌百虫可溶性粉剂 100～150 g,兑少量水稀释后拌细土 15～20 kg,均匀撒在播种沟(穴)内,覆一层细土后播种。在蛴螬发生较重的地块,用 80％敌百虫可溶性粉剂和 25％西维因可湿性粉剂各 800 倍液灌根,每株灌 150～250 g,可杀死根际附近的幼虫。

(2)蝼蛄

农业防治:深翻土壤、精耕细作、创造不利蝼蛄生存的环境,减轻危害;夏收后,及时翻地,破坏蝼蛄的产卵场所;施用腐熟的有机肥料,不施用未腐熟的肥料;在蝼蛄为害期,追施碳酸氢铵等化肥,散出的氮气对蝼蛄有一定驱避作用;秋收后,进行大水灌地,使向深层迁移的蝼蛄被迫向上迁移,在结冻前深翻,把翻上地表的害虫冻死;实行合理轮作,改良盐碱地,有条件的地区实行水旱轮作,可消灭大量蝼蛄,减轻危害。

化学防治:播种前,用 50％辛硫磷乳油,按种子重量的 0.1％～0.2％拌种,堆闷 12～24 h 后播种;当田间蝼蛄发生危害严重时,每亩用 3％辛硫磷颗粒剂 1.5～2.0 kg,兑细土 15～30 kg 混匀撒于地表,在耕耙或栽植前沟施毒土。若苗床受害严重时,用 80％敌敌畏乳油 30 倍液灌洞灭虫。

(3)金针虫

农业防治:精细整地,适时播种,合理轮作,消灭杂草,适时早浇,及时中耕除草,种植前要深耕多耙,收获后或冬季封冻前深翻 35 cm;夏季翻耕暴晒。粪肥要进行腐熟处理,可堆肥沤制,高温处理,杀死粪肥中的金针虫,减轻作物受害程度。

化学防治:用 60％吡虫啉悬浮种衣剂拌种,比例为药剂、水与种子为 1∶200∶10000。用 48％毒死蜱乳油 200 mL/亩,拌细土 10 kg 撒在种植沟内,也可将农药与农家肥拌匀施入。用 48％毒死蜱乳油每亩 200～250g,50％辛硫磷乳油每亩 200～250 g,加水 10 倍,喷于 25～30 kg 细土上拌匀成毒土,顺垄条施,随即浅锄;用 5％甲基毒死蜱颗粒剂每亩 2～3 kg 拌细土 25～30 kg 成毒土,或用 5％甲基毒死蜱颗粒剂、5％辛硫磷颗粒剂每亩 2.5～3.0 kg 处理土壤。

3. 地上害虫　马铃薯常见的地上害虫有蚜虫、二十八星瓢虫、甲虫、豆芫菁。

(1)蚜虫

防治措施:铲除田间、地边杂草,有助于切断蚜虫中间寄主和栖息场所,消灭部分蚜虫。加强田间管理,严防干旱;利用蚜虫天敌食蚜蜂或瓢虫灭蚜;利用蚜虫趋黄色特性,在黄色板上涂机油或农药粘杀蚜虫;利用蚜虫对银灰色有负趋性的特性,挂银灰色或覆盖银灰膜驱蚜。用10%吡虫啉可湿性粉剂1000倍进行喷施防治,或用5%抗蚜威可湿性粉剂1000～2000倍液、10%吡虫啉可湿性粉剂2000～4000倍液等药剂交替喷雾,也可用20%乐果乳剂800倍或50%抗蚜威可湿性粉剂2000倍液喷雾,5～7d喷1次,连续3～4次。

(2)二十八星瓢虫

防治措施:人工捕捉成虫,利用成虫假死习性,用薄膜承接并叩打植株使之坠落,收集灭之。田间卵孵化率达15%～20%时,要抓住幼虫分散前的有利时机,用药剂防治,可选用80%敌敌畏乳油、90%晶体敌百虫、50%马拉硫磷乳油、50%辛硫磷乳油1500～2000倍液、2.5%溴氰菊酯乳油或20%氰戊菊酯或40%菊·马乳油3000倍液、21%增效氰·马乳油3000倍液喷雾或用10%溴·马乳油1500倍液、10%氯氰菊酯乳油1000倍液、2.5%三氟氯氰菊酯乳油3000倍液等,或将25 g/L高效氯氰菊酯水乳剂(20 mL/亩)、100 g/L高效氯氰菊酯乳油(27 mL/亩)喷施2～3次,注意叶背和叶面均匀喷药,以便把孵化的幼虫全部杀死。

(3)豆芫菁

防治措施:根据豆芫菁经幼虫在土中越冬的习性,冬季翻耕土壤,能越冬的伪蛹暴露于土表冻死或被天敌吃掉,减少翌年虫源基数。铲除田边杂草,减少害虫潜伏场所。人工捕杀成虫,成虫有群集为害习性,可于清晨用网捕成虫,集中消灭,或人工振落杀灭。

在成虫发生期选用1.8%阿维菌素乳油4000倍液、4.5%高效氯氰菊酯乳油2000倍液、2.5%溴氰菊酯乳油3000倍液、80%敌敌畏乳油1000倍液、80%敌敌畏乳油或90%晶体敌百虫1000倍液喷雾防治,每亩用75 kg药液。用2%杀螟松粉剂、2.5%敌百虫粉,每亩用1.5～2.5 kg喷雾。

(八)适期收获

1. 马铃薯的成熟标准、收获时期　马铃薯的块茎成熟与植株生长密切相关,一般来讲在生理成熟期收获产量高,生理成熟的特点是:①叶色逐渐变黄转枯,这时茎叶中养分停止向块茎输送。②块茎脐部与着生的匍匐茎易脱落。③块茎表皮韧性较大,皮层较厚。

收获过早,块茎成熟度不够,干物质积累少,影响产量;收获过晚,增加病虫害侵染机会,影响贮藏和食用品质。但是也因市场价格、天气原因等提早取收,所以取收期可依情况而定,但收获时,必须选择晴天,避免雨天收获,以免拖泥带水,既不便于收获、运输,又容易因水分过多影响贮藏。

2. 马铃薯收获方法　马铃薯的收获质量直接影响到产量和贮藏,所以收获过程每个环节都应安排好。收获前一周左右应割掉地上部植株,切除或用药剂杀死。如果有晚疫病发生,杀秧时间更应提前。通常杀秧在收获前10～15 d进行。接近成熟时杀秧后薯皮形成速度比旺盛生长时快。收获过程中主要是防止破损率过高和防止遗留在土中的马铃薯过多。目前有不少机械取收,能大量节省人工,并且能保证取薯质量。收获后,商品薯不能在外露晒,不宜用病秧遮盖,要防止雨淋,防止发热和薯皮变绿,但种薯可以在地里堆放几天,然后选好种薯再送回下窖。刚收获的马铃薯湿度大,堆度不宜超过1 m,预贮时间一般为15～20 d,入窖前挑选要严格,一切不合格的坏薯必须抛出,才能保证贮藏减少损失。

3. 玉米籽粒成熟标准、收获时期　判断玉米成熟一般从玉米的外部形态特征来确定。当玉米的茎叶开始枯黄、雌穗苞叶由绿变为黄白、籽粒变硬而有光泽时就认为已经成熟。其实这些外部特征表示的成熟与玉米真正意义的成熟是有一定差距的。不同品种、不同年份以及病虫害都会对这种成熟期的判定造成一定影响。

玉米真正的成熟(完熟)指的是其生理成熟。生理成熟是确定玉米收获期最为科学的依据。生理成熟有两个指标:一个是籽粒尖端出现黑层,并能轻易剥离穗轴。因为黑层的出现是一个连续的过程,颜色从灰色到棕色再变为黑色大约需要两周的时间,因此不易掌握。另一个指标是乳线消失。玉米授粉后 30 d 左右,籽粒顶部的胚乳组织开始硬化,与下部多汁胚乳部分形成一横向界面层即乳线。乳线随着干物质积累不断向籽粒的尖端移动,直到最后消失。乳线消失时玉米才真正成熟。这就是最佳的收获期。玉米从吐丝至完全成熟一般需要 50 d 左右,依品种而异。吐丝后 40 d,乳线下移至籽粒的 1/2 处,此时即为半乳期又叫蜡熟期。

有些地方玉米有早收的习惯,常在果穗苞叶刚发黄时收获,如果以生理成熟的标准来看,此时玉米正处于蜡熟期,千粒重仅为完熟期的 90% 左右,一般减产 10% 左右。自蜡熟开始至完熟期,每晚收一天,千粒重增加 1~5 g,亩产增加 5~10 kg,适当推迟玉米收获期简便易行,不增加农业生产成本,而且可以大幅度提高产量,是玉米增产增效的一项行之有效的技术措施。

4. 玉米收获方式　有人工或机械收获等方式。

机收籽粒收获前玉米籽粒水分< 25%,可以采用玉米联合收获机直接收获籽粒。

机收果穗收获前玉米籽粒水分≥25%,采用机械收获果穗,收获后进行晾晒、脱粒,在籽粒含水量达到 13% 以下时入库。

第三节　马铃薯与其他粮食作物间作

一、马铃薯与燕麦间作

(一)应用地区和条件

北方一熟制地区马铃薯主产区平均海拔在 1000 m 以上,这种海拔高、昼夜温差大、日照时间长、光照强的气候特点,非常适合于性喜冷凉、长日照作物马铃薯的生长发育,有利于马铃薯块茎膨大和淀粉积累。马铃薯主产区降水量 400~600 mm,其中 7—9 月份占到全年降水量的 70% 以上,而马铃薯整个生育期总需水量为 300~500 mm,其中苗期占 10%~15%,块茎形成期占 75%,淀粉积累期占 10%,降水规律与马铃薯生长发育需水规律基本吻合,加之雨热同期,非常适合马铃薯生长。同时,气候冷凉、蚜虫等传媒介体少,也非常有利于种薯的生产。由此可以看出,北方一熟制地区的自然气候条件非常有利于马铃薯商品薯及种薯的生产,生产的马铃薯及种薯块大、整齐、干物质含量高、表皮光滑,无污染,病虫害少,种薯和商品薯质量上乘,在全国马铃薯及种薯生产中占有较大优势。

燕麦具有耐寒、抗旱、耐土地瘠薄、耐适度盐碱等特点。燕麦最适于生长在气候凉爽、雨量充足的地区。种子发芽的最低温度为 3~4℃,幼苗能耐 −4~−2℃ 的低温,成株遇 −4~−3℃ 低温仍能缓慢生长,−6℃ 则受害,是麦类作物中最不耐寒的一种。生长期最适宜的温度为 20℃左右,因此,在北方和西南的高寒山区,只能春播秋收,夏季凉爽是其生长适期。

由于特殊地理位置和气候条件,北方一熟制地区马铃薯和燕麦种植具有其他地区无法比拟的地理优势,所以北方一熟制地区是中国马铃薯和燕麦种植的最好区域,也是马铃薯和燕麦原粮的最好产地。在马铃薯农田间种植燕麦是北方一季旱作农业上普遍采用的一项生产技术,具有较高的经济效益和生态效益,能够有效减轻马铃薯裸露农田起沙扬尘并提高作物产量。

(二)规格和模式

林叶春等(2009)结合北方地区重要的粮食与饲草作物,研究中熟马铃薯与早熟粮草兼用型燕麦间套作模式下,燕麦和马铃薯对相互间生长及产量的影响,初步研究了马铃薯—燕麦间套作模式,试验设 3 个处理。处理 1:马铃薯净作。每小区 6 厢,厢宽 80 cm,每厢种 2 行。种植方式为平作。处理 2:燕麦净作。每小区 6 厢,厢宽 80 cm,每厢种 3 行,种植方式为条播。处理 3:薯麦间套作。每小区 6 厢,厢宽 80 cm,燕麦和马铃薯各 3 厢,相间分布。燕麦和马铃薯种植方式同净作。试验完全随机区组排列,3 次重复。小区面积 24 m²,长 5 m,宽 4.8 m。

试验研究结果表明,马铃薯与燕麦间作模式下优于马铃薯净作的生长情况,间作马铃薯株高、主茎粗、叶绿素含量等都大(高)于净作处理。间作燕麦籽实、鲜草和粗蛋白产量分别是净作的 53.58%、57.99% 和 55.90%,间作马铃薯的产量是净作的 32.38%。该试验研究结果马铃薯与燕麦间作的行比为 2:3。

吴娜等(2015)在宁夏固原市原州区彭堡镇彭堡村进行马铃薯与燕麦间作的试验研究。针对宁南山区马铃薯和燕麦生产实际,重点开展马铃薯与燕麦间作比例研究,确定马铃薯与燕麦高产高效间作模式。试验设置马铃薯:燕麦行数比为 2:2、2:4、4:2 和 4:4 共 4 个间作处理,以马铃薯单作和燕麦单作为对照组。采用随机区组试验设计,每个处理 3 次重复,每个小区长 10 m,各处理均包括 3 个带宽。间作马铃薯采用"青薯 9 号",等行距平种。间作燕麦种植两茬,第一茬采用裸燕麦品种"燕科 1 号",与马铃薯同期种植,条播。第一茬 8 月份收获,收获后翻耕,原地种植第二茬,裸燕麦品种、行距和播种量均与第一茬相同。播前一次性施入复合肥 300 kg/hm²[m(纯氮):m(P₂O₅):m(K₂O)=12:20:13],其他管理同大田生产。

试验结果表明,马铃薯、燕麦间作可以提高马铃薯 N 素、K 素含量,但降低了 P 素含量;同时改变了马铃薯的光合特性,增加了马铃薯群体的叶面积系数,促进了马铃薯光合作用,从而提高了马铃薯块茎产量。该试验结果表明马铃薯和燕麦间作行数比为 4:2 和 4:4 时最合理。

(三)播期和播量

林叶春等(2009)试验地位于北京西北角的延庆县康庄镇(115°52′E,40°24′N)。康庄镇为平原地区,属妫水河冲积平原地带,海拔 484 m。大陆性季风气候,春季干旱多风,夏季较为凉爽,昼夜温差大。多年平均气温 8℃,年均降水量 353.4 mm,无霜期 160 d 左右。土地多为潮土、淋溶褐土,属冲积洪积物、河流冲积物。

马铃薯与第一茬燕麦是在 5 月上旬同时播种,第二茬燕麦是在 8 月上旬播种。马铃薯播种密度 3300 穴/亩,行距 40 cm,株距 25 cm。燕麦播种量 5 kg/亩,行距 30 cm,种植方式为条播。第一茬燕麦收割后翻耕,然后起沟条播第二茬燕麦,播种量与第一茬燕麦相同。

吴娜等(2015)在宁夏固原市原州区彭堡镇彭堡村进行试验。试验地位于 36°05′N、

106°09′E,海拔 1660 m,降水量 400～500 mm,无霜期 200 d 左右,≥10℃的积温约 2500℃·d,热量比较充足,昼夜温差大,蒸发量大。土壤类型为灰钙土、碱化灰钙土亚类,土壤质地为黏土。

马铃薯与第一茬燕麦是在 4 月中旬同时播种,第二茬燕麦是在 8 月中旬播种。马铃薯与燕麦间作行数比为 4∶4 时,马铃薯播种密度 2300 穴/亩,行距 50 cm,株距 30 cm。燕麦播种量 6 kg/亩,行距 25 cm,种植方式为条播。第一茬燕麦收获后翻耕,原地种植第二茬,裸燕麦品种、行距和播种量均与第一茬相同。间作处理中马铃薯与燕麦间距为 30 cm。马铃薯与燕麦间作行数比为 4∶2 时,马铃薯播种密度 2800 穴/亩,行距 50 cm,株距 30 cm。燕麦播种量 3.6 kg/亩,行距 25 cm,种植方式为条播。

（四）常规田间管理

1. 中耕　马铃薯早中耕可以提高地温,增加土壤通透性,增强微生物活性,加速肥料分解,满足植株生长对养分的需求,同时还可以不伤或少伤匍匐茎,创造多结薯、结大薯的条件。马铃薯中耕并培土要分次进行,第一次在刚出齐苗时进行,以松土、灭草为主,培土 3～4 cm 即可;第二次中耕培土在现蕾期进行,要大量向苗根拥土,培土要厚而宽,高度在 6 cm 以上,两次一共可培土 10 cm 以上,使地下茎从芽块到地上茎基部有 20 cm 左右的厚度。在植株封垄前进行第三次,这次培土应尽量做到培宽培深,以便于结薯,还可防止薯块露出表皮被晒绿。如果雨天较多,还应在后期增加培土次数,培土高垄沟深,有利于排水;由于加厚了植株根际的土层,晚疫病菌不易流传到地下新块茎上,这就减少了烂块现象;由于加厚培土,还能促进增加匍匐茎数,达到多产多收。

燕麦中耕也要分次进行,第一次中耕是当幼苗长到 4 叶时进行,宜浅锄。此次中耕不仅能松土除草,切断土壤表层毛细管,减少水分蒸发,达到防旱保墒,而且能促进根系发育,形成发达的根系;第二次中耕宜在分蘖阶段,此时正是营养生长和生殖生长及根系伸长的重要时期,所以,必须深锄。此次中耕,有利于消灭田间杂草,破除板结,促进新根生长和向下深扎,使根系吸收水肥范围扩大,增强燕麦抗旱抗倒能力。第三次中耕宜在拔节后至封垄前进行,应深耕。这样既能减轻蒸发又可适度培土,起到防倒的作用。

2. 追肥　马铃薯应在施用基肥及种肥的基础上,根据生育情况,适当追肥。追肥宜早不宜迟,早熟品种结薯早,可于幼苗期追施速效性 N、P 肥;中熟品种结薯较晚,结薯期长,可于开花始期追施 N、P 肥,以促进结薯,促使薯块大,产量高。

马铃薯生长的肥料应以有机肥为主,适当配合化肥。有机肥料通过微生物的活动分解,除释放 N、P、K 及许多微量元素外,还产生 CO_2,增加了碳源,促进了光合作用。有机肥的施用方法,最好采用条施和窝施。有机肥与化肥配合作基肥施用,增产效果显著。在一般肥力条件下,尤其是 N、P 混合施用增产效果更为显著。

燕麦是一种喜肥又耐瘠的作物,燕麦根系比较发达,有较强的吸水能力,增施肥料有显著的增产效果。施肥要实行农家肥为主,有机肥为辅,基肥为主,追肥为辅,分期分层施肥的科学施肥方法。燕麦对 N 素反应敏感,增施 N 肥可以显著增产,同时配合 P、K 肥施用可提高抗性和品质,原则是前期以 N 肥为主,后期以 P、K 肥为主。根据燕麦不同生长时期的养分需求,采取“二段”施肥法:一是施足基肥,施足基肥对夺取高产很重要,在无灌溉条件的旱地种植,提倡一次性施足,按每亩施农家肥 1500～2000 kg,P 肥 20～30 kg,3 kg 尿素作种肥,三种肥料可在播种前整地时拌匀撒施;二是早施追肥,苗期重视 N 素追肥,可以促进植株分蘖、根系发育和幼穗分化,按每亩追施硫酸铵或尿素 5～7 kg,拔节期再用 5 kg 尿素选雨天撒施。应注意的是如果燕麦植株矮小、底叶发黄、茎秆细弱、有倒伏等现象,应进行根外追肥,用磷酸二氢钾 300 g,兑水 1000 倍后喷施,间隔期 10 d,连喷 2～3 次。

3. 浇水 在有灌溉条件的地块,播种后如遇天气干旱,应及时浇水,保持土壤湿润,确保出苗。马铃薯发棵期、盛花期更要水分充足。结薯初期要适当控水分,少浇水或不浇水,促进植株生长中心转移,由营养生长阶段转至生殖生长阶段。结薯期,即当块茎长至 2～3 cm 时,是马铃薯需水量最大的时期,要视天气和土壤墒情及时灌水。结薯后期和收获前,要控制水分,避免浇水,防止病害发生和烂薯。

燕麦是一种既喜湿又抗旱的作物。在燕麦的生长过程中,必须根据其各个阶段对水的需求,进行科学浇水。在燕麦植株的地上部分进入分蘖期,需要大量水分,宜早浇水。在燕麦植株的第二节开始生长时浇拔节水。拔节水一定要晚浇。孕穗期也是燕麦大量需水的时期,要浅浇轻浇。

4. 防治病虫害 马铃薯防治的重点病害是晚疫病。防治晚疫病的措施要提早进行。从 7 月初开始,每隔 7～10 d 喷施防晚疫病药剂 1 次,连续 3～5 次。虫害主要以防蚜虫为主,一般用抗蚜威、灭蚜净等高效低毒、低残留的药物为主。防治地下害虫,用呋喃丹或锌拌磷 30 kg/hm²,在播种前翻入地下。

燕麦常见的病害有:黑穗病、红叶病、秆锈病;虫害有黏虫、蛴螬、蓟马、蚜虫等。防治要贯彻“预防为主,综合防治”的植保方针,以安全无害、经济可行和切实有效为目的。防治措施:一是选用抗病良种,二是实行轮作,三是药剂防治,用多菌灵、甲基托布津等倍液喷雾防病,用氯氢菊酯、吡虫啉、敌百虫等防治虫害。

5. 收获 马铃薯正常成熟的表现:茎叶由绿色变黄色,基部叶片枯黄脱落,匍匐茎干缩,块茎从匍匐茎上脱落,这表明马铃薯已成熟,应及时收获。收获应选在晴天、土壤适当干爽时进行。收获时要避免损伤,要及时剔除镐伤、腐烂薯装筐运回,不能放在露地,要防止雨淋和阳光的暴晒。

燕麦穗上下部籽粒的成熟很不一致,当花铃期已过、穗下部籽粒进入蜡熟期后,应及时进行收获。

(五)总体增产机理

1. 边行优势分析 边行效应是指大田条件下边行作物具备更优的光能、水分、土壤养分等条件因而获得了较内行高的产量(孙建好等,2007)。对于单作种植而言,边行所占比例远远低于内行,因此对产量的贡献也远远小于内行而通常忽略不计。在间作系统中,两种作物存在种间竞争,种间竞争与间作互补共同决定了间作模式下两种作物的边行效应可能是积极的,也可能是消极的。处于种间竞争优势地位的作物边行往往具有较单作及间作内行高的产量,边行对该作物间作的产量贡献率高于其所占比例;相反处于竞争劣势地位的作物边行较内行产量显著降低,边行效应为负。燕麦与马铃薯间作中燕麦与马铃薯共生期较短,因此马铃薯获得的间作优势更为显著。在燕麦收获后,间作马铃薯边行拥有更优的生长环境,使得最终边行产量及地上部吸氮量显著高于内行及单作。

2. 对间作系统土壤微生物和肥力状况的影响 相关研究表明,合理间作可通过作物根际交互作用使根系分泌功能增强,优化土壤微生物群落结构,形成与之相适应的根际微生物区系,表现出比单作更明显的根际效应。

吴娜等(2015a)在宁夏南部山区,研究马铃薯/燕麦间作对根际土壤微生物的影响,结果表明:土壤微生物是土壤中活的有机体及物质转化的作用者,是土壤肥力水平的活指标。细菌、真菌、放线菌是构成土壤微生物区系的主要类群,是土壤微生物量的主要组成部分,其数量和区系的组成是研究评价土壤生物活性大小的重要指标。真菌作为腐解作用的主要微生物类群,推动土壤碳素和能量的流动,在土壤生物化学过程中起重要作用。放线菌数量的多少对分解土壤中有机化合物及合成土壤腐殖质有重要的推动作用。

收获期不同间作方式下,土壤微生物总量马铃薯:燕麦间作比4:2处理最大,与其他各间作处理差异不显著,但显著高于马铃薯单作和燕麦单作,其微生物总量是马铃薯单作的1.93倍,燕麦单作的3.05倍。这主要由于间作复合系统中作物根系分泌物、根系残留物、残体较单一作物种植有所增加,因而提供给土壤微生物群落生长的营养物质增加,进而影响根际微生物数量和群落组成,提高土壤微生物多样性。马铃薯单作的根际土壤细菌数量高于燕麦单作,这一定程度上说明马铃薯根系分泌物有可能直接或间接地转移营养元素,一方面,为土壤根际微生物的生长、繁殖提供能源;另一方面,供应同系统中另一作物燕麦对养分的需求。

收获期土壤微生物区系中细菌是优势种群(平均为84.77%),放线菌次之(平均为13.41%),真菌最少(平均为1.82%)。细菌作为土壤微生物区系的主体,其个体小、数量多、繁殖快,参与土壤中几乎所有的生物化学过程,在物质的循环转化过程中扮演重要角色。可以看出,间作各处理细菌所占微生物总数的比例均高于单作处理,这也是间作模式土壤肥力提高的一个生物标志。间作可改善土壤通气性,提高土壤氧化还原性,比单作更有利于作物根系生长和养分吸收,从而促进微生物生长和繁殖。

3. 对间作马铃薯光合特性和产量的影响 资源的高效利用是间套作优势的生物学基础,合理的间套作能获得更多的积温和光照,为作物高产创造条件,同时,间套作系统中两作物在共生期也存在一定的资源竞争。

吴娜等(2015b)研究表明,在马铃薯、燕麦间作体系中,作物高低相间,间作改变了光在群体中的分布,有利于光照资源的高效利用,表现出一定的产量优势。但是两作物在共生期存在光资源的竞争。在马铃薯开花期,马铃薯处于低位,燕麦处于高位,马铃薯对光辐射的截获处于劣势,随着燕麦株高的增加,间作燕麦对马铃薯的荫蔽程度加重,遮阴效应降低了马铃薯叶片对光的截获,致使叶面积指数和比叶重降低。随着第一茬燕麦的收获,间作马铃薯能获得更多的光照和更广阔的生长空间,良好的通风透光条件,使马铃薯茎叶生长得到了明显的恢复,因此在成熟期间作处理马铃薯的叶面积指数显著高于单作处理。

叶绿素在植株体内负责光能的吸收、传递和转化,在光合作用中起着非常重要的作用,其含量及组成受光照条件的影响。在间套作条件下,低位作物叶绿素含量的变化除了受光照条件影响外,还与作物种类有关,马铃薯、玉米套作降低了矮秆作物马铃薯的叶绿素含量;木薯、花生间作降低了花生叶绿素含量;玉米、大豆间作则明显提高大豆叶片的叶绿素含量。吴娜等(2015b)研究结果表明,马铃薯、燕麦间作提高了马铃薯叶片叶绿素含量,这也进一步说明了间套作条件下低位作物叶绿素含量的变化因作物种类而异。此外,间作行数比与幅宽直接影响到间作作物对光能的截获,种植4行马铃薯的处理由于增加了2行马铃薯,从而增加了整个间作马铃薯群体对光的截获,使光照条件得到改善,使叶片叶绿素(叶绿素 a+叶绿素 b)含量较2行马铃薯处理显著增加。

光环境影响着植物的光合特性,间作系统中矮秆作物的光环境相对较差,致使其光合速率下降。光合速率下降主要受气孔因素限制或非气孔因素限制,而这取决于P_n、G_s和C_i的变化方向。吴娜(2015b)等研究结果表明,在马铃薯开花期,燕麦的遮阴使低位作物马铃薯群体内部光照条件恶化,光合速率降低,蒸腾作用减弱;与单作相比,间作马铃薯叶片的净光合速率、气孔导度、蒸腾速率显著降低,而胞间CO_2浓度显著升高。随着第一茬燕麦的收获,间作马铃薯截获更多的光照,良好的通风透光条件,使间作马铃薯叶片的P_n、G_s、T_r显著升高,C_i降低。这说明弱光条件下马铃薯光合速率的下降则是由非气孔因素造成的,是光能不足限制了叶绿体光合潜力的发挥。

马铃薯与燕麦间作改变了马铃薯的光合特性,增加了马铃薯群体的叶面积系数,促进了马铃薯光合作用,从而提高了马铃薯块茎产量。马铃薯与燕麦间作表现出较强的间作优势。

4. 间作对马铃薯产量及土地当量比的影响　间作增加了马铃薯单株块茎重和单株商品薯重。马铃薯与燕麦间作比4∶4处理的单株商品薯重最大。间作处理的单株块茎重与单株商品薯重分别比马铃薯单作处理高,处理间差异显著。单株块茎数、商品薯个数、大薯个数,马铃薯与燕麦间作比4∶4处理均高于其他间作处理。小薯个数马铃薯单作处理最多,显著高于间作处理。与间作相比,马铃薯单作由于降低了单株块茎重、单株商品薯重,增加了小薯个数,而使产量显著降低。

土地当量比(LER)值作为评定是否具有间作优势的指标,它反映间作系统对土地的利用效率,单位土地面积的产出率,LER值大小与间作系统内物种之间生存竞争和互利的权重大小有密切关系,不是每一种间作体系都能取得产量优势。马铃薯/燕麦间作具有一定的间作优势,各间作处理籽粒产量的LER均大于1,其中马铃薯与燕麦间作比4∶2处理的土地当量比最大,为1.22;其次是马铃薯与燕麦间作比4∶4,为1.17。在马铃薯/燕麦间作生产中适当增加马铃薯行数或减少燕麦行数有利于提高复合群体产量,增加间作优势。

5. 间作对马铃薯N、P、K含量及营养品质的影响　在不同的生长发育阶段,N、P、K在马铃薯植株各个器官中的分布不同。吴娜等(2017)研究发现,从开花期至收获期,随生育进程的推进,马铃薯地上茎和叶中的N、P、K含量呈逐渐下降趋势,而块茎中N、P、K含量呈现上升态势。这表明,生育中后期大量的N、P、K被运输到了块茎中,参与了块茎的建成和物质储存。马铃薯各器官N素含量从开花期至收获期始终表现为叶片>地上茎>块茎;而收获期K和P的分配积累中心转移为块茎,块茎成为P、K的最终储存库。

合理的间作可以提高作物养分的吸收和利用,从而提高当季作物的养分利用效率。研究发现,开花期马铃薯单作处理各器官中N、K含量都比较高,但随着生育进程的推进,收获期各器官中N、K含量都显著低于间作处理。这可能是由于间作条件下马铃薯与燕麦竞争吸收的结果所致。在马铃薯开花期,马铃薯处于低位,燕麦处于高位,马铃薯对光辐射的截获和养分的吸收都处于劣势,随着第一茬燕麦的收获,间作马铃薯能获得更多的光照和更广阔的生长空间,使马铃薯生长得到了明显的补偿和恢复。此外,马铃薯、燕麦间作行数比与幅宽直接影响到间作作物对光能的截获,马铃薯与燕麦处理增加了2行马铃薯,从而优化了整个间作群体,收获期马铃薯单作处理各器官中N、K含量比较低,也可能由于马铃薯、燕麦间作通过作物根际交互作用使根系的分泌功能增强,表现出比马铃薯单作更明显的根际效应所致。

马铃薯块茎品质是马铃薯生产中的重要经济指标,受遗传特性、栽培地区气候、土壤和栽培条件影响。合理的间作能提高作物品质。研究表明,马铃薯粗蛋白含量、维生素C含量和还原糖含量,间作处理均高于单作。这一结果表明,合理的间作可以提高马铃薯块茎粗蛋白含量、维生素 C 含量和还原糖含量。随着马铃薯产量的提高,块茎内淀粉含量呈下降趋势,而淀粉含量又是评价马铃薯品质的一个重要指标。淀粉价低的薯块,加工时出粉率低,不但肉质松软不脆,食味品质也差。间作处理淀粉含量显著高于单作,说明合理的间作有利于马铃薯碳水化合物的合成,为块茎膨大提供基础。马铃薯、燕麦间作可以提高马铃薯 N 素、K 素含量,但降低了 P 素含量,能够改善马铃薯块茎品质。

（六）效益分析

1. 经济效益　马铃薯与燕麦进行间作,可变一年一作为一年三作,从而大大增加单位面积的经济效益。马铃薯、燕麦套种模式,可以收获一茬马铃薯,收获两茬燕麦,可以使马铃薯与燕麦获得双高产,从而提高了土地利用率,实行间作后产值比单作一种作物都高得多。根据林叶春等（2009）研究结果:马铃薯与双茬燕麦间套作,马铃薯块茎、燕麦籽实和燕麦草产量分别为 10984.5 kg/hm^2、1151.83 kg/hm^2 和 31314.07 kg/hm^2,总经济产量较净作马铃薯增加 28.07%,显著增加了单位土地面积上的生物量。

2. 生态效益　间作可以充分利用土地资源和太阳能资源。马铃薯与燕麦间作由于收获时间不同,因而可以提早或延长土地及光能的利用。间作也有利于农业区生态恢复,保土保肥,维护生态安全。间作也可使作物产量和副产物大幅度提高,不仅使农民收入得到增加,也为走生态和可持续发展的道路创造了条件。

二、马铃薯与食用豆类作物间作

间作种植技术在中国的种植历史久远,是中国精耕细作农业的精华。间作首先解决了作物合理利用温光资源、边际效应、时空条件、发挥地力、减轻病虫害、调节根际环境、提高农业经济效应方面的潜在矛盾,相对于单作而言,降低了土壤中相应的危害作用,将不利的环境转化为有利的环境而提高间作体系土壤的生产潜力,使土壤中的逆境幅度维持在作物能够生存的合理区间内,对土壤中养分的调节具有一定的加持作用。同时,间作还会改善土壤的物理、化学、生物等方面的性质,间作作物的根系异化空间分布且其分泌物不但能供给相邻作物生长所需的营养养分,而且会释放、激发土壤中有益养分,增加间作体系的养分供给,使作物生长的地上部和地下部环境背景值更加有利,有助于作物利用生态位取得自身生长的各种有利资源,在某种程度上促进间作作物在产量、品质方面取得大的提升。另外,间作体系利用合理的生态位优势截获和吸收温光资源,合理地利用了地上部和地下部的时空资源,发挥产量优势,具有非常大的农业生产潜力,对于资源的高效利用和作物的产量及品质提高意义巨大。

食用豆类均与根瘤菌共生,这是豆科作物的一大生理特点。根瘤菌固定空气中的 N 素,可供豆类作物利用,并增加土壤中的 N 素肥源,因此,豆类有天然 N 肥工厂的美誉,所以,在各种耕作制度中食用豆类是重要的组成环节,对促进整个农业生产有重要意义。随着中国经济快速发展和人民生活水平的不断提高,马铃薯市场需求量日益加大,但由于土地资源的限制,马铃薯连作栽培现象非常普遍,长期的连作会造成马铃薯种植过程中产生连作障碍,使产量降低、品质下降、病虫害严重、生育状况变差,严重限制着马铃薯产业健康、持续的发展。

实践证明,马铃薯与豆科作物间套作,不失为一种科学、经济、高效的种植模式。如马铃薯与蚕豆带状间作种植就能最大限度地利用土壤养分和水分,提高土地利用率,蚕豆具有很好的固氮作用,马铃薯生产潜力大,水肥要求高,是一种耗地作物,二者合理间作能发挥豆茬的肥田效应,同时又能有效控制蚕豆赤斑病的发生,改善蚕豆产量构成因素,提高农田的产出效益。

又如红芸豆间作马铃薯,植株形态一高一矮,叶型一大一小,呈互补状态,群体内空间分布合理,能充分、经济有效地利用光能,改善群体的通风条件,提高 CO_2 的利用效率,大大提高了单位土地面积的产量和经济效益。

(一)对种植系统生长状况的影响

1. 对土壤养分和理化性质的影响   当不同作物间作栽培时,往往同时存在着种间促进作用和种间竞争作用。由于其生长特性及生理特性的不同,以及生长规律和各生育期需肥的不一致,导致间作系统的复合群体在养分促进作用和竞争作用的同时对于两种作物养分吸收以及利用方面表现出一定的差异。当不同作物间套作栽培时,由于同时存在种间促进作用与竞争作用,可通过合理搭配间作作物种类增加种间促进作用,减轻竞争作用,表现出在土壤养分的利用和吸收方面较单作模式更优势。

土壤养分是作物摄取养分的主要来源之一,在作物的养分吸收总量中占有很高比例,土壤养分含量的高低关系着植株能否健康生长或生存。间作栽培时不同作物间由于生活习性、需肥特性、株型以及生理生态方面的诸多差异,对土壤中养分的吸收量以及养分种类有较大的差别。间作模式的不同作物可以利用其对土壤养分的需求不同,以及在时间上、空间上、需水特性等方面的不同而互补,同时可利用作物根系有各自特定的形态结构,地下根系的相互交叉以及空间分布的不均,弥补对土壤养分吸收的不均,避免土壤养分含量的闲置和流失,增强对土壤中养分的吸收和利用。已有大量的研究表明,合理的间套作可以提升土壤中的养分含量,且间套作对作物的生长发育主要是因为土壤环境的改变。

2. 对土壤微生态环境的影响   良好的土壤生态形成是土壤自身质量的结果,是生产优质高产作物的必要条件。土壤微生物是土壤生态系统的重要组成成分,土壤中的微生物数量既能反映土壤中物质和能量代谢的旺盛程度,又能反映土壤肥力状况,缺乏有机质的土壤微生物数量较少,同时,土壤微生物也被认为是连作障碍的主要因子之一。微生物的群落组成可以在一定程度上反映土壤质量。长期连作易导致土壤肥力下降,根系分泌物的自毒作用增强,病原微生物数量增加,致使作物产量降低。有研究表明,细菌型土壤向真菌型土壤转化可能是连作障碍的主要特征,随着连作年限的增加,土壤根际真菌数量显著增加,细菌和放线菌明显减少,土壤微生物种群结构不合理,有害微生物数量逐渐占优势。

土壤微生物作为土壤微生态环境中生理活性最强的部分,常被用作评价土壤微生态环境质量的重要指标。土壤微生物的群落组成与土壤结构的形成、矿物质的分解与利用及植物生长的调节均有密切的关系,尤其作为土壤有机物质的直接分解者和转化者,在土壤有机质及养分循环过程中起着至关重要的作用。土壤微生物的群落组成受到多种因素的影响,施肥的种类、施肥量、作物种类和栽培与耕作方式都会影响土壤微生物数量。大量实验分析土壤微生物与植物生长发育的互作关系发现,土壤微生物的多样性与植物生长发育密切相关,植物和土壤中某些微生物存在互惠互利的关系,一方面,植物的某些根部分泌物为土壤微生物提供有利的生存环境,同时也为微生物的生长提供营养,利用微生物的趋性运动,富集某些特定的微生物,所以某种程度上植物的根系分泌物对根际微生物群落结构具有选择塑造作用;另一方面,土壤微生物参与土壤有机质和无机物质的转化及循环,促进植物的生长,同时土壤微生物还分泌一些有益的物质对植物的生长也起到一定的积极作用。

(1)对根际土壤细菌多样性的影响   土壤微生物是生态系统的重要组成部分。土壤微生物对土壤养分的吸收与转化、作物生长发育及其生产能力均有显著影响。同时土壤微生物群落结构与功能的改变是导致土壤肥力下降、作物减产的主要原因。Veronica 等研究发现,间作栽培改变了土壤微生物群落结构,其根系分泌物促进了根际土壤中革兰氏阳性菌和丛植菌根的累积,相应增加了微生物生物量;Jangid 等、Suman 等和胡举伟等研究表明,合理间套作能改变土壤微生物群落结构与功能多样性,对土壤微生态环境的稳定有一定的促进作用。汪春明等(2013)通过 Biolog 研究表明,间作栽培可以改变马铃薯根际土壤微生物群落结构。

王娜等(2016)运用 T-RFLP 技术、ITS 基因文库法和 BOXAIR-PCR 技术分析马铃薯/玉米、马铃薯/蚕豆、马铃薯不同品种间作下的马铃薯土壤微生物群落多样性和菌群结构变化,旨在从微生态角度探寻有效间作栽培模式,为缓解马铃薯连作障碍提供理论依据。研究结果表明:间作栽培后马铃薯根际土壤细菌 T-RFs 数目增加,马铃薯根际土壤细菌 Shannon-Wiener 指数均高于连作,且以马铃薯/玉米 4∶1、3∶2 行比和马铃薯不同品种间作的 Shannon-Wiener 指数较高;间作栽培能够有效改善马铃薯根际土壤细菌菌群结构,增加门和纲的总数,新增加了蓝藻纲、异常球菌纲、绿菌纲、梭杆菌纲、硝化螺旋菌纲和产水菌纲 6 个纲的细菌,且以马铃薯/玉米间作模式增加的纲种类最多;间作后马铃薯根际土中一些有益菌属如芽孢杆菌属、土芽孢杆菌属比例上升,并出现如短芽孢杆菌属和喜盐芽孢杆菌属新的益生菌,潜在致病菌比例下降甚至消失。马铃薯/玉米间作模式能够有效改善根际土壤的微环境,缓解马铃薯连作障碍。

间作栽培后马铃薯根际土壤真菌 OTU 数目减少,马铃薯根际土壤真菌 Shannon-Wiener 指数降低,且以马铃薯/玉米 4∶1、3∶2 行比、马铃薯/蚕豆 4∶1、3∶2 行比间作的 Shannon-Wiener 指数较低;间作栽培能够有效改善根际土壤真菌菌群结构,真菌纲和目的总数在开花期减少明显,ITS 基因文库法检测 19 个土样共检测到 17 个纲 47 个目的真菌,T-RFLP 法检测 20 个土样共检测到 12 个纲 20 个目的真菌,间作后马铃薯根际土中出现了球囊菌目和多孢菌目的有益真菌。

间作栽培后马铃薯根际土壤可培养放线菌的多样性高于连作;UPGMA 聚类显示,马铃薯/玉米 4∶1 行比、马铃薯/蚕豆 3∶2 行比和马铃薯不同品种 A/B 间作后的根际土壤放线菌菌群结构与连作的差异较大。马铃薯/玉米 3∶2 行比间作在一定程度上能够提高细菌多样性,降低真菌多样性,改善微生物群落结构,使群落功能趋于稳定。因此,是改善马铃薯连作障碍较为理想的栽培模式。

李越等(2017)为探讨蚕豆间作栽培对连作马铃薯根际土壤微生物群落的影响,采用单因素随机区组设计,对不同连作年限(2 年、6 年、10 年)下单作、间作马铃薯根际土壤微生物群落结构、功能进行了研究。结果表明,马铃薯、蚕豆间作下根际土壤真菌、细菌群落数量减少,真菌、细菌占总群落数量的比值低于单作;但间作栽培影响了土壤微生物功能多样性指数。在连作 6 年和 10 年时,间作较单作处理马铃薯根际土壤微生物的香浓指数分别提高了 1.11% 和 8.02%;间作栽培增强了土壤微生物群落对碳源的利用能力,与马铃薯连续 2 年、10 年单作相比,间作蚕豆处理下马铃薯根际土壤微生物群落对多聚化合物、碳水化合物的利用能力显著提升,分别提高了 135.65%、8.22% 和 58.32%、19.62%。T-RFLP 分析共检测到土壤细菌 14 门 20 纲,间作蚕豆栽培降低了马铃薯根际 β-变形菌纲比例,提高了鞘氨醇菌纲、芽孢杆菌纲比例。随着连作年限的增加,间作蚕豆栽培明显改变了连作马铃薯根际土壤微生物群落结构及功能。

(2)对土壤酶活性的影响　土壤酶来自动植物落叶残体、根系分泌物以及土壤中微生物的残体,能通过催化土壤中的生化反应,将土壤中复杂的无机化合物转化为能被土壤根系以及微生物利用的简单有机化合物。土壤酶是生态系统的能量流动和物质交换等生态过程中活跃的生物活性物质,且土壤酶活性的大小是衡量土壤肥力以及养分吸收转化的重要指标。土壤碱性磷酸酶活性能够反映出土壤 P 素供应状况,过氧化氢酶活性能够反映出有机质的转化速度,而脲酶活性能够促进 N 素的转化,反映出土壤 N 素水平状况。土壤中酶活性的提高能有效地提高土壤中的养分质量,从而提高作物对土壤养分的吸收和利用,对农作物的生长起着至关重要的作用。已有研究表明,间作对土壤酶活性的提高有促进作用,也有研究表明,间作栽培会不同程度地降低土壤中的酶活性,尽管前人在间作对酶活性的影响的研究不一致,但可以看出合理的间作栽培模式不仅能改善土壤中的养分质量,也能够影响土壤中酶活性的变化,分析推测认为,合理的间作能加快无机化合物的转化速度以及能量转化,改变了土壤的微生态环境,使植物根系分泌物释放更多的酶以增强酶活性。

(3)对土壤微生物群落结构与功能的影响　土壤微生物能够参加土壤中物质交换过程和能量转化反应,土壤酶可参与土壤中各种生物化学反应过程,二者成为判定评价土壤肥力的有效指标。而合理的间作可以改变土壤的环境,由于根系分泌物、作物残体和根系残体在土壤中的累积,供给土壤微生物的营养物质增加,因此增加了土壤微生物的活性,增加了土壤微生物的群落结构多样性,进而形成与之相适应的微生物区系。有研究表明,间作栽培不仅能够改变土壤中微生物的群落结构,也能够改变土壤微生物的代谢功能。马琨等(2016)在间作马铃薯的研究中发现,间作栽培改变了马铃薯根际土壤微生物群落的结构组成,促进了以芳香族、羧酸类化合物等 4 种碳源为生的土壤微生物代谢活动,改变了土壤微生物群落功能;魏常慧等(2017)在间作马铃薯对土壤微生物影响的研究中发现,与单作马铃薯相比,间作栽培提高了土壤微生物群落总数,增加了细菌群落所占微生物总群落数的比例,并表示间作栽培时真菌/细菌比值的降低,有利于促进土壤由低肥效的"真菌型"向高肥效的"细菌型"土壤类型转换。

刘亚军等(2018)为揭示作物种间作用对土壤微生物的影响机制,通过田间定位试验,采用磷脂脂肪酸(PLFA)等方法,研究马铃薯与蚕豆、马铃薯与荞麦间下土壤微生物群落结构及功能的变化规律,结果表明,与单作马铃薯相比,马铃薯蚕豆、马铃薯荞麦间作后土壤细菌、放线菌生物量均有所提高,革兰氏阳性菌/革兰氏阴性菌比值升高。培养 120h 时,马铃薯荞麦间作较马铃薯蚕豆间作土壤平均颜色变化率(AWCD)高,土壤微生物对主要碳源化合物的利用能力增强;与马铃薯单作相比,马铃薯蚕豆间作土壤微生物群落的丰富度、均匀度指数分别降低了 35.6%、47.0%,但优势度指数增加了 2.07 倍;马铃薯荞麦间作土壤微生物群落的丰富度指数降低了 13.7%,但均匀度和优势度指数分别增加了 8.8% 和 3.4%。多元分析(RDA)结果表明,间作栽培条件下土壤微生物群落组成及功能多样性与土壤全氮、速效磷、速效钾有相关关系。综上,马铃薯与不同作物间作栽培能够改变土壤微生态环境,影响土壤微生物群落结构及功能多样性。

3. 间作栽培对土壤养分吸收的影响　间作模式利用作物营养生态位的异质性,充分利用土壤养分达到维持土地生长力的作用。间作中不同作物的根系差别较大,长短不一,能够更好地利用不同土层的养分和水分。将需肥特性不同的作物搭配间作种植,对土壤营养元素的利用起到相互协调、充分发挥土地生产力的作用。马铃薯喜 K,蚕豆具有结瘤固 N 的习性,加之其生物产量的农田归还率较高,将其纳入复合的间作系统内,则可维持土壤肥力不致衰减。豆类与马铃薯具有不同的根系特点,豆类根系深,马铃薯则较浅;分布的范围大小也不同。因此,二者吸收土壤水分、养分的部位、时间、数量不尽一致,将二者复合种植,能最大限度地利用土壤养分和水分,可有效地实现土地用养结合。豆科作物有很强的固氮性,其凋零的叶、残茬等生物量的农田归还,可以为马铃薯提供很好的土壤养分,使间作马铃薯不减产。

合理间作有利于增强作物对养分的吸收,提高土壤中养分的有效性,减少单一作物连作时对某些养分的积累。汪春明等(2013)为探究不同间作栽培模式缓解马铃薯连作障碍的可行性及作用机制,以马铃薯单作为对照,研究马铃薯间作玉米、蚕豆和荞麦 3 种模式对连作马铃薯根际土壤养分含量及微生物区系的影响,结果表明,间作种植模式下马铃薯根际土壤全 N、全 P、速效 P 和速效 K 含量显著低于马铃薯单作,根际土壤速效 P 降幅最大,达 45％以上,土壤 pH 值明显下降。间作栽培模式对马铃薯根际土壤微生物群落的碳源利用能力也有明显影响,其中马铃薯间作蚕豆和间作玉米处理马铃薯根际土壤微生物培养 120 h 的平均颜色变化率分别比对照高 13.39％和 4.30％。马铃薯根际土壤微生物群落总体上对碳水化合物的利用率较高,对芳香化合物的利用率较低。间作蚕豆明显促进了马铃薯根际土壤微生物群落的碳源代谢强度,而且能维持较稳定的产量,因而可能是一种有利于改善马铃薯连作栽培根际微生态环境、缓解连作障碍的栽培模式。

(1)间作食用豆类对马铃薯 N 和 P 积累的影响　马铃薯和食用豆类间作系统中由于对养分的敏感程度不同,吸收养分峰值的时间不同,对养分的竞争能力不同,而且根系生理生化特征不同,扎根深度和根系空间分布都不同,因而可以利用对养分、光照利用时间的错位和不同层次的土壤养分来降低直接的竞争作用,促进间作根际土壤养分利用优势的形成。顾旭东等(2017)通过田间试验,研究了单作马铃薯、马铃薯/蚕豆间作和单作蚕豆对 N、P 积累量的影响,结果表明,间作种植对马铃薯全 N 累积具有促进作用,对蚕豆全 N 累积具有抑制作用;间作对马铃薯全 P 累积具有抑制作用,对蚕豆全 P 累积具有促进作用;间作对马铃薯全 K 累积效果不是很明显,对蚕豆全 K 累积具有促进作用。间作对马铃薯茎、叶和块茎全 N 累积分别提高了 38.81％、17.52％和 131.82％,对马铃薯根全 N 累积降低了 25.69％,对蚕豆根、茎和叶全 N 累积降低了 47.25％、34.95％和 23.85％。间作较单作马铃薯对马铃薯根、茎、叶和块茎全 P 累积分别降低了 37.5％、3.93％、4.60％和 45.78％,对蚕豆根、茎和叶全 P 累积分别提高了 68.81％、43.41％和 90.35％;间作较单作对马铃薯根、茎和块茎的 K 累积分别提高了 42.53％、0.52％和 1.04％,对马铃薯叶全 K 累积降低了 0.66％,对蚕豆根、茎和叶全 K 累积分别提高了 40.22％、8.97％和 46.85％。就时间而言,在苗期间作处理较单作处理对马铃薯根和叶的全 N 累积分别提高了 36.52％和 17.41％,间作对茎全 N 累积具有抑制作用,在生长后期间作处理较单作对马铃薯根、茎和叶全 N 累积分别提高了 68.68％、42.98％和 109.48％,促进作用很明显。在苗期间作处理较单作处理对马铃薯各器官全 P 累积具有促进作用,而在块茎形成期只对根和叶全 P 累积有促进作用,但随着生育期推进反而对不同器官全 P 累积都起到抑制作用。

(2)间作栽培对土壤养分有效性的影响　研究证明,间作表现较明显的产量优势。事实上间作的优势往往是地上部和地下部共同作用的结果。并且有研究者认为,间作体系中地下部的相互作用比地上部更为明显。其中,间作的地下部优势往往表现在间作提高了土壤养分的有效性方面。间作不仅可以使土地资源得到充分的利用,提高光能利用率,而且合理的间作还会提高土壤养分的有效性。黄高宝等(1983)等研究发现,与豆科植物间作,可以提高间套种植植株根际的营养状况,并且这种根际营养的贡献是间作取得间作优势的关键。豆科作物由于能够通过自身的生物固 N 作用满足其对 N 素的需求，与其间作的作物之间对 N 素竞争作用较弱甚至不存在竞争，因而成为间作的首选作物之一。

土壤中的 N 素是植物生长必需的大量元素，因而土壤 N 素营养供应的变化直接影响到植物的生产力水平。全球农业生产力也在很大程度上依赖于 N 素，这对于作物的生长是很重要的。禾本科与豆科作物间作被认为具有典型的间作优势，可以充分利用豆科作物自身的生物学潜力提高土壤中 P 的生物有效性。蚕豆、大豆等豆科作物根际有机酸的分泌、酸性磷酸的释放促使禾本科作物根际的下降，进而活化根际难利用态 P，增加根际土壤 P 的有效性，促进 P 的吸收，降低对肥料 P 的吸收，减轻 P 肥施用压力，同时对 N、K 营养元素的吸收、利用也有一定的促进作用。豆科作物根际酸性环境的建立为马铃薯豆科作物间作来改善马铃薯根际微生态环境创造了可能。

当不同作物间套作栽培时，往往同时存在着种间促进作用和种间竞争作用，由于其生长特性及生理特性的不同，以及生长规律和各生育期需肥的不一致，导致间套作系统的复合群体在养分促进作用和竞争作用的同时对于两种作物养分吸收以及利用方面表现出一定的差异。Prasad 等在不同模式的种植中研究表明，间套作栽培对 N 肥的利用效率与单作栽培相比有较大程度的提高，且对 N 肥的损失率低于单作栽培；当不同作物间套作栽培时，由于同时存在种间促进作用与竞争作用，可通过合理搭配间套作作物种类增加种间促进作用，减轻竞争作用，表现出在土壤养分的利用和吸收方面较单作模式更优势。合理的间套作不仅可以利用不同作物的根际在时间和空间上的差异，而且能通过不同根系之间的相互交错以及根系分泌物的相互作用，有效地改善土壤中的微生态环境，从而使土壤向着良好健康的土质类型方向转变，较单作栽培表现出更强的根际效应。

4. 间作系统土壤物理、化学性状的变化　土壤养分是作物摄取养分的主要来源之一，在作物的养分吸收总量中占有很高比例，土壤养分含量的高低关系着植株能否健康生长或生存。间作栽培时不同作物间由于生活习性、需肥特性、株型以及生理生态方面的诸多差异，对土壤中养分的吸收量以及养分种类有较大的差别。间作模式的不同作物可以利用其对土壤养分的需求不同，以及在时间上、空间上、需水特性等方面的不同而互补，同时可利用作物根系有各自特定的形态结构，地下根系的相互交叉以及空间分布的不均，可以弥补对土壤养分吸收的不均，避免了土壤养分含量的闲置和流失，增强了对土壤中养分的吸收和利用。已有大量的研究表明，合理的间套作可以提升土壤中的养分含量，且间套作对作物的生长发育主要是因为土壤环境的改变。高慧卿(1983)的研究表明，马铃薯是块茎作物，豆类属直根系作物，间作后土壤水稳性团粒结构增加 3.65%，土壤孔隙度增加 6.65%，提高了土壤保水保肥能力，缓和了对水分、养分竞争的矛盾。顾旭东(2017)的研究表明，间作对土壤理化性质具有一定的影响。对土壤有机质和碱解氮含量降低幅度较小，对土壤全 N 和全 P 含量较单作而言提高的最多，较供试土壤分别提高了 6 倍左右和 48.49%。对土壤中的速效 K 和速效 P 含量降低的幅度最大，分别降低了 13.91% 和 23.06%，对土壤的酸化程度最大。

间套作种植技术较单作而言对作物 N 的吸收总体来说具有 1+1>2 的效果，间作能高效地利用土壤中的 P 素和释放土壤中难溶性 P 素的作用，说明此种种植技术不但会增加作物 P 素的累积，而且活化土壤中难溶性 P 的存在形态，这样可以减少肥料的投入成本，增加了净经济效益。间作根系接触改变了根系微生物群系结构和主导生态位，进而增加了作物对 K 素的吸收，间作种植技术具有能利用不同形态土壤的 K 素营养而达到合理利用 K 素资源的特点。

5. 对间作系统光能利用效应的影响　光能是作物进行光合、蒸腾、呼吸作用等生理活动的主要动力来源,在水、肥等其他环境因子不受限制的条件下,作物群体对光能的截获率及利用效率直接决定着其最终产量的高低。光能资源与水、肥等资源相比具有无限制性的特点,但它又是瞬时性的,从而不能被储存,所以一定时间空间范围内光能截获和利用能力的高低决定着农业系统的生产潜力。

农作物高产的核心是最大限度地提高光、热等自然资源的利用效率,间作种植模式在充分利用光热资源上有其独到功能。国外学者研究表明,作物对照射到地面的太阳辐射能利用率最大为 5%~6%,整个地球上作物的光能利用率只占 0.5%,高产栽培作物最多能达到 1%,光能的利用在时间和空间上存在很大的浪费。而间作可以使作物在时间和空间上更好地利用光能,不同程度地改善田间的 CO_2、温度、水、肥等因素影响,从而达到提高作物光合效率和提高产量的目的。

间套作种植模式能够充分利用光热资源,两种作物时间上的合理搭配是复合群体高效截获光能的重要基础,两种作物在空间上的合理搭配也可促进群体对光能的吸收。美国学者 Allen 等指出,当不同叶冠的两种作物间套作时,作物对光的截取量增大,而且分布较均匀。薯豆间作,田内形成了主体分层交错用光特点,阳光不仅能够直射带状作物的中上部,而且反射、散射光作用于作物中下部,减少了漏光现象,经济有效地利用太阳辐射能,获得田间高产。有关资料研究发现,豆类单作不能充分利用 7 月份后的光热资源,马铃薯单作又不能合理利用 7 月份以前的光热资源。豆薯复合种植,可实现作物种植制度上的 1 熟变 2 熟,充分利用光热资源。王海燕等(2007)研究表明,马铃薯间作蚕豆田内相同部位透光率,薯带行间由 10:00 的 25.7%到 16:00 的 20.8%,豆带行间由 22.4%到 18.7%,说明马铃薯采用宽窄行种植并在宽行内套种蚕豆形成间作复合生态系统后,虽然单位耕作面积上物种增多,种植密度加大,但对于相应作物的单种田,不仅对薯带的光照状况未见明显削弱,而且明显增加了豆带透光率,使间作群体光能利用率提高,最终达到群体增产、增收的目的。

6. 对种植系统水热状况的影响

(1)水分效应　间作通过提高根际微生物活性和养分有效性,以及激发种间竞争和互作,来提高农田生产力和水分利用效率。但在半干旱雨养农业区,由于降水总量不足和降水分布的影响,间作的增产增效功能可能受到水分不足和季节性干旱的限制。侯慧芝等(2016)试验结果表明,间作使土壤贮水量较单作下降,尤其在干旱的 2011 年达到显著差异。间作不仅增加了土壤耗水,而且对土壤水分分布有明显影响,间作后对深层水分的耗散增强,这一效果在干旱年份尤为明显;耗水深度的增加一方面证明间作能够利用深层水分,另外,也表明间作后对马铃薯的水分利用造成一定的负面影响。

侯慧芝等(2016)4 年大田定位研究的试验,揭示了马铃薯间作蚕豆对西北黄土高原旱作区农田生育期耗水特征、产量、水分利用效率的影响。以新大坪和临蚕 131 为试验材料,设马铃薯单作、蚕豆单作和薯蚕间作 3 个处理,结果表明,马铃薯/蚕豆间作的共生期长达 100 d 以上,共生期耗水占全生育期耗水总量的 42.5%~58.3%,是马铃薯单作总耗水量的 68.2%~86.3%;间作显著提高了作物耗水量,并使马铃薯花后耗水量显著降低。尽管间作后使丰水年(2014)产量较马铃薯单作下降 10.3%,并使不同降水年型的作物水分利用效率显著下降,但使欠水年的作物产量显著提高了 8.8%,而且 4 年土地当量比达 1.3~1.5,且 4 年蚕豆对于马铃薯的资源竞争力为 0.31~1.15,远大于 0。所以半干旱区全膜覆盖马铃薯垄沟间作种植具有显著提高土地生产效率的潜力,但需要通过科学搭配作物组合才能实现增产增效、改善农田环境的目的。

张绪成等(2016)依托 4 年大田定位试验,测定全膜覆盖垄沟种植马铃薯单作(PM)、马铃薯蚕豆间作(PF)、马铃薯豌豆间作(PS)和马铃薯扁豆间作(PH)的土壤温度、土壤贮水量、作物产量等指标,计算耗水量、经济收益和水分经济收益率,明确其产量和水分效应,并评价其农田水分持续性,结果表明,间作有利于缓解 6—7 月份的高温胁迫,在 2012—2014 年,PF、PS 和 PH 处理在该时期 0~25 cm 土层的土壤温度较 PM 处理下降 0.8~3.6℃、0.4~2.8℃ 和 0.8~1.8℃。间作促进作物利用深层土壤水分,在干旱和平水年的耗水深度达 200 cm。与马铃薯单作相比,PF 处理使花前耗水增加 41.6~131.7 mm,而使干旱年份(2011)和贫水年份(2012)的花后耗水分别减少 48.6 mm 和 34.3 mm;PH 同样增加了花前耗水,但花后耗水量和单作处理无显著差异;PS 的花前花后耗水量介于二者之间。PH 的经济收益和水分经济收益率最高,分别较马铃薯单作增加了 29.8%~51.4% 和 19.8%~24.0%。4 个处理 0~200 cm 土层土壤贮水量在 4 年期间增加了 100 mm 以上,表明全膜覆盖条件下马铃薯和豆科作物间作种植,对土壤水分的年际平衡无显著负影响。增产效果显著,并对土壤水分持续性无明显负面影响,可作为西北黄土高原半干旱区较为理想的间作模式推广应用。

对空气温度、相对湿度进行相关研究得到,复合间作系统随着种植密度的增加,空气温度逐渐降低,而相对湿度却缓慢升高。王海燕等(2007)在马铃薯间作蚕豆的效益评价与栽培研究中指出,由于单作田种植密度稀疏,空白地与大气接触面积大,其蒸腾特别是蒸发量比间作田大,所以单种田的相对湿度比间作带状田低。

(2)湿度效应 杜守宇等(1993)对空气温度、相对湿度的研究表明,复合间作系统随着种植密度的增加,空气温度逐渐降低,而相对湿度逐渐升高。王海燕等(2007)得出相似结论。马铃薯与蚕豆间套作后,田间活动层相对湿度一般比单种田的高,10:00 时马铃薯单种田窄行行间湿度为 40.7%,比蚕豆单种田窄行行间低 0.8 个百分点,比马铃薯间种蚕豆田的薯带行间和豆带行间分别低 0.6 和 1.4 个百分点;16:00 马铃薯单种田窄行行间湿度为 33.8%,比蚕豆单种田窄行行间低 1.6 个百分点,分别比间种田的薯带行间和豆带行间低 4.8 和 5.2 个百分点。究其原因在于不同模式的种植田田间密度不等,蒸腾、蒸发量也不同。单种田因其密度稀疏,空白地与大气接触面积大,其蒸腾特别是蒸发量比间种田要大,结果单种田的相对湿度就较低。

(3)温度效应 杜守宇等(1993)研究表明,马铃薯与蚕豆间作其光照和湿度的差异影响到温度效应的改变。单种田与间种田的薯带窄行株高 30 cm 处的最大活动层面温度,前者比后者 10:00 时高 1.3℃(26.2~24.9℃),16:00 时高 0.6℃(31.2~30.6℃);两种种植模式下的豆带窄行株高 50 cm 处的最大活动层面温度则表现出相反的变化结果,10:00 时单种较间种低 1.5℃(27.7~26.2℃),16:00 时低 1.2℃(32.6~31.4℃)。这表明,马铃薯与蚕豆单种田温度与间种田相应播带相比,马铃薯表现为单种高于间种,蚕豆则是单种低于间种,并且这一结果与测定时间无关。

(4)透风效应 杜守宇等(1993)研究表明,马铃薯与蚕豆间作,薯带透风状况稍劣于马铃薯单种田,豆带透风状况则优于蚕豆单种田。原因在于蚕豆直立高大,而马铃薯匍匐较矮,豆薯复合种植后构成一个高低交错的田间复合群体,空气气流穿过带间走廊,送到蚕豆和马铃薯群体内部,补充了光合作用所需的 CO_2,田内 CO_2 含量比单作蚕豆增加 7%~17%,有利于充分发挥边行优势的增产效果。

7. 对间作系统干物质和产量的影响　马铃薯与食用豆类间作,通过合理高矮搭配,叶型大小呈互补状态,改善了豆类的地表温度、通风条件等环境因素,从而加速了豆类生物量的增长,提高了授粉受精率,致使单株荚数、每荚粒数增加,从而使产量增加,经济效益增加。马子林(2014)对靠近马铃薯的蚕豆边行的地表温度、相对湿度、形态指标及产量构成因子进行了比较试验,并对蚕豆与马铃薯不同间作模式的产量与经济效益进行了对比,结果表明,蚕豆边行越靠近马铃薯,地表温度越高,蚕豆的有效分枝数越多,根瘤越多越大且分布广而密集,有效根瘤也越多,且单株荚数与单株产量也越高,而株高和地表相对湿度降低。蚕豆与马铃薯不同间作模式中,以 8 行蚕豆＋3 垄马铃薯间作模式的马铃薯与蚕豆的总产量和纯收入最高。

马铃薯间作豆类对干物质的积累具有促进作用。顾旭东等(2017)通过田间试验,研究了单作马铃薯、马铃薯/蚕豆间作和单作蚕豆对干物质积累的影响,结果表明,间作种植对作物干物质的累积具有促进作用。间作较单作马铃薯对马铃薯根、茎、叶和块茎提高了 8.89%、5.16%、5.90%和 3.21%;对蚕豆根、茎和叶分别提高了 9.26%、40.52%和 27.72%。就时间而言,间种蚕豆对于马铃薯的不同生长时期的影响是不同的。在马铃薯和蚕豆共生期内,马铃薯植株和各器官干物质累积受到明显的抑制作用,蚕豆收获后,马铃薯各器官干物质累积促进,间作处理马铃薯植株干物质累积为 304.03g/株,大于单作处理的 298.29g/株。间作蚕豆对单株马铃薯干物质积累量的影响主要是在共生期,在共生期内单作干物质积累大于间作干物质积累,蚕豆收获后,马铃薯干物质积累快速增加且超过单作马铃薯干物质积累。间作马铃薯各器官干物质积累在马铃薯出苗后 90 d 之前类似于单作马铃薯干物质积累变化特点,但马铃薯出苗 90 d 以后马铃薯根、茎秆、叶干物质积累量不断下降,单作马铃薯各器官干物质积累下降速率大于间作马铃薯。间作蚕豆马铃薯块茎在蚕豆收获后干物质积累受到促进。总之,间作蚕豆对蚕豆收获后马铃薯干物质的积累具有明显的促进作用。

顾旭东等(2017)的研究还表明,间作种植对于作物的生长发育(株高、茎粗和叶面积)具有良好的促进作用,间作较单作马铃薯对马铃薯株高、茎粗和叶面积分别提高了 3.21%、4.40%和 2.91%,较单作蚕豆对蚕豆株高、茎粗和叶面积分别提高了 10.21%、5.32%和 11.63%;间作对马铃薯块茎的产量具有抑制作用,但是提高了单位土地面积的经济效益。单作马铃薯块茎大薯率小于间作(23.92%＞19.18%),单作马铃薯块茎商品薯率大于间作(53.04%＞40.95%)。但是间作提高了间作体系的净经济效益,较单作马铃薯提高了 18.66%。

合理的间作可以提高光、温、水、气等各项因子的利用效率,比单作得到更多的收获量。靳建刚(2014)通过红芸豆与马铃薯间作模式研究表明,不同间作模式下红芸豆、马铃薯产量差异显著。以 2∶2 间作模式下红芸豆、马铃薯的产量和经济效应最高,产量分别是 79.6 kg/亩、1126.3 kg/亩,产值为 961.2 元/亩。杨建清等(2011)通过旱地马铃薯与蚕豆不同间作方式的效益比较,表明在半干旱雨养农业区马铃薯膜侧间作蚕豆的最佳方式为 2 行马铃薯间作 2 行蚕豆,产投比最高,马铃薯和蚕豆折合产量分别为 38550 kg/hm² 和 1635 kg/hm²,产值达 26563.5 元/hm²,纯收益达 16848.0 元/hm²。李萍等(2012)在宁夏干旱半干旱地区进行蚕豆马铃薯间套作试验,平均产鲜薯 2.56 万 kg/hm²,蚕豆 2497.5 kg/hm²,两作合计主粮产量 7617.5 kg/hm²(鲜薯 5kg 折 1kg 主粮),比单种马铃薯增产 1261.5 kg/hm²,增产 93.94%。20 世纪 90 年代,马铃薯蚕豆带状间作在青海省湟源县大华乡试点成功,混合产量达 8325 kg/hm²,其中蚕豆 3375 kg/hm²,马铃薯 4950 kg/hm²(折主粮),创出该地区历史最高产量纪录。

经济有效、增产、增收,这是合理种植制度的主要特征。间作的立体复合种植模式是以较小的投入获取最大限度产出的一种精耕细作、集约经营的耕作技术。王海燕等(2007)分析马铃薯间套作蚕豆经济效益得出:间种田较两作物单种田生产成本降低 376.05 元/hm² 和 265.80 元/hm²,总产值增加 947.4 元/hm² 和 2215.2 元/hm²,两项指标相比,因总产值增加幅度更大,从而使纯收入间种田比薯、豆单种田增加 872.85 元/hm²、2031.0 元/hm²,产投比提高 0.42、1.01 个百分点。间种田劳动生产率同样有所提高,比马铃薯单种每工日提高 0.88元,比蚕豆单种提高 3.14 元。杜守宇等(1993)分析马铃薯间作蚕豆的作物产量效应得出:马铃薯间作蚕豆两作合计主粮产量(马铃薯块茎产量按 5:1 折算)达 4834 kg/亩,较马铃薯单种增产 45.6 kg/亩,比蚕豆单种增产 189.0 kg/亩,增产率分别为 10.42% 和 64.20%。并且生产实践证明,马铃薯间作蚕豆确能适应以干旱为主体特征的复杂气候条件,马铃薯间作蚕豆比两作单种的增产效应一般是干旱等灾害年份大于丰产年份,达到旱年以薯补豆,稳产保收,丰水年薯豆双双增产,高产高效的理想目标。

合理的间作能改善马铃薯的部分品质指标。苟久兰(2010)对马铃薯不同间作模式进行系统研究发现:马铃薯与豆科作物间作能增加马铃薯的结薯数,能改善马铃薯的部分品质,马铃薯与豆科作物间作能极显著提高马铃薯的维生素 C 含量,极显著降低其还原糖的含量,并且马铃薯与豆科作物间作下的粗蛋白含量显著高于其单作和马铃薯与玉米间作的粗蛋白含量值。李萍等(2012)通过研究边行效应对间作马铃薯主要品质指标影响发现,单作马铃薯的淀粉含量最高,间作 3 垄马铃薯次之,间作 2 垄马铃薯第三;各边行马铃薯淀粉含量有显著差异且边 1 行>边 2 行>边 3 行。间作与单作马铃薯还原糖含量相比差异显著,各边行还原糖含量差异极显著,边 3 行的还原糖含量最高。可见间作模式对改善马铃薯品质,特别是对降低还原糖含量有一定的促进作用。

(二)马铃薯与蚕豆间作

1. 应用地区和条件   间作能充分利用光、热、水以及农田时间和空间等资源,充分发挥边际效应,提高单位面积的产量和效益。研究证明,作物合理间作可产生互补作用,与豆科作物间作有利于补充土壤氮元素的消耗等。另外,由于间作具有小倒茬和生物隔离等作用,可有效改善土壤生物性状,降低作物病虫害尤其是土传病害的发生概率。间作也是目前克服连作障碍、提高农田生产力和资源利用效率的有效措施。

马铃薯与蚕豆间作的栽培方式主要应用于黄土高原西北部的半干旱区,例如甘肃中部、青海。该地区年降水量为 300~500 mm,春旱频发。如果薯豆间作共生期长,两种作物间作耗水量较高,就不能稳定提高农田生产力和水分利用效率。因此,在半干旱区发展地膜覆盖垄沟种植马铃薯间作技术,需要选择与马铃薯共生期相对较短、耗水量较低,且资源竞争力相对较低的豆科作物,才能实现在稳定提高农田生产力和水分生产效率的基础上,改善农田土壤环境,以达到区域马铃薯产业持续稳定发展的目标。

2. 因地种植的规格和模式   甘肃省农业科学院定西试验站侯慧芝于 2011—2014 年实施 4 年的大田定位试验,在全膜覆盖垄沟种植的条件下,选择高秆豆科作物——蚕豆与马铃薯间作,通过记载生育期、测定年际土壤含水量,作物产量,计算作物生育期耗水量、水分利用效率、资源竞争力、土地当量比等参数,明确半干旱区旱作农田全膜覆盖垄沟种植马铃薯/蚕豆间作的土壤水分效应及其农田生产力,为进一步明确旱作限水条件下作物间作体系对农田生产力的影响及其水分年际平衡,为探索资源高效、生态安全和生产增效的技术途径提供科学依据。

甘肃省农业科学院定西试验站位于东经 104°36′,北纬 35°35′。海拔 1970 m,年平均气温

6.2℃,年日照时数 2500 h,≥10℃年积温 2075.1℃·d,无霜期 140 d,属中温带半干旱气候。作物一年一熟,为典型旱地雨养农业区。年均降水量 415 mm,6—9 月降水量占年降水量的68%,降水相对变率为 24%,400 mm 降水保证率为 48%。试验区土壤为黄绵土。

试验设 3 个处理,分别是蚕豆单作(MF)、马铃薯单作(MP)和马铃薯与蚕豆间作(IMF),均采用全膜覆盖垄沟种植,垄宽 60 cm,垄高 15 cm,沟宽 40 cm,带宽 100 cm。马铃薯种植在垄的两侧,蚕豆种植在沟内。如图 1-1 所示。

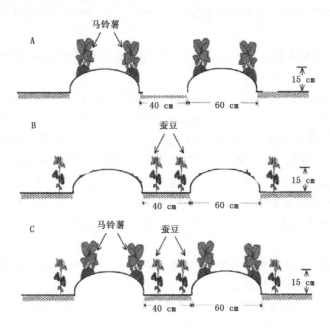

图 1-1　全膜覆盖垄沟种植马铃薯蚕豆间作示意图(侯慧芝等,2016 年)
A.马铃薯单作;B.蚕豆单作;C.薯豆间作。

宕昌县位于甘肃省南部、陇南市西北部,海拔 1100~2800 m,年平均气温 8.8℃,年降水量630 mm 左右。年蒸发量 1890 mm,年均气温 4.7℃,≥0℃积温 2590℃·d,≥10℃有效积温1757℃·d,无霜期 130~140 d,年日照时数 2716 h。试验地土壤为黑棕壤。

间作的 5 种栽培模式为:①马铃薯行宽 60 cm,膜侧种植 2 行,株距 25 cm;蚕豆行宽15 cm,垄沟种植 1 行,株距 15 cm。②马铃薯行宽 60 cm,膜侧种植 2 行,株距 25 cm;蚕豆行宽 30 cm,垄沟种植 2 行,株距 15 cm。③马铃薯行宽 60 cm,膜侧种植 2 行,株距 25 cm;蚕豆行宽 45 cm,垄沟种植 3 行,株距 15 cm。④马铃薯行宽 60 cm,膜侧种植 2 行,株距 25 cm;蚕豆行宽 60 cm,垄沟种植 4 行,株距 15 cm。⑤马铃薯行宽 60 cm,膜侧种植 2 行,株距 25 cm;蚕豆行宽 75 cm,垄沟种植 5 行,株距 15 cm。按垄面宽 60 cm、垄高 12 cm 起拱形垄。播前选用幅宽 80 cm、厚度为 0.008~0.010 mm 的黑色地膜覆盖垄面。

3. 播期和播量　甘肃省农业科学院定西试验站马铃薯和蚕豆密度均为 4.95 万株/hm²。3 月下旬播种蚕豆,4 月下旬至 5 月上旬种植马铃薯,马铃薯品种为新大坪,蚕豆品种为临蚕131。马铃薯植株大部分转黄并逐渐枯萎,块茎停止增重时收获;蚕豆叶片凋落,中下部豆荚充分成熟时收获。

宕昌县薯豆间作马铃薯和蚕豆 4 月中下旬播种,马铃薯品种为陇薯 6 号脱毒种薯,蚕豆品种为临蚕 5 号。蚕豆 8 月下旬收获,马铃薯 10 月上旬收获。侯慧芝等(2016)研究得出,与单作相比,间作延长了蚕豆和马铃薯的生育期,蚕豆的延长天数在 7～15 d,马铃薯生育期延长了 5～7 d。就作物生育期而言,间作对蚕豆的影响大于马铃薯。间作主要延长了蚕豆花后生育天数,达 5～13 d,花前生育天数延长了 2～3 d;马铃薯间作后使花前生育天数延长了 4～6 d,花后生育天数延长 1～2 d。因此,间作主要延长了蚕豆花后生育天数和马铃薯花前生育天数。间作后马铃薯和蚕豆的共生期在 101～106 d,分别占蚕豆和马铃薯总生育期的 82.4% 和 74.5%。因此,间作对作物生育期有明显的影响,延迟了作物的发育进程,而且两种作物的共生期较长。

4. 田间管理　马铃薯和蚕豆生长发育时间不同,对环境条件要求也有差异,应采用综合栽培技术进行管理。

首先应该施足底肥,增加土壤有机质。确保套种作物全苗,培育壮苗,尽量使两种作物都能健壮生长。甘肃省农业科学院定西试验站施肥量为:有机肥 60000 kg/hm^2(有机肥种类为腐熟羊粪,养分含量为有机质 57.12%、水解氮 1875 mg/kg、速效磷 1402.4 mg/kg、速效钾 10968 mg/kg);P$_2$O$_5$ 60 kg/hm^2,K$_2$O 22.5 kg/hm^2,全作基肥,N 90 kg/hm^2,其中 60% 作基肥,40% 作花期追肥。宕昌县施肥量为:一次性基施腐熟农家肥 37500 kg/hm^2、硫酸钾复合肥 600 kg/hm^2;生育期追施尿素(含 N46%)150 kg/hm^2。

间作应注意马铃薯和蚕豆的种植密度,要一宽一窄,一种作物宽行,一种作物窄行,便于通风。

成熟后要及时收获,避免病害发生,也避免两种作物争夺日光、水分、养分等,充分发挥边行效应,促使成熟晚的作物生长良好。

不同作物搭配,由于种间关系复杂化,互补关系促进作物生长,克生关系抑制作物生长。在蚕豆苗期,单作蚕豆、单作马铃薯在 40～60 cm 的土层中都没有根系分布,而间作蚕豆、间作马铃薯在此土层有少量根系存在,说明蚕豆、马铃薯生长前期,间作作物间产生了促进相应根系向深层扩展的物质,并且间作根系空间分布范围大于单作,利于土壤水分和养分的吸收利用。在蚕豆盛花期、结荚期、成熟期,蚕豆和马铃薯在 0～80 cm 土层中都有根系分布,约有近 60% 的根系分布在 20 cm 以上的土层,80% 的根系分布在 40 cm 的土层,95% 以上的根系分布在 80 cm 以上的土层。

间作复合群体根重空间分布与单作间的差异说明,间作根系在空间上的分布并非是两种单作特征的简单集合。间作群体在生育前期有利于促进作物根系向土壤深层扩展,而作物根系向土壤深层的扩展对提高养分和水分利用效率均具有重要作用。

根系对作物的贡献不仅仅决定于根系的大小,更重要的是取决于其有功能根的数量及其活性的强弱。在大田条件下,根系吸收活力的强弱不仅取决于根系吸收活力的空间分布范围,更重要的是决定于其单位土体内根系活力的高低与变化。苗期以 20～40 cm 土层根系活性较高,盛花期 40 cm 土层以下根系活性较高,结荚期和成熟期以 60～80 cm 深层土壤根系活性较高。

5. 间作对马铃薯光合特性的影响　国内外诸多研究表明,作物从自然界可以获得充足的光能,但对其利用率只占总光能的 0.5%,高产栽培作物最多能达到 1%。可见光能的利用在时间和空间上存在很大的浪费,这也是造成作物的实际生产产量与理论光合产量相差较大的原因之一。叶绿素作为光合色素参与光合作用中光能的吸收、传递和转化,在植物光合作用中起着关键性的作用。植物将 CO_2 和水合成有机物质并放出氧气的过程称为光合作用。地球上的植物均是以光合作用为基本物质生产过程，人类和大多数的动物都是以这种基本生产过程所产生的一定形式物质，如果实、种子为生存条件的。特别是人类赖以生存的粮食生产过程 95% 以上的物质均是通过光合作物而获得的。

间作群体内 CO_2 以乱流扩散的形式进行，由于作物与空气的接触面积增大，再加上风速的加强，促进了群体内外的 CO_2 更新，从而提高了间作群体内的光合效率。

气孔作为水分和 CO_2 进入叶片的通道，对光合作用具有重要的调节作用。8∶3 间作模式的气孔导度最高。间作蚕豆各行的气孔导度有差异，即：边 1 行高于边 2 行，边 2 行高于边 3 行，边 3 行又高于单作，这说明间作模式下蚕豆叶片气孔内外空气交换能力得到提高，为间作蚕豆增产奠定了良好的生理基础。而间作马铃薯各边行的气孔导度变化规律与间作蚕豆完全不同，随着边行数的增加气孔导度增大，且单作马铃薯的气孔导致最大。这是由于光照是影响气孔运动的主要因素，气孔导度随着光合强度的增加而增加。间作马铃薯边行光能利用处于劣势，但随着边行数的增加，光合劣势得到改善，气孔导度也增大。

作物蒸腾速率的大小反映了作物生命活力的旺盛程度，高蒸腾速率的作物生命活力强，水分、矿质、光合等生理代谢速度快。在蚕豆结荚时期，高蒸腾速率是增加干物质积累的重要体现。8∶3 的间作模式蒸腾速率最高。间作蚕豆与单作蚕豆相比，蒸腾速率呈下降趋势，并且边 1 行高于边 2 行，边 2 行高于边 3 行，边 3 行高于单作。间作马铃薯各边行蒸腾速率却呈上升趋势，这是由于马铃薯与蚕豆间作后，蚕豆对马铃薯边行具有明显的遮光作用，使靠近高秆蚕豆的马铃薯边 1 行的光合有效辐射下降。间作马铃薯边 1 行的光合有效辐射最低，其蒸腾速率也最低，且随着边行数的增加，蒸腾速率有所增加，单作马铃薯的蒸腾速率高于间作马铃薯。

在蚕豆与马铃薯间作复合群体中，遮阴使马铃薯间作群体内部光照条件恶化，光合速率降低，碳水化合物合成减少，叶片的蒸腾作用减弱，同化物及矿物质营养运输显著降低，但提高了水分利用率。蚕豆/马铃薯间作群体其水分效率与相应的单作相比表现出增加趋势。间作蚕豆随着边行数的增加，水分效率升高，间作马铃薯各边行水分效率边行规律与间作蚕豆一致，水分效率也表现为随着边行数的增加而增加。有关研究表明，间作并没有增加作物对水分的需求量，而是提高了作物的水分利用效率。

间作复合群体由于涉及作物增多，复合群体的光合特性发生了相应改变，相关生理、生态特征与单作田相比存在一定差异。试验对 4 种蚕豆马铃薯间作模式 6∶3、6∶2、8∶3、8∶2 的光合指标（净光合速率、蒸腾速率、气孔导度、水分效率）进行测定，总体得出：8∶3 间作模式的各项光合指标最高，为间作作物获得高产提供光能保障。边行光合特性表现出：无论是净光合速率还是蒸腾速率和气孔导度，间作蚕豆随着边行数的增加而降低，而间作马铃薯随着行数的增加而升高。间作蚕豆与间作马铃薯各边行水分效率变化规律一致，随着边行数的增加而增加。

6. 产量和水分效应　单作马铃薯的产量显著高于间作马铃薯，表明蚕豆和马铃薯间作对马铃薯的生长发育及产量形成有显著的抑制作用。虽然间作蚕豆的产量同样显著低于单作蚕豆产量，但下降幅度明显低于马铃薯，表明在薯蚕间作体系中，马铃薯对间作群体产量的贡献率大于蚕豆，而蚕豆的竞争力高于马铃薯。作为以马铃薯为主体作物的间作体系中，选择竞争力较弱的作物进行间作，可能更有利于作物体系生产力和资源利用效率的提高。试验结果显示,间作处理土壤贮水量低于单作处理,而且在马铃薯现蕾期到块茎膨大期达到显著水平,表明间作使土壤贮水量显著下降,造成了马铃薯和蚕豆之间的水分竞争。

甘肃省农业科学院定西试验站试验证明,间作和单作处理的花前花后耗水有显著差异。马铃薯花前耗水量显著高于花后,占全生育期耗水量的 66%～82%;而蚕豆则相反,花前耗水量占全生育期总耗水量的 23%～42%。蚕豆花后到马铃薯花前的耗水量占间作处理总耗水量的 55%～60%。

因此,蚕豆花后和马铃薯花前是耗水旺盛期,而这一时期正是两种作物的共生期,这会造成更为激烈的水分竞争,对经济产量的形成造成一定的不利影响。作物全生育期耗水量因降水量增加而增加,证明在全生育期存在水分亏缺。间作较单作耗散更多的土壤水分。马铃薯单作 4 年的农田水分利用效率均最高,为 12.9～19.2 kg/(hm² · mm),平均为 14.43 kg/(hm² · mm),4 年均显著地高于薯豆间作和蚕豆单作处理。薯豆间作处理 4 年农田水分利用效率为 8.16～11.09 kg/(hm² · mm),平均为 9.40 kg/(hm² · mm),均高于蚕豆单作处理。与马铃薯单作相比,间作降低了水分利用效率;虽然间作较蚕豆单作能够提高水分利用效率,但无显著性差异。因此,在半干旱区采用全膜覆盖垄沟种植进行马铃薯和蚕豆间作,不能明显改善作物的水分利用效率。

间作是提高土地生产力、改善作物根际土壤环境的重要技术措施,但间作使作物体系耗水量增加。因此,在水分限制条件下发展间作种植,必须要充分考虑水资源承载力。马铃薯是西北黄土高原半干旱区的优势特色作物,但目前连作面积逐年扩大,而且,在地膜覆盖条件下,连续 4 年种植马铃薯使土壤 0～200 cm 土层的贮水量增加了 200 mm。因此,为克服该区域马铃薯连作障碍问题,发展马铃薯间作有一定的水分基础条件。试验结果表明,无论是间作还是单作,都使土壤水分有一定的改善,单作马铃薯和间作马铃薯的土壤贮水量分别增加了 203.8 mm 和 174.7 mm。

虽然在 4 年试验期间单作和间作马铃薯的土壤水分均有显著增加,但间作与单作相比,间作处理显著减产。间作较单作的耗水量有显著增加,耗水量的增加并未引起产量的相应增加,这主要与生育期耗水特征有关。提高花后耗水量对增加产量有积极作用。另外,马铃薯—蚕豆共生期的耗水量占总耗水量的比例也是影响产量的关键因子,共生期耗水量占总耗水量的比例越大,间作减产越显著。因此,年际间降水量和分布状况对马铃薯花前花后耗水有显著影响,并调节马铃薯和蚕豆共生期的耗水量,最终导致间作和单作产量的年际间差异。年际间间作和单作耗水过程及产量的差异表明,调节耗水过程(花前花后、共生期的耗水量)对马铃薯产量形成有明显作用。受耗水量和生育期耗水分配的影响,间作的水分利用效率高于蚕豆,但显著低于单作马铃薯。表明在半干旱区,地膜覆盖马铃薯蚕豆间作虽然在特殊年份能够提高产量,但受季节性干旱、耗水总量增加和生育期耗水分配的影响,对农田经济产量水分生产潜力的发挥有负面作用。

7. 边行效应和系统增产机理 蚕豆/马铃薯间作复合群体不同生育期各边行形态特征比较发现,在苗期、开花期、结荚期间作蚕豆的边 1 行与边 2 行、边 3 行及中间行相比较其光照条件充分、通风率好,充分发挥了边行优势。株高边 1 行最高,边 2 行、边 3 行呈递减趋势,中间行与单作蚕豆差异不大,茎粗和分枝数也大致表现出相同的变化趋势。在间作复合群体中间作马铃薯表现为边行劣势,对开花期间作马铃薯的株高、茎粗、分枝数进行新复极差法方差分析比较,株高随着边行数的增加而升高,边行劣势递减。其中边 2 行与边 3 行及其他行株高之间差异达到显著,边 3 行、中间行与单作相比差异不显著。各边行与单作的茎粗呈递增趋势,差异不显著。边 1 行、边 2 行与边 3 行、中间行及单作的主茎分枝数差异显著,但边 1 行与边 2 行,边 3 行与中间行及单作之间差异不显著。

马铃薯播种密度稀疏,植株空间较大,将播期相同的蚕豆插入其中种植,形成复合群体后,矮秆的马铃薯可利用近地面的太阳辐射光能,高秆的蚕豆则有效地利用空间光能,进而提高种植系统光热资源的利用率;马铃薯对土壤 N 素吸收较多,对 K 素需要量最大,而蚕豆则对 P 素敏感,将二者复合同田种植,可均衡地吸收土壤中 N、P、K,提高土地利用率。在西北部半干旱和阴湿区,马铃薯是抗旱作物,更是高产作物,蚕豆则是典型的高产作物,二者搭配种植后,丰水年发挥了蚕豆的增产优势,马铃薯也增产,可实现双丰收;在干旱年份,蚕豆虽受灾减产,但占比例较大的耐旱马铃薯仍有相当产量,达到以薯补豆,即马铃薯间种蚕豆将作物的丰产性和抗旱性有机地结合起来。作物间种相对单种消耗土壤肥力多,间种农田如没有相应的培肥措施作保障,将对农田形成掠夺式经营。而将蚕豆纳入复合的间种体系后,则可发挥和利用其根瘤固氮和落物(叶、花、根)回田的习性,使土壤得以培肥,养分得以补偿。

8. 效益分析 种植方式对作物产量构成因素产生影响,因而最终形成的经济效益亦不同。无论采用全膜覆盖还是半膜覆盖种植模式均明显影响薯豆间作模式下马铃薯叶片光合生理活性,其最终块茎产量、商品薯率也明显高于传统露地种植方式,表明在高寒阴湿区采用全膜覆盖双垄沟模式下马铃薯蚕豆间作模式对主栽作物和搭配作物均具有显著的增产、增效作用。

各蚕豆与马铃薯间作模式中,8 行蚕豆+3 垄马铃薯间作模式的总产量最高,与间作模式存在显著差异,且纯收入也最高;6 行蚕豆+3 垄马铃薯、8 行蚕豆+2 垄马铃薯间作模式的纯收入也均比单作蚕豆、单作马铃薯的纯收入有所增加,6 行蚕豆+2 垄马铃薯间作模式的纯收入比单作马铃薯稍少,但比单作蚕豆高。

在半干旱农业区,马铃薯膜侧间作蚕豆的方式为 2 行马铃薯间作 2 行蚕豆时,产投比最高,马铃薯折合产量为 38550 kg/hm²,蚕豆折合产量为 1635 kg/hm²,产值达 26563.5 元/hm²,纯收益达 16848.0 元/hm²,可在甘肃省中部的半干旱区推广。

当两种作物种植在一起时,竞争作用和促进作用是同时存在的。当竞争作用小于促进作用时,就会表现出间套作的优势;当竞争作用大于促进作用时,则表现为间套作劣势。促进作用是间套作优势的基础。研究认为,豆科作物与非豆科作物间套作系统的吸氮量提高,改善作物的营养状况。高寒阴湿区采用全膜双垄沟双薯双豆间作方式后,土壤全氮、全磷、碱解氮、有效磷下降幅度最小,一个生长季之后土壤 pH 值亦能维持在相对稳定的状态。而露地种植模式土壤中全氮含量下降幅度较大,土壤 pH 值升高幅度也较高,这可能与覆膜条件下薯豆间作模式由于马铃薯与蚕豆生育时期的差异导致对土壤中 N 素利用时期存在差异,使得 N 素得到高效的利用。处理间比较,由于间作模式的不同对土壤中养分的吸收不同,致使土壤 pH 值变化也不尽相同。这也进一步证明合理的选择品种、氮源供应和高效的间作模式可以减缓间作体系对资源的竞争。

合理种植制度具备经济有效、增产、增收等特征。在较低的生产水平下,间混套作可增加产量的稳定性,减少农业投入,培肥地力;在较高的生产水平下,间混套作可充分利用资源,增加作物总产,减少病虫害的发生。中国不少研究者认为,间混套作一般能够较单作增产 20%左右。在高寒阴湿区采用双薯双豆间作模式具有显著的经济优势,即显著提高了土地复种指数,土地当量比高达 2.07,有效提高了作物产量和效益,间作增产率最高可达 107.17%,值得推广应用。

(三)马铃薯与芸豆间作

1. 应用地区和条件　马铃薯具有较为广泛的适宜性,从水平高度至海拔 4000 m,从赤道到南北纬 40°的地区均有马铃薯。马铃薯对土壤适应的范围较广,最适合马铃薯生长的土壤是轻质壤土。因为块茎在土壤中生长,有足够的空气呼吸作用才能顺利进行。轻质壤土较肥沃又不黏重,透气性良好,不但对块茎和根系生长有利,而且还有增加淀粉含量的作用。用这类土壤种植马铃薯,发芽快,出苗整齐,生长的块茎表皮光滑,薯形正常,而且便于收获。马铃薯是较喜酸性土壤的作物,土壤 pH 7.0~4.8 生长都比较正常。马铃薯生长发育需要较冷凉的气候条件,植株生长最适宜的温度为 21℃,块茎生长发育的最适温度是 17~19℃。

芸豆又名普通菜豆、四季豆、饭豆等。性喜温凉而怕涝,适宜海拔 1300~2500 m 温凉地区种植,在中国大部分省(区、市)都有芸豆分布,多数分布在西南、西北和东北、华北的高寒、冷凉地区。芸豆对土壤要求不严格,以土层深厚、土质疏松、腐殖质含量高、排水和透气性良好的沙壤土最好,有利于根系生长和根瘤菌发育。黏重土或低湿地,排水和通气不良,影响根系吸收,并且容易诱发炭疽等病害,甚至引起落花落荚或落叶而减产。芸豆的根瘤菌适宜在中性到微酸性的土壤中活动,pH 值以 6.2~7.0 为宜。在酸性土壤(pH<5.2)中种植芸豆则植株矮化、叶片失绿,可以在土壤中酌量施入石灰进行改良。芸豆耐盐碱能力较弱,尤其不耐氯化盐的盐碱土,所以在选择栽培芸豆的地块时,不仅要注意土质,还要注意土壤的酸碱度。芸豆喜温暖,不耐高温和霜冻。矮生芸豆比蔓生芸豆稍耐低温,可比蔓生芸豆早播 10 d,早熟栽培时常选用矮生类型的早熟品种。

马铃薯与芸豆间作,植株形态一高一矮,叶型一大一小,呈互补状态,能改善通风条件,提高 CO_2 的利用效率,二者群体互补大于竞争,符合间套作增产机理。马铃薯和芸豆都适于在高海拔地区种植,若在中低海拔地区,芸豆遇高温天气地上部徒长,开花结荚期遇雨天会导致芸豆落花落荚,影响产量;二者均喜温暖、冷凉气候,不耐高温和霜冻;适宜在排水和通风良好的沙壤土或轻质壤土地块种植。合理的马铃薯间作芸豆的栽培模式,能充分利用土壤资源,提高土地产出率,在一定程度上能缓解贫困山区人地矛盾突出的问题。

2. 规格和模式　播种规格应根据海拔高低、土壤肥力条件、产量指标等情况而定,一般地,土壤肥力高的地块种植密度应低些,土壤肥力低的地块种植密度应高些。种植模式需根据市场需求和总产值决定(李榜江,2007)。马铃薯的株距在 25 cm 时产值最高,芸豆株距对复合产值影响不显著,常规密度种植即可(李榜江,2007)。最佳间作模式为 2∶2,即 2 行马铃薯间作 2 行芸豆时,产量最高,复合产值也最高。也可以 3∶2 比例种植,即 3 行芸豆间作 2 行马铃薯。

3. 田间管理

(1)马铃薯田间管理　门福义等(1980)将马铃薯生长期分为芽条生长期、幼苗期、块茎形成期、块茎增长期、淀粉积累期和成熟收获期。

①芽条生长期　从种薯解除休眠,芽眼处开始萌芽、抽生芽条,直至幼苗出土为芽条生长期。该时期器官建成的中心是根系的形成和芽条的生长,同时伴随着叶、侧枝和花原基等的分化。所以,该时期是马铃薯发苗、扎根、结薯和壮株的基础,也是产量形成的基础,其生长的快慢与好坏,关系到马铃薯的保苗、稳产、高产与优质。

在芽条生长期,凭种薯自身的含水量就足够该期需用,但当土壤极端干燥时,种薯虽能萌发,幼芽和幼根却不能伸长,也不易顶土出苗。所以播种时要求土壤应保持适量的水分和具备良好的通气状态,以利芽条生长和根系发育。

马铃薯芽条生长期,以早出苗、出壮苗和多发根为主攻目标。管理要点以中耕、除草等措施提高地温、保墒,促进马铃薯根系纵深发展,增强根系对水肥的吸收能力。同时,及时查苗、补苗,确保苗齐、苗全,为丰产丰收打好基础。

②幼苗期　从出苗到现蕾。幼苗期一般经历15～25 d。该期是以茎叶生长和根系发育为中心的时期,同时伴随着匍匐茎的形成伸长,以及花芽和部分茎叶的分化。该时期是承上启下的时期,一生的同化系统和产品器官都在此期分化建立,是进一步繁殖生长、促进产量形成的基础。因此,对水分十分敏感,要求有充足的N肥,适当的土壤湿度和良好的通气状况。该时期以促根、壮苗为主,保证根系、叶片和块茎的协调分化与生长。因此,早熟品种在该期应早浇苗水和追肥,并加强中耕除草,以提温保墒,改善土壤通透状况,从而促使幼苗迅速生长。同时进行中耕培土,以促进匍匐茎的生成和薯块形成。

③块茎形成期　现蕾至开花,进入块茎形成期。该期的生长特点是由地上部茎叶生长为中心转向地上部茎叶生长和块茎形成同时进行。该时期一般经历20～30 d,是决定单株结薯多少的关键时期。随着块茎的形成和茎叶的生长,对水肥的需要量不断增加,并要求土壤经常保持疏松通气良好状态。因此,该期要多次中耕除草,及时追肥,以满足植株迅速生长对水、肥、气、热的需要,为高产打下良好的基础。追肥方法可沟施、穴施或叶面喷施。土壤追肥应结合中耕灌溉进行,一般在第二次中耕后,灌第一水之前进行第一次追肥,追肥量因土壤肥力、种植密度、品种类型等有所差异,依具体情况而定。此期应进行高垄培土,在封垄前进行最后一次培土,培成30～35 cm高的大垄。

④块茎增长期　盛花至茎叶衰老,为块茎增长期。该期是以块茎体积和重量增长为中心的时期,是决定块茎大小的关键时期。马铃薯在块茎增长期,植株和块茎都迅速增长,形成大量干物质。该期是马铃薯一生中需肥需水最多的时期,达到一生中吸收肥、水的高峰。因此,充分满足该期对肥水的需要,是获得块茎高产的重要保证。该期的关键农艺措施在于尽力保持根、茎、叶不衰,有强盛的同化力,以及加速同化产物向块茎运转和积累。有浇水条件的地方,应在开花期进行浇水,7～10 d浇一次,促进块根迅速膨大,不能浇得太晚,以免造成徒长,遇涝或降雨过多,应排水。无灌水条件的地方,应抓住降水时机,追施开花肥,开花肥以N肥为主。

⑤淀粉积累期　终花期至茎叶枯萎,植株基部的叶片开始衰老变黄,茎叶与块茎的鲜重达到平衡,即标志着进入淀粉积累期。该期的生育特点是以淀粉运转积累为中心,块茎内淀粉含量迅速增加,淀粉积累速度达到一生中最高值。该期的主要任务是防止早衰,尽量延长茎叶绿色体的寿命,增加光合作用时间和强度,使块茎积累更多的有机物质。此外,在北方一作区,还要做好预防早霜的工作。

⑥成熟收获期　在生产实践中,马铃薯没有绝对的成熟期,常根据栽培马铃薯的目的和市场需求而决定,只要达到商品成熟期之后,随时可以收获。北方一作区,在植株绝大部分或全部枯死,块茎周皮木栓化程度较高,并开始进入休眠状态,这时即达到生理成熟期。收获时要选择晴天进行,以防晚疫病病菌等病害侵染块茎。留种田在收获前可提前杀秧,并提早收获,以减少病毒侵染块茎的机会。收获后放通风阴凉干燥处3～5 d,剔除泥土、绿薯、霉烂薯,挑选无破损、无病害的健薯入窖。

（2）芸豆田间管理

①间苗定苗　芸豆播种时，用种量都稍多一些。为了达到合适的种植密度，要及时间苗定苗，即剔除弱苗、病苗、过旺苗。定苗时期一般选在出苗后，出现第一对真叶后进行。蔓生型品种每穴留苗 2 株左右，苗成行后有缺苗的地块及时补种。

②中耕　需进行 3～4 次。苗期的管理以壮根为主，控制水分，适当蹲苗，措施以中耕除草保墒为主。第一次中耕在间苗时进行，要细锄慢锄，增温保墒。中耕深度 5～10 cm，埋土不应超过子叶叶痕，并根据幼苗植株长势追施提苗肥，肥料种类以速效化肥为主，每公顷施尿素 150 kg 或三元复合肥 225 kg，然后进行培土；第二次中耕在分枝期进行，中耕深度 10～12 cm，并结合培土围垄，使上胚轴多发不定根，此期若已抽蔓应及时插杆引蔓，豆杆高度必须在 2 m 以上。对于生长过旺的植株，应剔除过多的侧枝和弱小枝，株高达到 2.5 m 就应封顶，使植株健壮生长，一般留 3～5 个侧枝，主枝和侧枝之和不超过 6 个，当主、侧枝缠绕到豆杆顶部时，应及时打顶，以抑制植株营养生长，使植株光合产物集中输送至花荚，提高开花成荚率；第三次中耕是在封垄的时候，一定要在开花前结束，这样可以避免损伤花荚。花荚期芸豆对肥水较为敏感，花荚期为需水临界期，为提高开花成荚率，此期可叶面喷施适量的磷酸二氢钾，浓度为 0.1%～0.2%，每公顷用液量为 750～900 kg，并配合喷施生长调节剂，在初花期和初荚期喷施。在生育后期田间杂草应用手拔除，切忌中耕，以免伤害植株，碰落幼花。杂草防除也可以利用化学除草剂，但普通芸豆对灭单子叶杂草的除草剂异常敏感，使用化学除草剂时要认真选择，不可乱用，对化除后剩余的阔叶杂草，应在田间管理时及时拔除。生育后期应加强田间管理，及时拔掉地里的杂草，以免草荒影响芸豆的生长发育，造成减产。

4. 效益分析

（1）经济效益　经济效益可以用产投比和土地当量比依据市场行情进行计算。

产投比：O/L，即收益（元/亩）/总投入（元/亩）。总投入包括人工、种子、化肥、农药、农机等生产原料。

据研究，以产投比衡量经济效益，2 行马铃薯 1 行芸豆的间作模式具有最高的产投比，同时达到较高的产值。

土地当量比（LER）：是指同一农田中两种或两种以上作物间混作时的产量或收益与各个作物单作时的产量或收益之比率。用土地当量比来衡量马铃薯芸豆间作较马铃薯单作和芸豆间作的增产幅度，计算公式为：

$$LER = \sum_{i=1}^{m} \frac{Y_i}{Y_{ii}}$$

式中：Y_i 表示第 i 个作物在间混作时的产量，Y_{ii} 表示第 i 个作物在单作时的产量。

例：土地当量比 $= \dfrac{间作芸豆产量}{单作芸豆产量} + \dfrac{间作马铃薯产量}{单作马铃薯产量}$

土地当量比>1 说明间混作较单作增产，>1 的幅度越大，增产的幅度越大。

（2）社会效益及生态效益

增产增效：马铃薯芸豆间作在一定程度上增加了种植收益，促进农民增收，在产量一定时，对品质有一定的改善作用，从而适应现代社会人们对生活质量的要求越来越高的现状。

缓解作物争地的矛盾：在人均耕地相对较少的现状下，不少地区劳力资源相对丰富，实行间套作可以充分利用多余劳力，扩大物质投入，与现代科学技术相结合，实行劳动密集、科技密集的集约化生产,在有限的耕地上,显著提高单位面积土地生产力,满足市场需求,促进农业产业健康有序发展。

三、马铃薯与荞麦间作

荞麦是一年生禾本科植物,隶属于蓼科荞麦属。荞麦营养丰富,含蛋白质 10.6%～15.5%,脂肪 2.1%～2.8%,淀粉 63.0%～71.2%,并含有丰富的氨基酸、维生素和有益的矿物质元素;也是有较好药用价值的药用植物,含有对人体有益的成分芦丁等。

（一）荞麦地区分布

中国的荞麦主要分布在内蒙古、陕西、甘肃、宁夏、山西、云南、四川、贵州,其次是西藏、青海、吉林、辽宁、河北、北京、重庆、湖南、湖北;以秦岭为界,秦岭以北为甜荞主产区,秦岭以南为苦荞主产区。中国甜荞有三大产区:内蒙古东部地区的白花甜荞,主产区为内蒙古库伦、奈曼、敖汉、翁牛特旗;内蒙古西部地区的白花甜荞,主产区为内蒙古固阳、武川、四子王旗;陕甘宁及相邻地区的红花甜荞,主产区为陕西定边、靖边、吴旗、志丹、安塞,宁夏盐池、固原、彭阳,甘肃环县,华池。中国苦荞的主产区为云南、四川相邻的大小凉山及贵州西北的毕节等地区。

中国栽培的荞麦主要有甜荞和苦荞。淮河、巴山、秦岭一线（称秦淮线）是中国甜荞和苦荞栽培的过渡区,秦巴山区以北是甜荞主产区,多种植甜荞,苦荞零星分散种植。中国甜荞生产区主要集中在内蒙古、陕西、宁夏、甘肃、山西等省（区）。秦巴山区以南是苦荞主产区,尤其是云、贵、川三省比邻的高山丘陵地带大面积种植苦荞,山西、重庆、陕西、宁夏、甘肃等地也都有苦荞种植,中国苦荞的种植面积和产量均居世界第一,单产一般高于甜荞。

（二）荞麦生长条件

1. 温度条件　荞麦属喜温作物,生育期要求 10℃以上的积温 1100～2100℃·d。荞麦种子发芽的最适宜温度为 15～30℃。播种后 4～5 d 就能整齐出苗。生育期间最适宜的温度是 18～22℃;在开花结实期间,凉爽的气候和比较湿润的空气有利于产量的提高。当温度低于 13℃或高于 25℃时,植株的生育受到明显抑制。因此,栽培荞麦的关键措施之一,就是根据当地积温情况掌握适宜的播种期,使荞麦生育期处在温暖的气候条件下,开花结实处在凉爽的气候环境中,保证在霜前成熟。

2. 水分条件　荞麦属于喜湿作物,一生中需要水 750～850 m^3,比其他作物耗水多;抗旱能力较弱。荞麦的耗水量在各个生育阶段也不同。种子发芽耗用水分为种子重量的 40%～50%,水分不足会影响发芽和出苗;现蕾后植株体积增大,耗水剧增;从开始结实到成熟耗水约占荞麦整个生育阶段耗水量的 89%。荞麦的需水临界期是在出苗后 17～25 d 的花粉母细胞四分体形成期,如果在开花期间遇到干旱、高温,则影响授粉,花蜜分泌量也少。当大气湿度低于 30%～40%而有热风时,会引起植株萎蔫,花和子房及形成的果实也会脱落。荞麦在多雾、阴雨连绵的气候条件下,授粉结实也会受到影响。

3. 光照条件　荞麦是短日照作物,甜荞对日照反应敏感,苦荞对日照要求不严,在长日照和短日照条件下都能生育并形成果实。从出苗到开花的生育前期,宜在长日照条件下生育;从开花到成熟的生育后期阶段,宜在短日照条件下生育。长日照促进植株营养生长,短日照促进生殖生长。同一品种春播开花迟,生育期长;夏秋播开花早,生育期短。不同品种对日照长度的反应是不同的,晚熟品种比早熟品种的反应敏感。荞麦也是喜光作物,对光照强度的反应比其他禾谷类作物敏感。幼苗期光照不足,植株瘦弱;若开花、结实期光照不足,则引起花果脱落,结实率低,产量下降。

4. 土壤养分条件　荞麦对养分的需求,一般需 P、K 较多。施用 P、K 肥对提高荞麦产量有显著效果。N 肥过多,营养生长旺盛,"头重脚轻",后期易倒伏,严重影响产量和品质。荞麦对土壤的选择不太严格,只要气候适宜,任何土壤,包括不适于其他禾谷类作物生长的瘠薄、带酸性或新垦地都可以种植,但以排水良好的沙质土壤最为适合。酸碱性较重的土壤改良后可以种植。

（三）规格和模式

张书华等(2003)研究项目于贵州省遵义市 1998 年夏种至 2001 年夏收,小麦、玉米、马铃薯与荞麦间作、甘薯 3 年间套作模式试验。马铃薯选择了结薯早、块茎膨大快、产量高和抗晚疫病、坏腐病、病毒病的粤引一号、威芋 3 号等品种,荞麦为当地常规种。马铃薯合理密植措施是:秋播以 1.67 m 开厢分为两带,在马铃薯种植带 93～100 cm 内于 12 月至翌年 1 月拉绳打点定距播种经催芽的马铃薯种薯 2 行,行距确保 80 cm,窝距 20～27 cm,每亩播 3000～4000窝,针对过去马铃薯生产中直接穴播大田,造成出苗不整齐,有缺穴,最终产量不高的实际,推广马铃薯消毒催芽。项目金鼎镇片区在统一用良种的基础上,一律采取消毒催芽播种,用40％福尔马林稀释 200 倍液喷洒种薯或浸种 5 min,再盖膜闷种 2 h 消毒,用经 5％石灰水消毒后的切刀,对大种薯纵切保留每块带有 1～3 个顶芽眼;荞麦行距 30 cm,亩播 15 万株。

汪春明等(2013)于宁夏固原市进行试验,马铃薯间作荞麦条带种植,每条带马铃薯种植 4行,株行距为 35 cm×60 cm,荞麦种植 2 行,株行距为 15 cm×30 cm。

（四）效益分析

1. 经济效益　张书华等(2003)研究项目经测产验收,金鼎镇片区马铃薯间作荞麦模式组每亩复合单产比对照小麦、玉米、甘薯模式组(产量 984.4 kg/亩)增产 18.5％,每亩地增收 50元左右。

汪春明等(2013)研究试验表明,马铃薯间作荞麦处理下,马铃薯产量低于连作下马铃薯的产量,降低了 31.5％的产量。

2. 生态效益　汪春明等(2013)试验表明,马铃薯间作荞麦处理下,土壤全氮、全磷、速效磷和速效钾含量平均降低 0.11～0.49 g/kg、0.44～0.47 g/kg、76.56～89.91 mg/kg 和59.86～192.60 mg/kg,且差异均达显著水平($P<0.05$)。可见间作加速了植物根部对土壤养分的吸收,进而增加了土壤养分的利用效率。马铃薯间作荞麦处理土壤 pH 值比马铃薯连作下降 0.32($P<0.05$),而酸性土壤更适合马铃薯的生长,对马铃薯有利。马铃薯间作荞麦处理土壤微生物中细菌、放线菌和真菌数量都比连作减少,但细菌数占微生物的比例升高,对马铃薯而言,土壤细菌对马铃薯有利,真菌不利于马铃薯生长。该研究从土壤变化中说明了马铃薯间作荞麦比马铃薯连作更适合马铃薯种植。

张书华等(2003)研究项目区在宏观上揭示了不同作物间套作模式周年轮换,采用聚垄耕作、麦秸秆还土技术,结合各作物施用农家肥,既保证了马铃薯、荞麦等有机肥施用技术要求,又使耕地的用养结合变为现实,培肥了地力,同时充分利用了土地时空的有效性,降低地面蒸发,改善田间小气候,减少水土流失,从而增强了旱地粮食可持续发展;间作平衡施肥技术,协调了化肥 N、P、K 比例,N 肥利用率提高,减少了化肥流失、下渗对环境的污染;作物间作实现了增产、增收,有利于缓解遵义市陡坡瘦地种粮的问题,为实施部分陡坡耕地逐步退耕还林、还草奠定了物质基础。

参考文献

安瞳昕,陈梦丽,周锋,等,2016.玉米沟塘覆膜模式间作马铃薯产量效益研究[J].作物杂志(5):106-111.

柴强,黄高宝,黄鹏,2006.供水及间甲酚对小麦间作蚕豆土壤微生物多样性和酶活性的影响[J].应用生态学报,**17**(9):1624-1628.

陈晓军,何新春,薛龙,等,2015.一年一熟制灌区马铃薯套玉米套芹菜高效栽培技术[J].甘肃农业科技(6):81-83.

代会会,胡雪峰,曹明阳,等,2015.豆科间作对番茄产量、土壤养分及酶活性的影响[J].土壤学报(4):911-918.

杜静,2017.玉米-马铃薯间作根系特征及其与坡耕地红壤径流中养分流失的关系[J].水土保持学报,**31**(1):55-60.

杜守宇,田恩平,温敏,等,1993.马铃薯间作蚕豆的效益评价与栽培技术研究[J].马铃薯杂志,**7**(4):234-238.

范厚明,2010.黔西北山区马铃薯与玉米双行聚垄套作栽培技术[J].中国农村小康科技(6):21-23.

范志伟,吴开贤,安瞳昕,等,2016.玉米马铃薯间作群体的蒸腾量和蒸腾效率研究[J].干旱地区农业研究,**34**(5):129-137.

付克勤,孙俊,齐旭峰,2009.干旱区坡地马铃薯-地膜玉米间作栽培技术要点[J].农业科技与信息(15):24-25.

高慧卿,1983.马铃薯间作豆类[J].山西农业科学(3):36-36.

高文明,张祯勇,肖启银,2013.川西高原马铃薯/玉米/大白菜套作研究[J].耕作与栽培(4):16-17.

谷继风,2011.耕整地的意义及机械耕整地的方法[J].现代畜牧科技(5):257-257.

顾旭东,孟炀,何文寿,2017.间作蚕豆对马铃薯干物质、氮和磷积累的影响[J].作物杂志(3):115-120.

郭彩萍,字淑慧,欧阳铖人,等,2016.玉米马铃薯地上部水浸液对玉米生长的影响[J].玉米科学(2):79-84.

郝艳如,劳秀荣,孟庆强,等,2002.玉米/小麦间作对根际土壤和养分吸收的影响[J].中国农学通报(4):20-23.

何世龙,艾厚煜,2001.玉米、马铃薯间套作模式评价[J].作物杂志,**1**(3):18-20.

侯慧芝,张绪成,汤瑛芳,等,2016.半干旱区全膜覆盖垄沟种植马铃薯/蚕豆间作的产量和水分效应[J].草业学报,**25**(6):71-80.

胡丹,范茂攀,汤利,等,2013.玉米马铃薯间作施肥的偏生产力分析[J].湖北农业科学,**52**(4):776-780.

胡举伟,朱文旭,张会慧,等,2013.桑树/大豆间作对植物生长及根际土壤微生物数量和酶活性的影响[J].应用生态学报,**24**(5):1423-1427.

胡明成,王世敏,程金朋,等,2016.昭通市玉米间作马铃薯增密栽培技术研究[J].现代农业科技(18):20-21.

黄承建,赵思毅,王龙昌,等,2013a.马铃薯/玉米套作对马铃薯品种光合特性及产量的影响[J].作物学报,**39**(2):330-342.

黄承建,赵思毅,王季春,等,2013b.马铃薯/玉米套作行比和马铃薯品种选择研究[J].农业科技通讯(3):63-66.

黄承建,赵思毅,王龙昌,等,2013c.马铃薯/玉米套作不同行比对马铃薯不同品种商品性状和经济效益的影响[J].中国蔬菜,**1**(4):52-59.

黄高宝,张恩和,1998.禾本科、豆科作物间套种植对根系活力影响的研究[J].草业学报(2):18-22.

姜开梅,朱有勇,范静华,等,2012.玉米和马铃薯间作种植对玉米病害的控制[J].黑龙江农业科学(12):56-60.

金丽萍,张雄,孙国梁,2011.北方马铃薯高垄膜下滴灌高产栽培技术[J].北方农业学报(4):102-102.

靳建刚,2014.红芸豆与马铃薯间作模式研究[J].内蒙古农业科技(6):15.

瞿晓苍,2016.秦巴山区地膜马铃薯春玉米规范间套集成栽培技术[J].科学种养(1):14-15.

康朵兰,王惠群,肖浪涛,等,2007.马铃薯主要生理性状和产量性状与产量性状相关性的研究[J].中国马铃薯,21(3):149-152.

赖众民,1985.马铃薯套玉米及玉米间大豆种植系统间套优势研究[J].作物学报,11(3):163-172.

李德波,冯平,2016.论北方地区马铃薯优质高产栽培[J].农民致富之友(20):174-174.

李洪英,2014.马铃薯、蚕豆间作对二者根系的影响[J].湖北农业科学,53(15):3495-3496.

李佩华,2013.川西南山地地区马铃薯+玉米高产高效种植模式研究[J].西南农业学报,26(6):2247-2252.

李萍,张永成,田丰,2012.马铃薯蚕豆间套作系统的生理生态研究进展与效益评价,安徽农业科学,40(27):13313-13314.

李耀新,李萍,2008.北方高寒地区马铃薯生产栽培技术要点[J].农学学报(9):30-31.

李越,曹瑾,汪春明,等,2017.蚕豆间作栽培对连作马铃薯根际土壤微生物的影响[J].业科学研究,38(2):8-13.

廉雪娜,2011.玉米马铃薯间套作技术及其增产原因分析[J].现代农业(2):65-65.

林汝法,1994.中国荞麦[M],北京:中国农业出版社.

林叶春,曾昭海,胡跃,等,2009.春马铃薯间套两茬燕麦生产研究[J].中国农学通报,25(8):146-149.

林梓烨,刘先彬,张金荣,等,2015.连作马铃薯光合作用的调节作用[J].农业与技术,35(14):7-7.

刘飞,张民,诸葛玉平,等,2011.马铃薯玉米套作下控释肥对土壤养分垂直分布及养分利用率的影响[J].植物营养与肥料学报,17(6):1351-1358.

刘景辉,曾昭海,焦立新,等,2006.不同青贮玉米品种与紫花苜蓿的间作效应[J].作物学报,32(1):125-130.

刘伟莉,李季花,何玉琼,2011.芸豆-马铃薯间作栽培技术[J].云南农业科技(1):35-36.

刘星,邱慧珍,王蒂,等,2015.甘肃省中部沿黄灌区轮作和连作马铃薯根际土壤真菌群落的结构性差异评估[J].生态学报,35(12):3938-3948.

刘亚军,马琨,李越,等,2018.马铃薯间作栽培对土壤微生物群落结构与功能的影响[J].核农学报,32(6):1186-1194.

刘亚萍,2012.米薯间作高产高效栽培技术[J].现代农业科技(18):34-34.

刘英超,汤利,郑毅,2013.玉米马铃薯间作作物的土壤水分利用效率研究[J].云南农业大学学报:自然科学,28(6):871-877.

卢成达,郭志利,李阳,等,2015.旱地玉米间作马铃薯模式不同行比配置生理生态及经济效应研究[J].中国农学通报,31(33):67-73.

吕祖顺,2014.玉米、马铃薯间套带型-密度试验研究初报[J].农家致富顾问(18):31-33.

罗爱花,陆立银,谢奎忠,等,2013.高寒阴湿旱作区马铃薯蚕豆间作模式效益分析[J].干旱地区农业研究,31(4):84-88.

罗成宇,田学礼,周兴王,等,2009.保山市冷凉山区马铃薯套种玉米高产高效栽培技术[J].云南农业科技(5):35-36.

马琨,杨桂丽,马玲,等,2016.间作栽培对连作马铃薯根际土壤微生物群落的影响[J].生态学报,36(10):2987-2995.

马心灵,朱启林,耿川雄,等,2017.不同氮水平下作物养分吸收与利用对玉米马铃薯间作产量优势的贡献[J].应用生态学报,28(4):1265-1273.

马子林,2014.马铃薯间作蚕豆的边行效应及增产机理[J].湖北农业科学(10):2254-2256.

齐海英,杨春,2006.北方高寒区夏波蒂马铃薯高产栽培技术[J].陕西农业科学(2):125-125.

秦舒浩,曹莉,张俊莲,等,2014.轮作豆科作物对马铃薯连作田土壤速效养分及理化性质的影响[J].作物学报,40(8):1452-1458.

施泽周,2016.永胜县大白芸豆间作马铃薯高产栽培技术[J].农业开发与装备(3):158-158.

时安东,李建伟,袁玲,2011.轮间作系统对烤烟产量、品质和土壤养分的影响[J].植物营养与肥料学报(2):411-418.

舒进康,陈莉萍,赵里红,等,2016.马铃薯/玉米2:1行比套作不同模式对马铃薯产量及光合性能的影响[J].中国农学通报,32(18):43-46.

宋亚娜,Marschner P,张福锁,等,2006.小麦/蚕豆、玉米/蚕豆和小麦/玉米间作对根际细菌群落结构的影响[J].生态学报(7):2268-2274.

孙建好,李隆,张福锁,等,2007.不同施氮水平对小麦/玉米间作产量和水分效应的影响[J].中国农学通报(7):345-348.

覃潇敏,郑毅,汤利,等,2015a.施氮对间作条件下玉米、马铃薯根际微生物群落功能多样性的影响[J].农业资源与环境学报,32(4):354-362.

覃潇敏,郑毅,汤利,等,2015b.玉米与马铃薯间作对根际微生物群落结构和多样性的影响[J].作物学报,41(6):919-928.

汪春明,马琨,代晓华,等,2013.间作栽培对连作马铃薯根际土壤微生物区系的影响[J].生态与农村环境学报,29(6):711-716.

王国良,2008.玉米马铃薯高密度通透栽培技术研究初报[J].黑龙江农业科学(3):45-47.

王海燕,王晓玲,2007.马铃薯间作蚕豆的效益评价与栽培研究[J].内蒙古农业科技,12(3):37-39.

王红丽,马一凡,侯慧芝,等,2015.西北半干旱区玉米马铃薯轮作一膜两年用栽培技术[J].甘肃农业科技(2):86-88.

王惠群,肖浪涛,杨艳丽,等,2005.不同加工型马铃薯品种光合特性的比较[J].中国马铃薯,19(6):336-338.

王季春,黄承建,赵勇,等,2013.2:2与3:2行比下不同马铃薯品种与玉米套作的光合生理响应机制[J].南方农业(S1):90-90.

王建平,叶正荣,严泽,2014.昌都地区玉米套种马铃薯栽培技术示范[J].西藏科技(3):13-13.

王建玮,2012.高寒山区春玉米与马铃薯间作高效种植模式技术要点[J].河南农业(21):35-35.

王娜,陆姗姗,马琨,等,2016.宁夏南部山区马铃薯不同间作模式对根际土壤细菌多样性的影响[J].干旱区资源与环境,30(12):193-198.

王顺金,2016.山区地膜玉米双套马铃薯丰产栽培技术[J].南方农机,47(5):33-33.

王习林,刘鑫,2016.陕南浅山丘陵马铃薯玉米间套作种植模式攻关技术探讨[J].农业科技通讯(6):223-224.

王永刚,陈娟,2015.坡耕地玉米马铃薯间作产量及水土保持效应研究[J].云南农业(3):40-43.

韦贞伟,陈超,熊先勤,等,2015.芜菁甘蓝马铃薯间作对其产量及经济效益的影响[J].草业学报,32(2):258-262.

魏常慧,刘亚军,冶秀香,等,2017.马铃薯/玉米间作栽培对土壤和作物的影响[J].浙江大学学报(农业与生命科学版)(1):1-11.

吴开贤,安瞳昕,范志伟,等,2012.玉米与马铃薯的间作优势和种间关系对氮投入的响应[J].植物营养与肥料学报,18(4):1006-1012.

吴开贤,安瞳昕,范志伟,等,2015.根间相互作用对玉米与马铃薯响应异质氮的调控[J].生态学报,35(2):508-516.

吴娜,刘吉利,鲁文,2015a.马铃薯/燕麦间作对根际土壤微生物数量的影响[J].西北农业学报,24(5):163-167.

吴娜,刘晓侠,刘吉利,等,2015b.马铃薯/燕麦间作对马铃薯光合特性与产量的影响[J].草业学报,24(8):65-72.

吴娜,杨娜娜,刘吉利,等,2017.马铃薯/燕麦对马铃薯氮、磷、钾含量及营养品质的影响[J].草业学报,34(3):

592-597.

吴志祥,谢贵水,杨川,等,2011.幼龄胶园间种土壤肥力及土壤酶活性特征研究[J].南方农业学报,42(1):58-64.

肖春,2006.高寒山区旱地分带轮作应注意的问题[J].农学学报(8):34.

肖继坪,颉炜清,郭华春,2011.马铃薯与玉米间作群体的光合及产量效应[J].中国马铃薯,25(6):339-341.

肖启银,高明文,张祯勇,等,2013.高海拔地区马铃薯-玉米套作种植密度研究[J].现代农业科技(15):87.

辛鑫,2010.高寒山区马铃薯玉米间作生产技术操作规程[J].园艺与种苗,30(3):219-220.

徐向宁,2018.间作蚕豆对马铃薯干物质、氮和磷积累的影响[J].南方农机(10):132-132.

杨建清,刘月宝,王洋喜,2011.旱地马铃薯蚕豆不同间作方式效益比较[J].甘肃农业科技(11):19-21.

杨亚东,等,2017.中国马铃薯种植空间格局演变及其驱动因素分析[J].农业技术经济(8):39-47.

杨友琼,吴伯志,2007.作物间套作种植方式间作效应研究[J].中国农学通报,23(11):192-196.

杨友琼,周锋,吴开贤,等,2016.间作条件下玉米与马铃薯的养分利用特征[J].玉米科学(4):116-121.

杨忠勋,2002.旱地梯田地膜玉米与大豆(马铃薯)带状种植技术[J].宁夏农林科技(1):38-39.

应建华,许文敏,徐兆丰,2014.玉米与马铃薯间作高效栽培[J].新农业(1):20-21.

曾钰婷,刘正玉,斯年,等,2012.拉萨市马铃薯和玉米间作栽培试验[J].中国马铃薯,26(1):16-18.

张建伟,2012.北方春季马铃薯高产栽培技术[J].农民致富之友,(5):29.

张久东,包兴国,杨文玉,等,2011.马铃薯间作绿肥高效栽培技术[J].甘肃农业科技(12):62-63.

张琳,2016.马铃薯-玉米-红薯三熟套种间作技术[J].湖南农业(12):9.

张青峰,2014.马铃薯与几种农作物的间作套种栽培技术[J].河南农业(23):47.

张瑞福,2016.北方高寒地区马铃薯丰产栽培技术[J].吉林蔬菜(5):9.

张尚柱,李淑红,吴强,2012.几种高效马铃薯间作模式[J].农业知识(34):53-54.

张书华,李士敏,周开芳,等,2003.旱地周年间套作物大面积高产、超高产集成技术应用与可持续发展技术研究[J],贵州农业科学,31(增刊):3-20.

张文彬,1997.旱地增产良法——分带间、套、轮作法[J].新农村(12):8.

张绪成,王红丽,于显枫,等,2016.半干旱区全膜覆盖垄沟间作种植马铃薯和豆科作物的水热及产量效应[J].中国农业科学,49(3):468-481.

章家恩,高爱霞,徐华勤,等,2009.玉米/花生间作对土壤微生物和土壤养分状况的影响[J].应用生态学报(7):1597-1602.

赵云蛟,王林宝,2012."米、薯"间作全程机械化生产技术[J].农业开发与装备(3):18-19.

郑亚强,陈斌,宋培勇,等,2016.马铃薯与玉米间作体系根际土壤放线菌多样性及拮抗菌株的筛选[J].西北农业学报,25(6):912-920.

郑元红,潘国元,刘文贤,等,2007.玉米-马铃薯间套作不同分带平衡丰产技术研究[J].中国马铃薯,21(6):346-348.

周锋,安瞳昕,吴开贤,等,2015.间作群体中玉米对马铃薯生长及竞争力的影响[J].干旱地区农业研究,33(6):15-112.

周建国,邓庆吉,2012.浅谈我国北方马铃薯栽培技术[J].现代园艺(10):28-28.

周龙,吕玉,朱启林,等,2016.施氮与间作对玉米和马铃薯钾吸收与分配的影响[J].植物营养与肥料学报,22(6):1485-1493.

左忠,冯立荣,王峰,等,2009.宁夏引黄灌区玉米马铃薯不同间作方式研究[J].中国马铃薯,23(2):82-86.

第二章　马铃薯与经济作物间套作

第一节　马铃薯与棉花间套作

一、应用地区和条件

(一)棉花主产区

中国是棉花产量居世界首位的生产大国,棉花种植带大致分布在北纬 $18°\sim46°$,东经 $76°\sim124°$,气温 $\geqslant10℃$,产棉省(区、市)22 个,棉田面积在 40 万 hm^2 以上省区有 7 个(新疆、河南、江苏、湖北、山东、河北、安徽);在 10 万 hm^2 以上的有 4 个(湖南、江西、四川、山西),其他各省市只有较零星的种植。

根据棉花对生态条件的要求,结合棉花生产特点,以及棉区分布状况、社会经济条件和植棉历史,将全国划分为三大棉区:长江中下游棉区(包括上海、浙江、江苏、湖北、安徽、四川、江西、湖南等地)、黄河中下游棉区(包括河南、河北、山东、山西、陕西等地)和西北内陆棉区(包括新疆和甘肃等地)。

1. 西北内陆棉区　主要包括新疆和甘肃地区,国内主要使用新疆棉。新疆产棉量约占中国棉产量的 50%,棉花纤维强力低于黄河、长江流域棉区。该区日照充足,气候干旱,雨量稀少,属灌溉棉区;耕作制度为一年一熟,棉田集中,种植规模大,机械化程度较高;单产水平高,原棉色泽好,"三丝"含量相对于其他棉区低。

2. 黄河中下游棉区　目前是中国植棉面积较大的棉区,包括河北省(除长城以北)、山东省、河南省(不包括南阳、信阳两个地区)、山西省南部、陕西省关中、甘肃省陇南、江苏、安徽两省的淮河以北地区和北京、天津两市的郊区。黄河流域棉区日照较充足,热量条件尚好,土壤肥力中等,年降水量适中,在正常年份下,纤维品质较好。但由于某些地区间作套种的配置不当,病虫危害程度各异,加之有些年份后期的阴雨低温寡照,造成年度间纤维品质不稳定。山东省、河北省棉花相似,颜色好,光泽好,纤维长,短绒率低,强力好,比湖北省高一个等级,马克隆值小,可纺 40 支纱,但三丝多。河南省除南阳和信阳两地外属于套地种植,生产期短,棉花强力低,细度高,颜色没有山东、河北的好,锯齿加工短绒高,也可以纺 40 支纱。南阳和信阳地区不是套种,棉花品质与湖北省棉花相似。

3. 长江中下游棉区　位于中亚热带湿润区,商品棉生产主要集中在江苏的沿海和沿江棉区,上海的长江口棉区、浙江省的钱塘江口棉区、安徽省的沿江棉区、江西省的鄱阳湖棉区、湖南省的洞庭湖棉区、湖北省的江汉平原棉区,跨河南、湖北的南襄盆地棉区及四川盆地棉区等地。其中产棉量比较大的是湖南、湖北。其棉花特点是成熟度好,马克隆值偏大,纤维偏粗,80％以上的棉花马克隆值在 4 以上,三丝少,短绒率比河南低,颜色发灰,可纺 21 支、32 支纱。

（二）马铃薯产区

中国是马铃薯种植第一大国,在国内马铃薯种植范围很广,遍及全国各个省（区、市）。根据各地马铃薯栽培制度、栽培类型、品种类型及分布等历年资料,结合马铃薯生物学特性,参照地理、气候条件和气象指标,将中国马铃薯划分为 4 个各具特点的类型:北方一季作区、中原二季作区、南方冬作区、西南单双季混作区,详见绪论。

（三）薯棉争地矛盾地区

近年来,特别是黄河流域棉区,具有较好的土、肥、水条件和农业技术条件,气候条件适宜棉花和马铃薯生长,粮棉争地日益突出。如全国优质棉生产基地县山东省夏津县,由于棉花单产很难取得大幅度的提升,而棉薯间作能充分利用土地空间进行立体种植,更均衡合理地利用土壤养分和水分,从而提高土地产出率;同时由于马铃薯与棉花间作共生期只有 40 d 左右的时间,相互影响小,耕作制度可实现"一年两熟"。目前,棉薯间作已实现全程机械化,节省了大量物力人力,经济效益较高。

二、适宜的品种搭配

马铃薯与棉花间作套种,能充分利用时间、空间、土地和光能,增加复种指数,提高单位面积产量。同时也存在间作套种后争水争肥争劳力的矛盾。因此,薯棉间作套种必须有适宜的品种才能获得高产,否则不但会造成大幅度的减产,还会影响下茬棉花的生长。为减少马铃薯与棉花共生期的相互影响,马铃薯应选用结薯早、植株较矮、株型紧凑的早熟、高产、优质、脱毒良种。棉花适宜用株型紧凑、中后期生长发育快、抗病、抗虫的中早熟品种（安徽）。

如冀中南春季适合马铃薯生长的时间较短（2 月下旬至 6 月中旬）,必须选用结薯早、薯块膨大快、休眠期短、抗逆性强、抗病抗退化、高产优质的早熟品种,适宜品种有费乌瑞它、科新 1 号、郑薯 8 号等,棉花品种选用冀棉 616、鲁棉研 28 等结铃性好、抗病性强的常规品种或冀杂 1 号、冀杂 6268 等综合性状好的杂交品种（高明聪,2013）。

（一）适宜间作套种的马铃薯品种

马铃薯宜选用早熟、高产、株矮、抗病的脱毒品种,如费乌瑞它、郑薯 5 号、郑薯 6 号、郑薯 7 号、郑薯 9 号、早大白等。介绍如下:

1. 郑薯 5 号　由郑州市蔬菜研究所选育,1993 年河南省审定,审证字第 947 号。

特征特性:该品种早熟,出苗后 65 d 可收获。株型直立粗壮,株高 60 cm 左右,生长势强,主茎数 2～3 个,茎粗壮,绿色。复叶大小中等,叶缘平展;叶色绿,花冠白色;天然结实性中等,有种子。匍匐茎短,结薯集中。单株结薯 3～6 块。块茎椭圆形,尾部稍尖,黄皮黄肉,表皮光滑,大而整齐,芽眼浅而稀。春季一般亩产 2250 kg,秋季 1500 kg 左右,高产可达 4000 kg 以上。春季大中薯率高达 85％以上。

品质:蒸食、炒食口感好。鲜薯淀粉含量 13.4％,还原糖含量 0.089％,粗蛋白含量 1.98％,每 100 g 鲜薯维生素 C 含量 13.87 mg。

抗性:植株田间退化轻,轻感卷叶病毒,较抗霜冻、抗茶螨及疮痂病。

栽培要点:春季播种 2 月中旬至 3 月上旬,收获 5 月下旬至 6 月上中旬。早熟栽培宜播前催芽。单作播种行距 60～80 cm,株距 20 cm 左右,密度以每亩 4200～5500 株为宜。加强前期肥水及田间管理,促使早发棵,收获前 10 d 停止浇水。郑州地区秋季播种 8 月上中旬,11 月上旬收获。用小整薯播种,播前用百万分之五的赤霉素溶液浸种催芽。

适宜区域:适宜中原二季作区、东北一季作区早熟鲜薯食用栽培,主要用于鲜薯食用和加工。

2. 郑薯 6 号 由郑州市蔬菜研究所选育,1995 年河南省审定,审证字第 95528 号。

特征特性:该品种早熟,出苗后 65 d 可收获。株型直立,株高 55 cm 左右,生长势强,主茎数 2～3 个,茎粗壮,绿色。复叶大小中等,叶缘平展;叶色绿,花冠白色;天然结实性中等,有种子。匍匐茎短,结薯集中。单株结薯 3～4 块。块茎椭圆形,黄皮黄肉,表皮光滑,大而整齐,芽眼浅而稀。春季一般亩产 2000～2250 kg,秋季 1500 kg 左右,高产可达 4000 kg 以上。春季大中薯率 85％以上。

品质:鲜薯淀粉含量 14.66％,还原糖含量 0.177％左右,粗蛋白质含量 2.25％,每 100 g 鲜薯维生素 C 含量在 13.62 mg 左右。鲜薯食用和加工,蒸食、炒食口感好。

抗性:植株田间抗病毒性退化,无花叶病毒病,轻感卷叶病毒,较抗疮痂病、环腐病、晚疫病及螨类。

栽培要点:春季播种 2 月中旬至 3 月上旬,收获 5 月下旬至 6 月上中旬。早熟栽培宜播前催芽。单作播种行距 60～80 cm,株距 20 cm 左右,密度以每亩 4200～5500 株为宜。加强前期肥水及田间管理,促使早发棵,收获前 10 d 停止浇水。郑州地区秋季播种 8 月上中旬,11 月上旬收获。用小整薯播种,播前用百万分之五的赤霉素溶液浸种催芽。

适宜区域:适宜中原二季作区、东北一季作区早熟鲜薯食用栽培。

3. 郑薯 7 号 由郑州市蔬菜研究所选育,2005 年河南省审定,豫审马铃薯 2005001。

特征特性:该品种早熟,出苗后 68 d 可收获。株型直立,株高 55 cm 左右,生长势较强,主茎数 2～3 个,茎绿色。复叶较大,叶缘平展;叶色浅绿,花冠白色,少花。匍匐茎短、结薯集中。块茎椭圆形,黄皮黄肉,表皮光滑,大而整齐,芽眼浅而稀。一般亩产 2000～2500 kg,春季大中薯率可达 89％以上。

品质:鲜薯淀粉含量 12.2％,还原糖含量 0.81％,粗蛋白质含量 2.48％,每 100 g 鲜薯维生素 C 含量在 15.8 mg。鲜薯食用,蒸食、炒食口感和风味好。

抗性:植株田间抗卷叶病毒病、花叶病毒病、早疫病和晚疫病。

栽培要点:春、秋季栽培要催大芽适当早播。春季露地栽培 3 月上中旬播种,6 月中下旬收获;地膜覆盖可于 2 月中下旬播种,5 月底 6 月初收获。秋季于 8 月上中旬用百万分之五的赤霉素溶液浸种催芽播种,11 月上中旬收获。行距 60 cm,株距 20～25 cm。加强前期肥水及田间管理,促使早发棵。收获前 10 d 停止浇水。

适宜区域:适宜在中原二季作区及一季作区作为早熟鲜薯食用栽培。

4. 郑薯 8 号 由郑州市蔬菜研究所选育,1997 年利用母本 Mermavr、父本豫马铃薯一号配置杂交组合,经过 3 年的筛选,2007—2008 年参加河南省区域试验和生产试验,2009 年通过河南省农作物品种审定委员会审定,豫审马铃薯 2009002。

特征特性:该品种早熟,出苗后 58 d 可收获。株型直立,株高 38.28 cm 左右,生长势较强,主茎数 1～2 个,茎绿色。复叶大小中等,叶缘平展;叶色绿,花冠白色,少花;有结实,少。

匍匐茎短、结薯集中。单株结薯 2～3 个。块茎圆形,浅黄皮白肉,表皮光滑,块茎整齐,芽眼浅。一般亩产 1100～2000 kg 左右,春季大中薯率可达 87％以上。

品质:鲜薯淀粉含量 12.9％,还原糖含量 0.26％,粗蛋白质含量 2.12％,每 100 g 鲜薯维生素 C 含量 26.8 mg。鲜薯食用,炒食口感和风味好。

抗性:植株田间抗卷叶病毒病、花叶病毒病、晚疫病和环腐病。

栽培要点:春、秋季栽培要催大芽适当早播。春季露地 3 月上中旬播种,6 月中下旬收获;地膜覆盖可于 2 月中下旬播种,5 月底 6 月初收获。秋季于 8 月上中旬播种,11 月上中旬收获。行距 60 cm,株距 20～25 cm。春季切块播种;秋季选 50 g 左右健康小整薯用赤霉素浸种催芽播种。选择沙壤土种植,忌在碱性土壤中种植,注意调茬。加强前期肥水及田间管理,苗齐后结合浇水追肥 1～2 次。封垄前进行培土。收获前 10 d 停止浇水。

适宜区域:适宜河南省二季作栽培及一季作区作为早熟鲜薯食用栽培。

5. 郑薯 9 号 由郑州市蔬菜研究所选育,1998 年利用母本早大白、父本豫马铃薯一号配置杂交组合,经过 3 年的筛选,2007—2008 年参加河南省区域试验和生产试验,2009 年通过河南省农作物品种审定委员会审定,豫审马铃薯 2009003。

特征特性:该品种早熟,出苗后 56 d 可收获。株型直立,株高 44 cm 左右,生长势较强,主茎数少 1.2 个,茎绿色。复叶大小中等,叶缘平展;叶色浅绿,花冠白色,少花;有结实,少。匍匐茎短、结薯集中。单株结薯 2～3 个。块茎椭圆形,黄皮白肉,表皮光滑,薯块整齐,芽眼浅。一般亩产 1300～2000 kg 左右,春季大中薯率可达 89％以上。

品质:鲜薯淀粉含量 11.8％,还原糖含量 0.32％,粗蛋白质含量 2.52％,每 100 g 鲜薯维生素 C 含量 25.2 mg。鲜薯食用,炒食口感和风味好。

抗性:植株田间抗卷叶病毒病、花叶病毒病、晚疫病和环腐病。

栽培要点:春、秋季栽培要催大芽适当早播。春季露地 3 月上中旬播种,6 月中下旬收获;地膜覆盖可于 2 月中下旬播种,5 月底 6 月初收获。秋季于 8 月上中旬播种,11 月上中旬收获。行距 60 cm,株距 20～25 cm。春季切块播种;秋季选 50 克左右健康小整薯用赤霉素浸种催芽播种。选择沙壤土种植,忌在碱性土壤中种植,注意调茬。加强前期肥水及田间管理,苗齐后结合浇水追肥 1～2 次。封垄前进行培土。收获前 10 d 停止浇水。

适宜区域:适宜河南省二季作栽培及一季作区作为早熟鲜薯食用栽培。

6. 郑商薯 10 号 由郑州蔬菜研究所和商丘市金土地马铃薯研究所选育,2008 郑州蔬菜研究所和商丘金土地马铃薯研究所联合,从费乌瑞它变异株系选育而来,经过 3 年的筛选,2011—2013 年参加河南省区域试验和生产试验,2014 年通过河南省农作物品种审定委员会审定,豫审马铃薯 2014003。

特征特性:该品种早熟,出苗后 61 d 可收获。株型直立,生长势强,株高 48.5 cm,主茎数 1～3 个。茎绿色带紫色斑点,叶绿色,花紫色,花繁茂性中等,结实多。薯块长椭圆形,黄皮黄肉,薯皮光滑,芽眼浅,结薯集中,薯块大而整齐。一般亩产 1500～1999 kg,最高亩产 5108 kg。商品薯率可达 88.4％。

品质:郑商薯 10 淀粉含量为 12.1％,蛋白质含量为 1.86％,每 100 g 鲜薯维生素 C 含量 25.6 mg,还原糖含量为 0.06％,适宜鲜食、加工、出口。

抗性:抗卷叶病毒病、花叶病毒病、环腐病、早疫病、晚疫病。

栽培要点:春季露地 3 月上中旬播种,6 月中下旬收获;保护地栽培和地膜覆盖可于 2 月初播种,5月底6月初收获。秋季于8月上中旬播种,11月上中旬收获。种植密度每亩4000~4500株。春季切块播种;秋季选50 g左右健康小整薯用赤霉素浸种催芽播种。适宜沙壤土、壤土种植,可进行间作套种。前期及时进行肥水及田间管理,4月下旬适当喷药预防晚疫病,封垄前进行高培土。收获前10 d停止浇水。

适宜区域:适宜二季作栽培及一季作区早熟栽培及间套作栽培。

7. 洛马铃薯8号　由洛阳农林科学院选育,2009年通过河南省农作物品种审定委员会审定,豫审马铃薯2009001。

特征特性:洛马铃薯8号系早熟品种,生育期69 d。株形扩散,生长势强,平均株高57.22 cm,枝叶繁茂,茎绿色,叶深绿,复叶较大,侧小叶3~4对,二次小叶2对,花冠白色,花粉较少,不易开花,不易天然结实,单株主茎数1.4个,块茎形成早、膨大快,结薯集中,匍匐茎中,薯块较齐,薯块卵圆形,黄皮黄肉,薯皮光滑,芽眼浅,单株薯块数分别2.5个,平均单薯重104.72g,平均商品薯率94.46%。

抗性:抗卷叶病毒病、花叶病毒病、环腐病、晚疫病。

品质:洛马铃薯8号维生素C含量为24.4 mg/100g,与对照郑薯5号(13.9 mg/100g)差异大,淀粉含量13.6%,高于对照郑薯5号(13.4%),还原糖含量0.19%,略高于对照郑薯5号(0.09%),蛋白质含量2.70%。

栽培要点:当气温稳定通过7℃时即可播种,亩用种量150 kg。播前造墒,一般种植密度为4500株/亩。出苗时要及时人工辅助破膜,促进苗齐、苗全、苗壮。现蕾时结合浇水每亩沟施尿素10 kg;结薯期可采用0.5%的尿素与0.3%的磷酸二氢钾混合液或0.8%的硝酸钾进行叶面喷施。在此期间植株防徒长收获前10天停浇。及时防治病虫害,如晚疫病、蚜虫、地老虎、金龟子等地下虫。视马铃薯成熟情况和市场需求及时收获。

适宜区域:马铃薯二季作区及北方一季作早熟栽培。

8. 商马铃薯1号　由商丘市金土地马铃薯研究所选育,用母本中薯2号、父本阿奎拉配置杂交组合,经过5年的筛选,2011—2013年参加河南省区域试验和生产试验,2014年通过河南省农作物品种审定委员会审定,豫审马铃薯2014001。

特征特性:早熟,出苗后65 d可收获。株型直立,生长势强,株高56.6 cm,茎绿色,叶深绿,单株主茎数1.4个;花冠白色,花繁茂性中等,无结实。结薯集中,薯块较齐;薯块长椭圆形,黄皮黄肉,薯皮光滑,芽眼浅。2011—2013年河南省区试和生产试验亩产1668~2041 kg,比对照增产12.2%~52.7%,商品薯率可达87.9%。

品质:淀粉含量11.4%,还原糖含量0.07%,蛋白质含量1.76%,每100 g鲜薯维生素C含量26.4 mg。适宜鲜食、加工、出口。

抗性:抗卷叶病毒病、花叶病毒病、晚疫病、早疫病和环腐病。

栽培要点:当气温稳定通过7℃时即可播种,播种7 d催芽切块,一般种薯切30~35块/kg。适宜收获时间是5月下旬至6月上旬。播前造墒,高垄种植,一垄双行,垄距90 cm,垄高30 cm,垄顶宽40 cm,行距20 cm,播种深度10~12 cm,将垄面搂平,喷施封闭除草剂后覆地膜。种植密度为每亩4500~5000株。选择前茬非茄科作物,轻壤土、沙壤土或两合土地块。底肥增施有机肥,现蕾时结合浇水每亩沟施尿素10 kg;结薯期适量喷施叶面肥。及时防治晚疫病、蚜虫、地老虎、金龟子等病虫害。收获前10 d停止浇水。

适宜地区:河南省二季作区纯作或间作套种栽培。

9. 商马铃薯 2 号　2004 年商丘市睢阳区农业技术推广中心利用母本中薯 3 号、父本呼薯 4 号配置杂交组合，经过 6 年的筛选，2011—2013 年参加河南省区域试验和生产试验，2014 年通过河南省农作物品种审定委员会审定，豫审马铃薯 2014002。

特征特性：该品种早熟，出苗后 64 d 可收获，株型直立，生长势强，平均株高 51.4 cm，单株主茎数 2.2 个。茎绿色，叶深绿，花白色，少花，无结实。薯块扁圆形，浅黄皮浅黄肉，薯皮光滑，芽眼浅，薯块整齐。2011—2013 年河南省区试和生产试验亩产 1767～2052 kg，比对照增产 12.8％～46.5％，商品薯率可达 80.0％。

品质：淀粉含量 11.0％，蛋白质含量 1.70％，还原糖含量 0.12％，每 100 g 鲜薯维生素 C 含量 27.2 mg。适宜鲜食、加工、出口。

抗性：抗卷叶病毒病、花叶病毒病、晚疫病、早疫病和环腐病。

栽培要点：当气温稳定通过 7℃时即可播种。播种前催芽切块，5 月下旬至 6 月上旬收获。播前造墒，高垄种植，种植密度为每亩 4200～4500 株。选择前茬非茄科作物，轻壤土、沙壤土或两合土地块。底肥增施有机肥，适时增施化肥、叶面肥。及时防治蚜虫、地老虎、金龟子、晚疫病等病虫害。收获前 10 d 停止浇水。

适宜地区：河南省二季作区纯作或间作套种栽培。

10. 早大白　辽宁省本溪市马铃薯研究所育成。1992 年辽宁省农作物品种审定委员会审定，1997 年黑龙江省农作物品种审定委员会审定，1998 年通过国家农作物品种审定委员会审定。

特征特性：极早熟品种，从出苗到成熟 65 d 左右。植株直立，繁茂性中等，株高 50 cm 左右。单株结薯 3～5 个。块茎扁圆形，白皮白肉，表面光滑，结薯集中，芽眼深度中等，大中薯率高，商品性好。休眠期中等，耐贮性一般。一般亩产 2000 kg，高产可达 4000 kg 以上。

抗性：苗期喜温抗旱，耐病毒病，较抗环腐病和疮痂病，感晚疫病。

品质：薯块扁圆形，白皮白肉，表皮光滑，薯块好看，结薯集中，芽眼深度中等。块茎干物质含量 21.9％，含淀粉 11％～13％，还原糖 1.2％，含粗蛋白质 2.13％，维生素 C 含量 12.9 mg/100 g，食味中等。

栽培要点：种植密度 5000 株/亩，适合地势高、温度高、排水良好的沙质土种植。防治十八星瓢虫和晚疫病。

适宜地区：南北方均可栽培种植，适宜马铃薯二季作区种植。

(二)间套种棉花品种

棉花宜选用中早熟高产品种鲁棉研 28 号、中棉所 43、冀丰 914、冀 863、农大 601、冀棉 616 等。根据不同地区，介绍以下品种：

1. 鲁棉研 28 号　该品种适宜河北南部，山东，河南北部、中东部，江苏、安徽淮河以北黄河流域棉区种植，适宜薯棉套种。该品种是转基因抗虫常规品种，黄河流域棉区全生育期 138 d，符合国家棉花品种审定标准，为山东棉花研究中心、中国农业科学院生物技术研究所报审的国审棉花品种，审定编号 2006012。

特征特性：转基因抗虫常规品种。株形较松散，茎秆坚韧、茸毛中密，叶片中等大小、绿色，全株有腺体，腺体中密，果枝始节位 6.8 节，单株结铃 15.7 个，铃圆形，铃尖微突，铃壳薄，吐絮畅而集中，单铃重 5.8 g，衣分 41.5％，籽指 10.8 g，霜前花率 88.6％。

纤维品质：HVICC 纤维上半部平均长度 29.9 mm，断裂比强度 29.4 cN/tex，马克隆值

4.7,断裂伸长率 7.4％,反射率 76.0％,黄色深度 7.6,整齐度指数 84.8％,纺纱均匀性指数 137。

抗性:出苗势一般,整个生育期生长发育稳健,中后期叶功能较强,不早衰,高抗枯萎病,耐黄萎病,抗棉铃虫。

产量表现:2002—2003 年参加黄河流域棉区麦套棉组品种区域试验,籽棉、皮棉和霜前皮棉亩产分别为 232.2 kg、96.2 kg 和 85.2 kg,分别比对照豫 668 增产 19.0％、15.6％和 16.2％。2004 年生产试验,籽棉、皮棉和霜前皮棉亩产分别为 226.5 kg、95.7 kg 和 90.2 kg,分别比对照中棉所 45 增产 12.1％、20.1％和 23.1％。

栽培技术要点:每亩种植密度 2800～3200 株;多施有机肥,注意 N、P、K 的配比,尤其要注意增施 K 肥,重施花铃肥;一般情况下蕾期、初花期和盛花期各化控 1 次;二代棉铃虫一般情况下不施药防治,三、四代棉铃虫各防治 1～2 次,重点防治苗蚜、棉叶螨、伏蚜和盲蝽象等非鳞翅目害虫。

2. 中棉所 43 该品种适宜黄河流域春播、春套种植和新疆南部肥水条件较好地区种植,由山东棉花研究中心、中国农业科学院生物技术研究所报审,审定编号为豫审棉 2003004,新农审字〔2005〕第 26 号,陕引棉 2006001。

特征特性:生育期 127 d,属于中早熟麦棉套种品种。株高 94 cm(新疆株高 55～50 cm),植株塔形,叶片中等偏小,叶色淡绿,出苗快,前中期长势强健,结铃性强,铃长卵圆形,单铃重 5.2 g,衣分 39.6％,籽指 10.9 g,吐絮畅而集中,易收摘,纤维洁白有丝光。

纤维品质:农业部棉花品质监督检验测试中心检测,上半部平均长度 30.1 mm,整齐度 73.6％,断裂比强度 31.2 cN/tex,伸长率 5.81％,马克隆值 4.86。

抗性:出苗势一般,整个生育期生长发育稳健,中后期叶功能较强,不早衰,高抗枯萎病,耐黄萎病,抗棉铃虫。中国农业科学院棉花研究所植物保护研究室抗病性鉴定结果,平均枯萎病病指 4.4,黄萎病病指 20.6,属于抗枯萎病、耐黄萎病品种。

产量表现:2000—2002 年河南省春播品种区域试验结果,中棉所 43 平均皮棉和霜前皮棉每公顷分别为 1321.5 kg 和 1090.5 kg,分别比对照品种增产 15.6％和 11.6％,居参试的常规品种首位,增产达极显著水平。2002 年河南省生产试验结果,皮棉每公顷产量 1252.5 kg,比对照品种中棉所 41 增产 3.2％,霜前皮棉亩产 1177.5 kg,较对照增产 4.4％,霜前花率 94％。2002—2003 年参加新疆维吾尔自治区区域试验,皮棉和霜前皮棉分别为每公顷 2309.1 kg 和 2106.6 kg,分别比对照中棉所 35 增产 13.4％和 19.9％,均居参试品种首位。生产示范中,亩产皮棉 2550～3150 kg,霜前花率 90％。

栽培技术要点:适时播种。中棉所 43 属于中早熟类型品种,在河南省一熟春播地区直播条件下,播种期 4 月 25 日左右为宜,在麦棉春套条件下,播种期 4 月 28—30 日;合理密植。该品种株型偏紧,春播种植每亩密度 3500 株左右,麦棉春套条件下每亩密度 3800～4000 株,新疆每亩密度 1.3 万～1.7 万株;该品种早发性好,需肥量大,一般底肥应占总施肥量的 60％,每亩施优质农家肥 4 m³ 以上,每亩复合肥 70～80 kg,尤其注意增施 P、K 肥,提高中后期生长活性;初花期施饼肥和复合肥,后期喷叶面肥。在前期管理的基础上,中后期注意浇水,防止早衰;适时化调。6 月下旬至 7 月上旬根据天气和棉花长势适量化调,掌握少量多次,7 月下旬以后用量适当增加。一般该品种用量少于其他品种。

3. 冀丰 914 该品种适宜天津,山西南部,山东,江苏淮河以北,河南,河北中部、东南部的黄河流域棉区种植,枯萎病重病地不宜种植。由河北省农林科学院粮油作物研究所、河北冀丰棉花科技有限公司报审,审定编号国审棉 2015003。

特征特性:转抗虫基因中早熟常规品种。黄河流域棉区春播生育期 121 d。出苗好,后期不早衰,结铃性较好,吐絮畅。株型较松散,株高 107.3 cm,茎秆茸毛少,叶片中等偏大、叶色较深,第一果枝节位 7.7 节,单株结铃 18.4 个,铃卵圆形,单铃重 6.6 g,衣分 39.9%,籽指11.3 g,霜前花率 90.2%。

纤维品质:HVICC 纤维上半部平均长度 30.4 mm,断裂比强度 30.5cN/tex,马克隆值5.2,断裂伸长率 5.4%,反射率 78.0%,黄色深度 7.7,整齐度指数 84.6%,纺纱均匀性指数 141。

抗性:接种鉴定,耐枯萎病,病指 11.2;耐黄萎病,病指 24.8;抗棉铃虫。

产量表现:2012—2013 年参加黄河流域棉区中熟组品种区域试验,2012 年籽棉、皮棉和霜前皮棉亩产分别为 250.9 kg、101.3 kg 和 91.4 kg,分别比对照中植棉 2 号增产 4.0%、8.5%和 7.3%;2013 年籽棉、皮棉和霜前皮棉亩产分别为 252.2 kg、99.5 kg 和 89.9 kg,分别比中植棉 2 号增产 5.7%、7.6%和 7.8%;两年平均籽棉、皮棉和霜前皮棉亩产分别为 251.6 kg、100.4 kg 和 90.7 kg,分别比对照增产 4.9%、8.0%和 7.5%。2014 年生产试验,籽棉、皮棉和霜前皮棉亩产分别为 289.9 kg 、125.8 kg 和 120.1 kg,分别比对照增产 10.6%、14.4%和 13.6%。

栽培技术要点:黄河流域棉区一般 4 月中下旬播种,营养钵育苗移栽 4 月上旬、地膜覆盖4 月中旬播种;种植密度高水肥地块 2500～2800 株/亩,中等水肥地块 3000～3500 株/亩,旱薄地 4000 株/亩;施足底肥,重施初花肥,现蕾后注意喷施硼肥,适当补施盖顶肥;根据棉花长势及天气情况,酌情使用生长调节剂。二代棉铃虫一般年份不需防治,三、四代棉铃虫当百株二龄以上幼虫超过 5 头时应及时防治,全生育期注意及时防治棉蚜、红蜘蛛、盲蝽象、灰飞虱等虫害。

4. 冀 863　适宜在河北省中南部棉区春播种植。该品种由河北省农林科学院棉花研究所报审,审定编号为冀审棉 2010008 号,2015 年由山东德盛种业有限公司引种,适合山东省作为春棉品种种植利用。

特征特性:全生育期 126 d 左右。株高 96.3 cm,单株果枝数 13.4 个,第一果枝节位 7.2,单株成铃 16.3 个,单铃重 6.1 g,籽指 10.4 g,衣分 40%,霜前花率 93.3%。抗棉铃虫、红铃虫等鳞翅目害虫。

品质:农业部棉花品质监督检验测试中心检测,2009 年区域试验,纤维上半部平均长度29.7 mm,断裂比强度 29.8cN/tex,马克隆值 5,整齐度指数 85%,伸长率 6%,反射率 77.5%,黄度 7.3,纺纱均匀指数 140。2009 年生产试验,纤维上半部平均长度 30.2 mm,断裂比强度30.2cN/tex,马克隆值 4.8,整齐度指数 85.4%,伸长率 5.3%,反射率 77.1%,黄度 7.9,纺纱均匀指数 146。

抗性:河北省农林科学院植物保护研究所鉴定,2006 年枯萎病病指 0.42,黄萎病相对病指21.35,属高抗枯萎耐黄萎类型。2007 年枯萎病病指 1.9,黄萎病相对病指 32.86,属高抗枯萎耐黄萎类型。2009 年枯萎病病指 0.09,黄萎病相对病指 28.75,属高抗枯萎耐黄萎类型。

产量表现:2006 年、2007 年、2009 年冀中南春播棉组区域试验,亩产皮棉分别为 99 kg、115.7 kg、98.4 kg,亩产霜前皮棉分别为 94 kg、108.9 kg、89.2 kg。2009 年生产试验,亩产皮棉 95.1 kg,亩产霜前皮棉 85.5 kg。

栽培技术要点:适宜播期地膜棉 4 月 20 日左右、裸地直播 4 月 25 日左右;中等肥力种植密度 3000 株/亩,高水肥 2500 株/亩,旱薄地 3500 株/亩左右;中等肥力棉田亩施有机肥 2~3 方、复合肥 50 kg 作底肥;盛蕾至初花期及时浇水,亩追施尿素 20 kg;喷施缩节胺蕾期 0.5g/亩、初花期 1.0~1.5 g/亩、盛花期 3 g/亩左右,根据田间长势、天气状况适时适量使用;注意防治棉盲蝽象、蚜虫、红蜘蛛和白飞虱等害虫。

5. 农大 601　该品种适宜在河北省中南部棉区春播种植,由河北农业大学报审,审定编号为冀审棉 2012001 号。

特征特性:属转基因抗虫常规棉品种,全生育期 127 d 左右。株高 97 cm,单株果枝数 13.4 个,第一果枝节位 7.1,单株成铃 16.1 个,单铃重 6.1 g,籽指 10.3 g,衣分 40.4%,霜前花率 90.2%。抗棉铃虫、红铃虫等鳞翅目害虫。

品质:农业部棉花品质监督检验测试中心检测结果,2009 年上半部平均长度 28.1 mm,断裂比强度 27.3cN/tex,马克隆值 5.4,整齐度指数 84.3 %,伸长率 5.6%,反射率 77.1%,黄度 7.8,纺纱均匀指数 122;2010 年上半部平均长度 27.6 mm,断裂比强度 28.5cN/tex,马克隆值 6,整齐度指数 83.5 %,伸长率 5.2%,反射率 76.7%,黄度 7.8,纺纱均匀指数 116。

抗性:河北省农林科学院植物保护研究所鉴定,2009 年枯萎病病指 0.25,黄萎病相对病指 19.1,属高抗枯萎抗黄萎类型;2010 年枯萎病病指 0.52,黄萎病相对病指 17.78,属高抗枯萎抗黄萎类型。

产量表现:2009 年河北省中南部春播棉组区域试验,平均亩产皮棉 101 kg,亩产霜前皮棉 92 kg;2010 年同组区域试验,平均亩产皮棉 101 kg,亩产霜前皮棉 90 kg。2011 年生产试验,平均亩产皮棉 89 kg,亩产霜前皮棉 80 kg。

栽培技术要点:适宜播种期 4 月 20—30 日;种植密度一般 3000~3300 株/亩,旱薄地适当密植,高水肥地适当稀植;施足底肥,浇足底墒水,早施重施初花肥,补施盖顶肥;注意蕾铃期及时化控,蕾期缩节胺亩用量 1.5~2.0 g,花铃期 2.0~3.0 g;及时防治蚜虫、棉铃虫、红蜘蛛、盲蝽象、甜菜叶蛾等棉田害虫。

6. 冀棉 616　该品种建议在河北省中南部棉区春播种植,适宜冀中南棉区种植。由河北省农林科学院棉花研究所报审,冀审棉 2007001 号。

特征特性:该品种为转基因抗虫品种,植株塔形。株高 92.9 cm,生育期 133d 左右。单株果枝数 12.8 个,第一果枝节位 6.7,单株成铃 14.8 个,单铃重 6.4 g,籽指 10.7 g。衣分 39.8%。霜前花率 90.0%。桃大,铃卵圆形,衣分 40%左右,铃壳薄,吐絮畅。产量高,2004—2005 年冀中南春播常规棉组区域试验结果,平均亩产皮棉比对照分别增 28.6%、16.7%,居所有参试品种第一位。2006 年生产试验,平均亩产皮棉比对照增产 24.8%,居所有参试品种第一位。

品质:纤维长度 31.2 mm,断裂比强度 29.5cN/tex,马克隆值 4.9。2006 年农业部棉花品质监督检验测试中心检测结果,上半部平均长度 31.2 mm,整齐度指数 84.9,马克隆值 4.9,断裂比强度 29.5cN/tex,伸长率 6.1%,反射率 73.4%,黄度 7.9,纺纱均匀指数 144。

抗性:高抗枯萎病,枯萎病指 4.9;抗黄萎病,黄萎病指 16.8;高抗棉铃虫。抗棉铃虫、红铃虫等鳞翅目害虫。

产量表现:2004—2005 年冀中南春播常规棉组区域试验结果,平均亩产皮棉分别为 101.1

kg、102.4 kg,比对照 DP99B 分别增产 28.6%、16.7%。霜前皮棉平均亩产分别为 88.4 kg、95.4 kg,比对照 DP99B 分别增产 26.3%、17.3%;2006 年同组生产试验结果,平均亩产皮棉 102.8 kg,比对照 DP99B 增产 24.8%。霜前皮棉 97.4 kg,比对照 DP99B 增产 25.9%。

栽培技术要点:播种期 4 月中下旬。种植密度 3000~3200 株/亩。足墒播种,施足底肥,在初花期、盛花期及时浇水、施肥。及时防治棉蚜、红蜘蛛、棉盲蝽等害虫。

三、棉花生长发育

(一)棉花生活习性

1. 喜温,好光　中国各地大面积栽培的陆地棉和在一些长绒棉基地种植的海岛棉,它们的祖先都原产热带(沈仍愚等),是多年生木本植物,后来引种到温带,在逐步向温带引种的过程中,原始的短日照型特性被改造成中间日照型,经过长期的人工选择和培育,改造成今天这样的一年生作物。但是,它还是保留了原有的喜温喜光习性,其生长起点温度在 10℃以上,最适温度 25~30℃,高于 40℃组织受损伤。

棉花是喜光作物,其产量潜力及纤维品质优劣与当地太阳辐射强度、全年日照时数及日照百分率密切相关,其单叶的光补偿点为 1000~1200 lx,光饱和点为 70000~80000 lx。

2. 无限生长和株型可塑性大

(1)无限生长习性　生长发育过程中,只要环境条件适宜,植株就可以不断地进行纵向和横向生长,主茎生长点能向上持续生长,并不断地增生果枝,果枝生长点又可不断地横向增生果节,并分化出花蕾,从而使营养生长和生殖生长延续进行,生长期就不断延长。

(2)株形的可塑性大　棉株大小,群体的长势、长相等,都受环境条件和栽培措施的影响而发生变化。因此,棉花的株形具有很大的伸缩性,棉花不同类型品种的株型差别是很大的,有的长成"猴上秆",有的属短果枝型,有的株型较紧凑,有的长得很松散。同时,还可以通过采取各种人为措施,包括采用不同的行株距配置方式,应用各种促控技术,特别是以有计划的整枝来控制棉花的株形,既可以把棉棵控制成适合高度密植的小株,也可以把它培养成高大的"棉花王"。

3. 棉花再生能力强　棉花叶腋、茎秆、根系的再生能力也比较强,因此棉花有较强的抵抗灾害的能力,当然,这种再生能力在棉花一生中是有很大变化的。一般地说,棉株龄期越大,再生能力越减弱。棉花的每个叶腋里,都长有腋芽,有时还生出一些不定芽,平时处于潜伏状态,一旦抑制状态被解除,这些芽子随时都能长成枝杈。譬如,在水肥条件过分充足的情况下,棉株合成大量有机态氮,刺激腋芽生长,这时往往出现疯杈、赘芽丛生。再如,一些早衰棉田,在棉棵大量吐絮后,倘若气温、水肥条件适宜,棉棵余劲集中攻到一些腋芽上,这时常能引起所谓"二次生长"。棉花遭灾后重新发杈生长,也是同一个道理。由于顶芽、边心、蕾铃被损伤,引起营养物质在分配上发生变化,也会促使这类潜伏芽萌发生长。所有这些现象,都说明棉株的再生力是比较强的,它既有有利的一面可供利用,又有不利的一面须注意克服。

4. 营养生长和生殖生长并进时间长　棉花从 2~3 真叶期开始花芽分化到停止生长,都是营养生长与生殖生长并进阶段,约占整个生育期的 4/5,营养生长和生殖生长重叠并进时期相当长,这对矛盾稍一处理不当,又常会招致意外的减产损失。

(二)棉花品种熟期类型

根据棉花生育期长短,可以分为以下类型:

1. 早熟类型　生育期 115 d，成熟极早。植株矮，叶小，铃小或中等大，纤维偏短，衣分稍低或中等。主要品种有辽棉 1 号、冀丰 914、黑山棉 1 号、中棉所 10、中棉所 16、中棉所 36、中棉所 50 等。此类品种适合于北疆一熟春播，或黄河流域麦、薯棉两熟夏套种植，或长江流域的麦（油）棉两熟连作种植。生育期 100 d 的为特早熟类型。

2. 中早熟类型　生育期在 125～130 d。叶片、铃重、纤维、衣分均居中等。主要品种有鲁棉 1 号、冀 863、农大 601、中棉所 17、中棉所 43 等。主要适合于黄河流域麦、薯棉两熟春套种植。

3. 中熟类型　生育期 130～140 d。植株、铃重和纤维中等，结铃性强，丰产性好，适应性广，是国内外栽培面积最大的类型。主要品种有冀棉 8 号、泗棉 2 号、鄂棉 6 号、中棉所 12、鲁研棉 15、鲁研棉 28 号等。此类品种适合于黄河流域和南疆一熟春播，或长江流域的麦、薯棉两熟春套种植。

4. 晚熟类型　生育期 140 d。叶片、棉铃稍大，结铃性差。主要品种有木字棉 4 号、布隆迪棉、阿富汗棉等。东疆推广的一些海岛棉生育期较长，如新海 13、新海 17 等品种生育期均大于 140 d。

（三）棉花生育期和生育阶段

1. 棉花生育期　棉花从种子发芽到完全成熟，要经过几个性质不同的时期。通常把从播种到收花结束称为全生育期，大约 210 d 左右。从出苗到第一个棉铃成熟吐絮，所经历的天数，称为生育期，大约 120 d 左右，这是鉴别品种熟性的重要依据。

2. 棉花生育阶段　在棉花整个生育过程中，根据器官形成的明显特征和出现的顺序，将棉花整个生育进程分为 5 个阶段。

第一阶段：出苗期，从播种到出苗为出苗期。50％的棉苗出土，子叶出土并完全展开为出苗，全天出苗达 50％的时期为出苗期。播种到出苗，需 10～15 d。

第二阶段：苗期，从出苗到现蕾为苗期。植株第一个幼蕾苞叶长达 3 mm 为现蕾。全田有 50％棉株现蕾的日期为现蕾期。出苗至现蕾，需 40～45 d。

第三阶段：蕾期，从现蕾到开花为蕾期。全田 50％棉株第一朵花开放的日期为开花期。现蕾到开花，需 25～30 d。

第四阶段：花铃期，从开花到吐絮为花铃期。棉株第一个棉铃裂开，各室均现絮为吐絮。吐絮棉株达 50％的日期为吐絮期。开花到吐絮，需 50～60 d。

第五阶段：吐絮期，从吐絮开始到收花结束。吐絮到收花结束，30～70 d 不等。

3. 马铃薯与棉花生育时期的对应关系　以河南省为例，马铃薯与棉花套种，一般马铃薯 3 月 1—10 日播种，5 月底 6 月初收获，棉花 4 月 25 日至 5 月 5 日播种。棉薯共生期短，即在马铃薯的现蕾期进行棉花播种，马铃薯开花到收获期为棉花的苗期生长，共生期约 40 d 左右。

四、种植规格和模式

（一）冀中南薯棉间套作

1. 套种模式　据高明聪（2013）研究，冀中南地区马铃薯与棉花间作套种以 1.5 m 为耕作带，2 行马铃薯，2 行棉花，地膜覆盖，马铃薯小行 45 cm，大行 105 cm，株距 25 cm，密度 3500 株；棉花小行 45 cm，大行 105 cm，株距 25 cm，密度 3500 株，马铃薯距棉花 30 cm。

2.播种时间、方法　土壤 10 cm 以下地温 7℃时马铃薯开始播种,冀中南一般为 3 月上旬,播种时按模式要求开沟,沿播种沟条施硫酸钾 15 kg,并浅锄一遍使肥料与土壤混匀,播种时将长短芽分开播种,以防止出苗后大苗欺小苗,播深 9～11 cm;沟内撒入敌百虫或辛硫磷毒饵,防治地下害虫,播后适当镇压,消除大坷垃,然后覆盖地膜。4 月下旬在马铃薯大行播种 2 行棉花,小行 45 cm,地膜覆盖。

(二)河北曲周薯、棉间套种

1.套种模式　马铃薯一般以 2 m 为 1 带,行距 25 cm,株距 20 cm,亩株数 3500 株。棉花行距 45 cm,株距 22 cm 左右,亩株数 3000 左右。

2.播种时间、方法　马铃薯 2 月下旬至 3 月初,开沟、施肥、播种。马铃薯的播种方法为平地开沟,将薯块芽向下依次摆入沟内,播后起垄,破土深度以马铃薯垄顶 10 cm 左右为宜。为防地下害虫,沟内可喷施 300 倍辛硫磷,覆土后立即盖膜。种植后注意观察,一般在 4 月 7 日左右放苗。马铃薯齐苗后,在预留沟内浇水造墒,4 月下旬在大行马铃薯中间套种棉花。

(三)安徽省马铃薯、棉花间套作

1.套种模式　马铃薯、棉花 2 种作物空间分布合理程度,是调节其共生期矛盾的关键技术环节。安徽马铃薯套种棉花以"2-1"这种间套种模式表现最佳,以 1.0 m 为一种植带,种 2 行马铃薯、1 行棉花,马铃薯为宽窄行种植,宽行 60 cm,窄行 40 cm,株距 25～30 cm,种植密度为每亩 4000～5000 株;宽行内种植 1 行棉花,棉花行株距为 100 cm×22 cm,种植密度为每亩 3000 株。该种植模式下可以使作物群体内的光、热、风条件处在较优的配制,能够发挥马铃薯和棉花的增产潜力,获得高产。同时,这种种植模式也有利于地膜覆盖,节约生产成本。

2.播种时间、方法　2 月中下旬开始催芽,待芽长 1～2 cm 并萌发幼根后即可播种,一般需要 20 d 左右,即 3 月中上旬播种,开深度为 10～12 cm 的播种沟。为了防治地下害虫,可将适量辛硫磷与细土或农家肥拌匀,撒施在播种沟内。要按原定的株行距将薯块芽朝上摆放好,做到深摆浅盖,覆土 6～8 cm 压实。为起到增温保湿的效果,可以用地膜覆盖,缩短出苗时间,确保全苗。幼芽顶土后,为避免温度过高对幼苗造成灼伤,要破膜放苗,再用细土把破膜口压平实,地膜直到马铃薯收获后再解除。棉花可于 3 月底 4 月初采用营养钵育苗,4 月底 5 月初移栽,棉花缓苗期在共生期渡过,所受影响不大,也可于 4 月中下旬直接播种在马铃薯行间,播种覆盖地膜,压实。

(四)江苏徐淮薯棉间套种

1.套种模式　据赵明明等(2017)在徐淮地区实践证明,多种马铃薯套种棉花的形式中,以 2-2 式种植模式最佳。该种植模式以 1.8 m 为一个种植带,在该种植带上先行种植 2 行马铃薯,垄内行间距为 40 cm,株距为 20 cm;垄间距为 1.4 m,可直播或移栽 2 行棉花,棉花窄行之间距离为 60 cm,株距为 29～37 cm。中等肥力棉田密度为每亩 2000～2200 株,低肥棉田密度适当增加至每亩 2200～2500 株。采用这一种植模式可以保证马铃薯和棉花的种植密度,合理分布空间,充分利用光、热、水等自然资源,便于对马铃薯和棉花进行田间管理的机械操作。

2.播种时间、方法　徐淮地区春播马铃薯宜在 2 月 10 日前后播种,为了保持土壤水分和温度,达到早出苗早齐苗的目的,必须使用地膜进行覆盖。中熟棉宜在 4 月中旬直播或 4 月上旬育苗,5 月上旬棉花移栽,移栽后 2～3 d,及时查苗,缺苗处及时补栽。

（五）山东薯棉间套种

1. 套种模式　以山东省夏津县为例，该种植模式以 180 cm 为一个种植带，棉花、马铃薯各种植 2 行。棉花和马铃薯均采用大小行种植。马铃薯种植在垄上，垄宽 30 cm，垄距 30 cm，垄高 15 cm；马铃薯播种深度为 15～18 cm，株距 18 cm；种植密度为每亩 24000～24200 株；棉花与马铃薯行距 30 cm；棉花大行行距 120 cm；小行行距 60 cm；棉花株距 20 cm，密度为每亩 23500～23700 株，同纯作棉田密度相仿。

而宁津县一般以 150 cm 为一种植带，种植 2 行马铃薯 1 行棉花。马铃薯小行宽 60 cm，大行宽 90 cm，株距 25 cm，每亩约 3500 株。在大行内套播 1 行棉花，棉花行与马铃薯行之间距离 45 cm，棉花株距 30 cm，每亩 1400 株左右。

2. 播种时间、方法　马铃薯种植在前，棉花种植在后。春播马铃薯苗时应避免霜冻，适宜播期为当地终霜日前 20～30 d，且 10 cm 地温要稳定通过 7℃以上。夏津县棉薯间作中马铃薯一般在 3 月上旬播种，播种前乙草胺乳油进行防草处理，播种覆膜后要压严压实。马铃薯每亩用种量为 110～120 kg，播种时同时每亩施用 N、P、K 比例为 16∶12∶22 的复混肥料 100～150 kg。

棉花播种期一般在 4 月中下旬，棉花播种前，须在马铃薯之间的大行每亩再沟施尿素 50 kg，以补充土壤肥力。播种时注意掌握行距为 60 cm，开沟播种一次完成。棉花播种后可以采取地膜覆盖；但如果温度较高，也可以不覆膜。5 月初，棉花进行放苗，根据出苗情况进行查补苗。

山东宁津县播种时间稍早，一般在 2 月下旬至 3 月初开沟、施肥、播种。马铃薯的播种方法为平地开沟，播后起垄，破土深度以马铃薯距垄顶 8 cm 左右为宜。播时将薯块芽向下依次摆入沟内。为防地下害虫，沟内可喷施 300 倍辛硫磷，覆土后立即盖膜。4 月中下旬在大行马铃薯中间套种棉花，收马铃薯后棉花行距即变为 150 cm 的等行距。

（六）鲁西平原地区薯棉间套作

1. 套种模式　棉花与马铃薯间作种植一般以 180 cm 为一个种植带，棉花、马铃薯各种植 2 行，均采用大小行种植。马铃薯大行距 120 cm，小行距 60 cm，株距 18 cm，每亩 4100 株左右。棉花与马铃薯行间距 35 cm，棉花大行距 130 cm，小行距 50 cm，株距 18 cm，每亩留苗 4100 株左右。

2. 播种时期、方法　3 月上中旬先在大行中间种 2 行马铃薯，行距 60 cm，株距 18～20 cm，开沟深度 15 cm 左右，播种后起垄培土，垄顶做成"凹"字形。播后每亩用 90% 乙草胺 100～130 mL，兑水 30～40 kg，均匀喷洒畦面，然后用地膜覆盖垄上，拉紧压实。可采用机械播种，使开沟、施肥、下种、起垄、喷药和覆膜一次完成。棉花播种期为 4 月 25—30 日，采用棉花精量播种机播种，播种量每亩 1.5～2.0 kg，播深 3～5 cm，播后及时覆膜。

五、栽培要点

（一）间套作系统中马铃薯栽培管理

1. 选用良种　马铃薯一般应选择矮秧，直立不倒伏，结薯早，块茎膨大快、休眠期短、结薯集中的早熟、高产、优质、脱毒马铃薯品种。如荷兰 15、鲁引 1 号、费乌瑞它等，棉花、马铃薯间作每亩用脱毒马铃薯种薯 100～120 kg。

2. **造墒整地**　选择土质肥沃疏松、土层深厚、排灌方便的地块,切忌重茬。为了防止发生共患病害,也不要选择前茬作物为茄果类蔬菜、白菜、甘蓝的地块。播种前,观察土壤墒情,如墒情差需先造墒再播种,注意须在播种薯种前 15 d 浇完。整地时结合施足基肥、冬前深耕、耕平耙细,做到上无坷垃,下无卧垡,上虚下实。马铃薯生长期短,需肥量大,开沟后施肥,一般每亩撒施腐熟有机肥 3000~5000 kg,三元复合肥 50~60 kg,硫酸钾 25~30 kg,或亩施尿素 10 kg、磷酸二铵 20 kg、硫酸钾 30~40 kg。

山东省武城县,整地一般在入冬前开始,冬前深耕 30 cm 左右,耕前每亩撒施 2~3 m³ 腐熟农家肥或 1000 kg 鸡粪。播种前 15~20 d 造足底墒。马铃薯对 N、P、K 的吸收比为 5:2:11。按每亩产马铃薯 2500 kg 计算,一般每亩施复合肥(N、P、K 比例为 10:15:20 的专用肥) 150 kg,条施于垄沟内。马铃薯对硼素需求较高,每亩可底施长效硼肥 0.8~1.0 kg。

3. **种薯切块、催芽**　先催芽后切块:播种前 20 d,将种薯从贮藏处移至 20℃左右有散射光的室内催芽,去除病薯、烂薯。播种前 2~3 d,据种薯芽眼的分布情况,将种薯切块,每块不少于 25~30 g,一般每千克马铃薯切 40 块。25 g 左右的小薯可直接用整块播种;50 g 左右的中薯可纵切 2 块;75~100 g 的大薯切 4 块,保证每块至少有 1~2 个芽眼。为防薯腐烂,切块时应用酒精或高锰酸钾对切刀消毒,并注意去除病薯,以免感染其他薯块。

切块后室内催芽:根据上述方法切块,将切好的薯块晾 4~6 h 后催芽。切块后在 20℃左右的室内盖草帘或湿麻袋保温,隔几日翻动 1 次,当芽长 1~2 cm 时,揭去草帘或湿麻袋,见光 2~3 d,芽变绿后即可播种。有大棚的也可把薯块放进大棚内即可催芽;没有大棚的可在避风向阳处挖 1 个宽 100 cm、深 40 cm、长度不拘的催芽畦,把薯块倒进去,厚度 20~30 cm,然后用塑料薄膜把畦口封严,晚上盖草苫保温,白天打开草苫升温。要注意经常翻动,当芽长出 0.5~1.0 cm 长后,晾晒 2~3 d,使芽变绿即可播种。

切块后为防止种薯带菌传播晚疫病、早疫病、环腐病等病害,薯块用 70% 甲基托布津可湿性粉剂或 50% 多菌灵可湿性粉剂 500 倍液浸种 10 min。

4. **播种时间和方法**　春播马铃薯苗时应避免霜冻,适宜播期为当地终霜日前 20~30 d,且 10 cm 地温要稳定通过 7℃以上,一般播种时间在 2 月下旬至 3 月初,徐淮地区可提早至 2 月 10 日左右,安徽淮北地区,播期可提前至 2 月 20 日,开沟、施肥、播种。在适宜的播期内宁早勿晚,经验证明,较播种适期每推迟 5 d,减产 10%~20%。马铃薯的播种方法可采取宽垄大行,行距 100 cm,平地开沟,播后起垄,破土深度以马铃薯垄顶 10 cm 左右为宜;也可起垄后点播薯块,播深 10 cm 左右。为防地下害虫,沟内可喷施 300 倍辛硫磷,覆土后立即盖膜。

开沟播种时,可顺沟每亩施磷酸二铵 15 kg,然后再摆放薯块,株距 30 cm,块与块之间放一汤匙尿素,每隔一个薯块再放一汤匙硫酸钾。这样每亩施尿素 12.5 kg、硫酸钾 12.5 kg,尽量避免化肥粘在薯块上,以免灼薯块,影响发芽,施肥后覆土 10 cm 左右,再覆盖地膜,以利保墒增温。

5. **田间管理**

(1)破膜放苗　播种 25 d 后,于每天上午 9 时前注意观察出苗情况,及时破膜放苗,以防烫苗。放苗时间一般为上午,如果表土干燥,应及时浇水,以免影响出苗。或在幼苗破土前浅培土,让幼苗自动破膜,减少破膜人工。

(2)苗期管理

①浇水　马铃薯出苗前后观察土壤墒情,如果墒情不好,要及时补水,促使苗齐,为了防止

田间积水导致烂薯现象,切忌不可漫灌造成田间积水发生。

②追肥　苗齐后及时追肥,每亩追施尿素 15 kg 左右,可以促进幼苗早发棵。第一次追肥以速效的 N 肥为主,促进早发棵。

③中耕、除草　培土现蕾前,进行中耕除草,及时培土。

④要注意及时防治蚜虫。

⑤预防晚疫病。

(3)中后期管理

①浇水　马铃薯现蕾—开花期,对水分的需求很大,综合马铃薯及棉花生长对墒情需要,及时浇水保墒,但应结合墒情按照"小水勤灌"的原则进行马铃薯灌溉,浇水一般以地皮见干见湿为宜,忌大水漫灌,水要浇在马铃薯的两小行之间,间作田要保证供水与排水配套完善。

②追肥　第 2 次追肥开花后,马铃薯地下块茎开始逐渐长大,以 K 肥为主,施用硫酸钾 15 kg,少施 N 肥,以免造成薯茎部分生长过旺,养分失衡,后期对其叶面进行 2～3 次喷施 300 倍液磷酸二氢钾,改善植株营养。

③第 2 次中耕、除草、培土　开花期即植株快速生长期,及时中耕培土,此次培土培成宽而高的大垄,垄高达到 30 cm 左右即可。

④化控　从现蕾后到开花期前,当株高 50 cm 时,若发现植株有旺长趋势,每亩喷施 15% 多效唑 30 g,兑水约 15 kg,均匀喷洒叶面,避免营养生长与生殖生长比例失调,可以起控上促下的作用。但在马铃薯没有封垄前就使用多效唑,可能会造成减产。

⑤注意防止蚜虫。

⑥预防晚疫病等病害。

6.病虫害防治　坚持防治并重的原则,重点做好病毒病、晚疫病、蚜虫、地老虎、蛴螬等薯田易发病虫害的防治工作。

(1)蚜虫、瓢虫防治　苗期如果发现蚜虫,应及时用氧化乐果或氯氰菊酯防治;如果发现白粉虱应及时用 72% 吡虫啉类农药喷雾杀灭,也可用丁硫克百威、乐斯本、啶虫脒等药剂防治,交替用药。

(2)螨虫防治　用阿维菌素或克螨特进行防治。

(3)病毒病防治　病毒病可造成马铃薯种性退化,影响产量,应重点防治。一是选用抗病品种。二是结合防治蚜虫和白粉虱进行防治效果较好,发病初期,可用病毒 A＋0.3% 硫酸锌进行喷施,或喷洒 1.5% 植病灵 1 号。

(4)早疫病防治　主要症状是叶片病斑黑褐色,圆形或不规则形,具同心轮纹,病斑外缘有黄色晕圈,湿度大时,病斑上生出黑色霉层。

防治方法:发病前开始喷洒 75% 百菌清可湿性粉剂 600 倍液或 77% 可杀得可湿性粉剂 500 倍液,隔 7～10 d 1 次,连防 2～3 次。发病后可用 70.0% 的嘧霉胺乙霉威 800 倍液、25.0% 瑞毒霉可湿性粉剂 900 倍液、杀毒矾、百菌清、杜邦易保、可杀得进行防治,每周 1 次,使用 3 次左右即可控制病害的发展。

(5)青枯病防治　主要症状是植株萎缩,浅绿或苍绿,下部叶片萎缩后全部下垂,开始早晚恢复,持续 4～5 d 后茎叶全部萎蔫死亡,但仍保持青绿色,叶片不凋萎,叶脉褐色,茎出现褐色条纹,切开维管束变褐,湿度大时,切面有细菌液溢出。

防治方法:发病初期用 14% 络氨铜水剂 500 倍液或 50%DT 可湿性粉剂 400 倍液灌根。

每株灌 0.3～0.5 L,隔 7～10 d 1 次,连灌 2～3 次。

(6)晚疫病防治　晚疫病属真菌性病害,深种深培,以减少真菌侵染薯块机会。高温高湿条件下,主要危害叶、茎和块茎。叶片受害,初期在叶尖或叶缘出现水浸状周围有浅绿色晕圈的黄褐色斑。病斑在干燥时停止扩展,变褐变脆,没有白霉。病斑在湿度大时会迅速扩大,边缘呈水渍状,有一圈白色霉状物,叶背面会有茂密的白霉。当发病严重时,叶片萎垂卷缩,最终全株黑腐。

药剂防治:可用 64%杀毒矾、35%甲霜灵,亩用量 100～150 g,兑水 50 kg 喷雾,也可选择 25%嘧菌酯(阿米西达)悬浮剂 1000 倍液,或 80%代森锰锌(大生)可湿性粉剂 500 倍液,或 72%霜脲·锰锌(克露)可湿性粉剂 500～750 倍液,或 68%精甲霜·锰锌(金雷)水分散粒剂 600 倍液,或 68.75%氟吡菌胺·霜霉威(银法利)悬浮剂 1000 倍液,或 52.5%噁唑菌酮·霜脲氰(抑快净)水分散粒剂 1500 倍液等进行喷雾处理。每隔 7～10 d 喷施 1 次,交替用药。最好晴天下午喷洒,喷洒要均匀,重点喷叶子背面。

(7)地下害虫防治　常见的有如地老虎、蛴螬、蝼蛄、金针虫等地下害虫。可顺播种沟撒施敌百虫粉等。或用麸皮拌敌百虫或辛硫磷制成毒饵,撒在种植沟内,或在出苗后现蕾前,傍晚时,撒在行间,诱杀地下害虫。

7. 适时收获　一般于 5 月底至 6 月中上旬收获马铃薯,江苏徐淮地区 5 月下旬成熟即可收获。马铃薯收获时要注意避免对棉苗造成损伤。马铃薯的整个生长期,都要保证充足均匀的水分环境。为了使马铃薯的表皮适当老化,收获前 7 d 停止灌溉,也要停止喷施任何药剂以避免农药残留,防止田间烂薯,利于贮藏。

(二)间套作系统中棉花栽培管理

1. 选用良种　为减少马铃薯与棉花共生期的相互影响,棉花适宜用株型紧凑、中后期生长发育快、单株生长强、结铃性强、不早衰、抗病、抗虫的中早熟高产品种。如冀 863、鲁棉研 28 号、中棉所 43、冀丰 914 等。棉花、马铃薯间作每亩用棉花种子 1.0～1.5 kg。

2. 适期播种　棉花可于 3 月底 4 月初采用营养钵育苗,4 月底 5 月初移栽,棉花缓苗期在共生期渡过,所受影响不大,也可于 4 月中下旬直接播种在马铃薯行间,播种覆盖地膜,压实。

3. 田间管理

(1)查苗、补苗,及时放苗　棉花出苗后要注意及时查苗、补苗。覆膜栽培,当棉花出苗达 80%时,可先扎孔放气。待子叶由黄变绿再打孔放苗,一般在每天 17 时以后进行为宜。3～4 片真叶时,根据品种特性和地力水平确定留苗密度,每亩留苗 4000 株左右。棉花定苗后可结合防治马铃薯蚜虫兼治棉蚜。

(2)早追苗肥、促进棉花早发转壮　棉花管理要从苗期开始,马铃薯收获过程中要避免伤害棉苗,马铃薯收获后要拾净地膜,以免影响棉花根系下扎。及时松土增温,早追肥,每亩追施尿素 5 kg。

(3)中耕除草、培土　马铃薯收获后,将摘过马铃薯的薯棵放在棉株根下,然后进行培土,可以作一次绿肥掩青。棉花初蕾期抢晴天适墒深中耕棉田;盛蕾期,株高达到 45 cm 以后中耕培土,即 6 月上旬前要中耕锄草、培土 2 次,提高地温,减轻枯萎病的发生和危害。同时,促进根系生长,防止大风和暴雨造成倒伏。

(4)注意防旱,以水调肥、防治病虫害　由于马铃薯是拔地力的作物,加上棉花育苗移栽中后期生长发育进程快,如遇干旱要及时灌水,以满足棉花大生长期对水分的需求,其他时期以清理三沟、排水降渍为主。花铃肥应早施重施,初花后当单株平均结 1 个大铃时重施花铃肥,每亩施尿素 15～20 kg 可以同时保证棉花营养生长和生殖生长对 N 素的需求。8 月中下旬,用 1％尿素、2％过磷酸钙或 0.3％磷酸二氢钾溶液进行叶面喷施 2～3 次,间隔 7 d,防早衰、争结铃、争铃重。山东省武城县(王艳华等,2014)一般当棉株有 3～4 个果枝时,结合深中耕,每亩施菜籽饼 50～60 kg、过磷酸钙 20 kg、氯化钾 10 kg,混匀后开沟深埋施。7 月中旬每亩追施尿素 30 kg、磷酸二铵 20 kg、氯化钾 30 kg,穴施或冲沟条施,防止早衰。8 月中旬开始每隔 7～10 d 喷施叶面肥 1 次。

(5)整枝打顶　棉株长出 1～2 个果枝时,及时去除无效叶枝,留第一果枝下方 1～2 个叶枝,叶枝上长出 4～5 个果枝时去除叶枝顶心。缺株附近或棉田四周的棉花视实际情况可保留部分叶枝。据经赵明明等(2017)研究,7 月 25 日前后打顶,及时去除赘芽和边心,防止果枝过量生长,影响结桃。

(6)化控　在棉花生长过程中,要合理管水,科学化控。化控的目的是促进棉花花芽分化、多结桃、结大桃、防三落,采取全程化控,于初花期、盛花期和打顶 7 d 后适时化控,每亩分别用缩节胺(98％甲哌翁可溶性粉剂)1.0～1.5 g、2 g 和 3 g 进行化控,以塑造中壮株型(赵明明等,2016)。

4. 病虫害防治　棉花病害主要有立枯病、枯萎病、黄萎病、红叶枯病。虫害主要有蚜虫、螨类、棉铃虫。

(1)立枯病　苗期病害,用多菌灵进行喷施。棉花立枯病是典型的维管束病害,该病菌主要在种子、病残体、土壤及粪肥中越冬,浇水、中耕、农事操作是其主要的传播途径。地温 20℃左右开始出现症状,25～28℃为发病高峰。地温高于 33℃,病菌的生长发育受阻。地温降到25℃时会出现 2 次发病。

(2)棉花黄萎病　其发病盛期在生长的中后期,叶片自下而上自行脱落,该病暴发时可引起蕾花铃大量脱落,仅 10 d 左右使病株变成光秆,尤其是缺少 P、K 的田块易发病,暴雨会导致病区的扩大。主要防治措施:一是选育抗病品种;二是合理施肥;三是实行大面积轮作,特别是与禾本科轮作效果较好;四是药剂防治,抗菌剂 402＋大地红叶面喷雾。防治 3～5 次,间隔5～7 d。

(3)红叶枯病　又称缺钾症,是沙壤土最近流行的一种生理病害。该病主要与营养、气候、耕作条件有关。由于 K 肥在近几年价格较高,棉农因考虑成本而降低了 K 肥的施用量,导致棉花红叶枯病的大面积发生。

防治措施:一是用磷酸二氢钾＋大地红进行喷雾,磷酸二氢钾根外喷施可以迅速补钾,由于大地红中含有大量的解磷解钾因子,可以把被土壤固定的 K 迅速释放,使土壤中的 K 以最快的方式被棉花吸收利用。二是施用氯化钾,用量为每亩 15 kg。

(4)虫害　蚜虫可以用吡虫啉、啶虫脒进行防治。螨类可以用阿维菌素进行防治。棉铃虫可用甲维盐、杜邦康宽等进行防治,用 200 g/L 氰戊菊酯乳油稀释 1500 倍喷雾防治小地老虎。如山东省武城县(王艳华等,2014),棉花蕾期的主要害虫有:棉铃虫、红铃虫、盲蝽、棉蚜、红蜘蛛等,各地可根据实际,选用对口农药。红蜘蛛可用 15％的扫螨净 2000 倍液 200 g/L 哒螨酮乳油 1000 倍液,蚜虫可用 10％蚜虱净 2000 倍或氧化乐果 500 倍液,其他害虫可用 40％毒死蜱或 5％的甲维盐 1500 倍喷雾。近几年甜菜夜蛾、白粉虱、蓟马等为害趋势上升,可用 5％甲维盐或 20％ 灭幼脲悬浮剂 800 倍液防治甜菜夜蛾、25％噻嗪酮防治白粉虱、40％啶虫脒防治蓟马,用 40%灭多威粉剂 0.67 g/L 溶液喷雾防治盲蝽象,10%吡虫啉 2000 倍液喷雾防治烟粉虱。后期病害主要是疫病引起的烂铃,可用 72%霜霉威防治。为减少损失,已经出现黑斑的棉铃可及早摘下,在 1%的乙烯利溶液中浸泡后捞出晾晒,可收到较好的籽棉产量。

5. **棉花采收** 有 1~2 个棉铃吐絮时可以开始采收棉花,吐絮持续到 11 月上旬基本结束。对吐絮的棉花要及时采摘,对晚熟棉可用乙烯利催熟,每亩 150~200 mL,兑水 50 kg,均匀喷雾。为防止雨水导致烂铃现象发生,要及时采摘黄皮桃,以提高籽棉品级,确保棉花优质、高效。

(三)间套作系统的互补与竞争及其调节措施

1. **竞争作用** 马铃薯播种期一般比棉花早 1 个月左右,马铃薯出苗后,棉花才播种,棉花蹲苗后发棵,马铃薯已进入成熟阶段。薯棉间作后,存在一定的对水、肥、光需求的矛盾,但马铃薯与棉花共生期短,对棉花生长发育影响较小。

2. **互补作用** 马铃薯与棉花间作套种后,有一定的互补作用。

马铃薯对肥水要求高,而对马铃薯的肥水管理,田间湿度较棉花单种的湿度相对要大,改变了田间的小气候,减轻了棉蚜的为害。

马铃薯茎叶生长迅速,给棉花形成了自然风障,保护了棉田免遭 4—5 月份的冷空气、干热风的侵袭,有利于棉花的生长发育。

增加了复种指数,改变了耕作制度,间作套种后产量高,总收益比单产高。

马铃薯茎叶是很好的绿肥,马铃薯收获后,将马铃薯茎叶埋在棉花大行距中间沤肥,利于棉花的生长。

3. **调节措施** 薯棉套种后,共生期间,对肥水需求有一定的差异,要加强田间管理,促进生长。

薯棉套种,对肥料的需求量增大,需多施底肥,增施追肥,从而满足作物对肥料的需求。

马铃薯管理应早管理,促进早发、早结薯、早收获,尽量减少共生期。

两种作物同时生长,因光照、通风等影响,棉花幼苗生长相对弱,马铃薯收获后,需抓紧时间对棉花进行中耕、增施肥料、培土、浇水,促使幼苗迅速生长。

马铃薯收获后,把马铃薯地上茎叶割掉,直接翻入土中,培肥地力,为棉花创造良好的生长环境,或者推株并垄,防止棉花形成"高脚苗"。

六、效益分析

薯棉套作亩纯收入 2000 多元,比棉田单季作亩增收 1000 多元,是一种值得推广的高效棉田种植模式。如河北省曲周县一般可亩产优质马铃薯 1500 kg,秋季可收获籽棉 250 kg 左右。按照 2016 年市场价格,马铃薯亩收入 2400 元左右,棉花亩收入 1800 元左右,两项合计收入可达 4200 元左右。据周勇(2016)研究,自 2010 年起,全国优质棉生产基地县山东省夏津县连续开展了"二二式"棉薯间作套种,夏津县的 14 个乡镇都进行了棉薯间作丰产栽培技术的推广,一般亩产商品马铃薯 2000 kg 以上,亩产皮棉 90 kg 以上,取得了良好的效果。据王艳华等(2014)示范研究,早春马铃薯与棉花间作,共生期 40~45 d,是一种值得推广的高效棉田种植模式。马铃薯每亩产量约 2500 kg,平均市场价 1.2 元/kg;棉花平均每亩籽棉产量为 250 kg,平均市场价 8 元/kg,合计每亩年收入在 5000 元左右;扣除两季作物种子、肥料、浇水、人工等各项成本,每亩纯收入可达 2600 元,效益显著。据丁玲(2007)棉花与马铃薯间作研究,一般平均每亩产马铃薯 1000 kg、皮棉 80 kg。每亩纯收入 2000 元左右。

第二节 马铃薯与向日葵间作

一、应用地区和条件

马铃薯在中国栽培已有 300 多年的历史。京津地区是中国最早见到马铃薯的地区之一。17 世纪中叶相继见于台湾和福建省松溪县。18 世纪至 19 世纪初,西北地区也有栽培,到 19 世纪中叶,已遍及全国各地。中国马铃薯栽培的分布特点大体上是西部多东部少,山区多平原少,杂粮地区多水稻产区少。重点产区集中于东北、华北、西北、西南等地,但是通常认为不适于栽培的地区近年来随着新品种的育成和推广、留种技术的改进,种植面积在逐渐扩大。闽粤等地利用冬闲栽培马铃薯除供应当地外,还向港澳出口。

中国幅员辽阔,跨越不同的气候带,地势高低不等,形成许多特殊的自然条件,这是其他国家难以具备的有利条件。不同地区不同时间的马铃薯可供应全国和出口到其他国家和地区。许多高海拔和高纬度地区都具备良好的马铃薯生产条件,加上中国马铃薯生产技术(如组织培养和微型薯生产技术)已接近国际先进水平,已生产出具备国际竞争力的优质马铃薯,打入国际马铃薯市场,特别是东南亚等国家市场。近年来,中国马铃薯种植面积得到迅速发展,遍及全国各省(区、市)。由于地区纬度、海拔、地理和气候条件的差异造成了光照、温度、水分、土壤类型的不同,从而形成了与其相适应的马铃薯栽培制度、耕作类型、品种类型,据此中国马铃薯区划分为 4 个各具特点的类型:北方一作区、中原二作区、南方冬作区、西南单双季混作区。

油葵和马铃薯间作的主要地区为北方一作区(除青藏高原)。主要指从昆仑山脉由西向东经唐古拉山,巴颜喀拉山脉沿黄土高原 700～800 m 一线至古长城,为本地区南界。本区包括黑龙江省、吉林省、辽宁省(辽东半岛除外)、河北省北部、山西省北部、内蒙古自治区、陕西省北部、宁夏回族自治区、甘肃省、青海省东部和新疆维吾尔自治区天山以北的地方。

北方一作区气候特点是无霜期短,在 110～170 d。年平均气温在 4～10℃,最热月平均气温在 24℃ 以内,最冷月平均气温 -8～-28℃,>5℃ 积温在 2000～3500℃·d。年降雨量 400～900 mm,分布不匀,东北地区的西部、内蒙古东南部及中部狭长地带、宁夏中南部、黄土高原西北部,量少而蒸发量大,干燥度(K)在 1.5 以上;东北中部和黄土高原东南则为半湿润地区,干燥度在 1.0～1.5;而黑龙江省的大兴安岭山地干燥度只有 0.5～1.0,本区的降雨量极不平衡。由于本区气候凉爽日照充足,昼夜温差大,适于马铃薯生长发育,栽培的面积较大,占全国马铃薯面积的 50% 左右。

北疆种植的马铃薯为一年一熟,一般 4 月上旬至 5 月上旬播种,9 月或 10 月上旬收获。适宜种植抗逆性强的中晚熟品种,并搭配种植早熟品种。南疆分为山区一作区和平原二作区,其中山区平均气温低于 10℃,无霜期不到 150 d,适合种植中晚熟品种。南疆平原二作区平均气温 10～13℃,无霜期 200～220 d,适合种植早熟品种。油葵与马铃薯间作较多的地区为北方一熟制半干旱农区和农牧交错带及北方绿洲农区。一般选择 3 年以上未种过马铃薯和向日葵的地块。

二、品种类型选择

(一)适于间作的马铃薯品种熟期类型和优良品种

适宜于与向日葵间作的马铃薯品种很多,主要以早熟和中熟品种为主,主要有:

1. 早熟品种(生育期 60~80 d)

(1)早大白　辽宁省本溪市马铃薯研究所育成。生育期 63 d。株型直立,株高 60 cm 左右。生长势强,茎秆粗壮,分枝少,复叶较大,叶色浅绿,结薯集中,薯块大而整齐。大中薯率达到 90% 以上,白皮白肉,表面光滑,薯块扁圆形,休眠期 50 d 左右,耐储藏。

食用品质好,每 100 g 鲜薯淀粉含量 12~14 g,还原糖含量 0.3 g,维生素 C 含量 20 mg,适合鲜食。一般亩产 1600 kg。

(2)中薯 3 号　中国农业科学院蔬菜花卉研究所育成。生育期 65 d。植株直立,株高 60 cm 左右,茎秆粗壮,绿色。叶色浅绿。花冠白色。块茎卵圆形,顶部圆形,皮色浅黄,芽眼少而浅,表皮光滑,结薯集中,薯块大而整齐。休眠期 50 d 左右,耐储藏。

食用品质好,每 100 g 鲜薯淀粉含量 12~14 g,还原糖含量 0.28 g,维生素 C 含量 22 mg,适合鲜食。一般亩产 1600~2000 kg。

(3)中薯 4 号　中国农业科学院蔬菜花卉研究所育成。生育期 62 d。植株直立,株高 55 cm 左右,茎绿色,基部呈淡紫色。块茎长圆形,皮色淡黄,芽眼少而浅,表皮光滑,结薯集中,结薯数多,休眠期 50 d 左右。

蒸食品质优,每 100 g 鲜薯干物质含量 19.1 g,淀粉含量 13.3 g,还原糖含量 0.47 g,维生素 C 含量 30.6 mg,适合鲜食和鲜薯出口。植株较抗晚疫病,抗 PVX、PVY 病毒病,生长后期易感卷叶病毒病,耐瘠薄,一般亩产 1600~2000 kg。

(4)费乌瑞它　植株直立,分枝少,生育期 60 d。株高 60 cm 左右,茎紫色,茸毛中等偏多,复叶大下垂。侧小叶 3~5 对,排列较稀。花冠蓝紫色,瓣尖无色,花冠大,天然结实性较强,浆果深绿色且大,有种子。块茎长椭圆形,顶部圆形,皮淡黄色,肉鲜黄色,表皮光滑,块茎大而整齐,芽眼数少而浅,结薯集中,块茎膨大速度快,块茎休眠期短。

鲜薯食用品质较好,每 100 g 鲜薯干物质含量 19.1 g,淀粉含量 12.4~14.4 g,粗蛋白 1.89 g,还原糖含量 0.03 g,维生素 C 含量 13.6 mg,适宜炸薯片、薯条。

早熟,从出苗至收获 60 d 左右。植株易感晚疫病,块茎重感晚疫病,轻感环腐病和青枯病,抗卷叶病和癌肿病。商品薯率 90% 以上。较耐水肥,块茎对光敏感,应早培土,以防止见光变绿,降低品质。适宜双季栽培。

(5)郑薯 6 号　河南省郑州市蔬菜研究所育成。生育期 70 d。植株直立,株高 55 cm 左右,生长势较强,茎粗壮,绿色,分枝 2~3 个,块茎椭圆形,皮黄色,肉黄色,芽眼少而浅,薯块大而整齐,单株结薯 3~4 个。休眠期 45 d,储藏性中等。

蒸食品质好,每 100 g 鲜薯干物质含量 20.35 g,淀粉含量 14.64 g,粗蛋白含量 2.25 g,还原糖含量 0.177 g,维生素 C 含量 13.62 mg,适合鲜食。每亩产量 2000 kg。

(6)中薯 10 号　中国农业科学院蔬菜花卉研究所育成。出苗后生育期 85 d。植株直立,生长势中等。株高 52 cm,分枝少,枝叶繁茂中等,茎与叶均绿色,复叶中等大小,叶缘平展,花冠白色,天然结实性强。薯块圆形,淡黄皮,白肉,薯皮粗糙,牙眼浅,匍匐茎短,结薯集中,块茎大而整齐,单株结薯 3~4 个,商品薯率 83.5%。

该品种较抗花叶病毒病,高抗重花叶病毒病。每 100 g 鲜薯干物质含量 20.8 g,淀粉含量 13.8 g,粗蛋白含量 2.07 g,还原糖含量 0.17 g,维生素 C 含量 11.5 mg,适合鲜食。每亩产量 1500 kg。

(7)东农 304 黑龙江省东北农业大学育成。中早熟,从出苗至收获 70～80 d。植株直立,生长繁茂,茎绿色,粗壮,株高 55 cm 左右。叶色浓绿,复叶大小中等,花冠白色,无天然结实。单株结薯 7～8 个,黄皮黄肉,薯块圆形,芽眼中等,块茎休眠期长。

鲜薯食用品质好,每 100 g 鲜薯干物质含淀粉 14 g,粗蛋白含量 2.83 g,还原糖含量 0.13 g,维生素 C 含量 14.8 mg,适合菜用鲜食。每亩产量 2000 kg。

(8)系薯一号 山西省农业科学院高寒区作物研究所育成,生育期 84 d。植株直立,株高 50 cm 左右,茎绿色兼有色斑纹,叶片肥大,叶色深绿,花冠白色,块茎圆形,紫皮白肉,芽眼中等深度,结薯集中,薯块大而整齐,大薯率 88%。

食用品质好,每 100 g 鲜薯干物质含量 22%,淀粉含量 17.5%,还原糖含量 0.35%,维生素 C 含量 25.2 mg,植株高抗晚疫病。抗干旱,耐瘠薄,亩产 1600 kg。

2. 中熟品种(生育期 80～100 d)

(1)克新 1 号 黑龙江省农业科学院马铃薯研究所育成。从出苗到收获 95 d 左右。株型直立,分支中等,茎粗壮,叶片肥大,株高 70 cm 左右,花冠淡紫色,花粉不育。块茎椭圆形,大而整齐,白皮白肉,芽眼深浅中等。

每 100 g 鲜薯含淀粉 14 g,粗蛋白 0.65 g,还原糖 0.52 g,维生素 C 14.4 mg。高抗环腐病、卷叶病和 PVY 病毒,植株抗晚疫病,耐束顶病,亩产 2000～2500 kg。

(2)晋薯 2 号 山西农业科学院高寒区作物研究所育成。中熟品种,从出苗到成熟 95 d 左右。植株直立,株高 80 cm,茎绿色,茎秆粗壮,茎粗达 1.1～1.4 cm,分枝数 5～7 个,叶片肥大,绿色,花白色,可育。块茎扁圆形,顶部平,基部凹,薯皮粗糙,芽眼少而浅。薯皮浅黄色,薯肉白色,结薯集中,薯块中等大小,整齐。休眠期中等。

鲜薯食用品质中等,每 100 g 鲜薯含淀粉 19～20 g,粗蛋白 1.47 g,还原糖 0.02 g,维生素 C 19.03 mg。较抗环腐病,感黑胫病和晚疫病,病毒病发生轻。亩产 1500～2000 kg。

(3)中薯 9 号 中国农业科学院蔬菜花卉研究所育成。中熟品种,出苗后至收获 95 d 左右。植株直立,生长势强,株高 60 cm,分枝少,枝叶繁茂,茎与叶均为绿色,花冠白色,天然可结实。块茎长圆形,淡黄皮,蛋黄肉,薯皮光滑,芽眼浅,匍匐茎短,结薯集中,块茎大而整齐,商品薯率 85%。

该品种每 100 g 鲜薯含淀粉 13.1 g,干物质 20.6 g,粗蛋白 2.08 g,还原糖 0.46 g,维生素 C 14.3 mg。抗轻花叶病毒,感重花叶病毒病,轻度感晚疫病,一般亩产 1500 kg。

(4)大西洋 从美国引进品种,中熟品种,出苗只收获 90 d 左右。植株直立半开展,株高 50 cm 左右,茎基部紫褐色。叶色浓绿发亮,花冠淡紫色,可天然结实。块茎卵圆形,顶部平,芽眼浅,表皮有轻微网纹,薯皮淡黄,白肉,薯块大小中等而整齐,结薯集中,块茎休眠期中等,耐储藏。

该品种品质优,每 100 g 鲜薯含干物质 23 g,淀粉 15～17.9 g,粗蛋白 1.32 g,还原糖 0.03～0.05 g。该品种对 PVX 病毒免疫,较抗卷叶病毒病和网状坏死病毒,不抗晚疫病,感环腐病。一般亩产 1500～2000 kg。

(5)冀张薯 12 号 中晚熟鲜食品种,从出苗到收获 96 d。株型直立,生长势中等,茎绿色,叶绿色,花冠浅紫色,天然结实少,薯块长圆形,淡黄皮白肉,芽眼浅,匍匐茎短,结薯集中。株高 68.8 cm,单株主茎数 2.2 个,单株结薯 5.2 个,单薯重 184.9 g,商品薯率 82.3%。接种鉴定,中抗轻花叶病毒病,抗重花叶病毒病,抗晚疫病;田间鉴定对晚疫病抗性高于对照品种紫花白。块茎品质:每 100 g 鲜薯淀粉含量 13.2 g,干物质含量 20.6 g,还原糖含量 0.82 g,粗蛋白含量 2.05 g,维生素 C 含量 17.9 mg。

(二)适于间作的向日葵品种熟期类型和优良品种

适宜于与马铃薯间作的向日葵品种很多,主要以早熟和中熟品种为主,主要有:

1. 早熟品种(生育期 75～85 d)

(1)新葵杂 5 号 新疆农业科学院经济作物研究所育成。

品种特性:生育日数为 97.5 d。株高 165.0 cm,盘径 18.7 cm,茎粗 2.1 cm,叶片数为 32.7 枚。单盘粒重 66.0 g,百粒重 6.3 g,结实率 84.3%,籽仁率达 77.4%,籽实含油率 48.2%。籽粒果形短圆锥形,籽粒果皮为黑色带暗灰条。

产量表现:2006 年全国油用型向日葵杂交种生产示范试验平均产量 2647.7 kg/hm²,比对照 G101 增产 8.4%。

栽培要点:在一季作地区,应在 5 月下旬至 6 月中旬播种,复种地区在 7 月上旬播种。种植密度 42000～51000 株/hm² 为宜。要注意施足底肥,补充磷钾肥,每公顷施磷酸二铵 150 kg/hm² 作种肥,现蕾前追施尿素 300 kg/hm²。开花时提高结实率,应适当投放蜜蜂传粉。成熟后及时收获、脱粒和晾晒。及时清选包装。

适宜地区:可在新疆、陕西、山西、内蒙古、宁夏等西北地区大面积种植。一般亩产 1500～2000 kg。

(2)新葵 18 号 新疆农业科学院经济作物研究所育成。

品种特性:新葵 18 号生育期 85～95 d。株高 130.0～170.0 cm,盘径 16.0 cm,茎粗 3.3 cm,叶片数 28 片。单盘粒重 55.8 g,百粒重 5.1 g,籽仁率 78.8%,籽实含油率 48.0%。种子卵圆锥形,种皮黑色带暗条纹。抗向日葵霜霉病、锈病、褐斑病,耐菌核病。

产量表现:该品种两年复播油葵区域试验,单产 2659.5 kg/hm²,比对照新葵 10 号增产 4.58%。

栽培要点:新疆冷凉地区春播 4 月中旬即可开始,昌吉至伊宁一线复播应在 7 月 5 日前播种为宜。播种量 10.5～15.0 kg/hm²,种植密度 67500～75000 株/hm²。播种时每公顷施种肥:三料磷肥 120～150 kg、尿素 45 kg 与种子分沟施入。现蕾后进行第 3 次中耕培土时追施尿素 120～150 kg/hm²、磷酸二胺 45～75 kg/hm²。开花时应放蜜蜂辅助授粉,每公顷生产田 3～5 箱,可有效提高结实率。

适宜地区:适宜在新疆冷凉地区春播和昌吉至伊宁一线复播种植。

(3)新葵 10 号 新疆农垦科学院作物研究所育成。

品种特性:生育期 102 d。株高 110.0～130.0 cm,盘径 15.0～17.0 cm,茎粗 2.2 cm,叶片 26 枚。百粒重 5.8 g,籽仁率 79.7%,籽实含油率 50.1%。籽实呈卵圆形,黑色间灰色条纹。抗倒伏,抗向日葵霜霉病、锈病,比较抗叶斑病和菌核病。

产量表现:油葵品种产量比较试验中,新葵 10 号平均单产 4056.0 kg/hm²,比对照(新葵 5 号)增产 17.21%。在 2003 年生产试验中,33076.5 kg/hm²,比对照(DK3790)增产 17.40%。

栽培要点:乌伊公路沿线,春种适宜在 4 月份播种,夏种适宜在 6 月份播种,麦收后复播应在 7 月 10 日播种灌水。每公顷播种量 10.5 kg,种植密度为 75000～82500 株/hm²。播种时磷肥 120～150 kg/hm²,尿素 45 kg/hm² 与种子分沟施入。现蕾期开始第 3 次中耕培土时,追施尿素 225～300 kg/hm²。花期放蜂授粉可提高结实率。成熟后及时收获,抢时晾晒,以减少鸟、鼠危害及天气变化造成损失。

适宜地区:适宜新疆乌伊公路沿线麦收后复播,适宜在昭苏、塔城、阿勒泰等海拔较高的冷凉春小麦种植区种植,也适宜各油葵产区春种、夏种。

2 中熟品种(生育期 85～105 d 左右)

(1)矮大头(HZ001)　新疆农业科学院经济作物研究所育成。

品种特性:生育期 105～110 d。株高 90.0～130.0 cm,盘径 17～22 cm,茎粗 2.4 cm。百粒重 6.0 g,籽实含油率 48%～52%,籽仁率 81.0%。抗倒伏能力强,耐菌核病、高抗锈病、耐旱、耐瘠、耐盐碱,适应性强。

产量表现:一般单产 3450～4950 kg/hm²。

栽培要点:春播区 4 月中、下旬至 6 月中旬均可播种。人工点播 7.5 kg/hm²,机播 8.25 kg/hm²,中等肥力地块保苗 55500～60000 株/hm²。播种时每公顷施磷酸二铵 225 kg,硫酸钾或氯化钾 112.5 kg,现蕾期追施尿素 150 kg 左右。开花前灌第一水,灌浆期结合土壤墒情灌二水。在植株上部 4～5 片叶及葵盘背面变黄,籽实含水量低于 15% 时即可收获。

适宜地区:河北、河南、山东、新疆、内蒙古、山西、甘肃、广西、云南等地均可种植。

(2)S606　先正达(中国)投资有限公司提供。

品种特性:生育期 106 d。株高 172.6 cm,盘径 17.7 cm,茎粗 2.5 cm,叶片 30 枚。单盘粒重 73.2 g,百粒重 6.2 g,结实率 92.5%,籽仁率 74.9%,籽实含油率 46.4%。

产量表现:2008 年、2009 年两年宁夏回族自治区区域试验结果,平均产量 4032.5 kg/hm²,比对照 G101 平均增产 10.2%;2009 年宁夏回族自治区生产试验结果,平均单产 4129.7 kg/hm²,比对照增产 8.8%。

栽培要点:春播区 4 月中、下旬至 6 月中旬均可播种。人工点播 7.5 kg/hm²,机播 8.25 kg/hm²,中等肥力地块保苗 55500～60000 株/hm²。播种时每公顷施磷酸二铵 225 kg,硫酸钾或氯化钾 112.5 kg,现蕾期追施尿素 150 kg 左右。开花前灌第一水,灌浆期结合土壤墒情灌二水,在无风天进行,灌水量不宜过大,防止倒伏。在植株上部 4～5 片叶及葵盘背面变黄、籽实含水量低于 15% 时即可收获。

适宜地区:适宜宁夏山、川地种植。

(3)KWS303　内蒙古天葵种子科技有限公司从德国 KWS 公司引进。

品种特性:出苗到成熟的生育日数为 105～110 d。株高 175.0cm,盘径 16.0～22.0 cm,叶片数 32 枚。百粒重 5.1 g,籽仁率 77.2%,籽实含油率 46.6%。抗倒伏,较耐菌核病、黑斑病。

产量表现:平均单产 3349.1 kg/hm²,比主推对照品种 G101 平均增产 15% 以上。若水肥条件好,产量可达 4500 kg/hm²。

栽培要点:春播区 4 月中、下旬至 6 月中旬均可播种。人工点播 7.5 kg/hm²,机播 8.25 kg/hm²,中等肥力地块保苗 55500～60000 株/hm²。播种时每公顷施磷酸二铵 225 kg,硫酸钾或氯化钾 112.5 kg,现蕾期追施尿素 150 kg 左右。开花前灌第一水,灌浆期结合土壤墒情灌二水。在植株上部 4～5 片叶及葵盘背面变黄、籽实含水量低于 15% 时即可收获。

适宜地区:适宜≥10℃有效积温 2200℃·d 以上的向日葵产区春播区种植。

(4)新葵 23 号　新疆农业科学院经济作物研究所育成。

品种特性:春播生育期 100～110 d,夏播生育期 80～90 d。株高 170.0～180.0 cm,茎粗 2.5 cm,花盘直径 20.0～22.0 cm,叶片数 24 枚。单头重 89.0 g,百粒重 6.5～7.2 g,籽实含油率 48.0%以上。抗霜霉病、锈病、菌核病、叶斑病;抗干旱;耐盐碱。

产量表现:一般单产 3750～4500 kg/hm²。

栽培要点:春播区 4 月中、下旬至 6 月中旬均可播种。人工点播 7.5 kg/hm²,机播 8.25 kg/hm²,中等肥力地块保苗 55500～60000 株/hm²。播种时每公顷施磷酸二铵 225 kg,硫酸钾或氯化钾 112.5 kg,现蕾期追施尿素 150 kg 左右。开花前灌第一水,灌浆期结合土壤墒情灌二水,在无风天进行,灌水量不宜过大,防止倒伏。在植株上部 4～5 片叶及葵盘背面变黄、籽实含水量低于 15%时即可收获。

适宜地区:西北、华北、东北油葵产区。

(5)G101　陕西省种子公司 1987 年从美国引进。

品种特性:G101 油葵属中熟种,生育期 90～110 d。株高 150.0～160.0 cm,盘径 25.0 cm,茎粗 2.3 cm,叶片 28～30 枚。单盘粒重 100.0g,百粒重 7.0g,籽仁率 77.8%,含油率 49.0%。籽粒卵圆形,种皮黑色。适应性广,抗旱、抗倒伏,耐瘠薄。

产量表现:一般单产 3000 kg/hm² 左右,水肥条件较好的田块产量可达 4500 kg/hm²。

栽培要点:春播区 4 月中、下旬至 6 月中旬均可播种。人工点播 7.5 kg/hm²,机播 8.25 kg/hm²,中等肥力地块保苗 55500～60000 株/hm²。播种时每公顷施磷酸二铵 225 kg,硫酸钾或氯化钾 112.5 kg,现蕾期追施尿素 150 kg 左右。开花前灌第一水,灌浆期结合土壤墒情灌二水,在无风天进行,灌水量不宜过大,防止倒伏。在花葵盘背面变黄、籽实含水量低于 15%时即可收获。

适宜地区:适宜东北、华北、西北各油葵主产区。无霜期在 140 d 以上,年日照时数 1700 h 以上,活动积温在 2700℃·d 以上,年降雨量在 400 mm 左右干旱、半干旱地区。可一季春播,热量资源丰富地区可夏播复种。

三、向日葵与马铃薯生育时期的对应关系

(一)向日葵的生活习性和生长发育

1. 向日葵生活习性　向日葵属于草原生态型。草原地带大陆性气候明显,光照充足,温暖且干燥,年降水较少,雨水主要集中在夏季,不但变率大,而且强度变化也大。在这样的环境条件下,向日葵形成了相应的适应性特征,如它的主根强大,入土很深,从胚轴上生出大量次生根,地上器官如茎秆和叶片表面遍布茸毛。此外,向日葵还具有较强的耐寒性和生态可塑性。

(1)向日葵与光的生态关系

①向光性　向日葵给人最深的印象是,它的花盘从早到晚一直跟随太阳而转动。如果仔细观察就会发现,它的叶片、叶柄也在转动。这种追踪太阳的现象,植物生理学的专业术语叫做向光性(phototropism)。

向日葵的叶片、花蕾一般在夜间处于与地面保持平行的水平状态,黎明来临时,叶面、花蕾开始朝向东方,"迎接太阳升起",接着在整个白天,它们始终朝向太阳,"跟着太阳走"。

辽宁省农业科学院向日葵室宋殿秀于 2011 年在海南省三亚市育种基地,借助罗盘对食葵

和油葵花盘的向光性进行了跟踪测定,所得结果如表 2-1 所示。

表 2-1　向日葵一天内花盘的方位(宋殿秀,2011 年)

品种	测定时间、时期、葵盘方位					
	12 月 5 日现蕾前			12 月 28 日现蕾期		
	6:00	12:00	18:00	6:00	12:00	18:00
	南偏东	南偏东	南偏西	南偏东	南偏东	南偏西
辽嗑杂 2 号	51°26′	16°36′	43°10′	42°32′	22°94′	10°02′
油葵 F60	51°09′	16°24′	41°14′	40°02′	18°84′	12°66′

从表 2-1 的数据基本上可以看出,花盘在一天之内是从东向西旋转的,上午(6:00—12:00)转动角度大些,下午(12:00—18:00)转动角度稍小些。

辽宁省农业科学院向日葵室崔良基 2012 年在海南省三亚市育种基地,再一次定点定时对辽嗑杂 5 号同一植株苗期叶片、现蕾期花蕾的朝向进行观察、拍照(人面向正北),观测结果如图 2-1 所示。

12月4日	12月4日	12月4日
上午8时	中午12时	下午6时

12月21日	12月21日	12月21日
上午8时	中午12时	下午6时

图 2-1　向日葵植株向阳性(崔良基,2012)

从图 2-1 可以看出,向日葵的叶片和花蕾均跟随着太阳从东偏南逐渐转向西偏南。

早在 19 世纪末,生物学家达尔文通过实验证明,植物茎尖和胚芽鞘的向光性反应十分明显,如果将尖端剪除,其朝向单侧光向光弯曲便明显减弱或消失。说明这个部位与向光性有密切的关系。20 世纪 20 年代提出的 Cholody-Went 模型认为,植物激素生长素(吲哚-3-乙酸,IAA)在向光和背光两侧分布不均匀,造成了向光性反应。有实验证实,生长素在 10 min 之内,可使生长速度增加 5～10 倍,它主要通过增强细胞壁延展,使之松弛,促进生长。在光的作用下,植物体内的生长素开始再分配:背光的一侧生长素增加,受光的一侧生长素相应地减少

(其总量未变)。这样一来,背光的一侧生长加快,而受光的另一侧生长缓慢,便出现"光弯曲"。

有测定结果表明,植物的向光性还与细胞溶液中的溶质钾离子(K^+)有一定的关系,K^+控制叶枕的运动细胞,引起叶片的向性。

从光源的角度来说,诱导向光弯曲的最有效光谱是波长为 400～500 nm 的蓝光,植物的各器官在蓝光的作用下由非活性状态变为活性状态,而在非蓝光下,又由活性状态变为非活性状态。

向光性是一种光形态建成的反应,也是一种适应性反应,植物器官与光源相垂直,对于光合作用和其他生理过程应当是有利的。

②光周期现象　向日葵品种间的生育期长短各异。同一品种在不同季节、不同纬度和不同海拔地区种植,其生育期的长短也有变化,有时甚至影响向日葵正常开花和成熟。向日葵花器分化和形成,除了需要一定温度诱导外,还必须经历一定的光周期诱导,这种特性称为光周期现象(photoperiodism)。

向日葵是短日照作物,当日照长度短于一定的临界日长时,才能开花。昼短夜长可促进其开花。随着向日葵向北方推移,其生育期有延长的趋势。向日葵虽然属于短日照作物,但与其他作物相比对日照长短却不太敏感,只有在日照特长的高纬度地区,对向日葵早期进行遮光(即缩短日照长度),才有促进早熟的作用。

根据国外的研究,出苗时光周期为 14.5～16.2 h。国外也有报道,进行的温室研究表明,出苗时,11～13 h 的光周期对许多基因型的发育速度具有明显的延缓作用。

关于向日葵对光周期的不同反应报道不一,国外有些人认为,向日葵属于对光周期不敏感类型,它可以在较大的日照范围内开花。而另一些人则认为,向日葵具有定长的短日照反应。

有人用品种 Sunfola68-2 和 Hysan 30 进行了人工气候室研究。在实验室内平均气温保持在 24.5℃和光周期 12 h 处理下,作者测定了向日葵从 VE(出苗)到 R1(现蕾)的天数。结果表明,向日葵不同的品种对光周期的反应差异很大。而在 14 h 光周期处理下,品种间对光周期的反应差异很小。这种对日照长短的反应可以通过提高昼夜气温 27/22℃(平均为 24.6℃)或更高些予以消除。

据韩天富等(1995,1997)对大豆的研究证明,短日照不单单对花芽分化和开花起促进作用,而且对后来大豆植株的生长发育和产量形成也产生影响。至于短日照对向日葵是否也有此种作用,有待进一步的研究。

③对光照的利用　向日葵是喜光作物,当它被遮阴或者遇到阴天时,其生长和发育即受影响。总的说来,良好的光照是向日葵健壮生长、开花结实的必要条件。

一般说来,C4 作物如玉米、高粱、甘蔗等,可以利用比较强的光照($3×10^6$ lx 左右);C3 作物,如小麦、水稻、大豆等,却只能利用相对较弱的光照,当光照强度达到$(1～1.5)×10^6$ lx 时,已经超出了它们的利用极限。向日葵究竟属于 C4 作物,抑或属于 C3 作物,从现在的文献资料看不出它的归属。不过,就对光照强度的反应来看,它更接近玉米、高粱和甘蔗。

从另一方面来说,向日葵还能有效地利用漫射光和散射光。在种植密度较大,或者在与其他作物间作套种的条件下,群体冠层顶部和上部叶片吸收红、橙色光较多,而留给中部和下部叶片的光多为蓝紫光。叶绿素对光波的吸收区有两处:一处在波长为 640～660 nm 的红光部分,另一处在波长为 430～450 nm 的蓝紫光部分。叶绿素自身又有叶绿素 a 和叶绿素 b 之别。有研究(Zschcile et al,1941)证明,叶绿素 a 吸收红光部分较多,而叶绿素 b 则吸收蓝紫光部分更多些。向日葵植株高、叶片大,群体内上部直射光多,群体中下部散射光多。就整个群体而言,光照可能被有效地利用。当然,关于向日葵对光的利用,还有许多方面值得进一步深入研究。

(2)向日葵与热量的生态关系

①感温性　向日葵种子在湿润的土壤中,当地温达到 4~6℃时,开始吸胀和萌发;在 10~12℃时,种子萌动出苗;在 20℃时,6~8 d 即可出苗,且幼苗整齐一致。从播种至出苗需≥5℃积温 140~160℃·d。吸胀的种子可耐−13℃的低温,刚露芽的种子只能忍耐−10℃,而幼苗则可经受−6℃霜冻。

向日葵开花前生长发育的最适宜温度为 20~24℃,开花期为 25~26℃,如超过 30℃,则起抑制作用,成熟期的适宜温度为 26~28℃。开花期若遇 1~2℃霜冻,对开花是毁灭性灾难。

向日葵感温性强。栽培过程中气温高,生长发育就快,开花前生长天数和籽实成熟天数可以缩短。据国外的报道,出苗到现蕾阶段,温度与发育速度达到统计上的显著相关($P<0.001$),在各基因型中,相关系数在 0.85 到 0.96 之间。很早的国外研究提出,向日葵生长的理想温度在 20~26℃。

陈建忠(1997)的研究结果表明,温度对向日葵的发芽出苗和苗期两个生育阶段的长短及植株生长发育的速度影响极大,5 cm 地温与发芽出苗天数呈极显著的幂函数曲线关系,其回归方程为 $y=365\ x-1.23$。气温与苗期长短之间则呈极显著的线性关系,$y=87.24-2.1\ x$。日平均气温与植株发育速度呈极显著线性正相关,开花前期温度与灌浆期干物质积累比例和最终经济系数均呈负相关,相关系数分别为−0.867 和−0.857。

国外有人用 NK275 品种进行了播期试验,结果表明:5 月播种的,从播种至开花这一期间的平均气温为 20℃,灌浆期间的平均气温为 27℃,花前时间为 65 d,灌浆期为 33 d,计 98 d。而 8 月播种的花前期间的平均气温为 24℃,时间为 53 d,灌浆期气温为 15 ℃,时间为 51 d,计 104 d。从这一试验中可以看出,5 月份播种,前期气温低(20℃),后期气温高(27℃),相应地,生育天数是前期长,后期短;8 月份夏播,所遇到的气温条件是前期高(24℃),后期低(15℃),结果从播种至开花,持续 53 d,而灌浆期则持续 51 d。

②积温　向日葵的总需热量通常用积温表示。这里的积温是指活动积温,即向日葵生育期内≥10℃以上的日平均温度的总和。实测结果表明,向日葵的总需热量因品种和杂交种的生育期长短而异。极早熟品种需总活动积温 1850℃·d,早熟品种需 2000℃·d,中熟品种需 2150℃·d,晚熟品种则更高些。另据测定,总需热量中约 2/3 属于出苗至开花阶段,而开花至成熟的需总热量则占 1/3。

当生育期间的日平均气温 18℃时,生育期为 106 d 左右,而平均气温 26℃时,仅为 83 d 左右。据国外有人测算,向日葵全生育期需要总积温为 1700~2300℃·d,其中自播种至开花所需积温为 1200~1400℃·d。

就向日葵育种而言,在制定作物育种目标时,要根据当地自然气候条件,提出明确的温光反应特性。在杂交制种时,可根据亲本的温光反应特性调节播种期,使两亲本花期相遇。为了缩短育种进程或加速种子繁殖,育种工作者应根据材料的温光反应特性决定其是否能够冬繁。

(3)向日葵与水的生态关系

①土壤—向日葵—大气系统　生长在田间的向日葵植株(个体或群体)处于两个环境,即土壤和大气之中。土壤、向日葵植株和大气三者形成一个连续的系统,而连接这个系统的物质

是水流。正常生长的向日葵植株必须维持一个连续的水流,这个水流从土壤溶液进入根毛,经过薄壁组织、输导组织到达叶肉,然后通过叶面的气孔散失到大气中去。

向日葵植株吸水并将水蒸腾出去,要通过"土壤—根系"和"叶片—大气"两个界面,土壤—植株—大气是一个完整的水流系统。根系从土壤中吸水,是通过根尖附近吸水活跃区域的根毛完成的。吸水的动力来自根压和蒸腾拉力。根压是由于根细胞的生理活动(原生质活动、呼吸供能)所产生的渗透势带动的;蒸腾拉力是因叶肉细胞失水而引起的一种"牵引力",这种拉力通过叶脉导管、茎秆导管直达根系,引出"土壤—向日葵植株—大气"自下而上的不间断的水流。水流通过上述两个界面都是有阻力的。当水流畅通时,向日葵的生长正常;水流不顺畅时,生长受到抑制;而水流一旦中断,向日葵植株便会萎蔫,甚至死亡。

前面已经提到,向日葵根系庞大,可以在较大的土壤范围内吸取水分,同时向日葵叶面密生茸毛,又可防止水分的过度流失。这样,既"开源"又"节流"的机制,形成了向日葵虽需水多,却又耐干旱的需水特点。

②需水量和关键需水时期　总的说来,向日葵需水量是很多的。据崔良基等(2012)测定,种子萌发时所吸收的水量相当于种子自身重量的118%～125%。向日葵植株高大、叶片大而多,一株向日葵一生耗水约250 kg,每公顷耗水2800～3900 t或相当于351 mm降雨。

据俄罗斯远东地区测定的结果,向日葵的蒸腾系数(形成1单位干物质消耗水的单位数)为450～560。也有的资料称,它的蒸腾系数为470～570。Brigg等报道的蒸腾系数为705。这一数值仅低于油菜,而高于高粱、玉米、小麦、马铃薯等旱田作物。向日葵的需水量较大,约为高粱、玉米的2倍和小麦的1.5倍。

据崔良基等(2011)在盆栽条件下测定的结果,一株向日葵(油葵F60)平均每天耗水量270.6 g,在生长最旺盛时,平均每天耗水350.8 g。共消耗23 kg水,形成了干物质41.27 g,即蒸腾系数为557。由此估算,1 hm² 向日葵群体每天耗水量大约在11.3 t。正是如此大量的水流才保证了正常的向日葵生产。

据俄罗斯的资料,向日葵各生育时期的耗水比例如下:出苗—花盘形成为23%,花盘形成—开花为60%,开花—成熟为17%。可见,需水量最多的时期是现蕾期至开花期。张永清等(2004)报道,每生产1 kg干物质需水468～568 kg。出苗至现蕾占21.94%,现蕾至开花占45.41%,灌浆至成熟占32.65%。

苏联、南斯拉夫和罗马尼亚的学者试验证明,在葵盘形成至终花期的25～30 d里,耗水量占整个生育期总耗水量的50%～75%。

另据国外资料称,向日葵从出苗到现蕾55 d需水量仅占一生需水总量的19%,而现蕾到开花的17 d,需水量就占一生需水总量的43%。

刘维进等(1991)进行3年试验获得的向日葵不同生育阶段的土壤含水量应当保持在:出苗—现蕾17%～20%,现蕾—开花16%～18%,开花—成熟14%～16%。

开花期间(前后10 d)空气相对湿度对向日葵空壳率影响极大,当空气相对湿度在48.0%～84.2%的范围内时,每增减10个百分点,空壳率则随之升降6～7个百分点。全生育期的降水量与产量之间呈二次曲线关系,若产量在1875 kg/hm² 以上,则降水量应在162.9～362.7 mm,而且分布均匀。

向日葵植株吸水主要依靠根系。生育前期利用浅层水,生育后期利用深层水。向日葵的根系相当庞大,其深度可达100～150 cm或更深,侧向扩展(单向)也达到50～75 cm(崔良基、

2011)。

在盆栽和大田条件下,无胁迫处理的籽粒产量都显著高于各种胁迫处理,从水分的需求角度考虑,开花后期是最关键的时期,籽粒充实期更是不可缺水的。盆栽试验中,在开花后期和籽粒充实期因缺水造成的产量损失分别为无胁迫处理产量的 36% 和 29%。大田试验中,这两个生育时期水分胁迫所造成产量损失分别为 27% 和 21%。有学者认为,向日葵开花前后的20 d 是对水分胁迫最敏感的关键时期。这些结果表明,在开花前后直至籽粒充实期应当增加灌水次数,而开花前期(营养生长期)的灌水日程则可以向后推迟。

(4)向日葵与土壤的生态关系

①向日葵种植适宜的土壤类型　种植向日葵的最适宜土壤是腐殖质含量丰富的黑钙土、栗钙土,以及春汛后的河床冲积土;相反,沼泽土、酸性土、盐渍化土、黏土和沙土均不太适宜。但是,在实际生产中,上述优质土壤多用于种植粮食作物和经济效益较高的作物。因此,种植向日葵可供选择的土壤类型是相当狭窄的。在中国,向日葵分布区大多在东北西部、华北北部、西北地区,这里的土壤多为盐渍化土、沙土。这些土壤的腐殖质含量一般偏低,土壤质地也多为沙性。总的说来,向日葵对土壤是"随遇而安",并不挑剔的。

有资料表明,向日葵在弱酸性土壤(pH 值 6.0~6.8)上生长发育较好。然而,也有资料称,向日葵还比较耐盐碱(pH 值达 8)(云南大学生物系,1980)。由此不难看出,向日葵对土壤酸碱的要求和反应并不是很严格的。

②向日葵种植需要的土壤养分　与所有大田作物一样,向日葵生长发育和形成产量需要各种各样的土壤养分,而且它还是需肥量较多的作物之一。需钾量非常多是向日葵最突出的特点。现以几种油料作物每生产 100 kg 籽实所需钾的数量加以比较(表 2-2)。

表 2-2　几种油料作物需钾量比较(向理军,2018 年)

项目	向日葵	蓖麻	亚麻	芥菜
100 kg 籽实耗钾量(mg)	18.6	5.8	5.5	5.4

当前中国向日葵与马铃薯间作区的布局与上述各类土壤的供钾潜力是恰相呼应的。

(5)向日葵的抗逆能力

①耐盐碱能力　向日葵是众所周知的耐盐碱作物,被誉为盐碱地的先锋作物,具有相当强的耐盐能力,在含盐量为 0.4% 的土壤中能正常生长;含盐量上升到 0.5%~0.7%,只要栽培得当,仍能获得较好的收成。在种一般作物难以保苗的盐碱地种向日葵,能抓住苗,并能较好地生长,而且种向日葵还有生物排盐改良盐碱地的作用。

据前南斯拉夫的资料,在全盐量达 0.9%、pH 值为 9.0 的条件下,油葵"派列多维克"的发芽率尚有 67%、匈牙利白葵则为 79%,这是许多大田作物所不能与之相比的。向日葵因具有生物排盐、较强的耐盐力,所以利用盐碱地种植向日葵是大有可为的。

据梁一刚等(1992)介绍,在不同生态地区,不同类型的盐渍化土壤中,种植 12 种主要作物进行比较,结果表明,向日葵的耐盐力高于其他 11 种农作物。通常认为耐盐力较强的高粱、甜菜、棉花与向日葵相比都要逊色(表 2-3)。

表 2-3　主要农作物苗期耐盐力比较(%)(梁一刚等,1982 年)

作物种类	滨海盐渍区 (辽宁、山东、江苏) (氯化物)	东北盐渍区 (黑龙江) (苏打盐碱)	黄淮海盐渍区	
			(河南、山西) (硫酸盐、氯化物)	(河北、山西) (盐渍区、硫酸盐)
棉　花	0.25～0.30	—	0.25～0.50	0.25～0.44
冬小麦	0.20	—	0.20～0.40	0.22～0.40
春小麦	0.23	0.16	—	—
玉　米	0.20～0.30	0.13	0.20	0.20～0.25
高　粱	0.30～0.40	0.11	0.20～0.40	0.30～0.40
谷　子	—	0.12		0.15～0.25
大　麦	0.30～0.40	0.19	0.30～0.40	—
水　稻	0.20～0.30		0.20～0.30	
大　豆	0.18	0.15	0.35	0.18
甜　菜	0.40	0.19	0.27	0.50～0.60
草木樨	0.25～0.30	0.12	0.28	0.25
向日葵	0.40	0.28	0.21～0.50	0.40～0.70

另据山西省原晋中土壤改良试验站试验,在土壤含盐量为 0.56%、氯根含量为 0.191% 的盐碱土中,向日葵发芽率为 90%,比油菜高 26%,比大豆高 38%,比黍稷高 34%,比棉籽高 16%,比荞麦高 22%。

不同品种类型的向日葵耐盐能力有明显差异,食用型品种的耐盐能力高于油用类型。据山西省农业科学院经济作物研究所 1981—1982 年在不同浓度的盐碱土中进行种子发芽试验,含盐量在 0.35% 以下时,两个类型间发芽率无明显差异。含盐量上升到 0.4%～0.7% 时,食用型品种的发芽率比油用型品种高 6% 左右(表 2-4)。据此认为,全盐含量超过 0.4% 的盐碱地,应适用耐盐力较强的食用型品种。

表 2-4　不同浓度的盐碱水中向日葵发芽比较(%)
(山西省农业科学院经济作物研究所,1981—1982 年)

品种	不同含盐量的发芽率												平均
	0.15	0.20	0.25	0.30	0.35	0.40	0.45	0.50	0.55	0.60	0.65	0.70	
三道眉(食用型)	100	99	98	100	94	99	87	84	71	49	42	15	78.2
黑葵(油用型)	100	98	97	98	95	91	71	69	65	37	41	9	72.6

据梁一刚等(1982)测定,向日葵种子在全盐量为 0.4% 以下时,发芽率接近 100%;全盐量在 0.45%～0.5% 时,发芽率在 84%;浓度超过 0.6%,发芽率骤降至 42%～49%;浓度若达到 0.7%,发芽率只有 15%。另一测定结果表明,在盐碱土上,向日葵的出苗率因全盐量(%)的提高而降低,出苗所需天数因全盐浓度提高而推迟。譬如,全盐量为 0.2%,出苗率为 91.0%,出苗天数为 9 d;全盐量为 0.7%,出苗率仅为 8.4%,而且出苗天数长达 25 d。

盐碱地土壤溶液浓度大,一般作物根系细胞液浓度低,吸收水分困难,常因生理缺水而使生育遭受抑制或枯死。向日葵根系细胞浓度较高,在一定程度的盐碱地上能吸收水分,供生长发育的需要,因此,能够比一般作物更好地适应盐害引起的"生理干旱"现象。

向日葵根系庞大,吸收水分范围广:特别是主根下扎极深,深入土壤 150~200 cm,最深可达 300 cm,能吸收深层土壤中含盐较少的水分。

植株体内能吸收积累较多的盐分:向日葵能把根系吸收来的盐分贮存在茎秆和根系之中。据内蒙古巴彦淖尔市农业科学研究所测定,向日葵茎秆中含盐量高达 0.5%,因而比一般作物受盐分干扰的程度低。

植株叶片宽大浓密:田间郁闭封垄早,覆盖地面上空,遮蔽阳光,减少土壤水分蒸发,从而减少盐分向地面上升和凝结。

向日葵各生育阶段中的耐盐力也不完全相同,种子萌发出苗和幼苗阶段的耐盐力较弱,随着根系下扎及植株长大,耐盐能力逐渐提高。所以应当特别注意播种出苗及苗期阶段的防盐栽培技术。

②耐旱能力 与许多大田作物相比,向日葵是比较耐旱的,这与开源、节流、恢复、避旱等诸多因素有关。向日葵的根系分布深广,吸水力强,能吸收较多的水分,这是"开源"。它的形态结构上具有控制蒸腾、防止水分散失的特性,这是"节流"。遇旱发生萎蔫又遇降雨灌溉复水后,它的生理活动复原较快,这是"恢复"。生育阶段中需水最多的时期,正是主栽地区的雨季,常能有效地利用降雨,缓和水分供需的矛盾,这是"避旱",从而显示出向日葵强大的抗旱能力。

向日葵根系发达,吸水力强。其根系分布宽度 0.8~1.0 m;土壤疏松时根深可达 3 m;须根多、根毛密,吸水力强,吸水范围广。据测定,0~100 cm 和 0~150 cm 土层中,向日葵分别吸收水分 131 mm 和 193 mm;玉米吸收 108 mm 和 148 mm;马铃薯只吸收 68 mm 和 87 mm。向日葵比玉米、马铃薯吸水多,水源较广。

向日葵苗期胚根生长快,其幼苗 1 对真叶期,胚根已深入土层达 40~50 cm,已具有较强的抗旱能力。

向日葵具有利于抗旱形态结构。其茎秆表面密布刚毛,表皮细胞和机械组织的木质化、硅质化程度高,可减少水分的散失。茎秆内部充满海绵状髓,有利于植株体内水分的贮存、运输和代谢的调节。叶脉较密,输导组织发达。叶片和叶柄上密生有短而硬的刚毛,叶表皮具有角质层,其上覆有一层蜡质,对光的反射率高,因而降低叶面水分的蒸腾,有利于抗旱。

此外,向日葵叶表面的气孔密度大,可以加强水分蒸腾,从而有利于带动根系更多地吸水,提高植株的抗旱能力。据国外研究人员测定,向日葵叶片正、背面的气孔密度(个/mm²)分别为 148、250,而玉米相应地为 94、117,大豆为 145、164。

向日葵叶片的光合速率一般随着水分的亏缺而下降,但下降的程度因作物种类而异。国外抗旱试验资料报道,荞麦水分损失 57% 时即有一半的叶片枯死,而向日葵水分损失 87% 时才有一半叶片枯死。在叶片同样缺水 20% 情况下,玉米的光合速率下降 50%,而向日葵只下降 20%。当向日葵光合速率降低 50% 时,玉米的光合作用已基本停止。受旱作物恢复水分供应后,其光合作用恢复的速度与恢复水平对有机物质的生产和积累影响很大。复水后,向日葵光合作用恢复到原来强度的 90% 时,只需 100min,而玉米则需要 200 min。向日葵细胞原生质的抗脱水能力是耐旱、抗旱的重要因素,向日葵的原生质在干旱情况下仍可保持相当数量的结合水,而且能在较低的水分条件下维持生理活动。这一切正是向日葵抗旱机理之所在(段维生,1982)。

③耐涝能力　向日葵苗期对水涝及被水浸泡具有较强的耐受力。当然品种间的耐涝程度有明显的差异。据河北省沧州地区农业科学研究所 1981—1982 年进行向日葵抗涝试验,在株高 34~36 cm 时灌水,保持地面水深 5 cm,水淹 9 d 后油用向日葵株高增加了 24 cm,比不浸水的少增加 33 cm。食用向日葵浸水期间增高 16 cm,比不浸水的少增加 41 cm。由于淹水期间土壤中空气极少,根系呼吸作用停止,吸收能力极弱,甚至窒息腐烂。地上植株长势衰弱逐渐枯死。淹水 11 d 后,油用种死株率为 7.5%,食用种死株率为 30%。证明油用种耐涝能力比食用种强得多。

据观察,水淹 4~7 d 后叶片陆续出现萎蔫现象,随后适应性增强,有 3/4 的萎蔫株恢复正常,只是叶色变绿,说明向日葵可经受 4~7 d 的浸渍而不死。进一步观察根系情况,发现植株被淹数日后,旧根系停止生长或窒息而死,而从茎基部长出新的细根和许多须根,浮在水中取代旧根的吸收功能。水浸泡 5 d 后,单株新生根的重量为旧根重量的 33.5%。这是向日葵耐涝性较强的重要原因。

④耐寒能力　向日葵种子发芽出苗要求的温度较低,4℃即能发芽,5℃可以出苗。幼苗耐寒力较强,能经受几小时-4℃的低温,低温过后能较快地恢复正常生长。1980 年 5 月中旬寒潮侵袭山西省汾阳县等地,地表气温下降到-4.4℃,历时数小时,棉花苗冻死 70%~80%,瓜类苗几乎全部冻死,向日葵幼苗仅冻死 2.8%~12%。内蒙古西部地区 1977 年 5 月中旬发生霜冻,地表温度下降到-9℃,向日葵幼苗受冻后仍能发生新的枝杈。有资料表明,向日葵幼苗在-6℃时仅叶片边缘受冻,而不致破坏生长点;-7℃时还能存活 10 min。但在 2 对真叶期如果气温下降 5~6℃则停止生长。看来,向日葵幼苗比大苗抗冻性更强。

据试验,向日葵临冬播种或早春与马铃薯一起播种,可同时锻炼向日葵和马铃薯抵抗低温的能力。钾肥供应充足可提高对低温的忍耐力。相反,氮肥增多耐低温能力明显降低。徒长的苗株组织柔嫩,受低温损害重;苗株生长健壮、组织结实、含水量适宜,抗冻能力强。

2. 向日葵生长发育

(1)生育时期　根据向日葵植株生长特性,结合易于识别的形态特征,将其生长发育分为苗期、现蕾期、开花期和成熟期 4 个时期,其中,出苗到现蕾为营养生长阶段,现蕾到成熟为生殖生长阶段。

①出苗期　向日葵播种后,在地温、湿度、空气等条件适宜的环境中发芽出苗。当土壤含水量为 18%,气温 8~10℃时,种子吸水萌动,先长胚根后长胚茎,带动子叶向上移动。一般春播出苗需 12~16 d,夏播仅需 3~5 d。出苗期最易受环境条件的影响,其中以地温影响最大(表 2-5)。5℃以上是向日葵种子萌发所需有效温度的起点,从播种到出苗所需有效积温为 110~120℃·d。

土壤中盐分含量的多少对向日葵出苗天数有很大的影响。据山西省农业科学院经济作物研究所观察,土壤含盐量为 0.2%~0.3%时,油用种(墨葵)出苗需 9 d 左右,基本正常;含盐量为 0.4%~0.5%时,出苗需 13 d 左右;含盐量增加到 0.6%以上时,出苗需 20 d 以上,而且出苗率大大降低。

向日葵苗期以营养生长为主,随着苗龄的增加和根、茎、叶的不断增长,逐渐向生殖生长阶段过渡。由出苗到 4~5 对真叶为叶芽形成期,是决定向日葵一生叶片数目多少的时期,如果苗期生长不良,形成叶芽少,即使加强管理叶片数也不会增多;7~9 对真叶时为花盘锥体分化

表 2-5　不同地温对向日葵出苗日数的影响（向理军整理，2014 年）

播种至出苗日均地温（℃）		有效积温（℃·d）		出苗所需日数（d）		始期至盛期日数（d）
地温	有效地温	出苗始期（10%）	出苗盛期（75%）	出苗始期	出苗盛期	
14.8	9.8	98	118	10	12	2
13.0	8.0	96	120	12	15	3
12.0	7.0	91	119	13	17	4
10.0	5.0	95	120	19	24	5

期，决定花盘的小花数（籽粒数）；9～12 对真叶为管状花分化期，决定花盘管状花的数量，花多则粒多、产量高。所以，花盘锥体分化期是田间管理的关键时期，须及时中耕除草和防治病虫害。

②现蕾期　当植株出现 1 cm 左右的花蕾时为现蕾期，需 5℃以上有效积温 640℃·d，油用种长到 12 对叶片左右，历时 40 d 达到现蕾；食用种长到 15～17 对叶片，历时 45～60 d 达到现蕾，其营养生长期比油用种长 10～20 d。现蕾期株高增长极快，占总株高的 50%～60%，花盘平均每日扩大盘径 0.2～0.6 cm，所以这期间需水需肥量最多，所耗养分约占总需肥量的 50%，耗水量约占总水量的 43%。故现蕾前要及时施肥、灌水和中耕培土，满足其肥、水需求，以促进其生殖器官的发育。

③开花期　从现蕾到开花一般需要 20 d，需要≥5℃积温 340℃·d，此时株高不再增加，花盘基本定型，一个花盘持续时间为 8～12 d。这一时期是向日葵生命周期的重要时期，是决定结实率和籽实产量的关键时期，应及时灌溉，不使受旱，并认真打杈，减少养分的无谓消耗，同时辅助授粉，防治病虫，加强培土，防止倒伏。

④成熟期　向日葵开花授粉后经 30～40 d 达到成熟期。成熟的主要形态特征是：花盘背面呈现淡黄色而边缘微绿，舌状花冠凋萎或部分花瓣脱落，总苞叶淡黄，茎秆黄色，下部叶片枯萎下垂，中上部叶片衰老，种皮呈该品种固有的色泽，籽仁含水量显著减少。

从开花到成熟所需≥5℃积温约为 760℃·d，如果生理成熟前出现高温有催熟作用，则有效积温有所减少。

向日葵各生育阶段的长短因品种、种植地区、栽培技术等不同而差异很大。食用早、晚熟品种，高纬度地区、春季早播、水肥充足、气温较低情况下，其生育期较长，反之则较短。而且这种差异主要表现在营养生长阶段，同一品种种植在不同地区差别也很大（表 2-6）。

表 2-6　白葵杂 1 号不同地区春播生育时期（向理军整理，2014 年）

生育时期	白城市		新疆沙湾县		黑龙江呼兰县		沈阳市		呼和浩特市	
	月-日	天数（d）	月-日	天数（d）	月-日	天数（d）	月-日	天数（d）	月-日	天数（d）
现蕾	6-20	34	6-25	48	6-29	47	6-25	4	6-22	49
开花	7-27	37	7-20	25	7-28	33	7-13	28	7-25	38
成熟	9-9	44	8-29	40	9-12	46	8-17	35	9-4	41

向日葵品种间生育期的差异主要是由遗传因素决定的,环境因素也有一定影响,其中主要是温度。同纬度地区,早期播种、多雨年份等都因气温较低而使生育期延长。因为各品种生育期间要求的有效积温相对稳定,气温低时,必须延长营养生长期才能满足向生殖生长转化所需的有效积温,因而生育期长。

(2)生育阶段 根据向日葵植株生育特性,结合易于识别的形态特征,将其生命周期划分为5个生育时期:播种到出苗;出苗到现蕾;现蕾到初花;始花到终花;终花到成熟。按照向日葵生育生理进程划分,从发芽到现蕾为营养生长阶段。从现蕾到成熟为生殖生长阶段。

①播种到出苗 向日葵种子播种后,在地温、湿度、空气等条件适宜的环境中吸水萌动,发芽出苗。据观察,当旬气温在20℃左右时,播种后2~3 d,种子皮壳尖端张开,露出胚根第4~5 d,胚根长3~4 cm,其上密生白嫩的根毛。第6~7 d胚根长2~3 cm。茎颈部接近地面,胚根长13~14 cm,基部出现侧根向侧下方生长。播种后第9~10 d,胚芽和子叶破土而出。一般是皮壳留在地面下,随后茎颈部逐渐伸直,子叶徐徐展开,达到出苗期。这时培根总长6 cm,地下段为3 cm,胚根长24~26 cm,侧根长4~5 cm。地下部分长度为地上部分高度的8~9倍。

向日葵子叶初展开始呈黄色逐渐淡绿色。从播种到出苗经历的天数受环境条件的影响,在高纬度地区,播种期早、覆土深、地温低、土壤水分少、土质黏重或盐分含量高的情况下,出苗慢;反之,则出苗快。一般春播出苗12~16 d,夏播需5~8 d。

②出苗到现蕾 向日葵出苗后2~3 d,子叶尖出现嫩尖,此时苗高3~5 cm,主根长30~40 cm。侧根长6~7 cm斜向下扎,侧根斜向下扎约5 cm。苗期主根生长速度比茎生长速度快得多,有利于吸收利用耕层下部的水分,增强抗旱能力。

向日葵苗期以营养生长为主。随着苗龄的增加和根系、叶片的不断生长,生殖器官开始分化,逐渐向生殖生长阶段过渡。8~10片叶期为叶芽形成时期,14~18叶期是花盘雏体分化期,在18~24叶期是管状花分化期。油葵长到25个叶片左右时植株顶端出现花蕾,当直径达到1 cm时进入现蕾期。从出苗到现蕾历时40余天,需5℃以上的有效积温640℃·d。食葵品种从出苗到现蕾历时45~60 d。

③现蕾到始花 现蕾后植株迅速生长,茎颈部生长很快,经过20余天花盘长大,接着舌状花吐露张开进入初花期。现蕾后叶片生长的速度很快,几乎每天长出一片新叶,油葵一般有30片叶片左右,食葵有40片以上。

从现蕾到初花期约经历20天,需要≥5℃积温340℃·d左右。这段时间株高生长极快,每日增高3~6 cm,这一时期是植株生长最旺盛的时期,称为快速生长期。这段时间需要肥水最多,消耗的养分约占总需肥量的50%。耗水量约占总需水量的43%左右。因此,要在现蕾前及时追肥、灌水、中耕培土,提供优良的环境条件,满足其快速生长对肥水的需要,以促进其生殖器官的发育。

④始花至终花 向日葵开花经历着复杂的过程,舌状花冠吐露伊始,管状花即开始由少而多由外及内逐圈开放,最后直到小花全部开完。

从舌状花冠展开到花盘中心管状花开花授粉结束,单株历时18~12 d,群体花期延续15~20 d。初花期植株高度增长减慢,平均每日增高约1.5 cm,通过了旺盛的生长期至终花期前不再增高。从初花到花盘基本定型历时20 d左右,平均每天直径增大约0.7 cm,最快的一天增大0.9~1.0 cm。花期是向日葵生育周期中的黄金时期,是决定结实率和籽实产量的关键时期。环境适宜则花器发育正常,授粉良好,从而结实率高,空秕率低,产量相应增加。所以花期应及时灌溉,不能受旱,认真打杈,减少养分无谓消耗,培土壅根,防止倒伏,调剂蜂群进行人工辅助授粉,提高授粉率。

⑤终花到种子成熟　是其生育周期中最后的一个时期。向日葵开花授粉后经 30~40 d 达到成熟期。成熟的主要形态是花盘背面淡黄色而边沿微绿,舌状花冠凋萎和部分舌状花脱落,苞叶蛋黄色,茎秆黄老,下部叶片枯萎下垂,中上部叶片衰老,种皮色呈该品种固有的色泽,籽仁含水率明显减少。从开花到成熟所需的≥5℃积温约为 760℃·d,如果生理成熟前出现高温,有催熟作用,则有效积温有所减少。

(二)马铃薯生育时期与向日葵生育时期的对应关系

向日葵和马铃薯间作是中国北方农牧交错带及北方绿洲农牧业交错区的一种重要种植方式。向日葵和马铃薯间作品种的搭配原则是:生育期相近的向日葵和马铃薯搭配;在生产中以马铃薯为主,向日葵为辅的原则(因为马铃薯的产量和经济价值要高于向日葵)。在高海拔冷凉地区一般选择早熟的马铃薯和早熟的向日葵品种进行间作;在低海拔平原地区一般选择中熟的马铃薯和中熟的向日葵品种进行间作。

1. 早熟马铃薯与早熟向日葵的间作生育期对应关系　早熟马铃薯的生育期一般在 70~85 d,相对应的早熟油葵的生育期是 90~95 d。

(1)出苗期　在春季 4 月中旬到 5 月中旬,不论马铃薯还是油葵,它们的出苗期都随着播种时温度的高低而变化,播种时温度越高出苗期越短,反之亦然。在地温≥5℃油葵的出苗期一般为 12~19 d,马铃薯需要 15~30 d。因此,在生产上考虑到向日葵对马铃薯的遮阴作用都采取马铃薯先种 20~30 d,向日葵后种。

(2)出苗至开花　早熟马铃薯出苗到开花一般需要 30 d,这其中出苗到发棵需要 15 d 左右,发棵到开花也需要 15 d 左右。早熟向日葵出苗至开花需要 60 d,这其中出苗到现蕾需要 40 d 左右,现蕾到开花也需要 20 d 左右。

(3)开花至成熟　早熟马铃薯开花到成熟需要 40~45 d,这其中包括发棵至结薯 15 d 左右,结薯至成熟 30 d 左右;早熟油葵开花到成熟大约需要 42 d,这其中包括花期 12~15 d,灌浆至成熟 27~30 d。

(4)全生育期　早熟马铃薯的全生育期为 110~114 d,早熟向日葵的全生育期为 105~116 d,早熟马铃薯与早熟向日葵间作中,向日葵的苗期到向日葵的灌浆期这一段时间与马铃薯的出苗后到成熟这一段时间,共生期 70~80 d。见表 2-7。

表 2-7　2008 年不同模式下早熟向日葵和早熟马铃薯间作生育天数(向理军等整理,2018 年)

作物	处理	实际生育天数			
		播种—出苗	出苗—开花	开花—成熟	全生育期
向日葵	S	15	48	42	105
	2S2P	15	56	40	111
	4S4P	15	60	41	116
马铃薯	P	32	32	46	110
	2S2P	32	36	46	114
	4S4P	32	35	45	112

数据来自苟芳等《向日葵和马铃薯间作的生育期模拟模型》。表中 S 表示向日葵单作;P 表示马铃薯单作;2S2P 表示 2 行向日葵 2 行马铃薯间作;4S4P 表示 4 行向日葵 4 行马铃薯间作。

2. 中熟马铃薯与中晚熟向日葵的间作生育期对应关系　中熟马铃薯的生育期一般在 90～100 d,相对应的中晚熟油葵的生育期是 95～110 d。

(1)出苗期　在春季 4 月中旬到 5 月中旬。在地温≥5℃油葵的出苗期一般为 12～19 d,马铃薯需要 15～30 d。在生产上考虑到向日葵对马铃薯的遮阴作用都采取马铃薯先种 20～30 d,向日葵后种。

(2)出苗至开花　中熟马铃薯出苗到开花一般需要 30 d,这其中出苗到发棵需要 17 d 左右,发棵到开花也需要 18 d 左右。中晚熟向日葵出苗至开花约需要 68 d,这其中出苗到现蕾需要 45 d 左右,现蕾到开花也需要 23 d 左右。

(3)开花至成熟　中熟马铃薯开花到成熟需要 50～55 d,这其中包括发棵至结薯 20 d 左右,结薯至成熟 35 d 左右;中晚熟油葵开花到成熟大约需要 42 d,这其中包括花期12～15 d,灌浆至成熟 35～42 d。

(4)全生育期　中熟马铃薯的全生育期为 115～125 d,中晚熟向日葵的全生育期为 115～120 d,中熟马铃薯与中晚熟向日葵间作中,向日葵的苗期到向日葵的灌浆期这一段时间,马铃薯的出苗后到成熟这一段时间,共生期 80～90 d。见表 2-8。

表 2-8　2008 年不同模式下中熟向日葵和中熟马铃薯间作生育天数(向理军等整理,2018 年)

作物	处理	实际生育天数			
		播种—出苗	出苗—开花	开花—成熟	全生育期
向日葵	S	15	59	44	118
	2S2P	16	63	46	125
	4S4P	16	61	45	122
马铃薯	P	32	38	52	122
	2S2P	32	42	52	126
	4S4P	32	41	51	124

数据来自荀芳等《向日葵和马铃薯间作的生育期模拟模型》。表中 S 表示向日葵单作;P 表示马铃薯单作;2S2P 表示 2 行向日葵 2 行马铃薯间作;4S4P 表示 4 行向日葵 4 行马铃薯间作,后同。

3. 向日葵与马铃薯不同间作模式对生育期的影响　从表 2-7 和表 2-8 中可以看出,向日葵为高秆作物,马铃薯为矮秆作物,向日葵出苗后 30 d,株高已达到 1 m,最大值为 2.0 m,而马铃薯株高最大值为 0.4 m。因此,向日葵对马铃薯有遮阴作用,而马铃薯封垄会影响近地面通风透气,进而影响间作向日葵的生长发育。向日葵从播种到出苗的天数,单作模式下为 15 d,间作模式下为 16 d。与单作和4S4P 间作处理相比,2S2P 间作处理中,向日葵出苗—开花期的天数延长 4～6 d,全生育期延长 4～7 d。间作马铃薯播种—出苗期的天数与单作马铃薯播种—出苗期天数均为 32 d;而与单作相比,2S2P 和 4S4P 间作处理下,马铃薯出苗—开花期的天数延长 2～3 d,全生育期天数增加 2～4 d。

四、种植规格和模式

间套作是集约化生产普遍采用的一种种植方式,其目的是在有限的时间内、有限的土地面积上收获到两种以上作物的经济产量,降低气候和市场风险。间套作体系充分利用了自然资源(光、热、水、养分)和社会资源(劳动、技术、农业资源和资金),是传统技术与现代化技术相结合的生产体系,间套作以追求最佳的经济和生态效益为目的,适应了农业生产的现实需要。间套作在没有扩大土地面积的温饱问题上做出了不可忽视的贡献。

（一）向日葵与马铃薯间作规格模式

在田间向日葵与其他作物按一定的行数比例进行相间种植。中国向日葵与马铃薯间作已较普遍,这种葵薯间作的形式不仅可以提高向日葵的产量,还能起到用地与养地相结合的作用。在中国北方的半干旱、轻盐碱地区,向日葵栽培面积日益扩大,迫切需要不断提高单位面积产量和土壤肥力,葵薯间作是一项比较成功的经验。

据吉林省白城地区农业科学研究所的试验,马铃薯和向日葵4：2间作（4垄向日葵,2垄马铃薯）,向日葵亩产278.2 kg,清种向日葵亩产202.1 kg,间作比清种增产37.65%。

如果把马铃薯向日葵4：2间作中两垄马铃薯面积算为向日葵占地面积（混面积）,这样向日葵间作的亩产为186.0 kg,比清种的产量减少8.2%。而占地1/3的马铃薯,合计亩产1159.8 kg。可见,间作是更加合理地使用土地。

试验中还进一步证明了向日葵具有明显的边际效应。在4：2的间作中,两个边行向日葵平均亩产313.1 kg,两个中间行向日葵平均亩产243.1 kg,边行比中间行增产28.68%,可见,边行增产效应是较大的。所以,向日葵采用间作形式栽培,是有利于个体的发育和增加群体产量的。间作的边行向日葵比清种增产数量更大,为54.92%。

新疆博尔塔拉蒙古自治州温泉县塔秀乡苏木浩特浩尔村,2008年种105亩向日葵与马铃薯4：4间作,60 cm行距,亩保苗1852株,向日葵纯面积平均亩产109 kg,混面积亩产54.5 kg,间作比清种增产172.5%。

内蒙古武川县乌兰忽洞村,1998年在山坡薄地上进行向日葵与马铃薯4：4间作,秋收后马铃薯收获400 kg,向日葵纯面积亩产50 kg,而清种向日葵亩产30 kg,间作比清种增产66.6%。

（二）向日葵与马铃薯间作边际效应和肥料的吸收

向日葵与马铃薯属高矮棵间作,马铃薯矮棵空间就成为向日葵高棵的通风道,使向日葵行间风速增加,空气湿度降低,病害减轻,并增加了CO_2的供应,因而增强了光合作用强度,能够充分发挥向日葵的增产潜力,提高单位面积产量。据测定,玉米、大豆2：1的间作中,高棵玉米行间的风速是空旷地的6%～13%,清种行间的风速只是空旷地的3%～7%,即间作玉米行间比清种玉米行间的风速大一倍。另外,在太阳斜射时,玉米的受光叶片比大豆被遮阴的叶片温度高2.4℃。中午太阳直射时,大豆比玉米的叶片温度高2℃左右,可见高棵作物的功能叶片是处在较矮棵作物更为理想的生态环境中。

据董宛麟等（2013）研究,整个生育期间,马铃薯和向日葵地上部氮素累积吸收量的动态变化特征间作和单作相似。但2P：2S和4P：4S间作中马铃薯和向日葵地上部氮素累积吸收量均低于其各自的单作。

在2P：2S和4P：4S间作模式中,前期马铃薯的N吸收速率基本相似,后期略有差异,到收获时,4P：4S间作马铃薯的地上部的N总累积量（$M=3.6$ g/m^2）高于2P：2S间作,接近显著水平（$P=0.065$）,因为作物在不同间作模式中对资源获取能力不同,大带宽中的矮秆作物对养分的获取能力大于小带宽间作模式。2P：2S间作向日葵全生育期地上部氮素累积吸收量均要高于4P：4S间作向日葵尤其是向日葵生育中后期之后,收获时地上部的N素总累积吸收量显著高于 4P∶4S 间作向日葵,提高了 29.4%,其原因可能是因为 2P∶2S 间作向日葵的边行效应较大,增加了向日葵的光截获量。

在马铃薯与向日葵间作中,就间作系统而言,间作对 N 的吸收效率影响不大;就作物而言,不同的间作模式作物对 N 的吸收和利用效率不同,间作提高了向日葵对 N 的吸收和利用效率,而降低了马铃薯的 N 素吸收和利用效率。因此,在马铃薯与向日葵间作的优化管理中,提高 N 素利用效率和保持农田可持续生产的关键是如何促进马铃薯早发早育,间作中马铃薯可以通过地膜覆盖提高土壤温度和土壤湿度促进其早发育;适当提早播种期或使用早熟耐阴的新品种,使间作中 2 种作物最大冠层覆盖时期相互错开,降低向日葵对马铃薯的遮蔽效应,会对提高间作的生产力水平有利。相关内容还需要进一步深入研究。

间作具有立体的生态结构形式,中国间作历史悠久,经验丰富,形式繁多,运用自如,自然也被引用到向日葵生产上来,是一种很好的栽培形式。

五、栽培要点

(一)间套作系统中马铃薯栽培管理

1. 土地与茬口选择

(1)土地选择　选择土壤熟化,土层深厚的壤土或沙壤土,地势较高,盐碱较轻,排灌方便,土壤肥沃,且 3 年内未种过向日葵、马铃薯等茄科作物的田块,严禁重茬或迎茬。

(2)茬口选择　马铃薯的前茬以谷子、麦类、玉米为最好,其次是高粱、大豆,而以胡麻、甜菜、甘蓝等作物为差。在菜田里,最好的前茬是葱、蒜、芹菜、胡萝卜、萝卜等。而番茄、茄子、辣椒等,因为与马铃薯同属茄科会与马铃薯感染共同病害,不宜作为马铃薯的前茬。

2. 整地做畦施基肥

(1)整地　在秋季耕翻、灌足冬水的基础上,次年 2 月下旬至 3 月上旬根据土壤状况和气候条件适时耙耱保墒,坷垃较大的田块需进行镇压,做到田平土碎,疏松墒足。

(2)施基肥　马铃薯是喜钾作物,且需肥量大,在施肥上应遵循重施基肥,增施 K 肥,N、P、K 搭配的原则。结合整地每亩田秋施优质腐熟农家肥 5000 kg、过磷酸钙 40 kg、尿素 25 kg、磷酸二铵 25 kg,春施硫酸钾 20 kg(注意:尿素、磷酸二铵应秋施,不宜春施,如未秋施,则春施以硫酸钾复合肥为主,以防烧芽或导致后期薯块产生斑点)。忌施用氯化钾肥,因马铃薯为忌氯作物。早熟马铃薯基肥一次施足,一般不追肥。

(3)土壤施药　整地起垄时,每亩用 50% 锌硫磷乳油 0.25 kg,兑水 2.5 kg 稀释,拌细土 30~40 kg,堆闷 1~2h 后撒施于田面,边施边起垄(因锌硫磷见光易分解)可有效防治地下害虫危害。

(4)做畦

①开沟起垄栽培　在垄面或平地用小锄(或小木犁)开沟,然后播种,边播种边覆土起垄,覆土深度 6~8 cm,当一垄播完后及时覆膜。出苗后注意及时破膜放苗,这种方法保墒增温效果好,出苗快而整齐,适用于土温较低、播种早、墒情不足的田块。

②起垄打洞栽培　起垄打洞栽培有宽垄种植和窄垄种植两种。垄面宽 60 cm,垄沟 50 cm,垄高 15~20 cm,每垄种 2 行,行距 35 cm,穴距 25 cm,播深 6~8 cm,用 90 cm 幅宽微膜覆盖。

3. 种薯选择与处理

(1)种薯选择 种薯应选择无病、无腐烂、无冻害、无伤痕、大小均匀、无退化的健壮薯块作种薯。采用小种薯(20～30 g)播种,既防病、保苗、避免伤口感染,又省工、齐苗快、薯苗根系发达、生长旺盛。

(2)催芽 一般将种薯选好后,装入编织袋,放到温暖室内,堆起,室温维持在 10～20℃,待芽眼刚刚萌动或幼芽冒出时,即可切块播种,一般催芽时间 10～15 d。

(3)切块 播种前一天进行切块,每个切块重 20～30 g,上面带 1～2 个正常芽眼。切块过程中,及时淘汰病薯,并用 75%酒精对切刀进行消毒。薯块切好后晾晒 12 h,然后用草木灰拌种,可促进伤口愈合,并兼有施钾肥效果,堆放 1 d 后即可播种。

4. 播种

(1)播种时间 当 10 cm 地温稳定在 7～8℃时即可播种,引黄灌区适宜的播期为 3 月下旬至 4 月上旬。适宜播种墒情为土壤含水量的 14%～16%。

(2)播种密度 窄垄种植,每垄种植两行,小行距 35 cm,大行距 75 cm,平均行距 55 cm,每亩留苗 4500 株左右。

(3)播种方法 根据田块墒情采用两种播种方法,既先覆膜后播种和先播种后覆膜。先覆膜后播种的方法是起垄覆膜,然后用打孔器打穴,穴深 8～10 cm,每穴放 1 个薯块,用细潮土封好穴孔,这种方法适用于地温较高、播种偏晚、墒情较好的田块。先播种后覆膜的方法是先在平地按行距开沟,然后将种薯按株距放入沟内,边播种,边起垄,边覆膜,覆土厚度 8～10 cm。

5. 田间管理

(1)中耕除草及苗期管理 在播后覆盖地膜前每亩用 48%地乐胺乳油 200 mL 或用施田补 200 mL 兑水 30 kg,均匀喷洒畦面,然后用钉耙耙土,耙深 3～5 cm 后覆地膜,可有效防治和清除一年生杂草。4 月下旬在马铃薯出苗至 5 月下旬现蕾时进行 2 次中耕培土,以疏松土壤,除净杂草,增加垄沟深度,防止灌水时水漫过垄面,也有利于马铃薯块茎的形成和膨大,最后一次培土时,用土覆盖畦面地膜,防止土温过高影响结薯,同时防止马铃薯块茎顶出膜面见光变绿影响品质。

破膜引苗:播种后要经常检查,出苗时应及时选择无风晴天进行破膜挪出幼苗,破口不可过大,以苗露出膜外即可,然后用湿土封严膜四周,以利防风、保湿、保温。

(2)追肥灌水 马铃薯在现蕾开花期对水分、营养要求较多,春种马铃薯一般在 5 月下旬至 6 月上旬现蕾开花,地上部茎叶基本封闭畦面,地下部块茎开始形成,要结合灌水每亩追施尿素 15～20 kg,磷酸二铵 20 kg,灌水宜在清晨或傍晚进行,切忌大水漫过畦面。6 月上中旬进行叶面追肥,用 1%硫酸钾和 0.1%～0.2%磷酸二氢钾交替喷 2～3 次。6 月中下旬要保持土壤湿润,促进块茎膨大,收获前一周停止灌水,以防止块茎含水量过大影响品质和贮藏。现蕾初期至开花期植株生长旺用 15%多效唑可湿性粉剂 100～200 mL/L 或 0.1%矮壮素喷雾,以抑制马铃薯地上茎叶生长,或在开花前 5～7 d,每亩用膨大素一包(10 g)兑水 20 kg,对叶面进行喷雾,促进生殖生长。

(3)摘除花蕾 马铃薯现蕾开花会消耗大量养分,而此时又是地下块茎迅速膨大时期,因此,应及时摘除花蕾,减少养分消耗。一般在 5 月下旬至 6 月上旬进行。

6. 收获 早熟马铃薯从出苗到收获为 60～70 d,正常生长条件下叶片变黄即可收获。春种马铃薯一般在 6 月下旬至 7 月中下旬采收,要根据市场行情及时采挖上市。每亩产量在

1500～2000 kg。

(二)间套作系统中向日葵栽培管理

1. 地块选择与整地　选择已不种向日葵和马铃薯3年以上的地块,秋天深翻深耕,提高保水保肥能力。春耙地前,每亩一次性施入优质农家肥2 t,磷肥25 kg,碳酸氢铵50 kg。地耙平、耙细以后做畦,畦面宽2 m,畦埂高0.3 m。

2. 选种及种子处理　向日葵选择饱满的种子,其纯度和净度在90％以上。把选出的种子放入筛子中,再放到水里用笤帚刷洗,洗去种子表面黏着的病原菌。然后,用占种子重量3/4的50％"1605"乳油,兑2/3的水,混匀后拌种。拌种时要不断翻动,尽量拌匀;拌种后堆闷8 h,即可播种。

3. 适时播种　4月上旬播种马铃薯,如地温较高,墒情适宜可略早一点,温度偏低可适当延迟。黑龙江地区南北也有差异,各地根据自己的情况掌握好播种期。每畦播种4行,行距40 cm,每亩用种量100 kg左右,用犁开沟,人工摆薯种,芽眼朝上,株距40 cm。播后均匀覆土、压实。

5月上旬播种向日葵,向日葵播种在畦埂上,株距60 cm。人工刨埯,点播4～5粒种子,播后覆土踩实。

马铃薯间作向日葵的种植密度为,马铃薯每亩3300株,向日葵每亩550株。

4. 科学管理　马铃薯与向日葵间作栽培形式主要是利用两种作物生长发育特点的不同,充分利用自然条件。选择脱毒马铃薯是早熟品种的,生长期只有80多天的,耐低温,喜凉爽,加强田间管理可促进生长发育,提早成熟,收获上市。一方面可以提高马铃薯的价格,另一方面可为向日葵生育提供有利条件。

在马铃薯生育期间,中耕除草2～3次,分别在苗期和开花期。第一次幼苗出土后及时松土、中耕除草,浅培土或不培土,同时将每穴过多的植株拔掉,每穴只留1～2苗。第二次在封垄前,先除草,再结合中耕,培土8 cm高,以利于结薯。在开花期,每亩追施硝酸铵10 kg,追肥以后马上中耕培土。

当向日葵幼苗两片子叶完全展开以后间苗,苗高5 cm左右时定苗。定苗前松土除草,定苗后中耕培土。苗期用1500倍液"1605"药液喷雾,或者用"1605"乳油,或敌百虫拌成毒谷撒在地里诱杀,防治黑绒金龟子。用波尔多液和双效灵防治向日葵锈病,方法是先喷一次波尔多液,接着再喷200倍液双效灵和0.5％磷酸二氢钾混合液。拔节中期,每亩施硝酸铵20 kg,挖穴深施。距植株10 cm远处挖坑,坑深15 cm,施入肥料后,结合中耕进行高培土,以防止倒伏。开花以后,长出的小杈要及时打掉,以减少营养损耗。

5. 及时收获　7月初马铃薯已成熟,向日葵生长进入盛期,应及时收获马铃薯,最迟不能超过7月中旬,有利于向日葵后期管理和生长。向日葵到9月下旬开始成熟且对收获期要求较为严格,一般在正常成熟期里收获仅损失1.4％,如果延迟5 d收获,则损失达4.2％。当花盘背面已变成黄色,植株茎秆变黄,大部分叶片枯黄脱落,托叶变为褐色,舌状花脱落,籽粒变硬并呈本品种的色泽时,要及时收获。也可在向日葵花期后36 d左右开始收获,此时可塑性物质已不增加,种子含水量已降到30％以下。

(三)间作系统的互补与竞争及其调节措施

间作作物,不论是主作或副作,都需要充足的阳光进行光合作用。当密度大时,消光量也大,密度小时,阳光充足,叶面积多向四方开展;密度大、阳光不足,两种作物则同时争取阳光,叶面积小,又多向上方生长。因此,在马铃薯间作时,首先要考虑哪些作物对光的饱和点高,哪些作物对光的饱和点低,然后合理搭配,减少干扰。同时各种作物不同,叶面积的大小与着生的方式也有差异,叶面积大的作物,如大白菜,需光量大,韭菜、葱类蔬菜的叶片面积小,又是倾斜向上生长,需光量就小。在葵薯间作栽培上就要考虑向日葵行比要小,马铃薯行比要足够大。

其次,是掌握不同作物的生物学特性,根据其特性所需,把它安排在最适合于生长发育的时期,如茼蒿、菠菜、小白菜等适温是 10～15℃,能耐低温,应安排在早春播种。而瓜类、茄果类蔬菜,适温是 20～30℃,应根据当地温度及时播种于苗床,依时定植于露地,这两种蔬菜都能得到充分发育。在葵薯间作栽培上就要考虑向日葵行晚种,马铃薯早种。

再次,是掌握作物品种的生物学特性。同一作物种类,品种之间的生物学特性也是迥然不同的。依生长期而言,不少作物中有早、中、晚熟之分,有耐寒耐热之别,有喜短日照与长日照之差异,只有掌握各个品种的特性,才能在统筹计划时,合理安排某一作物品种于何时播种、定植、收获。在主副作之间才能避免争光、争肥水之矛盾,做到妥善安排,各自发挥生长优势。

此外,还要熟悉各种作物的植株大小,在单作时选择适宜的播种方法,这样在布置种植时,才能确定哪种作物适宜直播,哪种作物适宜栽苗。对于需要向空间发展、要求搭架的作物为主作时,其播种带要比单植更加注重质量、适期灌水。上茬作物成熟后应及时收获,收后及时中耕除草松土,防止土壤水分蒸发,促进下茬作物根系的生长发育,进行间苗、保苗、追肥、灌水、防治病虫害等田间管理,保证套种作物健壮生长。

套种时期是套种成败关键之一。套种过早、共生期长,下茬作物容易"老苗",或植株生长过高,在上茬作物收获时下茬作物容易受损伤,所以不可过早,但又不能过晚,过晚套种的意义不大,甚至不起增产作用。套种时期的决定要考虑多方面的情况,如配置方式、上茬的长势、作物的种类和品种等。上茬作物长势旺的应晚套,长势差的应早套,晚熟品种宜早套,早熟品种宜晚套;较耐阴的作物可早套,易徒长的作物宜晚套。上述因素之间又互相联系,要全面照顾,统一考虑。如果上茬是较晚熟品种,行距应适当加大,上茬是主要作物,在种植方式上又能有更多的照顾,下茬作物就应选用较早熟品种,适当晚套。在套种时期的确定上,还要考虑播种(移栽)和收获时对上下茬作物的影响,且选择对上茬作物损伤最小的时期进行,并使下茬在上茬收获时有适当的叶龄,有较大的抵抗力。

六、效益分析

(一)亩产值

葵薯间作平均亩产马铃薯 1500 kg,每千克马铃薯平均售价 0.35 元,亩产值为 525 元;亩产葵花籽 100 kg,每千克葵花籽平均售价 3 元,亩产值 300 元;两种作物合计,亩产值 825 元。此外,葵花"籽盘"还是良好的饲料,可以再利用,每亩可产 100～200 kg 饲料。

(二)亩成本

1. 种子　马铃薯亩用种量 100 kg 左右,每千克种薯价格约 1.00 元,亩成本约 100 元;葵花籽亩用种量约 0.5 kg,所需成本 2 元。两者亩种子成本约 100 元。

2. 肥料　亩施优质农家肥 2 t,每吨价格约 10 元;亩施碳酸氢铵 50 kg,需 25 元;亩施硝酸铵 30 kg,需 11～17 元。每亩肥料成本大约为 60 元。

3. 其他　农药、机耕、水电等费用,每亩大约需要 15 元。

(三)亩净效益

每亩地总成本大约为 175 元。亩净收入为 650 元。

第三节　马铃薯与其他经济作物间作

一、西北马铃薯与大豆间作

(一)应用地区

包括甘肃省、宁夏回族自治区、陕西省西北部和青海省东部。本区地处高寒,气候冷凉,无霜期在 110～180 d,年均温度 4～8℃,≥5℃积温在 2000～3500℃·d,降水量 200～610 mm。海拔 500～3600 m。土壤以黄绵土、黑垆土、栗钙土、风沙土为主。由于气候凉爽、日照充足、昼夜温差大,生产的马铃薯品质优良,单产提高潜力大。该区域也是大豆主产区。本区马铃薯生产为一年一熟,一般 4 月底 5 月初播种,9—10 月上旬收获。

1. 西北马铃薯生产现状及存在的问题　以甘肃、陕西、宁夏、青海为代表的西北地区是中国典型的旱作农业生产区,气候干燥、降水量少且集中于 6—9 月,春、冬气温低,农作物种植长期以一年一熟制为主。马铃薯是该地区近年发展起来的一种既能适应当地气候特征而高产,又能带动农民增收致富的主要粮食作物,种植面积逐年增加,2017 年达 28159.5 万亩,分别是宁夏和甘肃的第二、第三大粮食作物,且呈逐年增加的趋势。伴随着马铃薯的快速发展,其问题也日益突出。

(1)光热资源一熟有余,两熟不足,净种马铃薯光热水肥资源浪费大。马铃薯种植季节多样,适宜于西北地区的主要有春、秋马铃薯,且品种熟期多样,有早、中、晚熟品种。由于马铃薯的营养器官和收获器官为地下块茎,以充分利用地下水肥资源为主,地上枝叶较矮小,且枝叶繁茂期较短,致使马铃薯在 2/3 生育期内地上光资源不能充分利用,造成资源浪费;另一方面,由于马铃薯在全生育期内以地下块茎生长为主,地上枝叶覆盖耕地时间短,易造成地面水分蒸发增加,土壤干旱程度加重,不利作物的正常生长发育和高产形成;此外,马铃薯成熟收获后还有 2～3 个月(早熟马铃薯可达 3～4 个月)的光热资源可供利用;马铃薯采取宽窄行种植,不仅宽行内光热资源浪费大可进一步利用,即使马铃薯种植密度小,行间漏光现象也比较严重,通过合理调整种植方式,也可对漏光资源加以利用。因此,如何充分利用马铃薯生长前期、收获后空余的光热资源和行间漏光资源,并对马铃薯遮阴,降低地表水分蒸发,实现光热水肥资源的利用与节约,是当前西北地区旱地现代农业急需解决的关键问题。

(2)马铃薯连作障碍严重　长期连作易使产量降低,品质下降。与其他茄科植物一样,马铃薯也具有严重的连作障碍现象,表现为土壤 pH 值降低,病虫害蔓延和生理障碍,生产上需要通过轮作来避免因连作障碍而产生的减产,这就妨碍了马铃薯种植面积的扩大和增加了基地建设成本。如固原市原州区农技中心拿出专项经费建立了一个集机械播种收获、喷灌为一体的万亩马铃薯良种繁殖基地,但受连作障碍的影响,每年只能有 1/3 的土地可以种植,其他地块需要轮作,大大降低了设备使用率和土地利用效率。

2. 西北大豆生产现状 大豆是一种既能通过根瘤固氮、培肥地力,又能抗旱保墒的集粮、经、饲和加工原料于一身的重要作物。西北大豆属于中国大豆非主产区,播种面积和总产量较小,远远低于该区域对大豆的需求量。调查发现,该地区农民虽有种植大豆的经历和习惯,但以净作、间作为主;由于净作大豆比较效益低,间作大豆产量低等问题,大豆种植面积正日益减少;套作大豆在西北虽也有种植,但主要为宁夏的小麦/大豆模式和陕西南部的玉米/大豆模式,面积小,产量水平低,未与该地主要粮食作物进行套种。此外,在问到农民的种豆意愿时,农民表示:在保证现有小麦、玉米、马铃薯等主体作物的效益下,多种植一季大豆以提高周年综合效益,愿意种植,并充满希望。因此,如何在稳定东北及黄淮海主产区大豆生产的基础上,以套作大豆为核心,增加西北大豆种植面积,解决西北地区食用大豆自给,对缓解中国大豆供需矛盾将起到重要作用。

3. 西北发展马铃薯套种大豆的前景 鉴于西北马铃薯发展中存在的问题及大豆发展的迫切需要,提出了马铃薯套作大豆的发展新思路,马铃薯/大豆模式充分利用马铃薯和大豆两种作物在光、热、水、肥上的空间生态位和时间生态位上的差异,通过马铃薯套作大豆的时空资源错位利用栽培方法,实现马铃薯、大豆在资源上的时空互补利用,既能促进西北地区主要粮食作物马铃薯高产,又增种一季大豆,提高了资源利用效率和土地生产率,增加了农民收入,实现了资源的可持续利用和农业的可持续发展。西北地区现有马铃薯种植面积为 28159.5 万亩,除去一些高寒地区不能套种外,通过品种选育、技术配套,大部分马铃薯种植区均可实现套种,如果按现有面积的 2/3 计算,将有 18773.0 万亩,为现有大豆种植面积的 1.29 倍,按现有大豆平均单产计算,将生产大豆 2496.81 万 t,按大豆收储价 3.74 元/kg 计算,将增加产值 933.81 亿元。

4. 西北马铃薯套种大豆的发展建议

(1)加强适宜套作的新品种选育及筛选 受传统净作和间作习惯的影响,该地区适宜套作的大豆品种欠缺,尤其是针对不同熟期马铃薯品种而选用的中、晚熟大豆品种更有待研究。因此与银川综合试验站和镇原综合试验站开展协作,加强套作大豆种质资源搜集、互换及新品种的选育、引进与筛选,为马铃薯/大豆和玉米/大豆套种提供品种保障。

(2)进行马铃薯套种大豆配套栽培技术的试验与示范 由于马铃薯套种大豆模式尚属试验阶段,适宜各生态区的配套栽培技术尚未形成,有必要对套作大豆的播期、密度等关键环节进行探索。因此,银川试验站和镇原试验站在国家大豆产业技术体系专项经费支持下,在固原市、平凉市、靖远县等地开展多播期试验、密度筛选试验和品种比较试验,并在当前主推的机播马铃薯、地膜马铃薯和常规马铃薯 3 种种植方式下开展马铃薯套种大豆小面积示范,以寻求马铃薯套种大豆的高产栽培途径和完善配套栽培技术,为今后大面积推广打下基础。

5. 马铃薯与大豆间作意义 间套作具有悠久历史,是增加农田生态系统生物多样性的重要措施,在中国传统农业和现代农业中占有举足轻重的地位。间套作能高效利用光、温、水、热和养分资源,充分发挥作物间的竞争和互惠作用,增强植物的抗逆性,具有明显的增产增效作用,在中国粮食增长和粮食增收中一直发挥着重要作用,西北地区高产田中的 70%～85% 是通过间作套种种植技术来实现的。马铃薯与大豆间作具有重要意义如下:

(1)提高光能利用率 利用主作物和副作物在光、热、水、肥时空生态位上的差异,实现马铃薯、大豆在资源时空上互补利用,促进马铃薯高产,增加大豆种植面积,提高资源利用效率和土地生产率;增加农民收入,实现资源可持续利用和农业可持续发展。

(2)改善农田土壤物理性状,促进植物根系发育 如 Latif 等对豆科植物和玉米间套作的研究表明,豆科植物的引入能够降低土壤容重和通透阻力,促进间套作系统根系的生长发育;豆类植物根系分泌物还可以酸化根际土壤,促进难溶性土壤 P 的活化及马铃薯对 P 的吸收利用,间套作农田土壤 N 素的淋溶和挥发等流失会适当地降低,这也能够使土壤系统内更多的 N 素被有效利用;豆科植物与固 N 微生物形成根瘤共生体进行固 N 作用也能够有效提高系统内的 N 素含量。

(3)减少地表径流,控制水土流失,保障农田生产力 Zougmore 等对高粱和豇豆间套种植的研究表明,与单一种植相比,间作套种可减少 20%～55% 的水土流失。间套种植配合秸秆还田、作物残体覆盖,则能够更有效地减少地表径流和表层土壤流失,流失率减少达 94%。Ali 等对豆科植物间套作与单一种植进行对比研究也发现,间套作能够降低地表径流,减少土壤、有机质和营养物质的损失,土壤流失量与有机质和营养元素的损失呈显著的正相关关系。

(4)减轻杂草和病虫害发生 间套作种植能够有效降低农田生态系统病虫草害的发生。农田生物多样性的增加,有利于生态系统的稳定性,通过系统内生物间的相互作用,使严重病虫草害暴发的可能性明显降低。有研究表明,间套作农田里具有数量较高的害虫天敌,能够有效控制害虫的数量及其对作物的危害,从而减少杀虫剂的使用。杨晓贺(2013)通过研究大豆与早熟马铃薯不同间作比例种植对大豆蚜虫数量及大豆产量的影响得出,大豆与早熟马铃薯以 8∶8 比例间作对大豆蚜虫的防控效果最好且增产效果最显著。

(5)改善土壤微生物环境 马铃薯与大豆间作能够改善大豆根区的土壤微生物环境,促使土壤微生物区系从低肥的"真菌型"土壤向高肥的"细菌型"土壤转化,提高土壤肥力水平。

(二)栽培技术

1. 规格和模式 立地条件不同,马铃薯间作大豆的规格和模式也不尽相同。一般马铃薯//大豆幅宽有 1m//1m、1m//0.5m、1.2m//0.3m、0.8m//0.5m、1.0m//0.3m 等幅宽比。

(1)1m//1m 模式 马铃薯、大豆采用 1∶1 等幅种植,1 m 幅内种植 2 行马铃薯,起垄、覆膜,垄宽 80～100 cm,垄高 15～25 cm,1 m 幅内平种 2 行大豆;马铃薯播种深度为 10～15 cm,大豆播种深度为 3～5 cm;马铃薯种植密度为 3000～3500 株/亩,大豆种植密度为 8000～10000 株/亩。

(2)1.0m//0.5m 模式 2 行马铃薯套种 2 行大豆。马铃薯种植行距 45 cm,穴距 28 cm,大豆株距 13 cm;马铃薯种植密度为 3000～3200 株/亩,大豆种植密度为 8000～10000 株/亩。

(3)1.2m//0.3m 模式 2 行马铃薯套种 1 行大豆,马铃薯种植行距 45 cm,穴距 28 cm,大豆株距 13 cm,行距 22 cm;马铃薯种植密度为 3200 株/亩,大豆种植密度为 10000 株/亩。

(4)0.8m//0.5m 模式 2 行马铃薯套种 1 行大豆,马铃薯种植行距 32 cm,穴距 38 cm,大豆株距 13 cm,行距 22 cm;马铃薯种植密度为 2700 株/亩,大豆种植密度为 10000 株/亩。

(5)1.0m//0.3m 模式 2 行马铃薯套种 1 行大豆,马铃薯种植行距 32 cm,穴距 38 cm,大豆株距 13 cm,行距 22 cm;马铃薯种植密度为 2700 株/亩,大豆种植密度为 10000 株/亩。

2. 确定品种

(1)马铃薯品种确定 马铃薯应选择株型直立、分枝较少、株高适中、品质优、产量高、抗病能力强的品种。如:费乌瑞它、大西洋、LK99、早大白、克新 1 号等。

①费乌瑞它 1980 年由农业部种子局从荷兰引进。早熟,生育期 60～70 d。株高 65 cm,株型直立,生长势中等,茎紫色、叶绿色,花紫色,块茎长筒形,淡黄皮淡黄肉,芽眼浅而少,适宜

鲜食和出口。较抗晚疫病,抗环腐病,耐病毒病。一般单产可达 2000 kg/亩,高产可达 2200 kg/亩。适宜性广,黑龙江、辽宁、内蒙古、河北、北京、山东、江苏、广东、山西、陕西、青海、宁夏、甘肃等省(区、市)均有种植。

②LK99　甘肃省农业科学院马铃薯研究所选育。早熟,生育期 80 d。株高 75 cm,株型直立,生长势强,茎绿色,叶深绿色。花白色,块茎椭圆形,白皮白肉,芽眼浅而少,薯块美观而整齐,食味优。中抗晚疫病,较抗卷叶和花叶病毒病。一般单产可达 2000 kg/亩,高产可达 2800 kg/亩。

③大西洋　1978 年由农业部和中国农业科学院引入中国。炸片专用型品种,虽未审定或认定,但是目前中国主要采用的炸片品种。中熟,生育期 90 d。株型直立,分枝数中等,株高 50 cm 左右;茎基部紫褐色,茎秆粗壮,生长势较强;叶绿色,复叶肥大,叶缘平展;花冠浅紫色,块茎卵圆形或圆形,浅黄皮白肉,芽眼浅而少,块茎大小中等而整齐,结薯集中;块茎休眠期中等,耐贮藏。植株不抗晚疫病,对马铃薯轻花叶病毒 PVX 免疫,较抗卷叶病毒和网状坏死病毒、感束顶病、环腐病。一般单产可达 1500 kg/亩,高产可达 2000 kg/亩。该品种喜肥水,适应性广,建议在水肥条件较好的区域进行种植。

④早大白　是辽宁省本溪市马铃薯研究所选育而成。1992 年通过辽宁省农作物品种审定委员会审定,1997 年通过黑龙江省农作物品种审定委员会审定,1998 年通过全国农作物品种审定委员会审定(国审薯 980001)。早熟品种,生育期 60 d。株型直立,苗期苗相较弱,中后期生长势较强;株高 50 cm 左右,主茎绿色、圆柱形,主茎粗 0.8～1.2 cm,主茎数 1～2 条,分枝数 3～5 条,花冠白色,可天然结实但结实性偏弱;苗期喜温耐旱,后期对水肥十分敏感;薯块膨大快,单株结薯 2～3 个,结薯较浅且集中,薯块大而整齐,大、中薯率在 85% 以上,商品薯率高;块茎扁圆形,白皮白肉,表皮光滑、芽眼数目和深浅中等,薯型美观,商品性好;休眠期中等,耐贮性一般。对病毒病耐性较强,较抗环腐病和疮痂病,植株、块茎易感晚疫病。一般单产可达 2000 kg/亩,高产可达 4000 kg/亩以上。

⑤克新 1 号　黑龙江农业科学院克山分院育成,1967 年黑龙江省审定,1984 年通过国审并在全国推广。中熟品种,生育期 94 d。株高 90 cm,生长势强,茎、叶绿色,花淡紫色,块茎扁椭圆形,白皮白肉,芽眼较浅、多,结薯浅而集中;块茎休眠期长,耐贮藏,抗旱、抗退化性强。较抗环腐病,中抗卷叶病毒,植株抗晚疫病中等,块茎抗性较好。一般单产可达 1800 kg/亩,高产可达 4000 kg/亩。

(2)大豆品种选择　应选择株型紧凑、产量高、抗病能力强、生长量少的品种。

①中黄 30　由中国农科院作物科学研究所选育。2006 年通过国家农作物品种审定委员会审定(国审豆 2006015),2011 年被农业部推荐为北方春大豆区高产创建主栽品种。该品种平均生育期 120 d 左右,株高 63.8 cm,单株有效荚数 48.1 个,百粒重 18.1 g。圆叶、紫花,有限结荚习性。种皮黄色、褐脐、籽粒圆形。经接种鉴定,表现为中感大豆花叶病毒病Ⅰ号株系,中感Ⅲ号株系,中抗大豆灰斑病。平均粗蛋白质含量 39.53%,粗脂肪含量 21.44%。一般单产可达 150 kg/亩,高产可达 260 kg/亩。

②冀豆 17　由河北省农林科学院粮油作物研究所选育。2006 年 4 月通过河北省农作物品种审定委员会审定,2006 年 8 月通过国家农作物品种审定委员审定(国审豆 2006007)。该品种平均生育期 130 d 左右。株高 100 cm 左右,主茎 17.8 节,有效分枝 2.5 个,单株粒数 95.2 粒,百粒重 20.0 g 左右。椭圆叶,白花,棕毛,亚有限结荚习性,株型半开张。种皮黄色,

圆粒,黑脐,有光泽。粗蛋白质含量 38.0%,粗脂肪含量 22.98%。该品种抗旱、抗倒、抗大豆花叶病毒病。平均单产为 130~245 kg/亩。

③齐黄 36　由山东省农业科学院作物研究所通过章 95-30-2 与 86503-5 杂交后系统选育而成。2014 年通过山东省农作物品种审定委员会审定(鲁农审 2014022 号)。该品种生育期 103 d。株高 63.7 cm,有效分枝 2.0 个,主茎 13 节。圆叶,白花,棕毛,落叶,不裂荚。单株粒数 96 粒,籽粒椭圆形,种皮黄色,有光泽,种脐淡褐色,百粒重 18.9 g。2011 年经农业部谷物品质监督检验测试中心品质分析(干基):蛋白质含量 39.82%,脂肪含量 22.14%。2012 年经南京农业大学国家大豆改良中心接种鉴定:抗 SC-3 花叶病毒,中抗 SC-7 花叶病毒。产量表现:在 2011—2012 年全省夏大豆品种区域试验中,两年平均亩产 202.0 kg,2013 年生产试验平均亩产 206.2 kg。适宜密度为每亩 13000~15000 株。

3. 栽培技术要点

(1)地块选择　马铃薯间作大豆地块应选择地势平坦、土层深厚、通气性好的地块,前茬最好是玉米、谷子等禾本科作物,不可和豆类、茄科蔬菜、大白菜等作物连作。

(2)种子处理

①马铃薯种薯处理　种薯切块前进行催芽和散射光处理。催芽温度为 18~22℃,当薯块芽长 5~10 mm 时将薯块取出放到 10~15℃ 有散射光的室内进行绿化处理,提高芽的抗性。种薯的切块要在播种前 2~3 d 进行,切块时要将顶芽一分为二,切块应为楔形,不要成条状或片状,每个切块应含有 1~2 个芽眼,平均单块重 30~50 g,切块时注意切刀消毒。切好的薯块,用 3% 的高锰酸钾溶液加入一定的滑石粉或石膏粉均匀拌种,经 2~3 h 风凉后方可播种,忌随切随播种。

②大豆种子处理　将大豆种子采用大豆清选机按照预先清选→精选分级→药物处理→包装等程序进行筛选待种。

(3)用种量确定　马铃薯亩播种 150 kg,大豆亩用种 4~5 kg。

(4)精细整地　深翻 25~30 cm,然后旋耕,增强通气性,提高土壤的蓄水、保肥和抗旱能力。要做到地平、土碎、墒好、无杂草。

(5)科学施肥　马铃薯间套大豆田对肥料的要求较高,结合深翻每亩一次性施入优质农家肥 3000 kg,栽植前结合整地每亩施尿素 20 kg,磷酸二铵 15~20 kg,硫酸钾 20 kg,锌锰等微肥 2 kg。马铃薯花蕾期每 10 d 采用 0.3% 的磷酸二氢钾进行叶面喷施,连喷 3~5 次,能显著提高产量。当大豆生长较弱时,开花前结合锄草亩追施尿素 3~5 kg,随后中耕培土。

(6)适时播种　早春地膜马铃薯在 4 月上旬播种;秋马铃薯在 5 月上旬播种。大豆当 5~10 cm 以上地温稳定在 8℃ 时为适宜播种期,陕北地区一般在 4 月下旬至 5 月上旬播种为宜。

(7)合理密植　马铃薯早熟品种 3500 株/亩,中、晚熟品种 3200 株/亩;大豆 10000~12000 株/亩。

(8)田间管理

马铃薯管理:①出苗期闷锄疏松表土,提高地温兼有锄草及保墒作用,使出苗迅速整齐;②幼苗期查苗补苗,苗出齐后,进行中耕锄草,疏松土壤,做到早、勤、深;③现蕾期促地上带地下,喷洒 0.01%~0.1% 的矮壮素,先控肥水、后加强;④生长后期促下控上,用 1%~5% 的过磷酸钙和 0.02% 的硫酸钾混合液进行叶面喷施,防止叶片早衰,促进有机物质转化、运输和积累。

大豆管理:①间定苗。本着早间苗,匀留苗,留壮苗,剔除小苗、弱苗和病苗,适时定苗的原则,按预定留苗数拔去多余苗、剔除弱苗和病苗;②查苗补苗。及时查苗,有缺苗断垄时,可用温水浸泡或催芽的种子进行补种,如苗长大时仍有缺苗,则移苗移栽,确保全苗;③中耕、培土。中耕除草一般进行两次,第一次在定苗后进行,第二次在大豆初花期(封垄前)结合培土进行。

(9)病虫害防治

①马铃薯虫、病、草害防治

虫害防治　播种时每亩用 10%辛硫磷颗粒剂 2.5 kg 拌细土 20 kg 穴施覆土防治地老虎、蛴螬和蝼蛄等地下害虫;生长过程中可用 40%乐果 1000 倍液进行喷雾防治蚜虫,亩用量 80 mL;可用 2.5%高效氯氰菊酯 EC 农药防治二十八星瓢虫。

病害防治　晚疫病用 100 mL 银法利或 66.5%霜霉威 600～1000 倍液进行叶面喷洒,亩用量 0.086～0.144 kg;早疫病亩用 150～250 g 75%百菌清可湿性粉剂 500 倍液或 150～200 g 77%氢氧化铜可湿性粉剂 400 倍液喷雾;环腐病每亩用 14～28 g 的 72%农用链霉素可湿性粉剂喷雾,连喷 2～3 次。

草害防治　化学除草在播种前、播种后和生育期间均可进行。但特别注意除草剂的种类、用量。播后苗前封闭除草,每亩用 96%精异丙甲草胺乳油(金都尔)47～56 mL,兑水 30～40 kg 均匀喷雾。

②大豆草害防除与虫害防治

草害防除　在苗期 5～6 片叶、阔叶杂草 3～4 叶期每亩选用 25%氟磺胺草醚水剂 80～100 g 在大豆行定向喷施,或大豆真叶 1 片复叶期施用 75%噻吩磺隆可湿性粉剂 0.7～1.0 g,在齐苗后和封垄前可用人工或机械进行中耕,封垄后,人工及时拔除杂草。

虫害防治　播前用 5%甲基硫环磷乳油拌种防治地老虎、蝼蛄等地下害虫;蚜虫用 10%吡虫啉可湿性粉剂 10～20 g,兑水 30～60 kg 喷雾防治;豆芫菁、大豆食心虫、豆荚螟用 1%阿维菌素乳油 2000～3000 倍稀释液喷雾防治 2～3 次。

(10)适时收获　马铃薯块茎停止生长,即 2/3 的叶片变黄,植株开始枯萎时及时收获;大豆在黄熟期收获。大豆落黄后,籽粒滚圆,摇动植株有"哗啦啦"响声时即可收获。

(三)效益分析

马铃薯与大豆间套,可显著提高马铃薯种植户的经济收入,增加大豆的种植面积,提高了土地利用率和土壤肥力,改良了土壤理化性状,缓解作物之间争地矛盾,增加土地产出能力,促进农业增收和当地经济发展,实现生产、环境和效益的协调统一可持续发展,效益十分显著。

1. 马铃薯间套大豆提高了土壤水分生产率(WUE)　据试验研究,马铃薯套种大豆(折合主粮)水分生产率最高,为 15.45 kg/(mm·hm²),单种马铃薯为 13.05 kg/(mm·hm²),单种大豆为 6.30 kg/(mm·hm²),套种较单种马铃薯提高 2.40 kg/(mm·hm²),较单种大豆提高 9.15 kg/(mm·hm²),水分生产率分别提高 18.4%、145.2%。

2. 马铃薯间套大豆光、热效应　据调查研究,马铃薯采用宽窄行种植并在宽行间间种大豆形成间种复合生态系统后,虽然物种增多,密度增加,但相对应作物的单种田,不仅对薯带的光束状况未见明显削弱,而且明显增强了豆带的透光性,同时套作田间活动层相对湿度一般比单种田高。与套种田相比,单种田其密度稀疏,空白地与大气接触面积大,其蒸发量比套种田大。

3. 充分利用土壤,提高土地利用率　全膜覆盖双垄沟播 110 cm 为一个种植带,马铃薯套种大豆种植系统的土地利用率可用土地当量比反映。土地当量比＝套种 A 产量/单种 A 产量

＋套种 B 产量/单种 B 产量(均系籽粒产量)。经计算,在全膜覆盖下马铃薯套种大豆的土地当量比为 1.36,说明实施马铃薯与大豆套种,使土地利用率提高 36％,全膜覆盖大行闲置空间得以充分利用,大大提高了土地利用率,同时能更大限度地利用土壤养分和水分。

4. 马铃薯间套大豆的生产力效应

(1)作物生育效应 试验看出,在全膜覆盖双垄沟播条件下,相对于马铃薯单种群体,大垄中间种植大豆构成的群体中马铃薯生长的地上、地下部分缩小,这是由于和大豆植株产生争水、争肥、争光引起,但并未明显影响马铃薯的生长发育,主要表现在单株结薯数、商品薯率及单株块茎产量没有明显降低。由于通风透光及温度、湿度条件的改善,造成套作大豆正向向上生长发育效应。据试验测定,套种大豆比单种大豆分枝数多 0.47 个,单株结荚数多 0.5 个,单株粒数少 3.4 粒,百粒重高 1.3 g,单株粒重高 3.3 g。

(2)生物产量效应 包括籽粒产量和茎叶产量。马铃薯套种大豆合计产量(马铃薯块茎产量按 5∶1 折算)6373.5 kg/hm²,较单种马铃薯增产 556.5 kg/hm²,较单种大豆增产 4000.5 kg/hm²,增产率分别为 9.6％和 168.58％。

5. 马铃薯间套大豆经济效益 郭忠富等(2011)针对宁夏回族自治区固原市原州区一年一熟光热资源丰足有余、一年两熟又嫌不足的气候特点,进行全膜覆盖双垄沟播马铃薯套种大豆的研究,结果表明:套种田马铃薯产量(薯块)相当于单种产量的 91.65％,大豆产量(籽粒)相当于单种产量的 43.93％,出现了马铃薯套种大豆的双高产。马铃薯套种大豆总收入、纯收入、产投比较单种高,较马铃薯单种纯收入提高 3268.5 元/hm²,增幅 14.0％;纯收入提高 2818.5 元/hm²,增幅 25.0％。较大豆单种总收入提高 14649 元/hm²,增幅 123.23％;纯收入提高 7 449.0 元/hm²,增幅 112.23％。国家大豆产业技术体系延安综合试验站在甘泉县开展马铃薯(费乌瑞它)套种大豆(中黄 30)200 亩,示范"新优品种、间作套种、垄作栽培、机械作业、病虫统防"五大技术,测产马铃薯亩产 1620 kg,大豆亩产 140 kg,效益十分可观。

二、马铃薯与双低油菜间套作

马铃薯与油菜都是喜光作物,对土壤的湿润度要求较高,同时马铃薯与油菜对于 K 肥、N 肥的需求较多,特别是马铃薯对于 K 肥的需求量较大,二者对于 P 肥的需求较少,这样,马铃薯套种油菜可以保证施肥的统一性。油菜秸秆是重要的有机肥源,利用价值高,可采取秸秆还田,改善土质,增加土壤腐殖质,提升土壤肥力,为马铃薯的成长提供一定的养分。同时马铃薯的种植可以有效增加土壤的保水保肥能力,为油菜的生理代谢、抗旱耐病性提供了有利的保障。马铃薯与油菜生长条件具有一定的共同处与互补处,这两种作物的间套作有效地增加了马铃薯和油菜的种植面积、产物质量和总产量,增加单位面积的经济收益,有效提高农民的收入。

(一)优良品种选择

1. 中双 10 号 中双 10 号是中国农业科学院油料作物研究所选育而成的早熟、优质、丰产、多抗的油菜新品种。该品种的主要优势有:①早熟、丰产、质优,大面积种植一般亩产在 170 kg 左右,高产示范片亩产达 250 kg 以上,最高亩产 280 kg,直播田最高亩产 279.96 kg。菜籽含油量 40.24％,芥酸含量 0.21％,饼粕硫甙含量 20.46 mol/g,均达到国际双低优质油菜标准,优于国内标准;②该品种抗性强,秆硬、耐肥、抗倒伏、抗冻耐寒,抗菌核病、病毒病能力强于一般油菜品种。该品种适应性广,植株长势强,适应性广,既适宜育苗移栽,又可以大田直播,高产稳产;③效益高,种植中双 10 号购种成本低,但是菜籽产量高、含油量高且油品质好,用途广。

2. 中油杂 7819　中油杂 7819 是中国农业科学院油料作物研究所用品种 A4×23008 选育而成的油菜品种。全生育期平均 218.5 d,与对照中油杂 2 号相当。平均株高 168 cm,一次有效分枝数 8.4 个,单株有效角果数 330.4 个,每角粒数 18.4 粒,千粒重 3.68 g。菌核病发病率 8.96%,病指 5.39;病毒病发病率 1.81%,病指 1.34。抗病鉴定综合评价低,感菌核病。抗倒性较强。经农业部油料及制品质量监督检验中心检测,平均芥酸含量 0.0%,饼粕硫苷含量 18.3 μmol/g,含油量 42.79%。

3. 阳光 918　也被作为与马铃薯套种的油菜品种。

(二)规格与模式

高效栽培模式能有效提高土地利用率,解决油菜和马铃薯在冬季争地的矛盾,增加农民收入。研究表明,马铃薯油菜间套作模式并未影响有效种植面积的马铃薯产量,各栽培模式下也没有显著差异,而油菜的直播和移栽方式对油菜的生物学性状、产量有明显影响,移栽产量优于直播,但是移栽模式投工过多,劳动强度大,影响农民种植的积极性。在生产实践中可以采取垄宽 80 cm、沟宽 40 cm、宽沟窄垄方式种植 2 行马铃薯,同时增加种植密度来提高马铃薯的高产稳产。而油菜直播的方式下,留苗 15000 株/亩产量最高。

油菜的播种方式有翻耕移栽、免耕移栽、翻耕直播、免耕直播。马铃薯套种油菜,马铃薯垄边和中间各栽(播)1 行油菜,油菜行距平均为 40 cm。有报道对马铃薯套种油菜,油菜直播和移栽的栽培方式进行了对比,发现马铃薯行中无论采取育苗移栽模式还是直播模式对油菜产量的影响并不显著,也就是说,在合适的播期、种植密度的情况下,直播和育苗移栽可达到同等产量水平。育苗移栽和直播油菜通过株距调节种植密度,单种油菜对照也必须按照种马铃薯的方法同时起垄。

(三)油菜主要病害及防治措施

1. 主要病害种类　油菜生长期间主要有菌核病、病毒病和霜霉病 3 种病害。

(1)菌核病　油菜菌核病又称软腐病、茎腐病,也称白秆、麻秆、霉兜。油菜各生育期及地上部各器官组织均能感病,以开花结果期发病最多,茎部受害最重。病菌通常先危害近地面处的叶片、叶柄或茎秆,逐渐向上部蔓延,叶、茎、花、果和种子均可感病。

(2)病毒病　油菜病毒病的病原主要为芜菁花叶病毒,主要由蚜虫传播。病毒病从苗期到成株期均能感病,不同类型油菜上的症状差异较大。甘蓝型油菜叶片上的症状以有枯斑型为主,也有黄斑型和花叶型;白菜型和芥菜型油菜典型症状是苗期产生明脉和花叶,叶片皱缩,株型矮化。主要沿叶脉两侧褪绿,叶片呈黄绿相间的花叶,叶脉呈半透明状,严重时叶片皱缩卷曲或畸形,病株明显矮化,茎和果轴短缩。

(3)霜霉病　霜霉病是油菜重要病害之一,油菜各生育期均可感病,主要危害油菜子叶、叶、茎、花、花梗和角果等地上部分各器官。先从底叶发病,逐渐向上蔓延,油菜幼菜受害,子叶和真叶背面出现淡黄色病斑,严重时苗叶和茎变黄枯死,叶片发病后,初为浅绿色斑点,后扩大成多角形的黄褐色斑块,受叶脉限制呈不规则形,叶背面病斑上出现霜状霉层;危害茎秆时,常形成褐色至黑色坏死,病斑呈不规则状,其上有霜霉层;茎、薹、分枝和角果受害处变黄,长有白色霉状物;花梗染病顶部弯曲肿大,呈龙头状,花瓣肥厚变绿,不结实,初生褪绿斑点,后扩大成黄褐色不规则形斑块,上有霜状霉层。感病严重时叶枯落直至植株死亡,菜籽产量和品质下降。

2. 防治措施

(1)种子处理 播种前可采用筛选、溜选等办法清除秕粒和混在种子中的菌核,可以按每千克用多菌灵粉剂 20～30 g 拌种,或 25％瑞毒霉浸种、拌种,用量为用种量的 1％,晾干后播种,可有效防止油菜病害的发生。

(2)治蚜防病 有效消灭蚜虫介体或切断病源是防治油菜病毒病的关键措施。在抽薹始期开始,就要喷药及时防治蚜虫。

(3)药剂防治 在发病初期,尤其是油菜进入抽薹开花期叶病率 10％以上、茎病率 1％以下时开始喷药。用 40％菌核净可湿性粉剂 1000～1500 倍液、70％甲基托布津可湿性粉剂 500～1500 倍液,喷施 1～2 次可有效防治油菜菌核病。用 40％霜疫灵可湿性粉剂 150～200 倍液、75％百菌清可湿性粉剂 500 倍液、25％瑞毒霉粉剂 300～600 倍液等,每亩用药水 60～70L,隔 7～10 d 喷 1 次,可防治霜霉病扩展危害。

(四)效益分析

王功明等(2011)研究在高海拔山区马铃薯油菜套种模式下,春夏反季节播种油菜,不同播期和油菜品种对菜薹产量与经济效益的影响,结果表明:单独种植马铃薯经济收益最低,仅为1032 元/亩;马铃薯套种油菜品种 08 崇 18-2 和中双 10 号最高,分别较单独种植马铃薯增收438.4 元/亩和 424.6 元/亩;中油杂 7819 在播期 4 月 19 日经济收益达 1365 元/亩;套种阳光918 的经济收益均值为 1196.2 元/亩。

参考文献

陈爱武,田新初,王洪清,等,2013. 马铃薯套种油菜种植模式的优化[J]. 湖北农业科学,**52**(7):1512-1514.

丁玲,2007. 棉薯间作套种双丰收[J]. 中国棉花,**34**(1):36-36.

董宛麟,于洋,张立祯,等,2013. 向日葵和马铃薯间作条件下氮素的吸收和利用[J]. 农业工程学报,**29**(7):98-108.

董宛麟,张立祯,于洋,等,2012. 向日葵和马铃薯间作模式的生产力及水分利用[J]. 农业工程学报,**28**(18):127-133.

高明聪,2013. 马铃薯-棉花间作套种技术[J]. 农业开发与装备(9):106-106.

苟芳,张立祯,董宛麟,等,2012. 向日葵和马铃薯间作的生育期模拟模型[J]. 应用生态学报,**23**(10):2773-2778.

胡应峰,王余明,王西瑶,2009. 马铃薯大豆间作模式效益分析[J]. 中国农学通报,**25**(4):111-114.

鞠成峰,2011. 薯葵间作双高产[J]. 农民致富之友(11):30-30.

梁一刚,文张生,1992. 向日葵优质高产栽培法[M]. 北京:金盾出版社.

刘向海,2014. 马铃薯套种油菜种植创新模式[J]. 北京农业(27):45.

刘忠强,2011. 棉花套种马铃薯高效栽培技术[J]. 科学种养(4):13.

秦正惠,1996. 充分利用油菜秸秆资源优势增强农业发展后劲[J]. 贵州农业科学(3):60-62.

冉祥春,朱志刚,高绍英,等,2009. 山东夏津棉花-马铃薯间作与高产高效开发[J]. 中国棉花,**36**(2):31-32.

施加强,1994. 油菜秸秆沟式还田简便省工效益好[J]. 农业科技通讯(6):32.

王功明,韩庆忠,乔长权,等,2011. 高海拔山区马铃薯油菜(摘薹)套种不同栽培模式效益比较试验[J]. 农业科技通讯(3):97-99.

王艳华,王艳红,2014. 棉花-马铃薯间作高产高效栽培技术[J]. 中国棉花,**41**(8):37-38.

邢宝龙,杨晓明,王梅春,2015. 黄土高原食用豆类[M]. 北京:中国农业科学技术出版社.

熊飞,2011. 油菜新品种——中双 10 号[J]. 科学种养(11):48.

杨时聪,孙金昌,陈灿,2013. 甘蔗间作马铃薯主要技术[J]. 农村百事通(11):37-38.

杨晓贺,2013. 大豆与早熟马铃薯间作防治大豆蚜初探[J]. 黑龙江农业科学(10):55-57.

云南大学生物系,1980. 植物生态学[M]. 北京:人民教育出版社.

赵明明,胡新燕,冯营,等,2017. 徐淮地区马铃薯与棉花间套种植技术[J]. 棉花科学,**39**(4):43-45.

周勇,刘光涛,栗红梅,等,2016. 二二式棉薯间作丰产栽培技术[J]. 农业与技术,**36**(12):81-82.

第三章　马铃薯与蔬菜作物间套作

第一节　一熟制地区马铃薯与蔬菜间套作

一、地块选择与土壤肥力

土壤的质地、理化性质、板结程度等因素都是影响马铃薯产量的重要因素。马铃薯喜酸不耐碱,在土壤 pH 4.8～7.0 范围内生长都比较正常,在碱性土壤中,块茎易生疮痂病,绝大部分品种减产。沙壤土或轻质黏土,土壤黏重最不适宜,如遇多湿情况,植株易得晚疫病,同时也增加了块茎的湿度,导致皮孔内细胞凸出,形成一个个白色小疹泡,布满块茎表面,增加块茎腐烂,降低马铃薯的存储。因此,马铃薯种植应选择地势高亢、土壤疏松肥沃、土层深厚、涝能排水、旱能灌溉的地块。这样的地块土壤质地疏松,保水保肥、通气排水性能好,土壤本身能提供较多营养元素,对根系和块茎生长、淀粉的累积具有良好的作用。

二、马铃薯品种选择

马铃薯与蔬菜间套作应选择具有结薯集中、产量高、抗病性好、丰产性好、品质优良等特点的脱毒品种。例如费乌瑞它、大西洋、早大白、克新 3 号、克新 4 号、中薯 3 号、威芋 3 号等。

(一)费乌瑞它

1. 品种来源　农业部种子局从荷兰引进的马铃薯品种,该品种是以 ZPC50-35 为母本、ZPC55-37 为父本,杂交选育而成。

2. 特征特性　属早熟品种,生育期 65 d 左右。株高 65 cm 左右,植株繁茂,生长势强。茎紫色,横断面三棱形,茎叶绿色,微波状。复叶大,圆形,色绿,茸毛少。小叶平展,大小中等。顶小叶椭圆形,尖端锐,基部中间型。侧小叶 3 对,排列较紧密。次生小叶 2 对,互生,椭圆形。聚伞花序,花蕾卵圆形,深紫色。萼片披针形,紫色;花柄节紫色,花冠深紫色。五星轮纹黄绿色,花瓣尖白色。有天然果,果形圆形,果色浅绿色,无种子。薯块长椭圆,表皮光滑,薯皮色浅黄。薯肉黄色,致密度紧,无空心。单株结薯数 5 个左右,单株产量 500 g 左右,单薯平均重150 g 左右。芽眼浅,芽眼数 6 个左右;芽眉半月形,脐部浅。结薯集中,薯块整齐,耐贮藏,休眠期 80 d 左右。较抗旱、耐寒,耐贮藏。抗坏腐病,较抗晚疫病、黑胫病。块茎淀粉含量16.58%,维生素 C 含量 25.18 mg/100g,粗蛋白含量 2.12%,干物质含量 20.41%,还原糖含量 0.246%。

3. 产量情况　一般水肥条件下产量 1500～1900 kg/亩；高水肥条件下产量可达 2200 kg/亩。

4. 栽培要点　选择中上等肥力，耕层深厚，通气性好的地块。播前用药剂进行土壤处理，秋深翻，深度 20～30 cm。亩施农家肥 3000～4000 kg，纯氮 5 kg，五氧化二磷 10 kg，氧化钾 10 kg，基肥用量占总用量的 90％。现蕾至开花前亩追施纯氮 4.6 kg。整薯播种时选用 30～50 g 的小种薯播种，密度 5000～5500 株/亩。苗齐后除草松土，松土层达 5 cm 以上。开花前及时灌水、施肥、培土。第一次浇水在现蕾后至开花前进行，并及时培土，在开花前后喷施磷酸二氢钾 2～3 次。在生育期随时拔除中心病株，适时防治病虫害。田间植株 90％以上茎叶枯黄时收获，防止机械损伤，收获的薯块在通风透光阴凉处放置 1～2 d 后入窖，入窖前对窖清除和消毒，窖内薯块堆高不超过 1m，窖温稳定在 1～4 ℃。

5. 适宜范围　该品种适应性较广，黑、辽、内蒙古、冀、晋、鲁、陕、甘、青、宁、云、贵、川、桂等地均有种植，是适宜于出口的品种。

(二)大西洋

1. 品种来源　美国育种家用 B5141-6(Lenape)作母本、旺西(Wauseon)作父本杂交选育而成，1978 年由国家农业部和中国农业科学院引入中国。炸片专用型品种。

2. 特征特性　属中熟品种，生育期从出苗到植株成熟 90 d 左右。株型直立，茎秆粗壮，分枝数中等，生长势较强。株高 50 cm 左右，茎基部紫褐色。叶亮绿色，复叶大，叶缘平展，花冠淡紫色，雄蕊黄色，花粉育性差，可天然结实。块茎卵圆形或圆形，顶部平，芽眼浅，表皮有轻微网纹，淡黄皮白肉，薯块大小中等而整齐，结薯集中。块茎休眠期中等，耐贮藏。蒸食品质好。干物质 23％，淀粉含量 15％～17.9％，还原糖含量 0.03％～0.15％，是目前主要的炸片品种。该品种对马铃薯普通花叶病毒(PVX)免疫，较抗卷叶病毒病和网状坏死病毒，不抗晚疫病，感束顶病、环腐病，在干旱季节薯肉会产生褐色斑点。2002 年在南宁和那坡县进行冬种筛选试验(15 个品种)，产量为 1485.6 kg/亩，比本地对照品种"思薯 1 号"增产 134％。2003 年 3—6 月在那坡和上林进行春夏繁种试验，亩产种薯分别为 2250 kg 和 2376.0 kg。2003 年 10 月至 2004 年 2 月初，用那坡自繁种薯在北流、上林、岑溪、浦北、武鸣、博白、横县、平果等地进行秋种试验，平均产量为 1074.4 kg/亩，比本地对照品种"思薯 1 号"增产 60.4％。2003 年 11 月至 2004 年 2 月，南宁冬种平均产量 1274.8 kg/亩。

3. 产量情况　一般单产可达 1500 kg/亩，高产可达 2000 kg/亩。

4. 栽培要点　选择前作无茄科及胡萝卜等作物，排灌良好、质地疏松、肥力中上的壤土种植。每亩用种薯 125～150 kg。一般要求整薯播种，较大的种薯可按芽眼切块播种，纵切成 25～50 g 的薯块，每块带 1～2 个芽眼。冬种宜在 11 月中旬至 12 月上旬播种，4000～4500 株/亩；春播宜在 4 月下旬至 5 月上旬播种，5000～6000 株/亩。基肥以农家肥为主，每亩 1500～3000 kg，种肥每亩施复合肥 25～50 kg，撒施于种植沟内。播种后 25～30 d 结合施肥培土，每亩追施尿素 4～5 kg；现蕾期结合中耕除草培土，每亩施硫酸钾 15 kg，尿素 10 kg；块茎膨大期用 0.3％的尿素与 0.3％的磷酸二氢钾混合或 0.3％的硝酸钾进行叶面喷施。土壤要保持湿润。注意防治病毒病、晚疫病、蚜虫、马铃薯瓢虫、地老虎等病虫的危害。

5. 适宜范围　适应范围广，在全国各地均有种植。

(三)早大白

1. 品种来源　由辽宁省本溪市农业科学研究所选育而成，亲本组合为五里白×74-128。

2. 特征特性　该品种株型直立,苗期苗相较弱,中后期生长势较强;株高 50 cm 左右,主茎绿色、圆柱形,主茎粗 0.8～1.2 cm,主茎数 1～2 条,分枝数 3～5 条,着生部位较低;叶片中等大小,复叶绿色,侧小叶 4 对,繁茂性中等;聚伞花序,花冠白色,可天然结实但结实性偏弱;苗期喜温耐旱,后期对水肥十分敏感;薯块膨大快,单株结薯 2～3 个,结薯较浅且集中,薯块大而整齐,大、中薯率在 85% 以上,商品薯率高;块茎扁圆形,白皮白肉,表皮光滑、芽眼数目和深浅中等,薯型美观,商品性好;休眠期中等,耐贮性一般;从出苗到收获,露地栽培 70～80 d,地膜覆盖栽培 60 d 左右,二膜或大棚栽培则可提早到 50 d 左右,能及早上市;早大白薯块干物质含量 21.9%,淀粉含量 11%～13%,粗蛋白含量 2.13%,还原糖含量 1.2%,维生素 C 含量 12.9 mg/100g,耐贮性一般。早大白对病毒病耐性较强,较抗环腐病和疮痂病,植株、块茎易感晚疫病,是早熟品种。

3. 产量情况　一般水肥条件下产量 2000 kg/亩,高水肥条件下产量 4000 kg/亩以上。

4. 栽培要点　一般垄面宽 50～60 cm,垄高 15～20 cm,垄距 85～100 cm,每垄播种 2 行,小行距 24～28 cm,行间播种呈三角形错开,株距 20～30 cm,种植密度 4500～5000 株/亩,适宜在地势高、温度高、排水良好的沙质土种植。注意防治七星瓢虫和晚疫病。

5. 适宜地区　中国南北方均可栽培种植。

(四)克新 3 号

1. 品种来源　黑龙江省农业科学院马铃薯研究所用 Mira×Epoka 杂交育成。

2. 特征特性　株型直立,茎秆粗壮,植株开展,根系发达,生长势强,分枝多,抗倒伏。茎绿色,茎翼波状明显,株高 70～100 cm,株型紧凑。叶片肥大。花冠白色,开花正常,花粉孕性较高,可天然结实和适合作杂交亲本。块茎扁椭圆形,大而整齐,薯皮黄色有细网纹,薯肉淡黄色,芽眼较深。结薯集中,块茎休眠期长。鲜薯食用品质优,也适合于淀粉加工。中熟从出苗至收获约 95 d,分枝能力强,块茎大,分枝部位低,长出地表即产生分枝,一般分枝 15 个,多的达 20 个以上,单株薯粒数 12 粒左右,多者 20 粒以上,平均单株薯重 750 g,最大薯重 950 g。退化较轻,抗马铃薯 X、Y 病毒及马铃薯卷叶病毒。抗涝,耐贮藏,田间及窖藏腐烂率低。

3. 产量情况　一般产量 1500 kg/亩,高产可达 2000 kg/亩。适应性广,生长繁茂,种植不宜过密,一般以每亩 3000～3500 株为宜。

4. 栽培要点　种植前要深耕、细耙,整成畦带沟 110～120 cm,畦高 25 cm。采用穴播,每穴播 1 块,双行或 3 行种植,株距 25～30 cm,种植 6.75 万～7.50 万穴/hm²。播种时可将催好芽的种薯进行分拣,芽势弱的不种。播种时芽尖方向朝南。

5. 适宜地区　适于黑龙江和辽宁、吉林、内蒙古、山东、福建、广东等省(区)种植。

(五)克新 4 号

1. 品种来源　黑龙江省农业科学院马铃薯研究所用白头翁作母本与卡它丁杂交育成。

2. 特征特性　株型直立,株高 60 cm,株型散,茎绿色,有淡紫色素,叶肥大,宽而明显,复叶中等,叶色微浅,无蕾,匍匐茎较短,抗涝耐湿性强,结薯集中,薯型扁椭圆,黄皮淡黄肉,薯块外观好,茎块大小中等,较均匀,表皮有细纹网,芽眼中等深,休眠期短,易催芽,退化慢,轻度感染晚疫病。块茎食味好,蒸食、加工品质优。

3. 产量情况　一般产量 1500 kg/亩,高产可达 2000 kg/亩以上。

4. 栽培要点　高垄密植,做高垄(畦)播种,适期早播,每亩种植 3500～4000 株,覆盖地膜早熟栽培可提早 7～10 d 播种,每亩种植 5500～6000 株。施足基肥,主要以有机肥或复合肥作基肥,苗期适量施 N 肥与 K 肥。

5. 适宜地区　黑龙江、辽宁、河北、天津、山东、河南等地。

（六）中薯 3 号

1. 品种来源　中国农业科学院蔬菜花卉研究所用京丰 1 号作母本、BF77-A 作父本通过有性杂交选育而成。

2. 特征特性　该品种中早熟,生育期从出苗到植株生理成熟 80 d 左右。株高 60 cm 左右,茎粗壮、绿色,分枝少,株型直立,复叶大,小叶绿色,茸毛少,侧小叶 4 对,叶缘波状,叶色浅绿,生长势较强。花白色而繁茂,花药橙色,雌蕊柱头 3 裂,易天然结实。匍匐茎短,结薯集中,单株结薯数 3～5 个,薯块大小中等、整齐,大中薯率可达 90% 以上。田间表现抗重花叶病毒,较抗普通花叶病毒和卷叶病毒,不感疮痂病。夏季休眠期 60 d 左右,适于二季作区春、秋两季栽培和一季作区早熟栽培。春播从出苗至收获 65～70 d,一般每亩产 1500～2000 kg,大中薯率达 90%。薯块椭圆形,顶部圆形,浅黄色皮肉,芽眼少而浅,表皮光滑,淀粉含量 12%～14%,还原糖含量 0.3%,维生素 C 含量 20 mg/100g 鲜薯,食味好,适合作鲜薯食用。植株田间表现抗马铃薯重花叶病（PVY）,较抗轻花叶病（PVX）和卷叶病,不感疮痂病,退化慢,不抗晚疫病。

3. 产量情况　2002 年 11 月在南宁和那坡进行冬种筛选试验（15 个品种）,产量为 1056.5 kg/亩,比本地对照品种思薯 1 号增产 66.1%。2003 年 3—6 月,在那坡、上林进行春夏繁种试验,单产分别为 1933 kg/亩、2376.0 kg/亩。2003 年 10 月至 2004 年 2 月初,用那坡自繁种薯在北流进行秋种试验,产量为 1277.3 kg/亩,比本地对照品种思薯 1 号增产 90.72%。2003 年 11 月至 2004 年 2 月,南宁冬种产量为 1643.2 kg/亩。

4. 栽培要点　二季作春季 1—3 月中下旬播种,播前催芽,春季地膜覆盖可适当提前播种和收获,5—6 月下旬收获。秋季 8 月上中旬至 9 月上旬整薯播种,播前用 5ppm* 赤霉素水溶液催芽,防止烂种烂薯,10 月下旬至 12 月初收获。平播每亩 4500～5000 株。

5. 适宜地区　适宜北京、山东、河南、浙江、江苏、安徽等中原二季作区春、秋两季种植和福建、广西、贵州、湖南等冬季栽培。

（七）威芋 3 号

1. 品种来源　贵州省威宁县农业科学研究所从克疫实生籽系统选择。

2. 特征特性　株型半直立,株高 50～70 cm,茎粗 0.9～1.3 cm,分枝 4～8 个,茎叶淡色,花冠白色（大白花）,天然结实性弱。结薯集中,薯块长筒,黄皮黄肉,芽眼中等深,表皮网纹较粗糙。大中薯率 80% 以上,淀粉含量 16.24%,还原糖含量 0.33%,食味中上等,抗癌肿病,耐晚疫病、轻感花叶病毒,耐贮藏。

3. 产量情况　一般产量 1500 kg/亩,高产可达 2000 kg/亩。

4. 栽培要点　该品种产量高,需肥量大,宜选择土质疏松且中等肥力的地块种植,忌低凹渍水地。种植应选取当地最佳播种时期播种,播种前精选健康薯块,可整薯播种,也可切块播种,每个切块至少要有 1～2 个芽眼,切块不宜过小,以免切块中水分、养分不足,抗旱性差,

――――――――――――――

* 1 ppm 为百万分之一。

影响幼苗发育,易缺苗。切块过程中,要注意对刀具消毒。栽培前施足底肥,每亩用 1200～1500 kg 农家肥和 20～30 kg P 肥(坝区用普钙、高山区可用钙镁磷肥)作基肥,增施硫酸钾肥及适量微肥,苗期视苗情长势追施 10～15 kg 尿素/亩,肥沃地块不追肥,以免徒长。花蕾期进行第二次中耕、培土、起垄,并注意防虫防病。单种密度 3000～4000 株/亩。

5. 适宜地区　适于云南、贵州平均海拔 1200m 以上马铃薯种植区推广种植。

三、适于间套作的蔬菜种类和品种

马铃薯适宜与叶菜类和根菜类种类及品种进行间套作。例如与大白菜、甘蓝、芜菁、芋头、丝瓜、冬瓜、胡萝卜、西葫芦、西瓜等进行间套作。不适宜与茄科蔬菜间套作。

(一)马铃薯与芋头套种

马铃薯套种芋头,既可充分利用土地、气候、人力资源,又可大幅提高产量和效益。在选择品种时,马铃薯应选择性状好的早熟脱毒品种;种芋应从无病田中健壮植株上选母芽中部的子芽作种,选择种芋时应选顶芽充实、形状好、肉质白嫩、球茎粗壮饱满、无病虫痕、黏性强、食味好、早熟、高产、分蘖力强得多子芽品种。马铃薯与芋头均喜肥,应多施有机肥,并适当追肥;生长期间应保持土壤湿润,忌大水漫灌或干旱;马铃薯可根据成熟情况、市场情况以及天气情况适时进行采收,采收后忌暴晒和雨淋,芋头应适当晚收。

芋头优良品种如下:

莱阳芋 8520　莱阳芋 8520 生育期 184 d,株型直立,生长势强,芋头呈球形,食味好,产量高,商品率好,球茎内含有粗蛋白、淀粉、可溶性糖和纤维素,营养价值高。其子芋、孙芋个大形圆,外观美观整齐,加工利用率高,适合出口,是目前很受欢迎的优良品种。

鲁芋 1 号　鲁芋 1 号生育期 190 d,株型直立,生长势强,为绿柄多子芋,叶柄为黄绿色,叶形较外张,较适合密植。芋形为卵圆形,芋表色为棕色,芋芽色为白色,肉黄色,具有早熟、抗病、丰产个大均匀、品质优良等特点,子孙芋加工利用率高。

紫梗毛芋也被作为与马铃薯间套作的芋头品种。

(二)马铃薯与芜菁甘蓝间套作

将马铃薯与芜菁甘蓝两种作物间套作,从生育期上来看,芜菁甘蓝前期生长速度慢,马铃薯生长速度快,两种作物在生长发育的周期里具有叠加互补性,同时又有交叉性,马铃薯和芜菁甘蓝间套作组成的复合系统中,在马铃薯收获之前,以马铃薯利用光、热、水、气和空间为主,芜菁甘蓝以保苗、壮苗为主;在马铃薯收获以后,就以芜菁甘蓝利用光、热、水、气和空间等自然资源为主。

芜菁甘蓝适应性极强,耐寒、耐旱、耐贫瘠,抗病,高产,其块根在地里留存时间可以延长,即使抽薹也不空心,耐冬季贮存;以肥大的肉质根为主要产品,茎叶均可利用,汁多味甜,适口性好,适于切碎后直接饲喂,或青贮、打浆后利用,羊、猪、牛等家畜喜食。

芜菁优良品种如下:

猪尾巴芜菁:板叶,叶片如匙状,肉质根长圆锥形,形状如猪尾巴,长 17 cm,横径 6～7 cm,皮肉均为白色,味甜面,品质好,适于蒸煮熟食。

菜籽芜菁:肉质根长圆锥形,皮肉为白色,蒸煮后味甜面,可以代粮,其籽可以榨油,适于与棉间作。

另外,在云南、河南、河北、福建、西藏等省区也有很多优良品种,可粮菜兼用,以熟食为主。

（三）马铃薯与西葫芦间套作

西葫芦优良品种例如早青一代。由山西省农业科学院蔬菜研究所于1973年用阿尔及利亚花叶西葫芦与我国黑龙江小白瓜配制的杂交种。矮生种,株形矮小,适宜密植。结瓜性能好,可同时结2~3个瓜。瓜长筒形,嫩瓜皮包浅绿。春季露地直播,播后45 d可采收重0.5 kg的嫩瓜。抗病毒能力中等,亩产达5000 kg。适于晋、冀种植。

阿兰一代也被作为与马铃薯套种的西葫芦品种。

（四）马铃薯与白菜间套作

马铃薯单与白菜间套作鲜有报道,一般马铃薯与白菜间套作都会搭一些其他作物,例如马铃薯大豆白菜间套作、马铃薯白菜玉米间套作、西瓜马铃薯白菜间套作。

（五）马铃薯与其他蔬菜间套作

如马铃薯丝瓜芫荽萝卜的间作立体套种、马铃薯套种冬瓜、马铃薯套种糯玉米和秋胡萝卜。

四、间套作系统土壤水分和肥力的动态变化

很多研究表明,与种植单一作物农田相比,间套种植模式下,通过共生作物在时间和空间上的合理搭配,农田生态系统不仅能有效提高资源利用率和单位面积粮食产出,同时可提高土壤肥力、水土保持能力以及提高光能的截获,降低水分的蒸发,保持土壤含水量。

不同作物在生长空间上、时间上的差异和互补,使作物能够更充分地吸收和利用光照、水分和养分等生长所必需的资源,并且转化为自身的光合物质。已有报道,在间套种植模式下,由于作物对光照的竞争而形成适宜其光截获的冠层结构。间套种模式下,由于不同作物对地下水分和营养的竞争,导致不同作物根系呈明显的"偏态"不均衡分布,物种根系的差异性分布从而形成了适宜自身吸收的营养元素和水分的独特根系分布群。

马铃薯与蔬菜的套种可通过提高养分的利用效率和改善土壤质地,减少化学肥料投入,例如油菜的秸秆还田可以提供一定量的营养物质。间套作种植能够促进植物根系发育,改善土壤化学性质,提高微生物活性和土壤中一些营养元素的含量,提升一些营养元素在土壤中的转化和转移,从而提高肥料的吸收和利用效率。

间套种植提高养分利用效率,维持土壤肥力的理论基础为种间作用关系理论。首先,共生物种的协作效应大于竞争效应可促进共生作物对资源的高效利用;其次,共生作物复杂的种间相互作用使土壤理化性质和微生物活性发生改变,营造了更有利于其生长发育的环境,从而引起作物对营养元素的高效吸收和利用。间套种植系统内豆科作物的固氮作用也是农田生态系统提高养分利用率和维持土壤肥力的重要途径。养分利用率的提高和土壤肥力的维持还可降低农田化学肥料的投入,从而减缓由于化肥施用所带来的环境污染,有利于资源的持续利用和农业的可持续发展。研究表明,间套作种植可通过扩大农田地表植被覆盖和土壤根系分布减少农田水土流失的发生,可通过作物多样性的提高营造适宜更多昆虫和土壤生物生活的生境,从而保护更多的生物多样性。间套种植配合秸秆还田、作物残体覆盖,则能够更有效地减少地表径流和表层土壤流失,流失率减少达94%。

有田间试验证明,芜菁甘蓝与马铃薯间种模式下,土壤在各个土层的含水量均比单作马铃薯更加丰富,且在 15～30 cm 和 60～75 cm 这两个土层的含水量相对较高。马铃薯间种芜菁甘蓝的含水量较单作芜菁甘蓝和单作马铃薯都要高,表明间作可获得较高的土壤水分供给。

五、栽培要点

(一)精细整地

整地可以改变土壤的物理状况,经过耕翻的土地,表土层深厚疏松,土壤孔隙率增多而容重降低,增强了土壤的保水力和渗水力,为根系的发展和块茎的膨大创造了良好的条件;能促使土壤微生物的活动和繁殖,加速分解有机质,故能促使土壤中有效养分的增加;可以减轻甚至消灭借土壤传播的病、虫、杂草的危害;使土壤疏松、土温提高,给植株创造了良好的生育条件,促进了马铃薯提早出苗,提早结薯,且块茎大、产量高;秋整地能够加强土壤蓄水保墒能力,同时秋季深翻结合施用有机肥,既有利于增加土壤的蓄水保墒能力,又可及早为春季马铃薯播种后提供养分。整地调节土壤水、肥、气、热的有效措施,是多结薯、结大薯、提高产量的重要因素。整地方式有秋整地和春整地两种。

1. 秋整地 在前茬作物收获后,应及时灭茬深耕。深耕为马铃薯的根系生长提供了足够的空间,有利于加强土壤的疏松和透气效果,消灭杂草,强化土壤的抗旱能力和保肥能力,促进微生物活动,冻死害虫等,有效地为马铃薯的根系生长以及薯块膨大创造出理想的生存环境。耕深在一定范围内越深增产效果越显著,但当耕深超出一定范围时,反而不利于农作物的生长。一般深耕 25 cm 左右为最佳,同时保证土地的平整性和细碎性。耕翻深度因土质和耕翻时间不同而异,一般地,沙壤土地或沙盖壤土地宜深耕;而黏土地或壤盖沙地不宜深耕,否则会造成土壤黏重及漏水漏肥。深耕后,水地应浇足水,旱地要随耕随耙耱。也可以秋耕、起垄,第二年春天开沟播种,在严重干旱的地区,为了保墒也可免耕。另外,深松是一种适用于旱地农业的保护性耕作法。它可以加深耕层而不翻转土壤,改善耕层土壤的结构,从而减轻土壤侵蚀,提高土壤的蓄水保墒能力,有利于作物的生长和产量的提高。

深松有以下特点:可以防止未熟化土壤、含盐分高的土壤被翻到表层,影响马铃薯出苗生长;不打乱土层,既能使土层上部保持一定的坚实度,减少多次耕翻对团粒结构的破坏,又可打破铧式犁形成的平板犁底层;用超深松犁,深松深度可达 40 cm 以上,改良土壤效果优于深翻,深松可增加土壤透水速度和透水量,减轻土壤水分径流并可接纳大量降水,增加底墒,克服干旱。深耕或深松时基肥随即施入,施足基肥,有利于马铃薯根系充分发育,能不断提供植株生长发育所需的养分。有机肥既可以提供全面的营养,又能改善土壤理化结构。也可将有机肥与复合肥混合施入。

2. 春整地 "春耕如翻饼,秋耕如掘井",春耕深度较秋耕稍浅些,避免秋季深耕翻入土的杂草种子和虫卵又翻上来,以减轻杂草和虫害危害。秋雨多的地区,土壤黏重,不适合秋耕,可在来年早春进行春耕,春耕在播种前 10～15 d 左右进行,施用农家肥后旋耕 1 次,土壤墒情不足时开沟浇水,接墒后播种。

(二)种植规格和模式

马铃薯与蔬菜间套作,要选用正确的种植规格模式和栽培方式,品种搭配要适宜,尽可能缩短与其他作物的共生期,缓解两作物共生期间光、水、肥及栽培管理等矛盾。马铃薯与蔬菜套种能充分利用时间和空间,提高对土地、光能的利用率,增大两者的边际效应。各种间套作

物种植规格和模式如下:

1. **马铃薯套种芋头** 采用平播起垄方式,人工种植时平地开沟,沟深 5 cm,将处理好的薯块放入沟内,覆土起垄,垄高 25～30 cm,垄距 80～90 cm,垄上种植马铃薯,垄上肩宽 50 cm,株距 25～30 cm。适时套种芋头,将催过芽的芋头种芽套种在马铃薯沟内,种芽向上,沟深 6～8 cm,株距 13～15 cm,每亩套种 4000～5500 株。

2. **马铃薯套种芜菁甘蓝** 按照芜菁甘蓝与马铃薯行比为 1∶2 行式种植,芜菁甘蓝与马铃薯带间距 34 cm。芜菁甘蓝育苗移栽播种量为 81.67 g/亩,直播 30 g/亩。播种是采取开穴播种的方式,每穴播种 3～4 粒,出苗后,及时除去杂草,长出 2～3 片真叶时,间苗,每窝留苗 2 株,期间结合除草、松土,施肥促苗生长,当幼苗发育不良或叶片发黄时,应及时追肥,当幼苗生长正常、叶片嫩绿时,可少施或不施。当幼苗长出 4～5 片真叶时进行第 2 次定苗,每穴定苗 1 株,并结合中耕除草,育苗移栽。

3. **马铃薯套种西葫芦** 选择土壤肥沃、土地平整、灌水方便的地块起垄开沟,垄宽 80 cm,沟宽 40 cm,沟深 20～25 cm,结合起垄集中施入腐熟优质农家肥、磷酸二氢铵、油渣,将垄埂整平拍实。西葫芦直播于垄面两侧,丁字形交错点播,每穴 2～3 粒种子,覆土 1～2 cm,播种后顺垄覆膜,并搭小拱棚。灌水后将水口处覆土压严。马铃薯于 5 月上、中旬破膜点播在垄面两侧靠近西葫芦的地方,适时去除小拱棚。

4. **马铃薯大豆白菜套种** 马铃薯采用单行垄播,播后起垄覆膜覆土。大豆于 4 月下旬至 5 月上旬人工适宜播种。大豆种植在垄沟半坡上,隔一沟种 2 行,株距 10 cm(宽窄行种植,宽行 1.4 m,窄行 0.2 m)。播种不宜过深,一般以 3～5 cm 为宜。马铃薯收获后,大豆宽行中间直播 1 行大白菜。

5. **马铃薯西瓜白菜套种** 种植西瓜前,施加一定量的化肥或有机肥,然后划线、开沟、起垄、覆地膜并向沟内灌水,然后按照一定株距进行点种,每穴 2 粒种子,点种后覆土。播种后在灌水沟上用长竹板或弓条搭建小拱棚,待西瓜长到 8～10 片叶时,拆除小拱棚,在靠垄坡开沟(沟内可适当撒施磷肥)播种马铃薯。西瓜成熟收获前,在相邻两瓜苗点种穴中间点种大白菜,或移栽菜花苗。

6. **马铃薯白菜玉米套种** 要选择土层深厚、抗旱抗涝、排水良好的沙壤土或壤土,以利于马铃薯块茎膨大生长。马铃薯的地块要深耕,一般不能浅于 25 cm。实行垄作栽培,垄上栽 2 行马铃薯,行距 50 cm,每亩保苗 4500～5000 株。垄沟底种 1 行玉米,株距 10～15 cm,每亩保苗 4500 株,玉米距马铃薯 35 cm。马铃薯采取地膜覆盖可使其提早上市。播种时,防止播种过浅薯块膨大露出地表,颜色变绿,影响商品性。玉米在垄间沟底种植。下茬白菜在玉米的行间套种,在田间留出的育苗地进行育苗,在玉米收获前移栽套种于玉米行间。

7. **马铃薯与糯玉米间作** 为解决糯玉米遮光问题,可采用行比为 2∶2 的种植方式,即马铃薯和玉米各 2 行。对于高秆玉米可用 3∶2 种植方式,即 3 行玉米 2 行马铃薯。马铃薯收获时又可将残株壅于玉米的根部,增加玉米的肥料。可减轻病虫害。两者套种隔离种植,由于根系对病菌侵染的障碍作用,可使马铃薯对细菌性枯萎病的感染率明显减少,块茎遭地下害虫咬食率减轻。可明显减少水、土、肥流失。

(三)播种

1. **播种季节和日期范围** 因地区差异,具体种植时间还得根据当地气候而定。

(1)马铃薯播种时期 在当地地下 10 cm 地温达 7～8℃时,幼芽即可生长,幼茎在 6～9℃

时即可缓慢生长,地温在 15~18℃时最适宜块茎生长。播种过早,发芽出苗提前,容易受低温霜冻危害;播种过晚,发芽、出苗晚,生育期短,薯块小,产量低,效益差。

(2)蔬菜播种时间　应根据当地的生产条件、气候、蔬菜的种类和栽培目的等不同方面来确定。在华南地区,终年温暖,各种蔬菜的播种、定植时间虽有一定的差异,但差异不显著。东北、西北到长江流域,由于冬季严寒或有霜冻,喜温蔬菜春季应在地上断霜、10 cm 地温稳定在 10~15℃才能定植于露地,且必须在晚霜期过后进行,否则轻霜也会造成部分秧苗冻死。种植时的气候条件与秧苗成活率和缓苗快慢有密切关系。春季栽植,应选冷尾暖头无风的晴天进行,阴雨天及刮风天不宜栽植。在夏秋高温干旱季节栽植时,应选阴天及晴天的下午或傍晚进行,避免烈日暴晒。

2. 马铃薯播种

(1)选种　应选择具有本品种特征特性,外表光滑,色泽鲜艳,薯块均匀,无病、无伤、无畸形、无皱缩的脱毒种薯。合格的脱毒种薯包括原原种(G1)、原种(G2)、大田用种(G3)三级。种植者一定要按用途选择种薯级别,种薯要用正规的种薯生产企业的产品,质量应达到 GB/T 29378—2012 的要求。

(2)种薯处理

①种薯出窖与挑选　种薯因在冷凉的窖中长期贮存,薯内的生理代谢等活动因受低温抑制而不活跃,仍处于被迫休眠阶段。如出窖即播种,往往出苗缓慢而且参差不齐,故须进行种薯的播前处理,以促进其生理活化,有利于苗齐、苗全和苗壮。种薯出窖时间应根据播种时间、种薯在窖内保藏情况和种薯处理等综合考虑。种薯在窖内未萌芽,保藏较好时则根据播种时间和种薯处理需要的天数确定。确定催芽,应根据播种时间和品种萌芽速度确定,催芽时间通常 2~4 周,故需播前 3~5 周出窖。困种应在播前 18~22 d 出窖。若窖内种薯过早萌芽,保藏较差,则在不受冻的前提下尽早出窖,散热见光,抑制幼芽徒长,使之绿化、坚实、避免碰伤或折断。出窖后淘汰薯形不规整、龟裂、畸形、芽眼凸出、皮色暗淡、薯皮老化粗糙、病、烂等块茎,出窖时若块茎已萌发,应淘汰幼芽软弱细长或幼芽纤细丛生等不良性状的块茎。

②困种、晒种　通常在窖藏温度较低、种薯始终处于休眠状态时,多采取播前困种措施。种薯从窖中取出并经挑选后,放到仓库、日光温室或房子内,用席帘等物围盛或盛于麻袋、塑料网袋等堆起,温度维持在 10~15℃,要求有散射光线。经过 15 d 左右,待芽眼刚刚萌动见到小白芽时或幼芽冒锥时,即可切块播种。如果种薯数量有限,而又有地方可放置,可把种薯摊开 2~3 层,摆放在光线充足的房间或日光温室内,保持温度在 10~15℃,摊晾,并经常翻动,当薯皮发绿、芽眼睁眼(萌动)时,便可切芽拌种。这叫晒种,其作用与困种相同。农谚中有所谓“种薯不晒不睁眼”之说,就是指用晒种的方法促使种薯芽眼萌动之意。

③催芽　催芽是马铃薯栽培中一个防病丰产的重要措施。播前催芽,因幼芽提前发育,故提早了植株的一系列物候期,从而可提早成熟期约半个月左右。同时,凡是环腐病、黑胫病、晚疫病等病害感染轻微的块茎,一般因病菌的刺激萌芽较早,而感病严重的块茎则丧失了发芽力,多数不能萌芽。所以在催芽处理中把个别早期萌芽的种薯及芽上发生黑褐色条斑的种薯,以及当催芽结束时一直不发芽的种薯全部淘汰掉,即可在很大程度上减轻田间发病率。可以躲过晚疫病的危害或减轻发病率。可以躲过或减轻某些自然灾害的危害(如旱、涝、霜冻等)。因品种不同幼芽的性状也有所不同,故可利用催芽机会清除混杂品种,以纯化良种。

(3)整薯种植　整薯播种好处是保存了种薯中水分和养分,有利于出苗、齐苗并获得壮苗,同时又可利用顶芽优势,故比切块栽培植株生长旺盛,增产显著;避免了切刀传病的环节,减轻了一些由块茎或切刀传染的病害的蔓延扩大,降低了发病率;整薯播种比切块抗逆性强,耐干旱,病害少,增产潜力大,有利于高产稳产;减少切块工序,节省了人力物力;有利于马铃薯的栽培向机械化的方向发展。

整薯挑选在种薯的大小方面,有些人以为种薯愈大产量愈高,所以主张用大薯。在一定范围内,种薯愈大产量愈高,但种薯愈大播种量也相应增加,故影响了净产量的提高。加之种薯价格一般高出商品薯甚多,所以用大薯作种,有时并不一定能增加收入,或者增收不多,甚至减少收入。根据许多人的研究和实践经验,一致认为,以 50～60 g 重的小整薯作种较为有利,小整薯的生活力强,播后出苗早而整齐,每穴芽数、主茎数及块茎数增多,生长的块茎整齐,商品薯率高。但小整薯一般生长期短,成熟度低,休眠期长,而且后期常有早衰现象。栽培上需要掌握适当的密度,做好催芽处理,增施 K 肥,并配合相应的 N、P 肥,才能发挥小薯作种的生产潜力。

整薯播种可避免通过切刀传播病毒性病害和细菌性病害。通过切刀传播的病毒和类病毒病害有马铃薯 X 病毒、马铃薯 S 病毒和马铃薯纺锤块茎类病毒。通过切刀传播的细菌性病害有青枯病、环腐病和黑胫病。尤其是青枯病和环腐病,一个带病的种薯可通过切刀传播几个切块。加之切块播种本身的缺点如切块不抗旱,易感病腐烂,易缺苗等,不可避免地造成或加重了一些减产因素,而利用整薯作种则可在很大程度上弥补切块播种的不足。

(4)种薯切块　把种薯分切为小块播种,可以节约种薯,降低生产成本,很多地方均习惯于采用这种方法。但如采用不当极易造成病害蔓延,缺苗严重,导致减产。故在切块播种时,首先应选用绝对健康无病的种薯;其次是种薯必须有一定的大小,一般说来种薯最低不宜小于50 g,重 50 g 以下的种薯可整薯播种;最后是栽培地段应保持良好的土壤墒情,并应具备良好的整地质量和播种质量,以确保苗齐、苗全、苗壮。

切块过程中,注意切块不宜过小,以免切块中水、养分不足,影响幼苗发育,而且切块过小不抗旱,易于缺苗。一般切块重量不宜低于 20～25 g,每个切块带有 1～2 个芽眼,便于控制密度,切时应切成立块,多带薯肉,不应切薄片、切小块,或挖芽眼留薯肉。重 51～100 g 的种薯,纵向一切两瓣。重 100～150 g 的种薯,采用纵斜切法,把种薯切成四瓣。重 150 g 以上的种薯,从尾部根据芽眼多少,依芽眼沿纵斜方向将种薯斜切成立体三角形的若干小块,每个薯块要有 2 个以上健全的芽眼。切块时应充分利用顶端优势,使薯块尽量带顶芽。切块时应在靠近芽眼的地方下刀,以利发根。切块时应注意使伤口尽量小,而不要将种薯切成片状和楔状。切块方法有纵切、纵横切、斜切。

切块时间以播前 2～3 d 为好,可以根据劳动力和用种量的多少来安排,应以不使切块堆置时间过长而造成腐烂或干缩为原则。切后应尽快播种,以免造成损失。有疑似得病的种薯、经催芽处理后而仍未发芽的种薯、幼芽纤弱的种薯、选种时由于疏忽大意而漏选的老龄薯、畸形薯等,均应挑出不切,勿切后再因病烂而扔掉不用。切块后的 3～5 d 内,切块保持在 8～17℃的温度和 80%～85% 的相对湿度条件下使切口木栓化,避免播后烂块缺苗。

种薯切块后播种前应使切口愈合木栓化,伤口愈合所用时间与品种、种薯生理年龄、环境的温度和湿度等因素有关。为了促进伤口愈合,可用草木灰拌切好的种薯。为了防治地下害虫、芽块腐烂、细菌病害及丝核菌溃疡病等,也可以用草木灰加药剂一起拌种。目前在一些地区难以找到草木灰,或者因为种植面积大、草木灰拌种不方便时,也可用其他材料代替草木灰加农药拌种。

一些种传病害(如环腐病、黑胫病、病毒病等)通过切刀可把病菌、病毒传到健薯上。为减少切刀传病机会,应严格执行切刀消毒环节。具体做法:每个切芽人员都准备 2 把切芽刀,1 个装消毒液的罐子(罐内装 75%酒精或 0.5%～1.0%高锰酸钾溶液或 4%来苏儿、3%石炭酸、5%福尔马林)。把切刀放在溶液中浸泡,切芽时拿出一把刀,将另一把刀仍浸泡在消毒液中。每切完一个种薯换一次切刀。如果切到病薯,应将病薯扔进专装病薯的袋或筐中,并将用过的刀浸泡在消毒罐中。同时换上泡着的切刀继续切。

(5)适期播种　适期播种是马铃薯获得高产的重要因素之一。由于各地气候有一定差异,农时季节不一样,土地状况也不尽相同,因此,马铃薯播种期不能强求一致,应根据具体情况确定。马铃薯播种过早或过迟都对生长不利,只有在适宜的播期播种,才有利于提高马铃薯的产量及经济效益。确定播期要考虑以下几方面:

①气温　北方一作区马铃薯春播出苗时要避免霜冻,因此当地晚霜结束前 25～30 d 才能播种。

②地温　一般 10 cm 地温稳定达到 8～9℃即可播种。种薯经过催芽处理,幼芽已经萌动伸长,如果地温低于薯块温度,就会抑制幼芽继续生长,形成梦生薯,造成缺苗断垄。

③降水　要使薯块形成期尽量避开高温干旱期,薯块膨大期与雨季吻合。晋西北地区马铃薯要适当晚播。

④品种　早熟品种,可以覆膜早播。晚熟品种或生产种薯,就要适当晚播。

(6)种植密度　马铃薯播种密度取决于品种、用途、播种方式、肥力水平等因素。早熟品种植株矮小、分枝少,播种密度大于晚熟品种;种薯生产为了提高种薯利用率,薯块要求较小,播种密度大于商品薯生产;炸条原料薯要求薯块大而整齐,播种密度要小于炸片和淀粉加工原料薯;单垄双行种植叶片分布比较合理,通风透光效果好,可以比单垄单行密度大一些,土壤肥力水平较高的地块可以适当增加密度。

(7)播种方式　种植方式包括人工播种、畜力播种和机械播种,当地块小而不整齐时可采用人工播种,当种植地平整且面积较大时可采用机械种植。随着马铃薯生产的规模化、集约化经营,利用机械播种是马铃薯种植的一种必然趋势。

采用机械播种可以将开沟、下种、施肥、施防治地下害虫的农药、覆土、起垄一次完成。但一定要调整好播种机,行走一定要直,否则在以后的中耕、打药、收获作业过程中容易伤苗、伤薯。

3. 蔬菜播种

芋头晒种催芽,将挑选好的种芋于套种前晾晒 3～5 d,选择合适方法对其进行杀虫灭菌,可早晚用薄膜或草苫保温进行催芽,温度保持 18～22℃,当芽长 0.5～1.0 cm 时即可播种,也可以采用室内干催,拱棚、阳畦、湿沙堆放等方法催芽。

芜菁甘蓝能适应山地、高原山区气候环境,2～3℃种子能发芽;7～8℃发芽快,但出苗慢;12～14℃时发芽、出苗快;幼苗能忍耐－3～－2℃低温,成株能忍受－8～－7℃短期低温。营养生长阶段最适宜生长温度为 15～18℃。生育早期温度较高,有利叶片生长,后期温度低可促进块根生长和糖分积累。地块选择上应选择土层深厚、土质疏松、肥沃、排水良好的沙壤土。深耕土地 25 cm,平整耙细,3m 开厢,施入基肥。播种前对原种进行精选、晒种。

西葫芦根据当地气候种植,直播于垄面两侧,每穴 2～3 粒种子,上覆 1～2 cm 厚的细沙,播后立即顺垄覆膜,并搭小拱棚。灌水后将水口处覆土压严。马铃薯于 5 月上、中旬破膜点播在垄面两侧靠近西葫芦的地方,西葫芦出苗后,适时破膜放苗,用细湿土将膜口封严压实,并注意控制拱棚内的温湿度,防止徒长。当幼苗长出两片真叶时及时定苗,拔除弱苗、劣苗,每穴留 1 株健壮苗,适时拆除小拱棚。

白菜应根据不同地区适时播种,如果白菜播种过早,苗期温度高,病毒病严重,影响生长和结球;播种过晚,生育期短,结球不紧实。白菜一般采取直播方式,也可进行移栽。

(四)田间管理

1. 施肥　施肥技术是合理施肥、提高肥效的重要环节,涉及 N、P、K 等各种养分的搭配比例及用量,对肥料种类的选择,不同肥料的施用时间和方法等。施肥技术得当,能满足马铃薯生长发育期间对各种养分的需要,作物生长苗壮,高产优质。

(1)重施有机基肥　有机肥料是指含有有机物质,既能提供农作物多种无机养分和有机养分,又能培肥改良土壤的一类肥料。其特点有:原料来源广,数量大;养分全,含量低;肥效迟而长,须经微生物分解转化后才能为植物所吸收;改土培肥效果好。

有机肥料中的主要物质是有机质,施用有机肥料增加了土壤中的有机质含量。有机质可以改良土壤物理、化学和生物特性,熟化土壤,培肥地力。施用有机肥料既增加了许多有机胶体,同时借助微生物的作用把许多有机物也分解转化成有机胶体,这就大大增加了土壤吸附表面,并且产生许多胶黏物质,使土壤颗粒胶结起来变成稳定的团粒结构,提高了土壤保水、保肥和透气的性能,以及调节土壤温度的能力。

有机肥料的原料来源很多,具体可以分为以下 5 类:①农业废弃物,如秸秆、豆粕、棉粕等;②畜禽粪便,如鸡粪、牛羊马粪、兔粪;③工业废弃物,如酒糟、醋糟、木薯渣、糖渣、糠醛渣等;④生活垃圾,如餐厨垃圾等;⑤城市污泥,如河道淤泥、下水道淤泥等。

马铃薯、各类蔬菜生产中常见的有机肥料包括:农家肥、商品有机肥、腐殖酸类肥料。农家肥是将人畜粪便以及其他原料堆制而成,常见的有厩肥、堆肥、沼气肥、熏土和草木灰等。商品有机肥一般是生产厂家经过生物处理过的有机肥,其病虫害及杂草种子等经过了高温处理基本死亡,有机质含量高。腐殖酸类肥料是利用泥炭、褐煤、分化煤等原料加工而成。这类肥料一般含有机质和腐殖酸,N 的含量相对比 P、K 要高,能够改良土壤,培肥地力,增强作物抗旱能力以及刺激作物生长发育。基肥用量一般占总施肥量的 2/3 以上,一般为每公顷 22.5～45 t。施用方法依有机肥的用量及质量而定,一般采取撒匀翻入,深耕整地时随即耕翻入土。P、K 化肥在播种时种薯间施入,或种薯行间空犁沟施入。

(2)适期追肥　马铃薯为喜肥高产作物,对肥料反应敏感,适时适量追施肥料是重要的增产措施。马铃薯一生对养分的吸收大致可分为 3 个时期:一是苗期。由于块茎含有丰富的营养物质,所以此时吸收的养分较少,大约相当于全生育期的 1/4;二是块茎形成至块茎增长的时期。此期地上部分茎叶的生长和块茎的膨大同时进行,马铃薯全生育期的干物质积累也在这个时期。所以,这个时期是马铃薯需肥最多的时期,是吸肥的高峰期。此时吸收的养分相当于全生育期吸收总量的 50% 以上;三是淀粉积累期。此时吸收的养分较少,吸收量和苗期差不多,约相当于全生育期的 1/4。马铃薯是喜肥的高产作物,要高产当然少不了 N、P、K 营养。N 素的作用是促进马铃薯茎、叶生长,延长叶片衰老,加快块茎淀粉积累,而叶菜类,尤其是绿叶蔬菜,对氮肥要求高,增施氮肥有利于叶面积扩大,提高产量,并且使产品鲜嫩。值得注意的是,马铃薯若 N 肥过多,特别是在生长后期过多,促进植株徒长,组织柔嫩,推迟块茎成熟,产量降低。P素能加强叶片光合作用,增强物质运转和代谢功能,促进植株生育健壮,提高块茎品质和耐贮性,增加淀粉含量和产量。尤其在苗期和块茎形成期更显重要,此时供给必需的P素营养,对提高马铃薯的产量有明显效果,结球叶菜在叶球形成期要求较多的P、K肥,有利于营养向叶球运转。若P不足则植株和叶片矮小,光合作用减弱,产量降低,薯块易发生空心、锈斑、硬化、不易煮烂,影响食用品质。K素的功能不仅能提高马铃薯和蔬菜叶片的光合效率,而且能促进有机物的合成和运转,提高蛋白质、糖、脂肪的数量和质量,同时增强抗逆性,加速养分转运,使块茎中淀粉和维生素含量增多,改善产品质量。K若不足则生长受抑制,地上部分矮化,节间变短,株丛密集,叶小呈暗绿色渐转变为古铜色,叶缘变褐枯死,薯块多呈长形或纺锤形,食用部分呈灰黑色。总之,三要素养分在马铃薯和蔬菜一生中是非常重要的和不可缺少的。追肥应根据马铃薯与各类蔬菜需肥规律和苗情进行,宜早不宜晚,宁少毋多。

追肥要结合马铃薯与蔬菜生长时期进行合理施用。干旱严重时应减少化肥用量,以免烧根或损失肥效。一般在马铃薯开花期之前施用,早熟品种最好在苗期施用,中晚熟品种在现蕾期施用较好。主要追施N肥及K肥,补充P肥及微量元素肥料,开花后原则上不应追施N肥,否则施肥不当造成茎叶徒长,阻碍块茎形成、延迟发育,易产生小薯和畸形薯,干物质含量降低。追肥方法可沟施、穴施或叶面喷施,土壤追肥应结合中耕灌溉进行。

许多蔬菜是喜Ca作物;镁是植物叶绿素中的组成成分,缺乏Mg对蔬菜的生长有重要的影响,如叶片脉间失绿,光合作用受到抑制;缺少S会使蔬菜的叶失绿,严重时全株呈白色,而马铃薯对Ca、Mg、S等中、微量元素要求较大,为了提高品质,可结合病虫害防治进行根外追肥,亩用高乐叶面肥200 g 400倍液喷施,前期用高N型,以增加叶绿素含量,提高光合作用效率,后期距收获期40 d,采用高K型,每7~10 d喷1次,以防早衰,加速淀粉的累积。

一些作物对硼、Zn比较敏感,硼能促进花粉萌发和花粉管伸长,当缺少硼时,油菜将会"花而不实",当土壤缺硼或缺Zn,可以用0.1%~0.3%的硼砂或硫酸锌根外喷施,一般每隔7 d喷1次,连喷两次,每亩用溶液50~70 kg即可。通过根外追肥可明显提高块茎产量,增进块茎的品质和耐贮性。

马铃薯与各类蔬菜在整个生育期间,不同的生育阶段需要的养分种类和数量都不同。根据马铃薯与蔬菜需肥特点,农户可根据土地状况,包括土壤肥力、投入肥料的资金能力、灌溉条件来确定使用肥料的种类、施入数量、施肥时间和施肥方法。本着经济有效、促早熟高产的目的,应确定以农家肥、底肥为主,化肥、追肥为辅的原则。化肥使用须N、P、K配合。前期追肥一般不宜单追尿素,特别是结薯之后不应盲目追N,易造成浪费和相反效果。增施P肥促早熟高产,缺K地区施K肥增产相当明显。

2. 灌溉 水是绿色植物的组成部分,是植物进行光合作用的原料,在植物原生质中水分占70%~90%,保证了植物的正常生理代谢;水是植物吸收和运输营养物质的溶剂,是细胞维持正常生理周期的必要保障。马铃薯虽然较其他作物抗旱,但是要获得高产优质必须整个生育期间水分充足,特别是结薯盛期需水量最多,耗水量约占植株生育期的一半以上,孕蕾到开花期,耗水量约占植株生育期的1/3。孕蕾至开花期也是迅速形成叶面积的时期,水分和营养不受限制则根、茎、叶生长旺盛,叶面积很快达到最大值,为多结薯、结大薯创造了优良的条件。结薯盛期块茎迅速膨大,水分充分供应才能薯多薯大。因为每形成1 kg干物质需消耗400~600 kg水,必须以充足的水分来维持较高的叶面积系数,缺水必将严重减产。可见马铃薯高产必须在整个生育期间充分供应水分,因块茎开始形成到成熟,水分充足能使块茎增大,块茎开始形成之前水分充足才能增加单株结薯数。

同一蔬菜在不同生育时期对水分的需求也不同。在种子发芽期要求较多的水量来满足种子吸水膨胀、呼吸代谢和内含物的转化利用。根系生长和胚轴生长都对水分敏感,水分不足影响出苗率,所以一般雨前播种或播种前要进行灌水,播后要覆盖保墒。幼苗期根系不发达,也要土壤保持湿润,但胚轴伸长期水量过多会引起徒长。蔬菜大多数是柔嫩多汁的叶片、果实、嫩茎、肉质根等,含水量在 90% 以上,鲜物质产量远远高于粮食作物,因而水分供应尤为重要。

马铃薯套种蔬菜是否需要进行灌溉,应根据生长期间的自然气候条件、土壤条件和植物外观形态。对于大多数地区而言,雨季和旱季非常分明,在雨季要考虑近期有无降雨,多雨期间,水分过多容易使蔬菜徒长,导致落花落果,而水量过多也会导致马铃薯植株倒伏,病虫严重,茎块易腐烂,亦难高产,当水分过多时考虑进行排水。旱季则需要进行灌溉,夏季灌溉要避免晴天正午高温时段,选择早晚灌水,低温季节应选择晴天灌溉,小水勤浇,避免降低地温。其次,根据土壤墒情、土壤保水和蓄水性能、地下水位高低、是否为盐碱地等来确定是否需要灌溉。当土壤墒情不能满足马铃薯与蔬菜生长和产量形成需要时进行灌溉;对于蓄水保水能力差的土壤,应小水勤灌,灌溉后及时进行中耕保墒;对于地下水位高、易积水的地块,则采用排水深耕的方法;在盐碱地上,灌溉要结合地面覆盖,避免盐碱随水上移,影响根系的生长与吸收。另外,根据马铃薯与蔬菜作物的种类、生育时期及需水特征、植物体内水分状况,以株高、茎粗、叶色、叶面积及其他外观特征特性作为灌溉判断标准的方法,如茎细、节间长、叶色浅、叶片大而薄往往是水分过多的表现。露地种植,早晨时看叶的上翘与下垂,中午看叶的萎蔫与否及萎蔫轻重,傍晚看萎蔫恢复得快慢来判断决定是否需要灌溉。需要指出的是,水分丰缺表现在形态上时,说明植物已受到中度水分胁迫,其体内的生理生化过程早已受到水分亏缺的危害,表现出的形态是生理生化过程改变的结果,因此采用灌溉的生理指标更为及时和灵敏。

3. 常见病害及防治措施

(1)马铃薯常见病害及防治措施 马铃薯生长期间主要病害有马铃薯早疫病、晚疫病、环腐病、黑胫病、青枯病等。

①马铃薯早疫病和晚疫病 马铃薯早疫病和晚疫病是马铃薯生长期主要病害,尤其是高温阴雨后极易暴发,雨后需及时喷防。可采用 72% 的克露可湿性粉剂 600～800 倍液,25% 瑞毒霉(甲霉灵)可湿性粉剂 500 倍液,58% 瑞毒霉锰锌 500～600 倍液,40% 乙膦铝 300 倍液或其他工业化生产的铜制剂。间隔 7～10 d 喷药 1 次,共喷 2～3 次,减缓抗药性的产生,应注意轮换用药。

②马铃薯黑胫病 马铃薯黑胫病是苗期多发病害,发病率一般为 2%～5%,严重的可达 40%～50%。在田间造成缺苗断垄及块茎腐烂,主要表现为植株矮小,叶色褪绿,茎基部以上部位组织发黑腐烂,早期病株很快萎蔫枯死,不能结薯,易从土中拔出。病害发生程度与温湿度有密切关系,气温较高时发病重,黏重而排水不良的土壤对发病有利。播种前,种薯切块堆放在一起,不利于切面伤口迅速形成木栓层,使发病率增高。田间出现少量中心病株时,应及时拔出并带出田间销毁。全田及时喷洒 72% 农用硫酸链霉素 1000～1200 倍液和 77% 可杀得可湿性粉剂 500 倍液防治。中心病株周围进行药液灌根消毒杀菌。

③环腐病 是种薯认证中要求最为严格的一个指标,一旦发现,即被剔除。环腐病在整个生长季中都可以进行传播,造成巨大的经济损失。症状一般会在马铃薯生长的中后期才会发现,通常只是一个植株上的某些茎枯萎,底部的叶片变得松弛,主脉之间出现淡黄色,可能出现

叶缘向上卷曲,并随即死亡。茎和块茎横切面出现棕色维管束,一旦挤压,可能会有细菌性脓液渗出。块茎维管束大部分腐烂并变成红色、黄色、黑色或红棕色。块茎感染有时可能会与青枯病混淆,但在芽眼周围不出现脓状渗出物。防治措施是使用无病的脱毒种薯。

④青枯病 有时也称作褐腐病,是马铃薯最严重的细菌性病害,对产量影响较大,且能引起较大的贮藏损失。初期表现是植株的一部分萎蔫,首先影响叶片的一边或一个分枝。轻微的变黄,伴随着萎蔫。晚期的症状是严重的枯萎、变褐和叶片干枯,然后是枯死。对典型的感病植株,如果做一个横切面,可以看见维管束变黑,有灰白色的黏液渗出,而症状轻微的植株不会出现这种情况。这一点还可以通过以下方法来证实:将茎横切面放入静止的、装有清亮水的玻璃杯中,有乳白色液体出现。当土壤黏性大时,灰白色的细菌黏液可以渗透至芽眼或者块茎顶端部末端。如果将发黑的茎或块茎切开,会有灰白色液体分泌出来。地上部或者块茎症状可能会单独出现,但后者通常紧接着前者。将感染的种薯在冷凉地区种植或薯块在生长后期遭到感染,会发生潜在性块茎感染;在高温时,枯萎症状发展迅速。轮作是最有效的防治方法,目前没有发现能有效防治青枯病的药剂。

(2)芋头主要病害及防止措施 芋头生产过程中主要有软腐病、疫病、干腐病和病毒病4种病害。

①芋软腐病 主要危害芋叶柄基部及地下部球茎。在叶柄上基部感染,初生水渍状、暗绿色、无明显边缘的病斑,扩展后叶柄内部组织变褐腐烂或叶片变黄而折倒;球茎感染逐渐腐烂。无论在叶柄上或球茎上发生,病部均迅速软化、腐烂,终至全株枯萎以至倒伏,病部均散发恶臭味。

②芋疫病 主要危害叶片、叶柄及球茎。叶片发病初生黄褐色圆形斑点,后渐扩大融合成圆形或不规则形轮纹斑,斑边缘围有暗绿色水渍状环带,湿度大时斑面出现白色粉状薄层和米粒状大小的蜜黄色的溢滴液,正反面均有,但叶背面更明显,后期病部组织干枯、脆裂和穿孔,严重时病组织脱落,仅残留叶脉,病叶呈破伞状。叶柄发病,病斑大小不等的黑褐色不规则形、病斑周围组织很黄,病斑连片并绕柄扩展,最后叶柄腐烂倒折,叶片萎蔫;地下球茎发病,部分组织变褐乃至腐烂。

③芋干腐病 主要危害球茎,多于母芋及子芋上发病,发病植株生长不良,根细少,叶片薄,叶面积小,黄绿色,秋季干枯。球茎发育不良,芋受害呈粉质状,伤口部呈紫红色至淡红色。

④芋病毒病 病叶沿叶脉出现褪绿黄点,扩展后呈黄绿相间花叶,严重的植株矮化。新生叶除上述症状外,还常出现羽毛状黄绿色斑纹或叶片扭曲畸形。严重株有时维管束呈淡褐色,分蘖少,球茎退化变小。

防治措施:

选用无病种芋或抗病品种。红芽芋较耐软腐病。

施足基肥,增施磷钾肥,避免偏施过施氮肥,高畦深沟,清沟排渍。

化学防治。发现疫病病株时,及时用70%托布津可湿性粉剂1000倍液,或58%雷多米尔—锰锌可湿性粉剂500倍液,或64%杀毒矾可湿性粉剂500倍液进行喷施,亩用药液75～100 kg,隔7～10 d再用1次,连用2～3次。病毒病发病初期喷耐病毒诱导剂"Ns-83"100倍液,或1.5%植病灵乳剂1000倍液,隔10 d左右喷1次,连用2～3次。

(3)叶菜类(甘蓝、大白菜)蔬菜主要病害及防治措施 叶菜类生产过程中主要有霜霉病、菌核病和软腐病3种病害。

①霜霉病　霜霉病是叶菜类蔬菜的一种重要病害,各地均有分布。主要危害叶片。病叶上初生淡绿色病斑,后逐渐变为黑色至紫黑色,微凹陷。病斑受叶脉限制呈不规则形或多角形,叶背上病斑呈现白色霜状霉层。在高温下容易发展为黄褐色的枯斑。病重时病斑汇合后叶片变黄枯死。老叶受害后有时病原也能系统侵染进入茎部,在贮藏期间继续发展达到叶球内,使中脉及叶肉组织上出现黄色不规则的坏死斑,叶片干枯脱落。

防治措施:播种前可用种子重量 0.4％ 的 50％ 福美双可湿性粉剂或 75％ 百菌清可湿性粉剂拌种。与非十字花科作物 3 年轮作,并应防止与十字花科作物邻近。苗床注意通风透光,不用低湿地作苗床,结合间苗摘除病叶和拔除病株。低湿地采用高垄栽培,合理灌溉施肥。

发病初期或出现中心病株时应立即喷药保护,特别是老叶背面应喷到。药剂可选用 70％乙铝·锰锌可湿性粉剂 600 倍液,或 70％代森联水分散粒浮剂 500 倍液,或 75％百菌清可湿性粉剂 600 倍液,或 72％霜脲·锰锌 600～800 倍液,或 69％烯酰·锰锌 500～600 倍液,每 7～10 d 喷 1 次,连续 2～3 次,药剂应轮换使用。

②菌核病　菌核病是叶菜类蔬菜的一种重要病害,分布较广,明显影响产量和质量。可危害茎基部、叶片、叶球及种荚。受害部位初呈边缘不规则的水渍状病斑,后病组织软腐,紫褐色。在潮湿环境下,病部迅速腐烂,并产生白色棉絮状菌丝体和黑色鼠粪状菌核。茎基部病斑环茎 1 周后致使全株枯死,病部形成黑色鼠粪状菌核。

防治措施:

用 10％食盐水浸种,除去浮在水面的菌核和杂质,反复 2～3 次后再行播种。实行轮作。施足底肥,增施 P 肥,不要偏施 N 肥。加强开沟排水,使土壤适度干燥。病株立即拔除,收集菌核烧毁或深埋。

发病初期可喷洒 50％氯硝铵可湿性粉剂 800 倍液,或 40％硫黄·多菌灵悬浮剂 500 倍液,或 70％甲基硫菌灵可湿性粉剂 500～600 倍液,或 50％异菌脲可湿性粉剂 1000～1500 倍液,或 50％腐霉利可湿性粉剂 2000 倍液,或 40％菌核净可湿性粉剂 500 倍液,每 10 d 喷洒 1 次,连续 2～3 次,重点喷洒植株茎基部、老叶及地面。

③软腐病　软腐病是叶菜类蔬菜的一种主要病害,各地均有发生。发病部位先呈浸润半透明状,之后病部变为褐色,软腐、下陷,生污白色菌脓,触摸有黏滑感,有恶臭味。开始发病时病株在阳光下出现萎蔫,早晚恢复,一段时间后不再恢复。

发生规律:久旱遇雨易发病。病害的发生与伤口多少有关,蹲苗过度、浇水过量都会形成伤口,造成植株发病。地表积水、土壤中缺少氧气时,不利植株根系发育,伤口也易形成木栓化,发病重。

防治措施:

不与瓜类及其他十字花科蔬菜连作。加强栽培管理,避免在菜株上造成伤口。避免连作;实行深沟窄畦栽培,注意排水。早期发现病株,连根拔除,将其深埋,病穴用石灰消毒。

发病初期喷洒 72％农用硫酸链霉素可溶性粉剂 3000～4000 倍液,或新植霉素 4000 倍液,或 14％络氨铜水剂 350 倍液,或 47％春雷·王铜可湿性粉剂 700～750 倍液,每隔 10 d 喷药防治 1 次,连续防治 2～3 次。

(4)瓜类(西葫芦、西瓜)蔬菜主要病害及防治措施　瓜类生产过程中主要有立枯病、白粉病和细菌性叶枯病 3 种主要病害。

①立枯病　刚出土的幼苗及大苗均可受害,多发生于幼苗中后期。幼苗茎基部出现椭圆

形或长梭形暗褐色凹陷病斑。发病初期幼苗白天叶片萎蔫,晚间和清晨仍可恢复。以后病斑凹陷扩展到绕茎一周,叶片萎蔫不能恢复,幼苗干枯死亡,但不折倒。病部有时可见轮纹,病斑不产生白色絮状霉层,潮湿时,病部及附近地表现出淡褐色蜘蛛网状菌丝。种子和土壤都可传播。在土壤遇高温高湿易发病。种植密度过大、N肥施用过多、通风透光不良时易发病。

防治措施:

与禾本科作物进行3年以上轮作。进行种子处理,浸种或拌种,方法同猝倒病的防治。播种后用药土覆盖,或在发病时用药土撒在根际周围,药剂可选用恶霉灵、福美双。采用垄作,合理密植。进行中耕松土,适时间苗。

药剂喷施。选用农抗120、多菌灵、普力克、扑海因或恶霉灵配成药液喷淋或者灌根。

②白粉病　是瓜类蔬菜发生较为普遍的一种病害,尤其中后期植株生长衰弱时,容易发生流行。一旦发生,发展蔓延很迅速,最终叶片枯死。西葫芦、西瓜白粉病菌除危害西葫芦和西瓜以外,也可危害黄瓜、南瓜、冬瓜、甜瓜等。苗期至收获期均可发生,主要侵染叶片,其次是茎和叶柄,果实很少受害。发病初期在叶的两面产生白色近圆形小粉斑,以叶正面居多,后向四周扩展成边缘不明显的连片白色粉斑,即病原菌的菌丝体和分生孢子。发病后期,白色菌丝老熟变为灰色,病叶黄枯,在病斑上长出成堆黄褐色小粒点,后变黑,即病原菌的闭囊壳。

防治措施:

注意配合施用P、K肥。清洁田园。要尽量远离温室大棚。

药剂喷施,要做到早防早治。发病初期用20%粉锈宁乳油2000倍液,或40%氟硅唑乳油8000倍液,或15%三唑酮(粉锈宁)可湿性粉剂2000倍液,或40%多·硫悬浮剂600倍液,或50%硫黄悬浮剂250～300倍液,或10%世高水分散粒剂1000倍液,或2%农12水剂200倍液喷洒在叶上,隔7 d喷1次,连喷3次。

③细菌性叶枯病　细菌性叶枯病最初在保护地发生较重,但近年来,随着种子异地调运与交流的频繁进行,随种子传播不断加剧,发病范围已经扩展到露地栽培的西葫芦上。该病主要危害叶片,有时也危害叶柄和幼茎。幼叶染病,病斑出现在叶面现黄化区,但不大明显,叶背面出现水渍状小点,后病斑变为黄色至黄褐色圆形或近圆形,大小1～2 mm,病斑中间半透明,斑四周具黄色晕圈,菌脓不明显或很少,有时侵染叶缘,引致坏死。主要通过种子带菌传播和蔓延。

防治措施:

禾本科作物进行轮作。要加强种子调运检疫。进行种子包衣或种子处理。用50℃汤浸种20 min后捞出晾干后催芽播种,或用40%福尔马林150倍液浸种1.5 h后捞出,洗净后催芽播种。也可用100万单位的硫酸链霉素500倍液浸种2 h,冲洗干净后催芽播种。

进行药液防治。发病初期用77%可杀得可湿性微粒粉剂500倍液,或47%加瑞农可湿性粉剂800倍液,或72%农用硫酸链霉素4000倍液喷雾。

(5)糯玉米主要病害及防治措施　生产过程中主要有大斑病、玉米丝黑穗病和黑粉病3种病害。

①大斑病　玉米大斑病主要危害叶片,严重时可危害叶鞘和包叶。田间先在下部叶片发病,逐渐向上发展。发病初期为水浸状青灰色小点,后沿叶脉向两边发展,形成中央黄褐色、边缘深褐色的梭形或纺锤形大斑。湿度大时病斑连合成大片,病斑上产生黑灰色霉状物,使病部纵裂或枯黄萎蔫。果穗包叶染病,病斑不规则。

防治措施：

选用抗病品种。在生产中根据当地实际情况，种植抗玉米大斑病的品种，以减轻病害的发生。减少菌源。发病初期，及时摘除病叶并带出田间销毁；收获后，集中深埋田间遗留的病株。加强田间管理。增施有机肥和 P、K 肥，以增强植株的抗病力。注意及时排灌，降低田间湿度。

药剂防治。可选用 50％多菌灵可湿性粉剂 500 倍液、50％敌菌灵可湿性粉剂 500 倍液、90％代森锰锌可湿性粉剂 500 倍液等喷雾，7～10 d 喷 1 次，连喷 2～3 次。

②玉米丝黑穗病　玉米在苗期被病菌侵染，在抽雄后的果穗和雄穗上表现出症状。感病植株雌穗短小，不吐丝，整个果穗变成一个大灰包。当雄穗受害后，全部或部分的雄花变成黑粉，黑粉一般黏结成块，不易飞散。春玉米播种后遇上低温干旱天气，发芽出苗慢，病菌侵染的机会多，往往发病严重；此外，整地粗放、播种过深、出苗慢，易感病，发病率高。

防治措施：

种植抗病品种可减轻病害的发生。适当推迟播期，播前选种、晒种。及时拔除病株，并带出田外深埋；抽雄前适时灌溉，勿受旱；重病区要实行 3 年以上轮作。

药剂防治。可用 15％粉锈宁可湿性粉剂或 17％三唑醇（羟锈宁）拌种剂 0.4～1.5 kg，40％粉锈宁乳油 0.2～0.5 kg 拌 100 kg 种子。播种时，用 5406 抗生菌肥＋甲基托布津覆盖种子。

③玉米黑粉病　玉米黑粉病危害茎、叶、雌穗、雄穗、腋芽等幼嫩组织。受害组织肿大成瘤。病瘤未成熟时，外披白色或淡红色具光泽的柔嫩组织，以后变为灰白或灰黑色，最后外膜破裂，放出黑粉。受害植株茎秆多扭曲，病株较矮小，果穗小，甚至不能结穗。

防治措施：

种子处理。选用耐旱、早熟等品种，播种前晒种、选种；合理密植。施用腐熟有机肥，防止偏施氮；抽雄前适时灌溉。秋季收获后，清除田间病残体并深翻土壤；实行 3 年轮作。

药剂防治。播种前，可用 50％福美双可湿性粉剂或 12.5％速保利可湿性粉剂，按种子量的 0.2％拌种。发病初期，每亩用 12.5％烯唑醇可湿性粉剂 90 g 兑水 50 kg 喷雾。

4. 常见虫害及防治措施　主要害虫有蚜虫、二十八星瓢虫、玉米螟、芫菁（斑蝥）、地老虎、金针虫、蛴螬、蝼蛄等。

(1)蚜虫防治方法　在高海拔冷凉地区生产种薯，或在风大蚜虫不易降落的地点种植马铃薯，以防蚜虫传播病毒。或根据有翅蚜飞迁规律，采取种薯早收，躲过蚜虫发生高峰期，以保种薯质量。

化学防治：用 70％高巧干种衣剂 30～40g 拌种 100 kg 种薯，杀虫率为 80％～100％（扬骥，2003）；蚜虫发生期，用乙酰甲胺磷 2000 倍液、40％的乐果乳剂 1000～2000 倍液、20％速灭杀丁乳油 2000 倍液或多虫清 500～600 倍＋阿克泰 6000 倍喷雾，效果好。

(2)二十八星瓢虫防治方法　清除田边杂草，消灭虫源。在马铃薯田安装杀虫灯诱杀成虫，也可在早晚人工捕杀成虫或摘除卵块。利用绿僵菌和瓢虫双脊姬小蜂等天敌进行生物防治。

在卵孵化盛期至若虫期用无公害杀虫剂 10％氯氰菊酯乳油 1000 倍液喷雾防治。成虫盛期和 1～2 龄的集聚期用 40％辛硫磷乳油、2.5％功夫乳油、2.5％溴氰菊酯乳油（敌杀死）2000 倍液防治。喷药时从下部叶背到上部都要喷到，以便把孵化的幼虫全部杀死。据张贵森（2014）研究表明：在山西省晋中、大同、忻州 3 个地区，高效氯氟氰菊酯对马铃薯二十八星瓢虫的毒杀效果相对较好。

（3）玉米螟防治方法　玉米螟与玉米在长期进化过程中形成了基本稳定的发生规律模式，在多世代区，玉米螟在普通玉米的整个生长发育过程发生2代，第一代的卵盛期一般落在玉米的心叶期，第二代落在吐丝盛期，即心叶期和穗期世代。玉米螟在心叶前期的生存率最低，随着玉米的生长发育存活率逐渐增高，到抽丝授粉期最高。

由于甜玉米是鲜食或制成罐装食品，采收期较早，因此，对甜玉米玉米螟的防治方法要求无污染。国内外目前采取的防治方法主要有种植抗虫品种、利用Bt和白僵菌制剂、人工释放赤眼蜂、喷施化学农药杀虫剂等。在雄穗尚未散开前即幼虫向下转移蛀茎前为第一次药剂防治适期。抽丝散粉期为第二次防治适期，之后根据田间虫情约7～10 d防治1次，采收前7～10 d应停止喷药。

（4）地老虎、金针虫、蛴螬、蝼蛄等地下害虫防治方法

农业防治：有条件的地区进行水旱轮作；精耕细作，冬季深耕可消灭大部分越冬害虫，减少来年虫源；清除田间、田埂、地头、地边和水沟边等处的杂草和杂物，以减少幼虫和虫卵数量；避免施用未成熟的厩肥，减少成虫产卵量。蛴螬、地老虎成虫趋光性强，可在成虫发生期用黑光灯、糖蜜诱杀器或频振式杀虫灯、鲜马粪堆、草把等进行诱杀。

化学防治：种薯用60％吡虫啉悬浮种衣剂30 mL加70％丙森锌可湿性粉剂50 g加水0.75～1.00 kg拌种，或用高效、低毒高巧包衣剂，100 kg种薯用50～70 g进行包衣可以有效防治地下害虫。播种时每亩用1％敌百虫粉剂3～4 kg加细土10 kg掺匀，顺垄撒于沟内，或撒入由吡虫啉或乐斯本配制的毒土进行毒杀地下害虫；虫情重的地块于马铃薯生长期补施1次，顺垄撒施毒土后覆土。如：防治蝼蛄、地老虎可用炒香的麦麸加甲基异柳磷或敌百虫制成毒饵，撒施于垄间诱杀；或以80％敌百虫可湿性粉剂500 g加水溶化后加炒熟的棉籽饼或菜籽饼20 kg拌匀，用灰灰菜、刺儿菜等鲜草约80 kg切碎和药拌匀作毒饵，于傍晚撒在幼苗根的附近地面上诱杀。以70％吡虫啉、70％噻虫嗪、3％克百威处理土壤、种薯防治效果明显。防治蛴螬、金针虫可用40％辛硫磷1500～2000倍液在苗期灌根，每株50～100 mL效果较好。每亩用3％辛硫磷颗粒剂4.00～8.33 kg或25％阿克太播种时沟施。

5. 常见杂草及防治措施　田间杂草与作物争水、争肥、争光，导致作物减产。马铃薯田常见杂草种类主要有：反枝苋、灰藜、田旋花、野黍子、野燕麦、早熟禾、刺菜、稗草、莎草、马唐、牛筋草、莎草、繁缕、看麦娘、狗尾草、芦苇草、马刺苋、苣荬菜等。防治措施如下：

（1）农业防治　3～5年轮作，可降低寄生、伴生性杂草的密度，改变田间优势杂草群落，降低田间杂草数量。深翻30 cm以上可以将杂草种子和多年生杂草深埋地下，抑制杂草种子发芽。

（2）机械除草　机械除草主要利用翻、耙、耢等方式，消灭耕层杂草。

（3）人工除草　面积较小的地块可以进行人工除草。人工除草结合松土和培土进行。苗出齐后，及时锄草，能提高地温，促进根系发育。发棵期植株已定型，为促使植株形成粗壮叶茂的丰产型植株，应锄第二遍，清除田间杂草，并进行高培土。

（4）物理防治　铺设有色（黑色、绿色等）地膜，能够抑制杂草生长。

（5）化学防治　化学防除杂草主要在播后苗前进行，安全有效。由于是马铃薯和蔬菜进行间作种植，要考虑除草剂的防治对象，须慎用。

6. 应对灾害性天气　气象灾害种类多、分布广、频率高，尤其是干旱和冰雹灾害更是频繁发生，给当地马铃薯生产造成了严重影响。

（1）干旱   一作区受季风气候的影响，降水的年变率大，地下水贫乏。在半干旱雨养农业区，作物生长只能依赖降雨，而该地区降雨稀少，且年际及年内分配不均匀，农作物的生产受干旱影响严重。马铃薯是一种浅根系作物，大部分根系分布在 $30\sim40$ cm 的范围内，对水分胁迫高度敏感。黄土高原，春季土面蒸发强烈，大量土壤水分散失影响了马铃薯出苗。此外，马铃薯苗期至开花期正逢该地区伏旱阶段，无效降水不能有效入渗土壤，导致土壤水分含量处于较低水平，使马铃薯前期发育受阻。应对措施如下：

①选用抗旱品种   根据当地自然条件及市场的需要选择耐旱性较强的马铃薯品种。一般情况下中晚熟或晚熟品种比早熟品种耐旱性强。

②种薯提前催芽   选择 50 g 左右小薯整薯或 50 g 以上切块播种进行催芽。

③调整播期   根据当地的气候条件，调整播期，使马铃薯的块茎膨大期与当地雨季吻合。

④覆盖保水   地膜、秸秆的覆盖能明显减少土壤水分蒸发，提高土壤蓄水保水能力，促进对有限降水的充分利用。覆膜和垄作结合明显改善了耕作层土壤水分含量，提供更多的水分用于马铃薯的出苗和植株生长。

⑤集雨节水灌溉   目前，有效的节水灌溉方法是喷灌和滴灌，滴灌、膜下滴灌节水效果最好。

垄沟集雨全膜覆盖技术在西北旱作农业区得到了全面推广。该技术主要利用田间起垄、沟垄相间、垄面产流、沟内高效集雨，并依靠增温、抑蒸等生理生态效应，已经作为水分缺乏的干旱和半干旱地区一项重要的抗旱措施。在黄土高原区，田间沟垄集雨模式在带型及覆盖物上种类较多，地域性差异也较大。

⑥合理使用保水剂   保水剂是一种吸水、保水能力强的高分子聚合物，它能迅速吸收自身重量数百倍甚至上千倍的水分，所吸持水分的 85% 以上可被作物利用。应用保水剂可以增加土壤表层颗粒间凝聚力，防止水土流失，改良土壤结构，提高雨水的渗入率，从而可促进作物生长发育，提高作物产量。保水剂因种类、施用方式、施用量的不同，在不同地区对改善土壤物理性质和作物增产效果也不同。要因地制宜使用。

（2）冰雹   冰雹是仅次于干旱的主要气象灾害，年年都有发生，冰雹直径一般 $5\sim20$ mm，最大 70 mm。冰雹分布特点：南部多、北部少，山区多、丘陵少，迎风坡多、背风坡少。虽然降雹是局限性的，但对农业、水利、生态环境造成毁灭性打击，几年都难以恢复。降雹时间每年出现在 3—10 月份，4—8 月份为多发时段，而成灾大都在 6—8 月份。遭受冰雹天气危害后，应采取以下措施：雹灾过后，应及时对板结地面进行松土，增强植株恢复能力。及时剪去枯叶和受损严重的烂叶，促进新叶生长。及时追施 N 肥，促进植株恢复生长，增强抗性。对受损较轻的可叶面喷施磷酸二氢钾。

（3）风沙   黄土高原地区风沙危害区主要位于长城沿线以北，面积约 20 万 km^2，约占全区面积的 1/3。在风沙区内沙漠化土地面积达 11.8 万 km^2，约占风沙区总面积的 57%。严重沙漠化面积约为 3.6 万 km^2。防止风沙危害主要措施如下：

增加地面植被覆盖率。种植地块应该选择有一定植被覆盖率的区域。增施有机肥，培肥土壤，改善土壤的性能，从而增加地面的稳定性，提高抗风蚀的能力。利用地膜或秸秆覆盖，增强土壤保水能力，防止地面风蚀。合理使用保水剂。保水剂可以增加土壤表层颗粒间凝聚力，防止水土流失，改良土壤的结构，促进作物的发芽和生长发育。

（4）低温冷害   低温对马铃薯的幼苗、成株和贮藏中的块茎都能造成不同程度的危害。

预防措施:应根据各地自然条件和无霜期,选择适宜的马铃薯栽培品种,调节好播种期,躲过早霜或晚霜的危害。二季作区春季早熟栽培注意防晚霜,秋季培土适当加厚以防霜冻,保护块茎。冬季贮藏注意防冻,以 1～4℃为宜。一季作区对窖藏的块茎,应严格控制贮藏温度,贮藏种薯应保持 2～4℃,食用薯为 4～6℃,加工原料薯 8～10℃。

(五)收获

1. 马铃薯的收获

(1)收获时期的确定　一般在马铃薯生理成熟时收获。马铃薯生理成熟的标志是大部分茎叶由绿逐渐变黄转枯,块茎尾部与连着的匍匐茎容易脱落,不需用力拉即与连着的匍匐茎分开;块茎表皮韧性较大、皮层较厚、色泽正常。在收获时要选择晴天,避免在阴雨天收获,收获前一周要停止浇水,以减少含水量,促进薯皮老化,以利于马铃薯及早进入休眠,要避免拖泥带水,否则既不便收获、运输,又容易因薯皮擦伤导致病菌侵入、发生腐烂而影响贮藏效果。

(2)收获日期范围　以当地马铃薯成熟时间为标准。

(3)收获方法　马铃薯的收获质量直接关系到安全贮藏及收益,在收获过程的安排和收获后的处理中,每个环节都应做好。收获前的准备如下:

收获机械检修和物资准备。在收获前 20 d 把所有的收获机械检修完毕达到作业状态。苫布、筐篓的等其他收获工具,要根据需要准备充足。

杀秧。收获前 5～7 d 杀秧,促进周皮老化,减少蹭皮、裂口、碰撞伤。

收获过程。收获方式可用机械收获,也可用木犁翻、人力挖掘等,但不论用什么方式收获,第一要注意不能因为使用工具不当,大量损伤块茎;第二收获要彻底,不要把块茎大量遗漏在土中。收获时要注意晴天抢收,不要让薯块在烈日下暴晒,以免使马铃薯发青,影响品质。收获种薯时应保持纯度,忌混杂。

收后预贮。收获的块茎要及时运回,不能放在露地,更不宜用发病的薯秧遮盖,要防止雨淋和日光暴晒,以免堆积内发热腐烂和外部薯皮变绿。轻装轻卸,不要使薯皮大量擦伤和碰伤。入窖前做好预贮措施,很好地给予通风晾干条件,促进后熟,加快木栓层的形成。严格选薯、去净泥土等。预贮场所应宽敞,预贮可以就地层堆,然后覆土,覆土厚度不少于 10 cm。也可在室内盖毡预贮,以便于装袋运输或入窖。刚收获的块茎湿度大,堆高不宜超过 1m,而且食用的块茎尽量放在暗处,通风要好。预贮时一定不要让薯块被晒和被淋。入窖时应尽量做到按品种和用途分别贮藏,以防混杂,并经过挑选去除病、烂、虫咬和损伤的块茎。预贮时间 15～20 d,使块茎表面水分蒸发,然后入窖。

(4)收获后田地管理　收获后,及时清除田间枯枝烂叶,进行深耕细耙,以备来年种植作物需要。

2. 蔬菜的收获

(1)收获时期的确定　作物的成熟度和植株因素是决定蔬菜产品收获期的主导因素。蔬菜产品的成熟度主要包括食用上的成熟和生物学的成熟。确定蔬菜产品的收获时期,主要看作物是否符合生产目的要求。根据蔬菜产品特性和商品采收标准,确定采收期。植株生育状况也是决定收获期的另一因素,如果菜类的第一个瓜或第一层果采收,就应考虑直至营养生长和开花坐果状况,当植物营养生长不良时应趁早采收,当植株坐果不良时应适当延迟采收。一些地下蔬菜的采收可根据其上部的生育特征判别,如地上部分枯死、叶片的黄化、脱落等。

另外,市场因素、栽培目的、栽培季节也是影响蔬菜收获的因素。

（2）收获方法　蔬菜收获可按采收次数分为一次性采收和多次性采收。一次性采收是蔬菜成熟时，一次性经整个蔬菜单株采收完毕，如大白菜、结球甘蓝、萝卜等；有的蔬菜持续开花，依次结果成熟，需要多次性采收，如黄瓜、西葫芦、西瓜等。蔬菜收获早晚对其品质影响较大，对于一次性采收的蔬菜，采收时间可以适当延迟，对于分批次采收的蔬菜，早期挂的果应及时采收，且间隔时间放短一些，这样可以减少植株营养消耗，有利于后期果实的生长。

（3）采收要求　为避免午间蔬菜田间热较大，加快蔬菜呼吸代谢而降低品质，多数蔬菜的采收时间一般是一天中气温较低的早晨或傍晚。应根据不同蔬菜的特征进行科学采摘，如结球甘蓝、结球生菜、大白菜等收获时应预留 2～3 片外叶作保护叶，避免叶球（花球）在输送中受到机械损伤或污染；一些普通叶菜类，如芹菜、小白菜等，采收时直接截断根部，捆把包装；一些根菜类，如萝卜、胡萝卜等，埋土较浅的，可直接拔起，埋土较深的，可采用一些工具刨开，注意避免机械损伤根茎。

六、效益分析

马铃薯与蔬菜间套种，充分利用作物在生长周期不同形态学和生态学等方面的差异，提高作物对温度、养分、光等各种自然资源的利用效率，增加复种面积，有效提高资源利用率缓解争地矛盾，同时配合一些蔬菜如油菜的秸秆还田，提高土壤肥力，增加粮食产量，大大提高了单位面积的经济效益，提高农民的经济收入，增强农业系统的抗风险能力，增加水土保持能力，同时能够抑制病虫草害的发生，获得较好的生态、经济和社会效益。韦贞伟等（2015）在大田栽培条件下，研究芜菁甘蓝、马铃薯间作模式下作物的产量、土地当量比、经济效益，结果表明，间作地下部分无间隔的产量最高，总产量达到 10627.42 kg/亩；间作地下部分有间隔的产量为 9828.76 kg/亩，芜菁甘蓝/马铃薯间作的土地当量比＞1（1.76 和 1.63），说明芜菁甘蓝/马铃薯间作具有一定的产量优势；间作处理的总产值大于单作，经济效益提高达 3386.8 元/亩。间作经济效益均大于单作芜菁甘蓝和马铃薯，芜菁甘蓝/马铃薯 1∶2 间作地下无间隔表现出最佳生产优势。芜菁甘蓝/马铃薯间作模式适宜推广种植。

第二节　二熟制地区马铃薯与蔬菜间套作

一、茬口衔接

马铃薯与各种蔬菜作物的间作套种，是实现马铃薯高产高效的重要模式，种植作物及方式多，间作的主要是耐寒速生蔬菜，套种多选用生育期较长、产量较高、生产效益好的作物。马铃薯与西瓜等瓜类作物间作套种，生产效益也相当好。

在中原二季作地区，马铃薯出苗至收获只有 60 d 左右，春季播种一般在 2 月下旬至 3 月上中旬。如果适当采取保护措施，可更早播，使收获期提早。马铃薯与蔬菜的间作套种主要有以下几种模式。

（一）马铃薯间作耐寒速生蔬菜模式

耐寒速生蔬菜如小白菜、小春萝卜、菠菜等，播种后 40～50 d 即可收获。马铃薯催大芽于 3 月上旬播种，培垄后进行地膜覆盖。小白菜、小春萝卜等可于 3 月中下旬播种，菠菜可与马铃薯同时播种。

（二）马铃薯间作小萝卜模式

2月上旬，播种马铃薯和小萝卜，加盖拱棚；3月下旬收获小萝卜；4月下旬至5月上旬收获马铃薯。

（三）马铃薯间作韭菜模式

韭菜育苗移栽，5～6片叶时及时定植，当年霜降前后扣棚，收割鲜韭2茬。翌年2月下旬播种马铃薯，5月中下旬采收上市。马铃薯收获后撤膜，韭菜进入露地生产。秋季若继续间作马铃薯，则7月下旬进行种薯处理，8月下旬播种。

（四）马铃薯间套作西瓜模式

马铃薯于1月中旬开始催芽，2月下旬播种，采用小拱棚加地膜覆盖栽培措施，5月下旬到6月初收获。西瓜可育苗移栽，也可直播。育苗移栽的应于3月20日前后阳畦育苗，4月中下旬定植，直播的可于终霜期前7 d播种，6月中旬至7月中旬分批采收上市。

（五）马铃薯间作甘蓝或菜花模式

甘蓝和菜花要提前育苗，苗龄约70～80 d，育苗时间应在1月上中旬。马铃薯于3月上旬播种，施足基肥，一次性培好垄。3月中旬定植甘蓝/菜花，并进行地膜覆盖。

二、马铃薯品种选择

间作套种要选用早熟、高产、株型矮、分枝少、结薯集中的马铃薯品种；提早催芽、催大芽播种，以促进生育进程；适期早播种；采用地膜覆盖，或小拱棚覆盖栽培；必要时喷施植物生长调节剂，如矮壮素、多效唑等，以控制茎叶生长。

（一）郑商薯10号

由郑州市蔬菜研究所和商丘金土地马铃薯研究所联合，从费乌瑞它变异株系选育而来。2014年通过河南省审定（豫审马铃薯2014003）。

该品种早熟，出苗后生育期61 d。株型直立，株高48.5 cm，茎绿色带紫色斑点，叶绿色，花紫色，结实多。薯块椭圆形，黄皮黄肉，薯皮光滑，芽眼浅，结薯集中，薯块性状大而整齐。平均单株薯块数3.8个，单薯重420 g，商品薯率88.4%。抗卷叶病毒病、花叶病毒病，抗环腐病，抗早疫病、晚疫病。郑商薯10号淀粉含量12.1%，蛋白质含量1.86%，每100 g鲜薯维生素C含量25.6 mg，还原糖含量0.06%。适宜鲜食、加工。在河南省春季种植，亩产2500 kg左右，高产达4000 kg以上。

郑商薯10号较抗晚疫病，2011—2013年，河南省农业科学院植物保护研究所连续3年对该品种进行田间抗病性测定，结果显示，郑商薯10号晚疫病平均发病率为23.7%，平均病情指数9.28。维生素C含量高，鲜食品质好，有较好的推广前景。

（二）郑薯9号

由郑州市蔬菜研究所1998年利用母本早大白、父本郑薯5号杂交选育，2009年通过河南省审定（豫审2009003）。

该品种早熟，出苗后生育期56 d。商品薯率可达89%以上。株型直立，株高44 cm左右，茎绿色，叶色浅绿，花冠白色，结实少。结薯集中，单株结薯2～3个。块茎椭圆形，黄皮白肉，表皮光滑，薯块整齐，芽眼浅。炒食口感和风味好。鲜薯淀粉含量11.8%，还原糖含量

0.32%,粗蛋白质含量 2.52%,每 100g 鲜薯维生素 C 含量 25.2 mg。

植株田间抗卷叶病毒病、花叶病毒病、晚疫病和环腐病。在河南省春季种植,亩产 2000 kg 左右。

(三)费乌瑞它(Favorita)

由荷兰引进,早熟品系出苗后生育期 65 d 左右,块茎休眠期短,适于晚疫病发病较轻的季节栽培,也适合与其他作物进行间作套种。

株型直立,株高 60 cm 左右。茎秆粗壮,分枝少。叶片肥大,花淡紫色。块茎长椭圆形,芽眼极浅,薯皮光滑,外形美观,黄皮黄肉,食味好,品质优良。干物质含量 17%~18%,淀粉含量 13%左右,粗蛋白含量 1.94%,每 100g 鲜薯维生素 C 含量 33.2 mg。适宜鲜食和出口,在香港及东南亚市场极为畅销。

对病毒病抗性中等,较抗疮痂病和环腐病,易感晚疫病,不耐旱、不耐寒、不耐贫瘠。该品种是优质菜用薯品种,适宜在晚疫病发病较轻地区的肥沃疏松土壤上种植。

目前,各地从费乌瑞它中选育出许多变异株,培育出许多新的品系,例如鲁引 1 号(荷兰 7 号)、荷兰 15、津引 8 号、科薯 6 号、803 等。

(四)中薯 3 号

由京丰 1 号与 BF66 杂交选育而成,2005 年通过国家审定(国审薯 2005005)。先后通过北京、广西、贵州、湖南、福建、湖北、广东等省(区、市)认定。

早熟鲜食品种,出苗后 60 d 可收获。株型直立,株高 60 cm 左右,茎粗壮、绿色,分枝少,生长势较强。复叶大,叶色浅绿。花冠白色,易天然结实。薯块卵圆形,顶部圆形,皮肉浅黄色,芽眼少而浅,表皮光滑。结薯集中,薯块大而整齐。块茎休眠期为 50 d 左右。食用品质好,鲜薯淀粉含量 12%~14%,还原糖含量 0.3%,每 100 g 鲜薯维生素 C 含量 20 mg。植株较抗病毒病,退化慢,不抗晚疫病。二季作区春季亩产 1500~2500 kg,高的亩产可达 3500 kg。稳产性较好。适应性较广,较抗贫瘠和干旱。

(五)中薯 5 号

从中薯 3 号天然结实后代中经系统选育而成,2001 年通过北京市审定,2004 年通过国家审定(国审薯 2004002)。

早熟鲜食品种,出苗后 60 d 可收获。株型直立,株高 50 cm 左右,生长势较强,分枝数少,茎绿色。叶色深绿,花白色,天然结实性中等。块茎圆形、长圆形,淡黄皮淡黄肉,表皮光滑,大而整齐,芽眼极浅,结薯集中。炒食口感和风味好,炸片色泽浅。鲜薯干物质含量 19%左右,淀粉含量 13%,粗蛋白质含量 2%,每 100g 鲜薯维生素 C 含量 20 mg。一般亩产 2000 kg 左右,高的亩产可达 4000 kg,春季大中薯率可达 97.6%。

植株田间较抗晚疫病、PLRV 和 PVY 病毒病,不抗疮痂病,耐瘠薄。

早熟丰产,耐水肥,生长势较强,但分枝少,宜密植和间作套种。

(六)早大白

辽宁本溪市马铃薯研究所育成,1992 年辽宁省农作物品种审定委员会审定。

该品种早熟,出苗后生育期 60 d 左右。植株直立,株高 50 cm 左右。叶绿色,花冠白色,天然结实性弱。块茎扁圆形,白皮白肉,表皮光滑,芽眼深度中等,休眠期中等,耐贮性一般。块茎干物质含量 21.9%,淀粉含量 11%~13%,还原糖含量 1.2%,粗蛋白含量 2.13%,每

100g 鲜薯维生素含量 12.9 mg,食味中等。单株结薯 3～5 个,大中薯率 90％以上,亩产 2000～2500 kg。

苗期喜温抗旱,对病毒病耐性较强,较抗环腐病,感晚疫病。

三、适于间套作的蔬菜种类和品种

(一)马铃薯间套作优势

马铃薯抗寒性强、播种早、成熟收获早、植株矮、根系在土壤中分布浅,非常适合与蔬菜作物间套作。马铃薯与其他作物的间套作模式,充分利用了土地、时间、空间及光能,增加了复种指数,改变了耕作制度。马铃薯是高产作物,经济价值高,茎叶又是很好的绿肥,但是,间套作模式存在争水争肥等相互矛盾的一面。因此,根据茬口、水肥利用等条件作适当的安排,加强科学管理,才能达到间套作后双高产、双丰收。

(二)马铃薯间套作原则

马铃薯最适宜的前茬作物为葱蒜类,其次为禾谷类作物及大豆。与其他作物套种时应注意:选育适宜间套作的品种;春马铃薯应适时催芽早播;科学选用间作套种带距,解决好作物对水、肥、光需求的矛盾;间套作后要加强水肥管理。

(三)适宜与马铃薯进行间套作的蔬菜作物

主要有耐寒速生蔬菜、韭菜、西瓜、甘蓝/花菜等。下面具体介绍一些适宜与马铃薯间作套种的优良蔬菜种类和品种。

1. 小白菜 又名不结球白菜、普通白菜、青菜、油菜等,属十字花科芸薹属芸薹种不结球白菜亚种蔬菜,是以绿叶为产品的一、二年生草本植物。植株多开展,少数直立或微束腰。冬性强、耐寒、丰产。小白菜茬口包括以下 3 种:秋冬茬,一般在 7 月下旬至 9 月上旬播种,10 月至 12 月大棵菜上市;冬春茬,一般在 9 月下旬至 10 月中旬播种,翌年 1 月至 3 月中棵菜上市;春夏茬,3 月上旬至 7 月上旬可分期播种,陆续采收。按抽薹早晚和供应期又分为早春菜和晚春菜。早春菜的代表品种有白梗的南京亮白叶、无锡三月白及青梗的杭州晚油冬、上海三月慢等。晚春菜的代表品种有白梗的南京四月白、杭州蚕白菜等及青梗的上海四月慢、五月慢等。

(1)上海五月慢 由上海市农业科学院育成。植株直立、束腰,株高约 30 cm,开展度 30 cm。叶柄扁平,呈匙形,白绿色。叶片卵圆形,叶脉细而稀,叶面平滑,深绿色。该品种纤维少,品质好,耐寒,冬性强,春季抽薹较晚。适宜作冬春菜栽培。

(2)华冠 引自日本的品种。植株直立,束腰,矮脚,株高 20～22 cm,开展度 23.0～24.5 cm。叶长 11.7 cm,宽 8.7 cm,呈长圆形。叶面光滑,全缘。叶柄长 6 cm,肥厚,匙羹形。青绿色,光泽度好。极早熟,播种至初收 33～36 d。耐热,冬性也强。品质优良。适宜作夏菜、秋菜栽培。

(3)紫罗兰 引自韩国的品种。植株直立,株高为 20 cm,开展度 12～15 cm。叶片宽 6 cm,长 8 cm。卵圆形,亮紫色,全缘,叶柄翠绿色,长 5 cm。质地柔嫩,适于生食。适温下播后 30～35 d 即可采收上市。该品种冬性强,不易抽薹。适宜作夏菜、秋菜栽培。

2. 小萝卜 主要为小型水萝卜品种。喜温暖湿润环境,不耐寒;根需覆盖方能越冬;对土壤要求不严,但以土层深厚,富含有机质、疏松肥沃的沙质壤土栽培为好,低洼地不宜种植。为中国特产,是一分布较广、变异较大的种类,产于河北(南部)、河南、山西、陕西(南部)、湖北、安徽、江苏、浙江、福建、江西、湖南、广东、贵州、四川等地。

（1）小五缨萝卜　由大连市农业科学院选育而成。该品种叶片小，每株 7 片叶左右，肉质根长圆锥形，生长后期近圆桶形，长 13～15 cm，横径 3.5～3.8 cm，皮鲜红色，肉白色，肉质细密，脆且甜，品质优良，生育期 45～50 d，抗寒性强，不易抽薹，单果重 90～100 g。

（2）美樱桃　由日本引进的小型萝卜品种。肉质根圆形，直径 2～3 cm，单根重 15～20 g。根皮红色，肉白色，具有生育期短、适应性强的特点，喜温和气候，不耐热，生育期 30 d 左右。

3. 菠菜　菠菜根据叶型及种子上刺的有无分为有刺和无刺两个类型。

有刺类型：又称中国菠菜，在中国栽培历史悠久，分布范围广泛。其叶片平而狭小，戟形或箭形，先端锐尖，又称尖叶菠菜。叶面光滑，叶柄细长，耐寒力较强，耐热力较弱，对光照的感应较敏感，在长日照下抽薹快。适宜秋季栽培，或秋播越冬栽培，质地柔软，涩味少，春播易抽薹，产量低；夏播生长不良。

无刺类型：又称圆叶菠菜。过去栽培较少，近年来逐渐增多。叶片肥大，多皱，卵圆、椭圆或不规则形，先端钝圆或稍尖。叶柄短，种子无刺，果皮较薄。耐寒力一般，较有刺型稍弱，但耐热力较强。对长日照感应不如有刺类型敏感，春季抽薹较晚。适宜春季或晚秋及越冬栽培，产量高，品质好。主要有以下品种。

（1）美国大圆叶　由美国引进，属无刺种。叶片肥大，卵圆形至三角形。叶面多皱缩，浓绿色，品质甜嫩。春季抽薹晚，产量高，单株重 0.5 kg。抗霜霉病及病毒病能力弱。

（2）速生大叶菠菜　抗性强，叶片大，生长速度快，效益更好。杂交一代速生菠菜品种，早熟，播种后 30～35 d 可收获，生长速度快，可抢占先机，适合加茬及轮作，收益高；叶片亮绿有光泽，宽大肥厚，叶面光滑平整，尖圆叶，商品性佳，适合鲜食和加工；株型直立，生长势强，整齐度好，较晚抽薹，适应性广；对霜霉病有较强的抗性，可扩展种植范围，减少用药量，减少农药残留。适合大部分中日照区域春秋及越冬季节适宜温度种植。

（3）鼎耐菠菜　杂交一代优质菠菜新品种。该品种株型较直立，生长旺盛。尖圆叶，叶片较大，绿色较深，叶面较平，商品性好。生长速度快，产量高，耐抽薹能力较强，较耐热。适宜春秋露地及冬季保护地栽培。栽培要点：选择土壤肥沃的地块作播种田，每亩施腐熟的有机肥5000 kg，每亩用种 1.5～2.0 kg。整地时深耕耙平，播种后至出苗前保持土壤温湿，以利出苗。生长期间保证水分供应。条播或点播。

4. 韭菜　又称扁菜、起阳草等，为百合科葱属多年生宿根蔬菜，起源中国，野生韭菜至今在山区能常见。韭菜是栽培历史悠久的古老蔬菜，是全年都能供应的主要叶菜之一，一次种植可多年收获。按韭菜食用部位不同，可分为根用韭菜、叶用韭菜、花用韭菜和花叶兼用韭菜 4 类，而主要食用部位是叶片和叶鞘，其花茎或肉质化的根也能食用。

（1）平韭 4 号　由河南省平顶山市农科所选育而成。株高 50 cm，叶色深绿，叶片宽肥厚，叶鞘粗壮。植株生长迅速，分蘖力强，抗病、耐热，适宜栽培面积广。春季早发，上市早，产量高，效益显著，品质优良，辛辣韭香味浓，口感好，营养丰富，商品性极佳。该品种生产速度快，新叶生长能力强，20～25 d 即可收割，且植株粗壮肥大，年收割 6～7 刀，产量高，亩产鲜韭11000 kg。播种 1 次，露地栽培可持续 3～4 年的高产。

（2）平丰 8 号　由河南省平顶山市农科所韭菜研究室以桂林大叶韭菜为母本、平韭 4 号为父本，通过杂交、侧交多代自交筛选和优系混合授粉培育而成的韭菜新品种。株高 50 cm 以上，株丛直立，叶深绿色，叶长约 33 cm，平均叶宽 1.15 cm，叶鞘粗壮，鞘长约 12 cm，横断面椭圆形,鞘粗 0.76 cm 左右。6 月中旬开始抽薹,7 月上旬为抽薹盛期,花薹粗大,薹粗 0.72 cm,平均薹高 75 cm,伞形花序,花序较大,花期较长;嫩薹商品性状较好,以生产青韭为主,可兼收鲜嫩韭薹。

(3)嘉兴白根　窄叶型韭菜品种,浙江省嘉兴、绍兴、杭州一带农家品种。耐寒性强,商品性好,耐弱光。该品种又被称为雪韭、杭州铁秆韭,属于不回根休眠。冬季气温低时生长旺盛。夏季气温高时生长不良。植株高 50 cm 左右,叶片宽 0.8~1.0 cm,长 40 cm,叶背有棱,断面三角形,叶鞘细长,高 10 cm。10℃ 以下 10 d 左右即可完成休眠。休眠时只有少数叶尖干枯,分蘖多,生长快,播后 60 d 可育成苗并分蘖,90 d 采收,辛辣味淡。一年采收 4~5 刀,亩产鲜韭 4000~5000 kg。

5. 西瓜　西瓜种类可以分为鲜食西瓜和籽用西瓜。选育的西瓜品种多为鲜食西瓜,是西瓜栽培的主要类型,在西瓜种类中是杂种优势利用程度最高的,中国各地均可栽培。南方以海南岛为主要产区,由于其独有的气候特点,一年四季均盛产西瓜,品种多样。北方以沿黄河一线,上至甘肃兰州,下至陕西、河北、河南、山东为主要种植带,黄河两岸土地肥沃,沙性土质最适宜西瓜生长,结出的瓜又甜又起沙。籽用西瓜适应性强,侧蔓结实率高,管理较为粗放,西瓜选种与鲜食西瓜相同。内蒙古、甘肃、新疆等省区是中国籽用西瓜的主要生产地。

(1)西农 8 号　由西北农业大学以 WW150 作母本、VOW102 作父本选育而成。主蔓长 2.8 m 左右,掌状裂叶、浓绿色,雌雄同株异花,第一雌花着生节位 7~8 节,雌花间隔 3~5 节,果实椭圆形,果皮淡绿色、上覆深绿色条带,果皮厚 1.1 cm,瓤红色,单果重 8 kg 左右。中晚熟品种,全生育期 95~100 d,开花到果实成熟约 36 d,较耐旱、耐湿,不易产生畸形瓜,高抗枯萎病,抗炭疽病,果实含糖量 9.6% 左右。亩栽 700~1000 株,三蔓整枝。大田生产一般亩产 3000~4000 kg。适宜西瓜产区作中晚熟品种种植。

(2)京欣七号　为北京市农林科学院蔬菜研究中心一代杂交种,组合为 LM-1/K-210。中早熟品种。生育期约 95 d,果实发育期 32 d,生长势较强,易坐瓜。果实圆形,绿皮带深绿条带,皮厚 0.7 cm、较硬、瓤红、沙质、细脆,剖面均匀,纤维少,汁液多、口感好,中心糖含量 10.3%、边糖含量 8.2%,平均单瓜重 4 kg,果实商品性好,商品果率 98.0%。病毒病、炭疽病抗性中等。适于春露地栽培。

(3)庆发八号　由黑龙江省大庆市庆农西瓜研究所选育而成。属中熟品种,从开花到果实成熟约 32 d,全生育期 100~105 d,植株生长健壮,分枝性中等,叶形掌状裂叶,叶色绿,最大叶长 28 cm,宽 26 cm,第一雌花节位 5~7 节,雌花间隔 4~6 节。果实椭圆形,果形指数 1.46,果皮厚 1.0~1.2 cm,果肉红色,剖面均匀,纤维少,中心可溶性固形物含量达 12%,中心与边缘梯度较小,单瓜重 7~10 kg,耐贮运。适合地膜覆盖栽培和间作套种;适当稀植,一般株行距为 0.8 m×1.8 m,注意 N、P、K 配合施用;人工辅助授粉,提高坐果率;采用三蔓整枝,每株留 1 果;不宜过早采收否则瓜色较浅。适宜在安徽、江苏、河北、河南、湖南等华北及长江中下游适宜地区露地地膜栽培或间作套种。

(4)豫艺甜宝　早熟,口感特甜的京欣类西瓜,全生育期 85~88 d 左右,坐瓜后 26~28 d 收获。果肉鲜红,口感酥脆,汁多味甜,中心含糖量一般都可达 12%,单瓜重 5~7 kg,不易裂瓜。已在河南、河北、四川、云南等地大量种植。豫艺甜宝留瓜节位不能太靠前,选留主蔓第三雌花留瓜,防止出现空心、厚皮现象。最适于露地及间作套种。

6. 甘蓝　甘蓝依叶球性状和颜色不同,可分为普通结球甘蓝、皱叶结球甘蓝、紫叶结球甘蓝等不同类型。中国以栽培普通结球甘蓝为主。普通结球甘蓝依叶球性状不同,可分为尖头类型、圆球类型和扁球类型3个基本生态型。

尖头类型:叶球近似心脏,大型者成为牛心,小型者成为鸡心。外叶较直立、开展度较小、深绿色,叶面蜡粉较多。一般冬性较强,不易发生先期抽薹,且较抗寒,多为早熟品种,在中国一般作为春季早熟甘蓝栽培。

圆球类型:叶球圆球形或近圆球形,多为早熟或中熟品种。叶球紧实,球叶脆嫩,品质较好。但此类型许多品种冬性较弱,抗病性不强,在中国北方主要作春季早熟甘蓝栽培。在南方,春季栽培易发生先期抽薹,故栽培较少。

扁球类型:叶球较大、球形扁圆,冬性介于尖头类型和圆球类型之间,但也有不少冬性、抗性较强的品种。在各地栽培的中熟、晚熟甘蓝以及夏秋甘蓝品种多属于此类型。

(1)8393甘蓝　中国农业科学院蔬菜花卉研究所育成的早熟春甘蓝一代杂种。植株开展度40～45 cm,外叶12～16片,叶绿色,叶面蜡粉较少。叶球紧实,圆球形,浅绿色,横径约13 cm,纵径约13.2 cm,球内中心柱长约5.8 cm,小于球高1/2。冬性强,不易未熟抽薹,抗干烧心病。从定植到收获约50 d,单球重0.8～1.0 kg,每亩产量达3300～3800 kg,比中甘11增产10%。适宜北方地区作早熟春甘蓝种植。露地栽培于12月底至翌年1月初阳畦、拱棚育苗,3月中下旬定植,5月中下旬收获。

(2)中甘12　中国农业科学院蔬菜花卉研究所育成的早熟春甘蓝一代杂种。该品种极早熟,从定植到商品成熟45 d左右。植株开展度40～45 cm,外叶13～16片,叶色深绿,蜡粉中等。叶球紧实、近圆形,叶质脆嫩,风味品质优良。冬性较强,不易未熟抽薹。单球平均重0.7 kg,每亩产量可达3000～3500 kg。主要适于中国北方地区春季露地种植,播种期不可过早。一般于1月中下旬在改良阳畦或温室内育苗,2月下旬分苗。苗床控制温度,防止幼苗生长过旺、过大,造成幼苗通过春化的条件而发生未熟抽薹。定植时间不宜过早,一般在3月底至4月初定植露地,每亩栽5000～5500株。定植时幼苗以6～7片叶为宜,采取2次5～7 d左右的小蹲苗,以控制苗在前期生长过旺。

(3)中甘21　中国农业科学院蔬菜花卉研究所最新育成的早熟春甘蓝一代杂种。植株开展度43～52 cm,外叶约15片,绿色,叶面蜡粉少。叶球圆球形、紧实,球内中心柱长约6 cm,外形美观,叶质脆嫩,品质优良。从定植到商品成熟约50 d。单球平均重1.0～1.5 kg,每亩产量可达3800 kg左右。抗逆性强,耐裂球,不易未熟抽薹。适合华北、东北、西北地区及云南省露地早熟春甘蓝种植;长江中下游及华南地区可在秋季播种,冬季收获上市。一般于1月中下旬在改良阳畦或温室内播种育苗,2月下旬分苗。苗床应控制温度,防止幼苗生长过旺、过大,造成幼苗通过春化的条件而发生未熟抽薹。定植时间亦不可过早,一般在3月底至4月初定植于露地,每亩栽4500株左右。定植时幼苗具6～7片叶为宜,定植后实行2次小蹲苗,每次5～7 d,以控制苗前期生长过旺。蹲苗后苗开始包心时注意追肥,浇3～4次水后即可收获上市。

(4)冬甘1号　天津市蔬菜研究所育成的一代早熟杂交品种。该品种从定植到叶球收获40～45 d。株型紧凑,植株开展度40.6～41.2 cm。外叶13～15片,叶色绿色,叶面蜡粉中等。叶球近圆形、黄绿色,球高约12.7 cm,球茎约12 cm,球内中心柱长约5 cm,叶球紧实。抗寒性强,抗干烧心,无未熟抽薹。每亩产量可达3000 kg左右。适宜华北地区种植,春季早熟保护地、露地栽培以及冬季日光温室栽培均可。春季栽培每亩定植4000～4500株,冬季栽培每亩定植 3800 株左右。

7. 菜花 菜花种类有色彩之分:西兰花为绿色,花椰菜为白色或乳白色。花椰菜,又称花菜、菜花或椰菜花,是一种十字花科蔬菜,为甘蓝的变种。花椰菜的头部为白色花序,与西兰花的头部类似。

(1)雪峰 由天津农科院蔬菜研究所育成,属春早熟花椰菜品种。株高 45 cm 左右,开展度 56 cm 左右。叶片绿色,蜡粉中等。20 片叶左右现花球。花球扁圆球形,紧实、洁白。单株花球重 0.60~0.75 kg。该品种表现早熟、丰产,一般定植后 50 d 左右收获,收获期较集中,尤适于春季早熟栽培。

(2)珍玉松花 90 春、秋两用型松花菜,中晚熟,生长势强,抗病及耐寒耐湿性较好,株型整齐,正常气候及栽培条件下,秋播定植到收获 85~90 d,春季 65~70 d。花球松大,蕾枝青梗,甜脆味美,单球重 1.5~2.5 kg,市场畅销,是中晚熟松花菜最佳品种之一。栽培要点:该品种严格要求良种良法相配套。①适期育苗是关键,河南、山东、河北中南部、江苏北部、安徽北部等地,春播参考播期在 1 月份,秋播参考播期在 7 月上中旬;甘肃、河北北部、东北等春播参考播期 3—4 月份。各地根据当地气候变化,选择最适合播期。②严格培育壮苗,每亩定植 2200 株左右。③一定要求底肥充足,出花期增施 P、K 肥和 B 肥,以确保出大花,采取束叶护花,可以提高花球质量。④整个生育期使用露速净、链霉素、甲维盐等高效低毒药剂防治病虫害。⑤低温年份要做好防寒工作。

(3)绿禧青花菜 新一代西兰花杂交种。早熟性好,定植后 60 d 左右收获。植株高 65 cm 左右,植株开展度 65~75 cm,外叶灰绿。花球浓绿、花蕾较细,花球半高圆致密,主花茎不宜空心,主花球重约 650 g 左右,每亩产 1500 kg 以上。抗病毒病和黑腐病。适于各地秋季种植。栽培要点:河南省秋露地种植参考播期,一般于 6 月中下旬播种;春季种植一般于 2 月上中旬播种。因绿菜花对气候条件要求严格,各地应先试种选择最适宜当地播种日期。秋季播种时处于高温多雨时期,要整高畦搭遮阳棚育苗,注意防雨遮阳,注意防治病虫害。

(四)不宜与马铃薯进行间套作的蔬菜作物

主要有茄科作物、黄瓜、油菜、烟草等。

茄科作物如番茄、青椒的病毒(如烟草花叶病毒、番茄黑腐病毒等)和葫芦科的黄瓜花叶病毒等都能侵染马铃薯。即便不同这些蔬菜间作套种,与菜田临近,有翅蚜也很易飞入传毒。

马铃薯不宜与油菜间作套种。蚜虫最喜欢黄色,怕银灰色。有翅蚜中的桃蚜是传染病毒的主要害虫,马铃薯与油菜间作套种,将会大量传染病毒,严重影响商品薯质量。马铃薯生产田附近最好也不要种植油菜。

马铃薯不能与烟草间作套种。烟草的花叶病毒可传染马铃薯,同时,烟草还是块茎蛾的中间寄主,对马铃薯危害也很严重。

四、间套作系统土壤水分和肥力的动态变化

(一)间套作系统各作物生长发育对土壤水分的要求

1. 马铃薯对水分的要求 在保证土壤底墒的前提下,马铃薯幼苗出土前尽量不浇水或浇小水,水分过大易造成薯块腐烂,过于干旱则幼苗不能出土。

幼苗出土后,茎叶较小,需水较少,土壤含水量短时间稍偏低,能促进根系下扎,但时间过

长或过于干旱,反而影响根系生长。从现蕾到开花是马铃薯一生中需水量最多的阶段,水分不足、土壤干旱,导致植株萎蔫停止生长;叶片发黄,光合作用停止,块茎表皮细胞木栓化,薯皮老化,块茎停止膨大。这种现象称为停歇现象。当降雨或浇水后,土壤温度和水分适宜时,植株恢复光合作用,重新生长,这种现象叫作倒青现象。由于块茎表皮细胞木栓化,薯片老化,不能继续膨大,只能从芽眼处的分生组织形成新的幼芽,窜出地面形成新的植株,温度适宜在芽眼处形成新的块茎,有的形成串珠薯、子薯或奇形怪状的块茎。

生长后期,需水量逐渐减少,水分过大,土壤板结,透气性差,块茎含水量增加,气孔细胞膨大裸露,引起病原菌侵染,易造成田间块茎腐烂,块茎收获后不耐贮藏。

马铃薯需水量的多少与品种、土壤类型、气候条件和发育阶段等有关。一般在马铃薯生育期有 $300\sim400$ mm 均匀的降水量,就可以完全满足其对水分的要求。土壤含水量达到土壤最大持量的 $60\%\sim80\%$,植株生长发育正常。生育后期中原二季作区雨水较多,应注意雨后排水,以防田间积水造成烂薯。

2. 耐寒速生蔬菜对水分的要求 小白菜、菠菜等在生长过程中需要大量水分。水分充足的环境条件下,营养生长旺盛,叶片厚,品质好,产量高。如生长期间缺水,生长速度减缓,叶组织老化,纤维增多,品质差。特别是在温度高、日照长的季节,缺水将使营养器官发育不良,且会促进花器官的发育,抽薹加速;但水分过多,也会生长不良,降低叶片的含糖量,导致食用时缺乏滋味。

3. 小萝卜对水分的要求 小萝卜喜水,根系入土较浅,不耐干旱,水分管理的好坏是能否丰产的关键,发芽期一定要保持地面湿润,否则会出现"芽干"现象或不能出土,造成缺苗。幼苗期根浅需水少,但要保持地面湿润。营养生长旺盛期,土壤要见干见湿。肉质根膨大期,要注意均匀浇水,避免土壤忽干忽湿,以免出现裂根、腐烂、糠心等现象。

4. 韭菜对水分的要求 韭菜喜温、怕涝、耐旱,适宜 $80\%\sim95\%$ 的土壤湿度和较低的 $60\%\sim70\%$ 的空气相对湿度。韭菜的发芽期、出苗期、幼苗期非常怕旱,必须保持土壤潮湿,含水量不低于 80% 以上,若缺水,则发芽率低,幼苗极易旱死。春季停止收割的韭菜,要控制浇水,及时锄松土壤,增施土杂肥使其缓慢生长,充实茎叶,肥壮根系。若浇水失控,则茎叶增高,幼嫩多汁,极易倒伏、腐烂。夏季高温多雨,通风透光差,高温、高湿易诱发多种病害,造成烂根、烂叶,应注意防湿排涝。秋季天高气爽,光照充足,是韭菜旺盛生长的最佳时机,要保证供应充足的水分,促使植株健壮生长,为冬春高产奠定雄厚的营养基础。

5. 西瓜对水分的要求 西瓜耐旱、不耐湿,阴雨天多时,湿度过大,易感病,产量低,品质差。幼苗期应尽量少浇水,甚至不浇水,促使幼苗形成发达的根系;开花坐果前控制水分,土壤湿度 $50\%\sim60\%$ 为宜,防止疯长;坐果以后,应保证充足水分供应,以利果实膨大,增加重量。采收前 $7\sim10$ d 则不宜浇水,使果实积累糖分。缺水时应在气温较低的早晨、夜间灌水。采取沟灌渗墒,即灌水于畦沟,待水分渗透瓜垄后,立即排干沟中余水。灌水和雨后立即排干田间积水,否则易造成烂根烂藤。

西瓜根系发达,可深扎入土壤 $1.5\sim2.0$ m。吸水能力强。西瓜叶片有较多的裂刻并被茸毛,以减少水分的蒸腾,因而西瓜具有较强的耐干旱能力。西瓜要求土壤疏松通气,雨量过多或土壤板结不利其生长,其根系极不耐涝,尤其苗期雨量过多,地面渍涝,会严重影响西瓜幼苗的生长发育,继而显著延迟生育期。伸蔓期雨量过多,会引起旺长,难以坐瓜,显著降低产量。西瓜枝叶茂盛,果实含水量高,生育期大部分时间处于干旱季节,叶片蒸腾强度大,耗水量极多,对水分要求又极为强烈。据测定,每株西瓜一生中大约需要消耗水 1t 左右。如果缺水,西瓜生长发育会受到严重的影响。伸蔓期缺水,迟迟不发棵,生育期延长。开花期干旱,易造成授粉不良,形成"化瓜"。据试验,当空气相对湿度由 95% 降到 50%,花粉发芽率由 92% 降低至 18.3%,难以坐瓜。结瓜期过早结束,瓜个小,瓜瓢易开裂,产量显著降低。

6. **甘蓝对水分的要求** 甘蓝根系发达但入土浅,叶片大,不耐干旱,要求较湿润的栽培环境。较适宜的土壤相对含水量为 70%~80%,空气相对湿度为 80%~90%。土壤水分对生长的影响要大于空气相对湿度,土壤水分不足和空气相对湿度较低时,易引起基部叶片脱落,叶球小而松散,严重时甚至不能结球,使产量和品质大幅度下降。因此,要小水勤浇,保持土壤见干见湿。但在春、夏多雨的季节要注意排水。土壤排水不良,会使根系受到渍水的影响。

7. **菜花对水分的要求** 菜花喜湿润环境,不耐干旱,耐涝能力也较弱,对水分供应要求比较严格。整个生育期都需要充足的水分供应,特别是蹲苗以后到花球形成期需要大量水分。如水分供应不足,或气候过于干旱,常常抑制营养生长,促使加快生殖生长,提早形成花球,花球小且质量差;但水分过多,土壤通透性降低,含氧量下降,也会影响根系的生长,严重时可造成植株凋萎。适宜的土壤湿度为最大持水量的 70%~80%,空气相对湿度为 80%~90%。

(二)间套作系统各作物生长发育对土壤肥力的要求

1. **马铃薯对肥力的要求** 马铃薯生长发育,茎叶生长,有机物积累形成块茎,都需要吸收大量的养分。其需要的营养元素有二十几种,大量元素包括 N、P、K。其中对 K 的需求量最大,N 次之,P 最少,三者的比例为 4(K):2(N):1(P)。生产中 P 肥主要作基肥施用,N 肥、K 肥、微量元素等除作基肥外,还要进行追肥。苗期对 N 肥需求较多,同时需要少量 K 肥,块茎膨大期对 K 肥需求较多,N 肥适当补充即可。每生产 1000 kg 马铃薯块茎需 N 肥 5~6 kg、P 肥 1~3 kg、K 肥 12~13 kg。

N 肥充足,茎叶繁茂,叶色浓绿,光合作用旺盛,有机物积累多,对提高块茎产量和蛋白质含量起到很大的作用。N 肥过多,茎叶徒长,延迟成熟,块茎产量低,品质差。N 肥不足,植株矮化、细弱,叶片小呈淡绿色,植株下部叶片早枯,光合作用减弱,产量下降。

P 肥虽然需求量较少,但马铃薯对其吸收比较均衡,整个生长发育期都起重要作用,增产效果也很显著。早期 P 肥影响根系的发育和幼苗生长,开花期缺 P 肥会引起叶片皱缩呈深绿色,严重时基部呈淡紫色,叶柄上竖,叶片变小。结薯期缺 P 影响块茎养分积累及膨大,块茎易发生空心,薯肉有锈斑,硬化煮不熟,影响食用品质。

K 肥充足植株生长健壮,茎坚实,叶片增厚,植株抗病能力增强,对促进茎叶的光合作用和块茎膨大有重要作用。K 肥不足,叶缩小呈暗绿色,后期呈古铜色,并有褐色枯死的叶缘,块茎多为长形或纺锤形,蒸熟后薯肉呈灰黑色。

马铃薯生长发育还需要一些微量元素,通常土壤中含有这些元素,一般情况下并不缺乏。下面介绍关于马铃薯缺少微量元素的一些典型症状。

缺 Ca 顶部幼嫩小叶边缘发生绿色条纹,组织常死亡,小叶扭曲,有的顶部嫩叶不展开,顶梢死亡。块茎髓部发生死斑,靠近脐部维管束变成褐色,并逐渐扩散。

缺 B 顶部幼嫩叶片色泽较淡,叶基部特别明显,顶梢死亡或呈弯曲状生长。节间短,植株丛生状。叶片组织变厚,叶柄脆,叶尖及叶缘干枯,下部小叶明显。块茎变小,皮层出现裂纹。茎秆基部有褐色斑点出现,根尖顶端萎缩,侧根增多。

缺 Mn 茎梢和叶脉间组织呈淡绿色或黄色,并发生许多褐色小斑块,中上部叶片尤为明显。

缺 Zn 下部叶片呈缺绿状,并有灰棕色或古铜色不规则斑点,最后斑点下陷组织死亡,严重时影响整株,节间变短,叶片小而厚,叶柄和茎上也出现斑点。顶部的叶略呈垂直形,叶缘上卷。

缺 Mg 下部叶片色较浅,先从茎部叶的叶尖和叶缘出现褪绿现象,逐渐沿叶脉扩展,叶脉间组织呈褐色死斑,有时叶脉间组织隆起加厚变脆。严重缺乏时,病叶枯萎脱落。

缺 Fe 最初嫩叶发生轻度缺绿现象,叶脉仍保持绿色,叶尖及叶缘保持绿色较久,叶组织逐渐变成灰黄色,严重时变成白色,但坏死点不明显。

缺 Cu 嫩叶失去膨胀力,呈永久性凋萎状。花芽形成时,顶芽下垂。小叶尖端出现干枯现象。

缺 S 显症较迟,叶片、叶脉普遍黄化,与缺 N 类似,但叶片不干枯,植株生长受抑制,严重时,叶片上出现斑点。

根据田间测土配方,结合各肥料的吸收利用率,合理使用肥料。

2. 耐寒速生蔬菜对肥力的要求　小白菜、菠菜等需要吸收 N、P、K 完全肥料。在三要素俱全的基础上,应特别注意 N 肥的施用。N 肥充足,可使叶部生长旺盛,不仅提高产量、增进品质,而且可以延长供应期。缺 N 时,植株矮小,叶发黄,易未熟抽薹。施肥应根据土壤肥力、肥料种类、栽培季节、温度和日照情况而定。过量的 N 肥会增加作物硝酸盐和亚硝酸盐的含量,对人体不利。

3. 小萝卜对肥力的要求　小萝卜根系不发达,施肥以基肥为主、追肥为辅,有机肥、K 肥、三元复合肥、硼砂,充分混合后施入土壤。

4. 韭菜对肥力的要求　韭菜成株耐肥力很强,耐有机肥的能力尤其强,韭菜以吸收 N 肥为主,以 P、K 及其他微量元素肥料为辅,韭菜移栽时宜重施基肥,否则,底肥不充足,栽后难以补充,基肥以土杂肥和有机肥为好。施化肥时,N、P、K 要配合施用,其比例为 1∶0.83∶0.91 较好,同时酌情施入 Zn、Fe、B 等微量元素肥料。追肥则以 N 肥为主,K 肥为辅,秋季韭菜旺长、营养回流积累阶段和遭受虫害后,宜进行叶片追肥。

5. 西瓜对肥力的要求　西瓜生育期长,因此需要大量养分。西瓜随着植株的生长,需肥量逐渐增加,到果实旺盛生长时,达到最大值。西瓜生长发育要求 N、P、K 全面肥料,在总吸收量中,以 K 最多,N 次之,P 最少,三者的比例为 3.28(N)∶1(P)∶4.33(K)。P 的吸收量虽不多,但非常重要。因此要适施 N 肥,重施 K 肥,补施微肥。N 是西瓜生长必需的元素,但是 N 施用量过多,茎叶生长旺盛、茎粗、叶片肥大、茎叶重叠,光合作用减弱,营养生长与生殖生长失调,导致坐果不良,影响西瓜产量。因此,N 肥使用要适量,K 是西瓜一生需要最多的元素,K 能够促进光合产物的运输,提高西瓜产量和品质。所以,西瓜增施 K 肥更为重要。根据西瓜的不同生育阶段、长势、土壤和气候条件适时适量施肥。

6. 甘蓝对肥力的要求　甘蓝既是喜肥作物,又是耐肥作物,对矿质营养的吸收量较多,每生产 1 t 鲜菜需 N、P、K 分别为 4.1～4.8 kg、1.2～1.3 kg、4.9～5.4 kg。甘蓝对 N、K 肥的吸收量较多,P 肥较少,但 P 肥对结球的紧实度至关重要。生长前期要求 N 肥较多,又以莲座期需要量为最多;结球期则需要较多的 P、K 肥。因此,要获得高产优质的产品,苗期和莲座期适当多施 N 肥,结球期则应多施 P、K 肥。

7. 菜花对肥力的要求　菜花整个生育期要求有充足的 N 肥供应,如缺少 N 肥会影响生长发育的顺利进行,降低产量。对 K 的吸收也较多,缺 K 易发生黑心病。供应充足的 P,可促进花球的形成。土壤中缺 B,易造成花球内部开裂,出现褐色斑点并带苦味。土壤中缺 Mg,老叶易变黄,降低光合作用能力,栽培中除了保证大量元素外,还应注意增施微量元素。

(三)间套作系统土壤水分和肥力的动态变化

综上所述,间套作系统以马铃薯为主栽作物,其播种前要保证足够的底墒,如墒情不好,需提前灌水造墒。整地时要求施足基肥,满足作物对水分及 N、P、K 三要素的需求。

1. 马铃薯间作耐寒速生蔬菜模式 耐寒速生蔬菜生育期较短,共生期主要集中在马铃薯出苗期至现蕾期。马铃薯出苗前,一般需水量较少。如间作菠菜,可与马铃薯同时播种,但出苗后需较充足的水肥条件,应注意畦内小水勤浇,在菠菜采收前 10～15 d 正值马铃薯出苗期,均需充足速效 N 肥。小白菜等播种稍晚,出苗时间与马铃薯出苗时间基本一致,均吸收大量 N 肥,需及时补充。蔬菜苗期至收获需较充足的水分,同时需肥量较大。此时马铃薯处于苗期至现蕾期,需水量较小,肥料均衡吸收。马铃薯进入现蕾期至开花期,对水分需求量达到最大,生长后期为块茎膨大期,对水分需求逐渐减少,对 K 肥需求增多。

2. 马铃薯间作小萝卜模式 同时播种,马铃薯现蕾期收获小萝卜。小萝卜播后对水分需求相对较少,保持土壤湿润即可。播后 20～30 d,长到 4～5 片真叶,小萝卜长到筷子粗细时,马铃薯处出苗期,均需充足水分,并吸收大量 N 肥及少量 K 肥。此后需较充足的水分,要求畦内小水勤浇。小萝卜收获前 10～15 d,肉质根进入生长盛期,需水量增大,肥料吸收量也迅速增大。

3. 马铃薯间作韭菜模式 韭菜是多年生作物,共生期长达马铃薯整个生育期。韭菜发芽、出苗、幼苗期对水分需求量较大,翌年春季播种马铃薯,此时韭菜停割,处于缓慢生长期,水分吸收量均较小。马铃薯出苗后,对水分需求增多,N 肥吸收量迅速增大,需及时随水补充 N 肥,适当配合少量 K 肥。现蕾期至开花期,对水分需求量达到最大。生长后期对水分需求逐渐减少,K 肥吸收量增大。

4. 马铃薯间套作西瓜模式 共生期时间相对较短,主要集中在马铃薯生长后期。马铃薯出苗前需水量较小,苗齐后对水分及 N 肥需求增多,苗期要求较充足的水分、N 肥及适量 K 肥。现蕾期至开花期对水分需求量达到最大,此时定植西瓜,有利于缓苗。马铃薯生长后期,西瓜处于苗期至伸蔓期,对水分需求均较少,对 K 肥吸收量大。马铃薯收获后,西瓜开始开花坐果,对水分、肥料需求量达到最大。采收前 7～10 d,减少水分供应,以保证果实糖分积累。

5. 马铃薯间作甘蓝/菜花模式 共生期相对较长,集中在马铃薯出苗期至块茎膨大期。在底墒与基肥足够的情况下,缓苗前一般不再浇水。其生长前期对 N 肥吸收较多,因此,马铃薯出苗后应迅速补充 N 肥,适当补充 K 肥。马铃薯苗期对水分需求较少,此时可对甘蓝/菜花实行蹲苗。蹲苗结束后,甘蓝/菜花对 N 肥需求增多,可小水勤浇。叶球/花球膨大期对水分及 N、P、K 肥需求吸收量达到最大。

五、栽培技术

(一)精细整地

1. 地块选择 马铃薯为地下块茎作物,块茎膨大需要疏松透气肥沃的土壤,要使马铃薯多结薯、结大薯,就必须要有深厚的土层和疏松的土壤,富含有机质。因此,马铃薯生长发育最好选择地势平坦、灌排方便、微酸性壤土和沙壤土为宜,并进行垄作栽培。在 pH4.8～7.0 的土壤种植马铃薯生长比较正常。最适宜马铃薯生长的土壤 pH5.0～5.5,在 pH4.8 以下的酸性土壤上有些品种表现早衰减产。多数品种在 pH5.5～6.5 的土壤中生长良好,块茎淀粉含量有增加的趋势。pH＞7 时产量下降。在强碱性土壤上种植马铃薯,有的品种播种后不能出苗。

2. 春播冬前深耕冻土 春播马铃薯,前茬作物一般为白菜、棉花、萝卜、胡萝卜等,要在前茬作物收获后,即 11 月中下旬及时灭茬并进行深耕 30 cm 左右,这样可以风化土壤,使深层土壤进行冬冻,冻死部分在土壤中越冬的害虫或虫卵及病菌,减少翌年的病虫危害。同时根据黄淮海平原马铃薯播期再进行耙平整地。以黄河为界,黄河以南为 2 月下旬,黄河以北为 3 月上旬,由南向北,整地播种时间略微后推,一般在气温稳定在 5～7℃、10 cm 地温达到 7～8℃时进行整地播种,各地可结合当地气候特点确定整地播种时间。豫南马铃薯早春地膜覆盖栽培,1 月开始整地播种,地温低,薯块在地下不出苗,利于不定根的生长,3 月上旬陆续出苗。部分丘陵地区如栾川地区可适宜推迟至 4 月上中旬整地播种。山东约在 3 月上旬"惊蛰"前后播种,山东省胶州半岛地区有特殊的海洋性气候,可以适当晚整地播种。保护地栽培(双膜、三膜、四膜)整地播种时间提前 15～30 d 左右。

3. 整地标准 播种整地前,一定要考虑土壤的墒情如何,尤其冬季少雪、春季干旱年份,土壤墒情不够,在整地前几天要浇地以补充土壤中的水分,等水渗下后再深耕耙地,结合深耕可撒施农家肥,将农家肥深翻入土,提高土壤肥力。根据土壤肥力,确定相应施肥量和施肥方法。农家肥和化肥混合施用,提倡多施农家肥。要求亩施农家肥 4000～5000 kg。农家肥结合耕翻整地施用,与耕层充分混匀,化肥做种肥或追肥,播种时开沟施。深耕后的土地要及时耙平,要求随耕随耙,达到整块地高度一致,位于一个水平线上,上松下实,无坷垃,为马铃薯生长、结薯、高产创造一个良好的土壤条件。土地深耕耙平后,要就墒及时起垄播种。此时,土壤处于"抓起成团,落地即散"效果最好。

(二)种植规格和模式

1. 马铃薯间作耐寒速生蔬菜模式 耐寒速生蔬菜如小白菜、菠菜等,播种后 40～50 d 即可收获,因此非常适合与春马铃薯进行间作。间作模式如下:

按 90 cm 幅宽播种 1 行马铃薯,垄宽 60 cm,株距 20 cm,每亩播种 3700 株。在 2 垄马铃薯间整成平畦,播种 3 行小白菜或菠菜等,行距 15 cm。马铃薯催大芽于 3 月上旬播种,培垄后进行地膜覆盖。小白菜、小春萝卜等可于 3 月中、下旬播种,菠菜可与马铃薯同时播种。蔬菜收获后,及时给马铃薯培土,然后将菜畦施肥整平,定植一行茄子,株距 40 cm,每亩定植 1850 株。

2. 马铃薯间作小萝卜模式 早春拱棚"马铃薯＋小萝卜—大葱—秋马铃薯—秋延迟菠菜"一年五种五收高效栽培模式是河南省商丘的一种种植模式。该模式土地利用率高,操作方便,经济效益高。此处主要讲述马铃薯如何间作小萝卜的种植模式。

马铃薯选用早熟、优质、抗病、薯形好的品种,如洛马铃薯 8 号、郑薯 6 号、费乌瑞它等品种;小萝卜选用耐低温品种,如小 5 樱品种。

2 月上旬,播种马铃薯和小萝卜,加盖拱棚;3 月下旬收获小萝卜;4 月下旬至 5 月上旬收获马铃薯。

1 月上旬亩施腐熟好的鸡粪 6000 kg,复合肥 50 kg,同时深耕 35～40 cm,亩按穴点施复合肥 150 kg。马铃薯垄距 80 cm,垄底宽 25 cm,隔垄于垄底种植小萝卜,亩用种 0.5 kg,撒种后盖 0.5 cm 厚的细土。小萝卜出苗后,2～3 片真叶时,选无风晴天定苗,3 月后气温渐升,要加强棚内温度控制,并注意及时通风,先通头风,后通腰风,逐渐加大通风量,一般保持白天 18～25℃、夜间 10～15℃为好,外界最低气温在 10℃以上可通夜风,直至撤棚,但需防寒潮冻害。马铃薯生长期喷叶面肥 0.2%磷酸二氢钾 1～2 次,视土壤墒情浇水保持土壤含水量在 60%～80%,以利结薯。

3. 马铃薯间作韭菜模式　该模式以 2 m 为一种植带,150 cm 做平畦种植韭菜,50 cm 做垄,定植马铃薯,韭菜行距为 25 cm,即 6∶1 间作行数比。

马铃薯采用地膜覆盖垄上单行间作。韭菜可选用平韭 4 号、平丰八号、嘉兴白根等,育苗移栽,5～6 片叶时及时定植,定植后浇水,新叶长出时适当追肥并浇水,促其发根长叶。当年霜降前后扣棚,收割鲜韭 2 茬。翌年 2 月下旬播种马铃薯,5 月中下旬采收上市。马铃薯收获后撤膜,韭菜进入露地生产。韭菜夏季注意排水防涝,清除田间杂草。入秋后,进入旺盛生长时期,应分期追肥、浇水,促植株生长。韭菜的追肥应以 N 肥为主,配合适量 P、K 肥。秋季间作马铃薯,则 7 月下旬进行种薯处理,8 月下旬播种。种植密度以每亩 5000 株为宜。

秋末,韭菜生长速度减缓,应控制浇水,防止恋青。冬季土壤失墒是韭菜越冬死亡的主要原因,冬前注意浇水防寒越冬。定植后二年以上的管理:正确处理收割与养根、当年产量与来年产量的关系才能获得连年高产。长江以北,早春返青后将根茎部位的土壤剔开,数天后再复原,以提高地温,消灭种蝇,促进根系生长,淘汰细弱分蘖。结合剔根,每年春季可以盖客土 2～3 cm,有利叶鞘伸长和软化。春季收割 2～3 次,每次收割后结合浇水追施速效 N 肥,以恢复长势。炎夏,不适于韭菜生长,应加强肥水管理,防治种蝇危害,不留种的地块应及时采摘花薹。在当地韭菜凋萎前 50～60 d 停止收割,使营养物质向根茎转移,增强越冬抗寒能务,为翌春返青生长奠定物质基础。

4. 马铃薯间套作西瓜模式　马铃薯间套作西瓜的露地种植模式具有典型性、灵活性和广泛适应性,已在河南、河北、山东、安徽等多个省份和地区推广,得到大面积应用。

套种模式如下:起畦,畦宽 2 m,畦高 30 cm,畦面宽 165 cm,每畦种 3 行马铃薯,空 1 行,留种西瓜,行距 50～55 cm,株距 25 cm,覆土厚度 8～10 cm,整平垄面后镇平,喷除草剂覆盖地膜。

马铃薯于 1 月中旬开始催芽,2 月下旬播种,采用小拱棚加地膜覆盖栽培措施。西瓜于 2 月下旬温室育苗播种。浸种前晒种 1 d,用 50～55℃温水浸种 1.5 h,洗净后放在 30℃处催芽。西瓜种子有 80%露白时即可播种。西瓜 4 月中下旬定植到预留的空行中。马铃薯收获后及时平整土地,为西瓜生长做好准备。当主蔓长至 70 cm 左右时,应及时整枝压蔓。如果在马铃薯收获前西瓜已经爬蔓,可暂时将西瓜蔓顺西瓜畦理顺,马铃薯收获后再进行整枝压蔓。

西瓜一般采用双蔓或三蔓整枝。双蔓整枝是选留主蔓外,并在主蔓基部选择一条健壮的侧蔓,其余侧蔓全部摘除。这样茎蔓分布合理,叶片通风透光,增强光合作用和抗病能力,从而增加产量提高品质。压蔓,可以固定瓜秧,防止被大风吹翻,控制瓜秧生长。当瓜秧主蔓长到 30 cm 左右时,将瓜秧从直立型搬倒,迫使瓜秧向规定的方向生长。压蔓一般有明压和暗压两种方式。明压是指用土块或树枝等把瓜蔓固定在地面上;暗压是用铲将土壤铲松、拍平,瓜蔓埋压在地下。一般主蔓 40～50 cm 时压第 1 次,以后每隔 4～6 节压 1 次,需压 2～3 次。

为保证合适节位的雌花结果,可辅助人工授粉。留果以主蔓第三雌花或侧蔓第二雌花品质最好,产量最高。授粉在每天上午 7—10 时进行,早上西瓜开花时,先从授粉品种上采集刚刚开放的雄花,将花瓣折向背后,露出雄蕊,然后在当天开放的无籽西瓜雌花柱头上轻抹一周,使其授粉均匀。

当幼果长至馒头大小时,果实开始迅速膨大,此时一般不再落果,要及时选择节位好、果形正的果实,双蔓或三蔓整枝每株留一果。在坐果后 25 d 左右,应及时翻果,以促使果实均匀成熟,色泽一致。

5. 马铃薯间作甘蓝/菜花模式　甘蓝/菜花要提前育苗,苗龄约 70~80 d,育苗时间应在 1 月上中旬。甘蓝/菜花育苗设施最好采用温床、单坡面塑料大棚、阳畦或日光温室空闲地进行。马铃薯于 3 月上旬播种,施足基肥,一次性培好垄。3 月中旬定植甘蓝/菜花,并进行地膜覆盖,5 月初可采收上市。

1 行马铃薯间作 2 行甘蓝/菜花。垄沟式种植,垄距 70 cm,垄高 15~18 cm,垄背宽 40 cm,垄沟宽 80 cm。垄上种 1 行马铃薯,株距 22 cm,亩栽苗 2500 株左右;垄沟内栽 2 行春甘蓝/菜花,行距 40 cm,株距 33 cm,亩栽苗 3300 株左右。

甘蓝从真叶显露到长成一个叶环为幼苗期,早熟品种 5 片叶左右,晚熟品种 8 片叶左右。从第二叶环开始到第三叶环的叶充分展开为莲座期,早熟品种约 15 片叶,晚熟品种约 24 片叶。莲座期为使植株生长健壮而不过旺,可适当控制浇水,及时中耕,实行蹲苗(一般蹲苗期 10~15 d)。当植株苗壮生长、叶片明显挂厚蜡粉、中心叶片开始向内抱合时,应及时结束蹲苗,加强肥水管理,促进结球。当莲座叶基本封垄、球叶开始抱合时,进入结球期。所需天数早熟品种 20~25 d,晚熟品种 30~40 d。此时不要进行中耕,需进行 1 次大追肥,促进球叶生长。一般每亩追施 20~25 kg 尿素,追肥后随即浇水。叶球生长期保持地面湿润,不再追肥。

菜花定植后,应及时中耕,以使土壤疏松,提高地温,促进发根。中耕深度 3~4 cm,近苗周围划破地皮即可。中耕后蹲苗 7 d 左右。定植后约 10 d 幼苗开始生长,可亩施尿素 7.5~10 kg 或硫酸铵 15 kg,随后浇 1 次缓苗水。进入莲座期生长速度加快,需亩施尿素 10~15 kg。进入花球形成期和膨大期,当植株心叶扭转和花球达 10 cm 时分别进行第 3 次和第 4 次追肥,每亩施尿素 10~15 kg 和适量的 K 肥,促进花球形成。在花球横径 5 cm 左右(鸡蛋大)时,把靠近花球的外叶折断,覆盖花球,以避免阳光直射,保持花蕾洁白。

(三)播种

1. 播种季节和日期范围　中原二季作区,春季由于保护地栽培措施的应用,自 1 月上、中旬至 3 月上、中旬均可播种马铃薯,3 月 20 日以后一般不再种植。栽培模式主要包括保护地栽培(四膜覆盖、三膜覆盖、双膜覆盖栽培)和露地栽培。露地春播又以 3 月 7 日为分界线,3 月 7 日前播种的马铃薯需要覆盖地膜,称为春露地覆膜种植模式,该种植模式是黄淮海平原马铃薯种植的主要栽培方式。3 月 7 日以后种植的马铃薯不需要覆盖地膜,称为春露地直播模式。春播宜早不宜迟,注意霜冻。

一般情况下,气温稳定在 0~15℃,10 cm 下土壤温度 7~8℃就可以种植。整体上讲,马铃薯种植一定要选择晴好天气,刮风雨雪天气一定要延期。

在河南省洛阳西部栾川、嵩县、三门峡卢氏、灵宝等地山区,由于海拔高,气温较平原地区低,马铃薯种植时间在 3 月底到 4 月中旬,部分地区可以延迟到 4 月下旬。当地气温在 0~15℃,10 cm 下土壤温度在 7℃以上。收获时间在 7 月中旬。该地区种植面积在 0.8 万亩左右,分散种植,自用为主。

播种期早、晚会直接影响到结薯。播种晚结薯性差,甚至不结薯而出现"放箭"现象,生产中,无论采用哪种播种栽培模式,都要适期早播种。如春季地膜覆盖栽培,如果晚播种,出苗后就会遇到高温、长日照的气候不利条件。想通过晚播种晚收获来补偿也不行,因为马铃薯生长后期高温多雨,影响块茎的快速膨大,且因土壤湿度大而导致烂薯,不利于马铃薯的生长发育。播种期早、晚都会直接影响到产量。如春季地膜覆盖栽培,在适宜的播种期后每晚播种 5 d(或晚出苗 5 d)会导致减产 5%,如果超过适期 15~20 d,可减产 30% 以上。

2. 马铃薯播种

(1)脱毒种薯的播前处理

①种薯晾晒　种薯入库储藏前晾晒 1~2 d,以杀死块茎表面病菌及减少块茎含水量。播前 20~30 d,将种薯出库置于温暖有阳光的地方晒种 2~3 d,同时剔除病薯、烂薯。

②种薯消毒　采用扑海因 50% 悬浮剂 50 g、高巧 60% 悬浮种衣剂 20 mL,或咯菌腈 2.5% 悬浮种衣剂 10 mL、磷酸二氢钾 5 g、高巧 60% 悬浮种衣剂 20 mL,兑水 1 L 均匀喷施在 100 kg 种薯上,晾干后切块。

③种薯切块　种薯切块适宜大小为 25~30 g,每个切块上至少带一个芽眼。切块时充分利用顶端优势,小于 25 g 的种薯直接削去脐部即可;带顶芽 50 g 以下的种薯,可自顶部纵切为二;50 g 以上的种薯,应自基部顺螺旋状芽眼向顶部切块,到顶部时,纵切 2~3 块;大薯块也可以先上、下纵切两半,然后再分别从脐部芽眼依次切块。切刀应尽量靠近芽眼。切块时应注意使伤口尽量小,避免将种薯切成片状或楔状。顶部切块与基部切块可分开存放,分开催芽、播种,可保证出苗整齐。每人准备切刀 2~3 把,浸泡在 0.5% 高锰酸钾溶液或 75% 酒精中消毒备用,切刀每使用 10 min 换一把刀,防止切种过程中传播病害。特别是在发现病薯时要及时剔除,并把切到病薯的切刀擦拭干净后再用高锰酸钾溶液或酒精浸泡消毒。薯块切好后,应将其摊在温度为 17~18℃,相对湿度为 80%~85% 条件下晾晒 1~2 h,使伤口愈合,以避免在催芽过程中烂薯。

④药剂拌种　用 70% 甲基托布津 160 g、农用链霉素 32 g、滑石粉或石膏粉 4 kg 充分拌匀,然后均匀地与 100 kg 刚切好的薯块混合,使之完全粘在薯块上。要求切块后 30 min 内进行拌种处理。酸性土壤和中性土壤使用滑石粉,碱性土壤使用石膏粉拌种。马铃薯种薯用药剂拌种后可以促进马铃薯根系的生长,防治种植后前期的虫害,保证马铃薯苗期的生长。

⑤种薯催芽　薯块晾干刀口后置于温暖地方催芽即可。如果种薯在播种前没有过休眠期,必须进行人工催芽。一般采用赤霉素处理打破休眠,即使用 5 mg/L 的赤霉素处理种薯 5~10 min。催芽的适宜温度为 15~20℃,避免在湿度过大环境下催芽,湿度过大易使薯块腐烂。催芽期间应经常检查,发现有腐烂薯块时应及时剔除。当芽长达到 2 cm 左右时,将薯块置于室内散射光下晾晒,催壮芽,待芽变绿变粗后,即可播种。

(2)播种方法　马铃薯块茎的形成与膨大需要疏松透气的土壤条件,因此最适宜垄作栽培。露地高垄栽培常采用单垄单行或单垄双行切块种植,马铃薯播种深度因土壤条件和气候条件而异。一般来说,沙壤土和气候干旱地区,宜适当深播,播种深度为 10~12 cm,黏壤土和气候湿润地区,则宜适当浅播,深度约 8 cm。于向阳面播种薯块切块。

马铃薯播种后覆盖地膜与不盖地膜相比,不但地温升高 2~3℃,而且盖地膜可防止土壤水分蒸发,起到保墒的作用。播种后,在垄面上亩均匀喷 33% 二甲戊灵 50~60 mL 或金都尔、菜草通、乙草胺等封闭性除草剂后,覆盖 0.004~0.006 mm 的地膜。为防止薄膜被风刮起,盖膜时要贴紧垄面,拉紧、抻平、盖严,垄的两边要用土压严,膜面紧贴垄面,垄两端的薄膜要埋入土中 10 cm,用脚踩实,在垄面上每隔一段压些土。

3. 蔬菜播种

(1)耐寒速生蔬菜/小萝卜　可直播,播种前充分浇水,待表层土壤干燥后,用耙子将土面耙松后播种。种子中可掺入适当干土混匀,有利于撒播均匀。播种后覆土约 1 cm,并轻轻压实土面。

(2)韭菜　播种前将种子暴晒 1 整天,并翻动 3～4 次,然后浸种催芽。浸种时先将种子用 40℃温水浸泡,不断搅拌至水温下降到 30℃后,再浸泡 24 h,搓净表面的黏液然后冲洗干净,晾干后用湿布包好,置于 15～20℃处催芽,每天用清水冲洗 1～2 次,3 d 左右可播种,幼苗有 6～8 片真叶时,即可定植。定植时深栽浅埋,以叶鞘与叶片交接处同地面平齐为度,覆土 6～7 cm,覆土后仍留 3～4 cm 的定植穴,定植后及时浇水。

(3)西瓜　西瓜可育苗移栽,也可直播。育苗移栽应于 3 月 20 日前后阳畦育苗,4 月中旬定植。直播可于终霜期前 7 d 播种。浸种前晒种 1 d,用 50～55℃温水浸种 1.5 h,洗净后放在 30℃处催芽。西瓜种子有 80% 露白时即可播种。苗龄 25～30 d,3～4 片真叶时选晴天定植,移栽前 3 d,进行通风降温炼苗。西瓜定植前浇足水,缓苗期加强中耕除草。

(4)甘蓝/菜花　春早熟甘蓝育苗的适宜苗龄为 70～80 d。定植时,要求栽培田地下 10 cm 处地温稳定在 5℃以上,最低气温稳定在 12℃以上。按照当地的气候条件,确定定植时期,由定植时期推算出育苗适期。播种过早,易春化造成先期抽薹,影响产量及品质,过晚达不到早熟、高产的目的。适龄的壮苗是丰产栽培的关键,壮苗的形态特征是 6～8 片真叶,叶丛紧凑,叶色浓绿,叶肥大,茎粗壮,大小整齐,根系发达。幼苗出土前白天保持 20～25℃,夜间保持 15℃,幼苗出土后及时放风控温,白天温度为 18～23℃,夜间床温不低于 10℃,减少低温影响,防止定植后先期抽薹。在幼苗管理上要"控前促后,控小不控大"。即幼苗 5 片真叶前要控,早间苗蹲苗,防徒长,叶面喷施微肥,加病毒 A、多菌灵,预防病害和小老苗。注意放风、炼苗,移栽时带土坨少伤根,有利于早缓苗。

(四)田间管理

1. 施肥　施肥包括基肥、种肥和追肥三种。

基肥一般叫底肥,在播种或移栽前施用。主要是供给作物整个生长期中所需要的养分,为作物生长发育创造良好的土壤条件,也有改良、培肥地力的作用。基肥以腐熟有机肥为主,辅以 P 肥,在整地时施入。要求使用量为有机肥 5000 kg/亩、过磷酸钙 25 kg/亩,结合耕翻整地施用,与耕层充分混匀。

种肥指在播种时施用的肥料。每亩施碳酸氢铵 15 kg、硫酸钾 40 kg、氯化钾 5～7.5 kg、过磷酸钙 25 kg,于播种时撒在播种沟内并与土壤混匀。

追肥是指在作物生长过程中加施的肥料。作用主要是补充基肥的不足,以及供应作物某个时期对养分的大量需要。包括马铃薯苗期每亩追施尿素 10 kg,现蕾期每亩追施尿素 15～20 kg,开花期追施尿素 15 kg、硫酸钾肥 15 kg。其他时期可喷施叶面肥磷酸二氢钾。

农业生产上通常是基肥、种肥和追肥相结合,基本可保证间套作系统肥力供应。

2. 灌溉　马铃薯整个生长发育过程中需要有充足的水分,土壤含水量 60%～80% 为宜。根据研究结果,每亩产块茎 2000 kg,理论需水量为 480～560 t。而需水量与植株大小、叶片的蒸腾量、土壤性质、气候条件、栽培制度等有密切关系,因此实际生产中有时马铃薯产量与需水量情况差异较大。

一般情况下，马铃薯一个生长季应浇 3 次水。第一次为播种前浇水，保证土壤有足够的底墒。第二次，苗齐后及时浇水。苗齐前如间套作蔬菜作物需水量较大，应小水勤浇，保持土壤湿润即可。块茎形成初期（早熟品种第 6～8 片叶期），土壤湿度是控制块茎疮痂病发生的主要管理技术措施，如果此期土壤干旱，易引起疮痂病的大量发生。第三次，现蕾期浇水。以后根据土壤水分和降雨情况每隔 7 d 左右浇 1 次。收获前 7～10 d 停止浇水。

3. 防病、治虫、除草

（1）主要病害及其防治　中原二季作区马铃薯常见病害主要有晚疫病、早疫病、青枯病、病毒病等。近几年由于不断从东北、内蒙古等地引进种薯，黑胫病、黑痣病有增多趋势。叶菜类、西瓜、甘蓝等蔬菜常见病害主要有霜霉病、炭疽病、黑腐病、软腐病、病毒病等。

①晚疫病

发生规律：潮湿温暖、阴雨连绵、多雾多露等天气，有利于该病的发生和蔓延。本病一般在开花前后出现症状。只要连续两天白天 22℃ 左右，相对湿度高于 95％ 持续 8 h 以上，夜间 10～13℃，叶上有水滴，并且持续 11～14 h 的高湿，本病即可发生。发病后 10～14 d 病害就可蔓延全田或引起大流行。

症状：主要危害叶、茎和块茎。叶片受害，初期在叶尖或叶缘出现水浸状周围有浅绿色晕圈的黄褐色斑。病斑在干燥时停止扩展，变褐变脆，没有白霉。病斑在湿度大时会迅速扩大，边缘呈水渍状，有一圈白色霉状物，叶背面会有茂密的白霉。当发病严重时，叶片萎垂卷缩，最终全株黑腐。

简易诊断方法：把病叶叶柄插在碗内的湿沙里，上盖一空碗，一夜后，病斑边缘上就会长出白霉，为晚疫病。茎受害，茎上先出现稍凹陷的黑色条斑，气候潮湿时，表面也产生少量白霉。块茎受害，初期表皮产生褐色或带紫色的小病斑，稍凹陷，在皮下呈红褐色，逐渐向周围和内部发展。土壤干燥时病部发硬，呈干腐状。土壤多湿黏重时，块茎常易引起感染而软腐。病薯有怪味，不能食用。窖藏期间，病薯薯皮有暗色或紫色凹陷斑，会干腐或湿腐，深度约 1 cm，湿度大时病斑上生白霉，造成烂窖。

防治方法：主要有以下方面。

选用适合当地的抗病品种。

选用无病种薯，并在播前进行种薯处理。切刀等消毒刀具放入 0.1％ 高锰酸钾溶液中浸泡处理，药液现配现用，每 4 h 更换 1 次药液。

药剂干拌种，播前用 68％ 精甲霜·锰锌可湿性粉剂与适量滑石粉混匀拌种，一般每 100 kg 种薯使用 0.3 kg 68％ 精甲霜·锰锌可湿性粉剂与 2.5～3.0 kg 滑石粉。湿拌种，用 25％ 或 35％ 的甲霜灵可湿性粉剂 1000 倍液均匀喷洒在块茎上，然后堆闷 2 h，经晾晒后播种。

加强栽培管理。结合当地气候适期早播，选择沙壤土或排水良好的田块，科学施肥浇水，使植株健壮，增加抗性。

及时进行化学防治。开花前后加强田间检查，发现中心病株后，立即拔除，附近植株上的病叶也摘除，撒上石灰，就地深埋；然后对病株周围的植株进行喷雾封锁，防治病害蔓延。可选择 25％ 嘧菌酯（阿米西达）悬浮剂 1000 倍液，或 80％ 代森锰锌（大生）可湿性粉剂 500 倍液，或 72％ 霜脲·锰锌（克露）可湿性粉剂 500～750 倍液，或 68％ 精甲霜·锰锌（金雷）水分散粒剂 600 倍液，或 68.75％ 氟吡菌胺·霜霉威（银法利）悬浮剂 1000 倍液，或 52.5％ 噁唑菌酮·霜脲氰(抑快净)水分散粒剂 1500 倍液等进行喷雾处理。每隔 7～10 d 喷施 1 次,最好晴天下午喷洒,喷洒要均匀,几种药剂可以交替施用。

②早疫病

发生规律:病菌以菌丝体或分生孢子在病残组织或病薯上过冬,来年种薯发芽时,开始侵染。出苗后,分生孢子在田间主要通过风雨传播,萌发适温 26～28℃,易侵染老叶。遇有连阴雨天,或相对湿度高于 70%,该病易发生和流行,当土地贫瘠、植株生长衰弱等情况下发病严重。

症状:主要危害叶片、叶柄,也侵染块茎。叶片受害,会出现具同心轮纹的近圆形黑褐色病斑,大小 3～4 mm。叶片发病严重时病斑连成一片,继而干枯脱落。病斑在湿度大时上有黑色霉层,植株下部的叶片先发病,再向上部蔓延。叶柄和茎秆受害,多发生于分枝处,病斑长圆形,黑褐色,有轮纹。块茎较少感病,染病后薯皮上会产生暗褐色稍凹陷圆形或近圆形病斑,边缘清晰,病斑皮下深达 0.5 cm 左右呈浅褐色海绵状干腐。

防治方法:

选用早熟抗病品种,挑选健康种薯播种,及时收获。加强栽培管理,合理灌溉,及时追肥,增强植株抗性。

及时化学防治。根据当地多年病害发生规律,提前预防,发现少量病株时及时进行化学防治。可选择 25%嘧菌酯(阿米西达)悬浮剂 1000 倍液,或 80%代森锰锌(大生)可湿性粉剂 500 倍液,或 72%霜脲·锰锌(克露)可湿性粉剂 500～750 倍液,或 68%精甲霜·锰锌(金雷)水分散粒剂 600 倍液,或 68.75%氟吡菌胺·霜霉威(银法利)悬浮剂 1000 倍液,或 52.5%噁唑菌酮·霜脲氰(抑快净)水分散粒剂 1500 倍液等进行喷雾处理。每隔 7～10 d 喷施 1 次,连续防治 2～3 次。

马铃薯早疫病、晚疫病的防治一定要掌握在发病初期,甚至发病前期,进行药剂叶面喷雾,喷雾做到均匀周到,方能起到良好的防治效果。

③青枯病

发生规律:本病是典型维管束病害,病菌侵入维管束后迅速繁殖并堵塞导管,阻碍水分运输导致萎蔫。病菌主要随病残体遗留在土壤中越冬,在无寄主时可在土中存活 14 个月至 6 年,侵入块茎的病菌在窖里越冬。病菌从植株根部的伤口侵入,主要通过雨水、灌溉水、肥料、病苗、病土、昆虫、人畜以及生产工具等传播,并且病菌可重复多次传播和侵染,造成病害流行。常年连作的地块更易发病,抗病性差的品种发病重。该菌在 10～40℃均可发育,地温 14℃以上、高温高湿等环境对本病发生有利,最适温度为 30～37℃,适宜 pH 值为 6～8,最适 pH 值为 6.6,一般酸性土壤发病重。高温多雨、田间土壤含水量高、连阴雨或大雨后转晴气温急剧升高时发病较重。该病主要分布在温暖潮湿、雨量充沛的热带和亚热带地区,中国黄河以南、长江流域诸省(区)发病最重。

症状:危害马铃薯的根、茎、叶,最明显的症状是枯萎。发病前数天看不出植株有明显症状。病株较矮,初期只有部分主茎上叶片变浅绿或苍绿,从下部叶片开始后全株萎蔫,开始早晚恢复,持续 4～5 d 后,全株茎叶全部萎蔫死亡,但仍保持青绿色,叶片不凋落,叶脉变褐。茎上染病出现褐色条纹,纵剖病茎可见维管束有暗褐色至黑色线条,横剖可见维管束变褐,用手挤压切口,切面有乳白色菌液溢出。简易诊断可采用茎流法,将茎段垂直放入盛清水的玻璃杯中,几分钟之内可见奶状菌液流出。病菌从匍匐茎侵入块茎,块茎染病后,脐部最先出现呈灰褐色水浸状;切开块茎,维管束圈变褐,挤压时溢出白色黏液,但皮肉不从维管束处分离,严重时外皮龟裂,髓部溃烂如泥。

防治方法:

选用抗病的早熟优质品种,用无病种薯播种。

科学管理,合理轮作。与非寄主作物3~5年轮作。合理施肥。当发现田间有零星病株时,立即拔除并带出田外,把病株放在日光下暴晒2 d或者阴干3 d,使其所含病菌死亡,从而减少侵染源。中后期尽量少中耕,以免伤根,给病菌造成侵染途径。

及时化学防治。在盛花期或者田间发现零星病株时应立即进行施药预防和控制。在病穴灌注20%石灰水,也可以在拔除的病穴里撒施生石灰,以防治土壤病菌扩散,发病初期用72%农用硫酸链霉素可溶性粉剂4000倍液,或25%络氨铜水剂500倍液,或46%氢氧化铜水分散粒机1500倍液,或50%百菌通可湿性粉剂400倍液,或12%绿乳铜乳油600倍液,或47%春雷·王铜可湿性粉剂700倍液灌根,每株灌药液0.3~0.5L,隔10 d 1次,连续灌2~3次。

④病毒病

发生规律:毒源主要来自种薯和野生寄主上,带毒种薯为最主要的初侵染源,种薯调运可将病毒远距离传播。在植株生长期间,病毒通过昆虫或汁液等传播,引起再侵染。高温特别是土温高于25℃时,既有利于传毒蚜虫的繁殖和传毒活动,又会降低块茎的生活力,从而削弱种薯对病毒的抵抗力,易染病而引起种薯退化。

症状:马铃薯病毒病常见的症状类型有4种。

卷叶型。叶缘向上卷曲,呈勺状,严重呈圆筒状,叶色淡,质硬、革质化,有时叶背出现紫红色。

花叶型。叶面出现淡绿、黄绿和浓绿相间的斑驳花叶(有轻花叶、重花叶、皱缩花叶和黄斑花叶之分),叶片基本不变小,或变小皱缩,植株矮化。

坏死型(或称条斑型)。叶片、叶脉、叶柄、茎枝出现褐色坏死斑或连合成坏死条斑,甚至叶片萎垂、枯死或脱落。

丛枝及束顶型。分枝纤细而多,缩节丛生或束顶,叶小花少,明显矮缩。

防治方法:

选用抗病品种。播种脱毒种薯。实生苗块茎留种。

调整播种期、收获期。一季作地区实行夏播,使块茎在冷凉季节形成,增强对病毒的抵抗力;二季作地区春季用早熟品种,地膜覆盖栽培,早播早收,秋季适当晚播早收,可避开蚜虫迁飞高峰,减轻蚜虫为害传播,躲过高温影响,从而减轻发病情况。

加强栽培管理。高垄栽培,配方施肥,小水勤浇,及时培土,清除杂草,及时清理病株。对田间病株拔出、深埋,消灭毒源。发病重的地区可采用防虫网防治蚜虫传毒,出苗后及时防治蚜虫。

及时化学防治。发病初期喷洒1.5%植病灵乳剂1000倍液,或20%病毒A可湿性粉剂500倍液,或用2%菌克毒克3000 mL/hm²,每隔7 d喷药1次,连喷3~4次,防病效果较好。

⑤黑胫病

发生规律:种薯带菌,土壤一般不带菌。病菌先通过切块扩大传染,引起更多种块茎发病,再经维管束或髓部进入植株,引起地上部发病。田间病菌还可通过灌溉水、雨水或昆虫传播,经伤口侵入致病。后期病株上的病菌又从地上茎通过匍匐茎传到新长出的块茎上。贮藏期病菌通过病薯与健薯接触经伤口或皮孔侵入使健薯染病。该菌适宜温度 10～38℃，最适为 25～27℃，高于 45℃即失去活力。在北方，气温较高时发病重。土壤黏重且排水不良的土壤发病重。黏重土壤往往土温低，植株生长缓慢，不利于寄主组织木栓化的形成，降低了抗侵入的能力，并且土壤含水量大，有利于细菌繁殖、传播和侵入，所以发病严重。窖内通风不好或高温高湿，利于细菌繁殖和为害，造成大量烂薯。带菌率高、多雨或低洼的地块发病重。

症状：主要危害茎和块茎，从种薯发芽到生长后期均可发病，以苗期最盛。当植株生长至 15～18 cm 时易被侵染，被侵染植株矮小、节间缩短、生长势减弱、叶片褪绿黄化并上卷。病株多数失水下垂，叶色不变，但容易从土中拔出。茎基部与母薯连接处首先变黑，后向地面附近发展，最终导致植株萎蔫枯死。茎部变黑，横切茎可见 3 条主要维管束变为褐色；茎多数软化、腐烂，且常自动开裂并分泌有臭味的黏液。湿度大时，黑茎可长达 3.3～6.6 cm，有的表面有菌脓。成株期黑茎多呈现黑褐色至墨黑色，地下茎髓部往往变空。病原菌可沿匍匐茎向新结薯的方向发展，黑茎症状也随之向新薯发展，块茎脐部变成黑褐色。块茎被侵染后，从脐部开始呈放射状向髓部扩展，发病部位呈黑褐色或黑色，横切检查维管束呈黑褐色点状或短线状，用手挤压皮肉不分离，病害严重时块茎中间烂成空腔。重病块茎，表皮变暗，无光泽。感病较轻的块茎与健薯无明显区别。块茎在湿度大时变为黑褐色，腐烂发臭，别于青枯病。种薯染病腐烂成黏团状，不发芽，或刚发芽即烂在土中，不能出苗。

防治方法：

选用抗病品种。

选用无病种薯。提倡无病留种田可用小整薯播种。种薯入窖前要严格挑选，入窖后加强管理，窖温控制在 1～4℃，要防止窖温过高，湿度过大。

播前处理。切刀用 0.2％升汞或 0.1％高锰酸钾溶液浸泡消毒，而后切块。切块后用草木灰、过氧化钙等拌种后播种。

适时早播，促使早出苗。

及时化学防治。发现病株及时挖除，在病穴及周边撒少许熟石灰。发病后，叶面可喷洒 0.1％硫酸铜溶液或氢氧化铜，能显著减轻黑胫病，也可用 100 mg／kg 农用链霉素喷雾，或 40％氢氧化铜（可杀得）600～800 倍液，或 20％喹菌酮可湿性粉剂 1000～1500 倍液，或 20％噻菌铜（龙克菌）600 倍液喷洒，还可用波尔多液灌根处理，效果较好。

⑥黑痣病

发生规律：病菌在病薯薯皮上或留在土壤中的菌核越冬。带病种薯是初侵染源，是传播的主要载体。病菌从土壤中根系或茎基部伤口侵入。此病的发生与春寒和潮湿条件有关。播种早，或播后土温较低发病重。

症状：主要危害幼芽、茎基部和块茎。幼芽出土前染病腐烂；出土后染病，初期下边叶子发黄，茎基部有凹陷的褐斑，上面常覆有灰色菌丝层，有的上面会有菌核。此病轻者植株症状不明显，重者会形成立枯或顶部萎蔫，或者叶片向上卷曲，茎节腋芽产生紫红色或绿色气生块茎。长成的块茎小，薯皮上散生许多黑褐色菌核，用水清洗不掉。

防治方法：

选用抗病品种，用无病种薯播种。

适期播种。尤其是高海拔冷凉地区避免过早播种。

及时化学防治。播前可用 35％福·甲可湿性粉剂 800 倍液，或 50％福美双可湿性粉剂

1000 倍液浸种 10 min，或用 50％异菌脲 0.4％溶液浸种 5 min。还可用 30％苯醚甲·丙环乳油 3000 倍液进行喷雾防治。

⑦霜霉病

发生规律：病菌借风雨传播，最适发病温度为 16℃左右。在 24℃时易形成黄色枯斑。在气温忽高忽低、环境忽干忽湿时易发病。播期偏早，植株密度过大，虫害严重等均致发病严重。

症状：幼苗和成株均可发病。幼苗发病，叶面出现褪绿或变黄的凹陷病斑，长出白色霉状物，高温时病部出现圆形枯斑。成株发病，叶面出现褪绿斑或黄斑，受叶脉限制，病斑呈多角形，叶背长出白色霉层。

防治方法：

选用抗病品种，播种前用种子重量 0.2％的 50％福美双可湿性粉剂拌种。

合理灌溉，及时摘除病株残叶。

药剂防治。5％瑞毒霉可湿性粉剂 150～200 g 800 倍液，或 65％代森锌可湿性粉剂 500 倍液，或 75％百菌清可湿性粉剂 100～200 g 600 倍液，药剂交替使用，每种药剂只使用一次。

⑧炭疽病

发生规律：病菌借风或雨水飞溅传播。每年发生期主要受温度影响，而发病程度则受适温期降雨量及降雨次数多少影响，属高温高湿性病害。因此，如气温升高、降雨多，则导致该病流行。

症状：主要危害叶片。叶片染病，初生苍白色或褪绿水渍状小斑点，扩大后为圆形或近圆形灰褐色斑，中央略下陷，呈薄纸状，边缘褐色，微隆起，直径 1～3 mm；发病后期，病斑灰白色，半透明，易穿孔；在叶背多危害叶脉，形成长短不一略向下凹陷的条状褐斑。

防治方法：

选用抗病品种，选择地势较高、排水良好的地块栽种，实行与非十字花科作物轮作，适期晚播，及时清理田园，增施 P、K 肥。

药剂防治。可在播前种子用 50℃温水浸种 10 min，或用种子重量 0.4％的 50％多菌灵可湿性粉剂拌种。发病初期开始喷施 40％多硫悬浮剂 700～800 倍液，或用 70％甲基硫菌灵可湿性粉剂 500～600 倍液，或 80％炭疽福美可湿性粉剂 800 倍液。上述药剂交替使用，7～10 d 1 次，连喷 2～3 次。

⑨黑腐病

发生规律：病原菌可在种子、采种株上和土壤病残体内越冬，一般可存活 2～3 年。生长期间病原菌则可通过种子和感病菜苗、肥料、农具、灌溉水及暴风雨等进行传播。高温、高湿、连作、地势低洼、偏施 N 肥、施未腐熟有机肥等，发病重。

症状：主要危害叶片、叶球或球茎。子叶染病呈水渍状，后迅速枯死或蔓延到真叶。真叶染病，病菌由水孔侵入的引起叶缘发病，呈"V"形病斑；从伤口侵入的，可在叶部任何部位形成不定型的淡褐色病斑，边缘常具黄色晕圈，病斑向两侧或内部扩展，致周围叶肉变黄或枯死。病菌进入茎部维管束后逐渐蔓延到球茎部或叶脉及叶柄处，引起植株萎蔫至萎蔫不再复原。干燥条件下球茎黑心或呈干腐状。

防治方法：

选用抗病品种，实行与非十字花科作物轮作。

适期播种，适期蹲苗，避免过旱过涝，及时防止地下害虫，发病初期及时拔除病株。

药剂防治。可在成株发病初期开始喷洒 14％络氨铜水剂 350 倍液,或 77％氢氧化铜可湿性粉剂 500 倍液,或 72％农用链霉素可湿性粉剂 4000 倍液。隔 7～10 d 喷施 1 次,连续防治 2～3 次。

⑩软腐病

发生规律:细菌性病害,通过雨水、地面径流和昆虫传播。生存温度为 2～38℃,最适温度为 27～30℃,地温高、多雨潮湿是发病的有利条件。机械伤口或害虫危害伤口有利于病菌侵染,发病严重。此外,播种偏早、地势低洼、排水不良,有利发病。

症状:发病初期,植株外围叶片基部或植株基部发生水渍状软腐,外叶萎蔫,下垂,往往溢出白色菌脓,除残留部分维管束外,组织呈黏滑状腐烂。由于其他腐败菌的侵入,发生恶臭,最后全株腐烂致死。

防治方法:

选用抗病品种,勿与十字花科作物连作。

适当晚播,选择地势高燥、排水良好的地块,采用高畦深沟栽培,雨后及时排水降湿,避免大水漫灌。及时防治虫害,及时清除病株并用生石灰消毒土壤。

化学防治。可于播种前用种子重量 0.3％的春雷王铜拌种。发病初期可用 72％农用链霉素可湿性粉剂 4000 倍液、或新植霉素 4000 倍液,或 14％络氨铜水剂 350 倍液,连喷 2～3 次。注意务必将药液喷洒到植株根部、底部、叶柄和叶上。

(2)主要害虫及其防治　虫害主要是蚜虫、甜菜夜蛾、菜粉蝶、潜叶蝇等。地下害虫,如韭蛆、蛴螬、地老虎、蝼蛄等。

①蚜虫

危害症状:主要危害植株的嫩茎、嫩叶和花。成虫和若虫刺吸吸食叶片的汁液,造成的直接伤害是吸食时分泌毒素,致使幼叶向下卷缩变形,植株生长不良。间接危害则是传播病毒。

特征特性:蚜虫是孤雌生殖,繁殖速度快,从越冬寄主迁飞到第二寄主马铃薯等植株后,每年可发生 10～20 代。蚜虫靠有翅蚜迁飞扩散,一般在 4—5 月份向马铃薯迁飞或扩散。温度 25℃时生育繁殖最快。

防治方法:

农业防治。是在产生有翅之前防治。收获后,及时处理残植体,清洁田园,减少虫源。

物理防治。一是银灰膜驱蚜,畦面覆盖银灰膜或设施内挂银灰色地膜条。二是黄板诱蚜,将黄板挂在田间,与植株高度相同或稍高,放置多块黄板。

化学防治。蚜虫多在心叶及叶背皱缩处为害,所以喷药要特别周到细致,应尽量选择兼有触杀、内吸、熏蒸三重作用的药剂。常用药剂有 10％吡虫啉可湿性粉剂 1500～2000 倍液,或 25％噻虫嗪水分散粒剂 6000～7000 倍液,或 40％氰戊菊酯 6000 倍液,或 25％溴氰菊酯 3000 倍液喷雾防治,每 7～10 d 喷 1 次,连续喷洒数次。

生物防治。可利用蚜虫的天敌七星瓢虫、异色瓢虫、草蛉、食蚜蝇或烟蚜茧蜂等。也可喷洒 1.1％百部・楝・烟乳油 1000 倍液或 1％苦参碱水剂 1000 倍液进行防治。

②甜菜夜蛾

危害症状:幼虫为害。初孵幼虫群集叶背,低龄幼虫常常在心叶中吐丝结网为害,剥食叶片,仅留下表皮,叶片形成透明小斑。3 龄后可将叶片吃成孔洞或缺刻,严重时仅余叶脉与叶柄。

特征特性：自北纬 48°～57°至南纬 35°～40°均有分布。此虫原在中国为害不重，近年来有逐渐发展成为重要害虫的趋势。在河北、河南、山东、陕西等省的局部，其中尤以江淮和黄淮地区发生严重。甜菜夜蛾在黄淮海地区 1 年可发生 5 代，世代重叠。多以蛹越冬，夏秋季节为害较重。

防治方法：

农业防治。收获后及时清除田间杂草、残枝败叶，夏秋冬季及时翻耕土地。成虫盛发期在清晨露水未干时人工捕捉。

生物防治。主要有 Bt 制剂如 HD-1、7216、8010 等。病毒制剂如多核蛋白壳核型多角体病毒（SeMNPV）和颗粒体病毒，线虫制剂，昆虫生长调节剂如 5％杀死克乳油，抗生素类制剂主要有 20％绿保素乳油和 1％阿维菌素等。

化学防治。发现幼虫应立即喷药防治，喷药时要喷到叶背面及下部叶片。可用 5％氯虫苯甲酰胺（杜邦普尊）1000 倍液，或 50％辛硫磷乳油 1000 倍液，或 20％杀灭菊酯乳油 2000 倍液，或 10％高效氯氟氰菊酯乳油 2000 倍液，或 2.5％联苯菊酯乳油 3000 倍液，或 1.8％阿维菌素乳油 4000～5000 倍液，或 52.25％毒死蜱·氯氰菊酯乳油 2000 倍液喷雾，7～10 d 喷 1 次，连喷 2～3 次。

③菜粉蝶　幼虫俗名菜青虫，杂食性，危害严重。

危害症状：幼虫咬食叶片呈孔洞或缺刻，严重时全叶吃光。危害造成的伤口易诱发软腐病。

防治方法：

农业防治。收获后及时清除田间残株落叶，减少虫源。采用防虫网栽培。

药剂防治。注意不同性状农药间交替轮换使用，优先使用非化学杀虫剂。BT 乳剂、杀螟杆菌、青虫菌粉等，每药加水 800～1000 倍，在 20℃以上气温时施用，效果良好。还可用 1.8％阿维菌素乳油 2500～3000 倍液，或 0.5％楝素乳油 700～800 倍液，或 5％氟虫腈悬浮剂 1500～2000 倍液喷雾，交替使用。

④潜叶蝇

危害症状：主要以幼虫在叶片或叶鞘上下表皮之间潜食叶肉，使叶片正面出现弯弯曲曲的条状潜道，潜道曲折迂回，没有一定的方向，呈曲线状或乱麻状，附带有橘黑色和干棕色的斑块区。潜道的外形和长度等的变化，主要取决于寄主植物的种类和叶片内幼虫的数量。潜叶蝇为害后导致植物叶片光合作用受阻，受害严重时导致大量叶片枯萎脱落，植株早衰，甚至死亡。此外，虫体的活动还能传播多种病毒病。

特征特性：潜叶蝇是双翅目潜蝇科的一类小型昆虫，可危害黄瓜、菜豆、番茄、西葫芦等多种蔬菜，目前所知道的约有 150 种，但其中只有十几种寄主范围很广，对温室和大田作物构成较大的威胁。

防治方法：

农业防治。清洁田园，前茬作物收获后，及时清除杂草、老叶、病叶及残叶，集中深埋或烧毁，以消灭虫源。

物理防治。可用黄板诱杀。根据潜叶蝇成虫对黄色的趋性，可采用黄板诱杀，在虫口较低及保护地条件下，可起到较好的效果。杀虫灯诱杀。根据潜叶蝇成虫的趋光性特点，可采用杀虫灯进行诱杀，效果也较为理想。

天敌的保护及利用。在对蔬菜潜叶蝇的田间调查中发现,潜叶蝇的寄生蜂大约有 15 种,最主要的有绿姬小蜂、潜蝇茧蜂、双雕姬小蜂等,这些寄主蜂将卵寄生于潜叶蝇的卵里,从而控制潜叶蝇的为害。因此,对潜叶蝇进行化学防治时,应注意科学合理用药,保护田间自然天敌种群,以确保潜叶蝇的可持续治理。

化学防治。根据对美洲斑潜蝇幼虫田间试验结果表明,在潜叶蝇幼虫 2 龄前进行防治效果最为理想。可用 75％灭蝇胺可湿性粉剂 3000～5000 倍液喷雾,或用 5％氟啶脲 2000 倍液,或 10％虫螨腈 3000 倍液。防治幼虫用药时期应在潜叶蝇幼虫低龄期,虫道不超过 1cm 时进行,可及时控制潜叶蝇的为害;防治成虫应在其羽化高峰期的上午用药,采用一般触杀性杀虫剂即可。应注意的是,潜叶蝇传播蔓延快,易产生抗药性,药剂应交替使用,喷药时注意叶片正反面都要喷到。

⑤韭蛆

危害症状:以幼虫聚集在韭菜地下部的鳞茎和柔嫩的茎部为害。初孵幼虫先危害韭菜叶鞘基部和鳞茎的上端。春、秋两季主要危害韭菜的幼茎引起腐烂,使韭叶枯黄而死。夏季幼虫向下活动蛀入鳞茎,重者鳞茎腐烂,整墩韭菜死亡。

特征特性:一般 1 年发生 4 代,分别发生于 5 月上旬、6 月中旬、8 月上旬及 9 月下旬。以蛹越冬,7 月下旬至 8 月上旬成、幼虫大发生,幼虫成群危害韭菜地下根茎;成虫喜阴湿能飞善走,甚为活泼,常栖息在韭菜根周围的土块缝隙间。韭蛆老熟幼虫或蛹在韭菜鳞茎内及根际 3～4 cm 深的土中越冬。成虫畏光、喜湿、怕干,对葱蒜类蔬菜散发的气味有明显趋性。卵多产在韭菜根茎周围的土壤内。露地栽培的韭菜田,韭蛆幼虫分布于距地面 2～3 cm 处的土中,最深不超过 5～6 cm。土壤湿度是韭蛆发生的重要影响因素,黏土田较沙土田发生量少。

防治方法:

农业防治。加强中耕除草,清洁田园,加强肥水管理,提高抗逆能力。

化学防治。地面施药:成虫盛发期,顺垄撒施 2.5％敌百虫粉剂,每亩撒施 2～2.6 kg,或在上午 9—11 时喷洒 40％辛硫磷乳油 1000 倍液或 2.5％溴氰菊酯乳油 200 倍液,也可在浇水促使害虫上行后喷 75％灭蝇胺,每亩 6～10 g。灌根:幼蝇危害始盛期(早春在 4 月上中旬、晚秋在 10 月上中旬)进行药剂灌根防治。每亩用 1.1％苦参碱粉剂 2～4 kg,兑水 1000～2000 kg,或用 50％辛硫磷乳油 500 倍液或 48％乐斯本乳油 400～500 mL 兑水 1000 kg,灌根 1 次。灌根方法:扒开韭菜根茎附近表土,用去掉喷头的喷雾器对准韭菜根部喷药即可,喷后随即覆土。

⑥蛴螬

危害症状:主要危害作物地下嫩根、地下茎和块茎,进行咬食和钻蛀,断口整齐,造成幼苗枯死,缺苗断垄。咬食马铃薯块茎时,形成缺口,降低品质甚至引起腐烂。

特征特性:2 年发生 1 代,以幼虫和成虫在土中越冬。4—7 月成虫大量出现,有假死性和趋光性,并对未腐熟的厩肥有强烈趋性。卵产于松软湿润的土壤内,以水浇地最多。卵期 15～22 d,幼虫期 340～400 d,冬季在 55～150 cm 深土中越冬,蛹期约 20 d。幼虫共 3 龄,始终在地下活动,一般当 10 cm 土温达 5℃时开始上升至表土层,13～18℃时活动最盛,23℃以上则往深土中移动。土壤湿润则互动性强,尤其小雨连绵天气危害重,主要在春、秋两季危害最重。

防治方法:

注意当地对此类害虫的预测预报。

农业防治。一是冬季深翻土地,压低虫量,减轻危害;二是合理安排茬口,前茬避开豆类、花生、甘薯、玉米等;三是合理施肥,施用充分腐熟的厩肥;四是合理灌溉。

化学防治。可用50%辛硫磷乳油1000倍液,或5.7%氟氯氰菊酯乳油1500倍液,或52.25%毒死蜱·氯氰菊酯乳油1000倍液,或30%敌百虫乳油500倍液喷洒或灌杀。也可用5%辛硫磷颗粒剂每亩2.5~3.0 kg或3%毒死蜱颗粒剂每亩3~4 kg,掺细土20 kg,撒施或沟施。还可用50%辛硫磷乳油每亩200~250 g,加水10倍,喷于25~30 kg细土上拌匀成毒土,撒于地面,随即耕翻。

⑦地老虎

危害症状:幼虫将幼苗近地面的茎部咬断,使整株死亡。幼虫咬食块茎形成空洞。

特征特性:地老虎种类多,分布广,危害严重,每年发生3~4代。成虫雌蛾产卵300~1000粒,卵经7~10 d孵化为幼虫。幼虫灰褐色,取食嫩叶后体色转为灰绿色,3龄后钻入土中变成灰色。幼虫体长5 cm左右,以3~6龄幼虫越冬,4月中旬至5月上旬是幼虫为害盛期。

防治方法:

注意虫情的预测预报,及时防治。及时清除杂草。

物理防治。可利用黑光灯诱杀成虫。用糖6份、醋3份、白酒1份、水10份加90%敌百虫1份调匀成糖醋液可诱杀成虫。

化学防治。地老虎1~3龄幼虫期抗药性差,且暴露在寄主植物或地面上,是化学防治的最佳时期,可喷洒48%毒死蜱乳油1000倍液,或20%氰戊菊酯3000倍液,或90%敌百虫800倍液,或50%辛硫磷乳油800倍液。此外,也可用5%毒辛颗粒剂2 kg,或3%毒死蜱颗粒剂4 kg进行撒施或沟施。还可将50%辛硫磷乳油拌入炒熟的麦麸中,充分搅拌均匀,傍晚撒于田间,防治效果好,并可兼治蝼蛄。

⑧蝼蛄

危害症状:将幼苗咬断致死,受害根茎部呈乱麻状,幼苗被害后往往发育不良或凋萎死亡。由于蝼蛄活动力强,将表土层窜成许多纵横交错的隧道,使苗根易脱离土壤而失水枯死,造成缺苗断垄。温室中由于气温高,蝼蛄活动早,而幼苗又比较集中,受害更重。

特征特性:发生危害普遍的是东方蝼蛄和华北蝼蛄。在盐碱地和沙壤土地危害最重。东方蝼蛄2年1代,华北蝼蛄3年1代。5月上旬至6月中旬是第一次为害高峰期。6月下旬至8月下旬,因天气炎热转入地下,6—7月为产卵盛期。9月气温下降,再次升到地表,形成第二次为害高峰。10月中旬以后陆续钻入深层土中越冬。蝼蛄昼伏夜出,晚上9—11时活动最盛,喜欢松软潮湿的壤土或沙壤土。气温12.5~19.8℃,20 cm土温15.2~19.9℃、表土层含水量20%以上时,对蝼蛄最适宜。

防治方法:

合理施肥,适期播种。利用黑光灯诱杀。

毒饵诱杀。将麦麸炒香,用50%辛硫磷乳油加适量水拌匀,在无风闷热的傍晚撒施毒饵效果好,撒前能先灌水,保持地面湿润,则效果更好。

(3)杂草防除　中原二季作区四季分明,田间主要杂草为一年生禾本科、阔叶杂草,少数为多年生杂草。马铃薯田的主要杂草种类有马唐、狗尾草、反枝苋、马齿苋、凹头苋、牛筋草、旱稗、藜、野黍、刺儿菜、苣荬菜、田旋花等。防除措施主要包括以下几种。

①田园清洁　清除田边、沟渠的杂草,减少杂草的自然传播和扩散。翻耕、晒垡、消灭杂草幼芽、植株,切断多年生杂草营养繁殖器官,减少杂草来源。

②栽培措施　结合田间管理特点,中耕培土、施肥等进行杂草防除。作物轮作可以有效减少伴生性杂草,尤其是寄生性杂草的危害。合理密植可以增强作物的群体竞争能力,抑制杂草生长。作物覆盖、秸秆覆盖,以及地膜覆盖均能有效控制杂草危害。

③化学防除　单剂的杀草谱较窄,生产上应根据当地杂草实际发生情况选择适宜的除草剂。防除田间杂草如果以禾本科杂草为主,可选用5%精喹禾灵乳油,或33%二甲戊灵乳油,或50%敌草胺水分散粒剂,或96%精异丙甲草胺乳油,或10%喹禾灵乳油。如果以阔叶杂草和莎草为主,则选用25%砜嘧磺隆水分散粒剂,或70%嗪草酮可湿性粉剂,或80%丙炔噁草酮可湿性粉剂。如果田间杂草以禾本科杂草和阔叶杂草为主,则选择多元复配,以达到多草兼除的目的。

4.应对灾害性天气　中原二季作区农事生产中常见的环境胁迫有低温冷害、高温危害、水分胁迫、盐碱胁迫等。

(1)低温冷害　低温对马铃薯的幼苗、成株和贮藏中的块茎都能造成不同程度的危害。弱小的蔬菜幼苗对低温也比较敏感,随着植株的生长,耐寒力逐渐增强。

预防措施:应根据各地自然条件和无霜期,选择适宜的栽培品种,调节好播种期,躲过早霜或晚霜的危害。二季作区春季早熟栽培注意防晚霜。

(2)高温危害　高温造成叶尖和叶缘褪绿、变褐,最后叶尖变成黑褐色而枯死,枯死部分呈向上卷曲状,俗称"日烧"。保护地温室、大棚进行早熟栽培时,应注意高温危害。

预防措施:在高温干燥天气来临前,进行田间灌溉,增施有机肥,增强土壤保水能力,分期培土,减少伤根等,都可以减轻此危害。保护地栽培注意通风降温,及时揭去塑料薄膜。

(3)水分胁迫　包含涝害与湿害,都是由于水分过多引起的危害。涝害常因大雨或暴雨时间过长土壤积水而形成,严重时可使作物根系在较短时间内因缺氧而窒息死亡,危害明显。湿害是由于水涝后土壤内长期排水不良,或阴雨而使土壤水分持续处于饱和状态而形成的,主要是因长时间缺氧而损害根系。

预防措施:选择疏松透气的沙壤土或壤土,实行高垄、高畦栽培。雨涝发生时,迅速疏通沟渠,尽快排涝去渍,还要及时中耕、松土、培土、施肥,及时防治病虫害,加强田间管理,促进植株健壮。

(4)盐碱胁迫　盐碱胁迫会严重影响马铃薯和蔬菜的代谢活动,如生长发育受抑制、光合速率降低、蛋白质合成受阻、能量代谢缓慢等,进而影响产量。

预防措施:严禁大水漫灌,提倡采用水肥一体化,灌水后及时中耕。合理施肥,增施有机肥料,适当施用高效复合肥。盐碱比较严重的地块,可施用生石灰改良土壤理化性质。

(五)收获

1.马铃薯的收获

(1)收获时期　马铃薯在生理成熟期收获产量最高。其生理成熟的标志有3点:叶色由绿逐渐变黄转枯,这时茎叶中养分基本停止向块茎输送;块茎脐部与着生的匍匐茎容易脱离,无须用力拉即与匍匐茎分开;块茎表皮木栓化、皮层较厚、色泽正常。

一般同品种的马铃薯块茎膨大期,每天每亩增加产量40～50 kg。采收时期直接影响着产品的质量,采收时期过早,由于块茎干物质积累不够,不仅直接影响食用品质和加工品质,还会影响块茎的贮藏品质;采收过晚,也会影响块茎质量,还会导致块茎2次生长、块茎裂口或者发芽等。适宜的采收时期在植株1/3~1/2叶片开始变黄,这时块茎干物质积累达到高峰。但对一般的商品薯来说,市场规律以少为贵,早收获的马铃薯往往价格较高,因此,应根据生长情况、块茎用途与市场需求适时采收。

中原二季作区的春马铃薯,在6月中旬高温和雨季来临之前需收获,以保证商品薯的质量和耐贮性。秋马铃薯一般在植株叶片全部黄化、外界最低气温降至-2℃以前,块茎已完全膨大,表皮木栓化后及时收获。

(2)收获标准　收获时以土壤干散为宜,如果收获时土壤湿度过大,块茎气孔和皮孔开张较大,容易被各种病菌侵染,同时块茎水分含量过高,会导致块茎不耐贮运。因此,收获前7d不要浇水,如果遇上下雨天,要等土壤适当晾干后再收获,或割秧以加速土壤水分蒸发,以免土壤湿度长期过大而引起腐烂。块茎刨出后应在田间稍行晾晒,表皮水分晾干后再装运,但要严防块茎在田间阳光下暴晒。收获后,在田间要将病虫伤害及机械损伤的薯块剔除,进行分级。

(3)收获方法　马铃薯的收获方法因种植规模、机械化水平、土地状况和经济条件而不同。收获的顺序一般为除秧、挖掘、拣薯装袋、运输、预贮等过程。机械收获可直接挖掘,无须除秧,节省大量人工。收获时应注意以下事项:选择晴朗天气和土壤干爽时收获,在收获的各个环节中,尽量减少块茎的破损率;收获要彻底,避免大量块茎遗留在土壤中,用机械收获后,应复收复拣,确保收获干净彻底;先收获种薯,后收商品薯,不同品种、不同级别的种薯以及不同品种的商品薯都要分别收获,分别运输,单存单放,严防混杂;注意避光,鲜食用的商品薯或加工用的原料薯,在收获和运输过程中应注意避光,避免长期暴露在光下薯皮变绿、品质变劣;块茎在收获、运输和贮藏过程中,应尽量减少转运次数,避免机械损伤,减少块茎损耗和病菌侵染。

新收获的马铃薯呼吸作用旺盛,水分蒸发量大,块茎散发出大量热量,如立即下窖贮藏,薯堆内温度过高,造成烂薯,增加损耗。因此,新收获的块茎要放在通风凉爽的库房中,经过10~15d的预贮,块茎表皮木栓化,损伤的伤口愈合,呼吸强度由强转弱,才可贮藏。商品薯应避光预贮,以免薯皮变绿,影响品质。在此期间,要剔除病、烂薯,食用和加工原料薯要淘汰青皮、虫口和伤口块茎,才可入窖贮藏。

2. 蔬菜的收获

(1)小白菜　适时采收可提高产量和品质,采收过早影响产量,采收过晚组织纤维化程度增高,降低商品价值。一般秋冬小白菜采收的标准是植株新叶平口。夏季小白菜在播种后约20~30d可陆续间拔采收。早秋栽棵菜在定植后25d左右采收上市。另外,也可根据市场需求决定是否收获。小白菜在6~7片叶后可根据市场情况随时采收上市,一般是拔大棵留小棵。小白菜不耐贮藏,采收后应就近上市。需要运输时,应进行预冷(1~3℃恒温库,使菜体温度降至5℃以下),能保存货架期4d。

(2)菠菜　菠菜播种后30d左右,株高20~25cm即可采收。春播菠菜常1次采收完毕。收获时一般采用镰刀沿地面割起,然后扎成把,也有的连根拔起,然后用菜刀切根或连根洗净,每500g或250g装袋出售。分次采收时,须注意要用小斜刀刀尖细心地在根茎下处挑收。注意挑大、挑密处收,稀处少收,留下的植株营养面积均匀,可均衡良好生长,这样可提高下次采收的产量和质量。早晨植株柔嫩,叶脆,易损伤,应尽量避免在早晨采收。待下午植株露珠已干时采收为宜。

（3）小萝卜 肉质根充分膨大后，一般在播种后 50～60 d 即可收获。宜分两次间拔收获，一般 2～3 d 1 次,3～5 次收完。拔出后用水洗净泥土,5 个绑一把,绑在距肉质根 5 cm 处的叶片上,剪除上部叶片,使留下部分长度相当于肉质根的长度。根据习惯也可不切断叶片整株出售。

（4）韭菜 一般首次采割应留兜头 5～6 cm 以上,若从颜色判断的割取部位呈黄色为宜,如为绿色说明下刀过高,如为白色,说明下刀过深。此外,每收割一次,所留的兜头高度应比上一次增加 1.5～2.0 cm,以利新根生长。韭菜每次采割后,下批萌生的韭菜茎叶是从割剩下的兜头那里获取各种营养物质的,兜头中贮存的养分能供应叶鞘内的蘖芽和幼叶吸收利用,因此,兜头留得过短,不但易伤根茎和蘖芽,而且有碍伤口愈合,影响新的茎叶生长,还会推迟下批收获时间,使全年总产下降。

露地栽培的韭菜,从返青到第一次采割约 30 d,以后只需间隔 20 d 左右,有些品种入冬后生长缓慢,收获的间隔期就要相应拉长。但就大多数品种而言,每采割一次间隔 30 d 以上再采割,这样即可保证一定的萌发时间,又可提高韭菜植株体内各种营养物质的含量,从而提高韭菜质量。

要选择晴天清晨采割,因为植株经过一夜生长之后,叶部水分尚未激烈蒸腾,叶肉呼吸强度不大,割下的韭菜品质就格外新鲜,上市后易销售。

（5）西瓜 采收期要适宜,否则严重影响西瓜品质,损害其商品性。成熟西瓜瓜皮坚硬,花纹清晰,脐部和蒂部向内收缩凹陷,瓜柄上绒毛大部脱落,坐果节位前一节卷须干枯。一般于5 月中旬、坐瓜后 30 d 左右可采收,采收期一直可延续到 7 月上旬。采收西瓜最好在上午或傍晚进行,因为西瓜经过夜间冷凉之后,发散了大部分田间热,采收后不会因体温过高而加速呼吸,引起质量降低,影响贮运。如果采收时间不能集中在上午进行,也要避免在中午烈日下采收。西瓜成熟时如果正遇连绵阴雨而来不及采收、装运时,可将整个植株从土中拔起,放在田间,待天晴后再将西瓜割下,否则西瓜易崩裂。采收时用刀从瓜梗与瓜蔓连接处割下,不要从瓜梗基部撕下。准备贮藏的西瓜,应连同一段瓜蔓割下,瓜梗保留长度往往影响贮藏寿命,另外采收后应防止日晒、雨淋,而且要及时运送出售。

（6）甘蓝 在叶球大小定型、坚实度达到八成、外层叶片发亮时即可采收。夏、秋气温高、雨水多,采收不及时容易造成裂球或腐烂,影响产量及品质,要适当早采。根据甘蓝不同品种在收获前一定时间适当停止浇水,一般控水 3～7 d,可提高耐藏性,减少腐烂,延长蔬菜采后保鲜期。一般应选择晴天早上收获,可减少蔬菜所携带的田间热,降低菜体的呼吸,有利于采后品质的保持。避免在高温、暴晒时采收。另外,在雨后和露水很大时采收的蔬菜很难保鲜,极易引起腐烂,也应避免。采收时要轻拿轻放,严格防止机械损伤。

（7）菜花 花球膨大前摘叶盖花,避免暴晒,以使花球洁白、肥嫩。如果使用摘下的叶片盖花,注意及时更换。当花球基部花枝即将松动、心叶开张、花毛脱落、球面凸起、明显有光泽时,及时采收,保证其商品性。收获时要保留 4～5 片叶以免贮运中损伤。

六、效益分析

马铃薯间作套种蔬菜作物,可以充分利用自然资源,提高土地利用率,延缓病虫发生,减轻危害程度,并且增加复种指数,提高了经济效益。举例分析如下。

（一）早春拱棚"马铃薯＋小萝卜—大葱—秋马铃薯—秋延迟菠菜"一年五种五收高效栽培模式

一般亩产马铃薯 4000 kg,小萝卜 1800 kg,大葱 3500 kg,菠菜 4000 kg。根据近年市场平均价格计算,亩产值总计可达 12000 元左右,扣去成本 3000 元左右,纯收入 9000 元左右。

（二）马铃薯间作韭菜模式

利用棚室保温,保证在韭菜畦埂上间作的春播马铃薯能提早上市,秋季可以进行种薯繁育,经济效益高,可在淡季生产 4 茬青韭,每亩产量 8000 kg,产值 24000 元;每亩春季间作马铃薯 1400 株左右,鲜薯产量 750 kg 左右,产值 2250 元左右;秋季间作马铃薯 1500 株左右,产量 600 kg 左右,产值 3000 元。扣除生产成本,每亩净产值 25000 元以上。

（三）马铃薯间套种西瓜模式

一般每亩收获马铃薯 2000 kg 左右,收益约 1800 元;西瓜 4000 kg,收益约 4800 元。秋季可继续种植大蒜,每亩收获青蒜苗 2000 kg,收益 6000 元。每亩年收益可达 12000 元左右。

第三节　多熟制地区马铃薯与蔬菜间套作

一、茬口衔接

马铃薯是重要的粮菜兼用作物,又是饲料和工业原料,尤其是作为休闲食品广受青睐,具有广阔的市场和发展前景。多熟制中马铃薯的生产优势集中表现在种植季节的多季节性(春、秋、冬薯)、品种的多样性(早、中、晚熟)、上市的均衡性(一熟春薯 8 月、9 月、10 月,两熟秋薯 11 月、12 月,冬薯 3 月、4 月,两熟春薯 5 月、6 月上市)等方面。

在多熟制地区,与马铃薯搭配的茬口作物种类大致可被分为 3 类:一为粮粮型,包含"马铃薯—稻—稻""马铃薯—稻—秋大豆""马铃薯—糯高粱—再生高粱"等模式。二为粮经型,如"马铃薯—早中稻—大蒜""马铃薯—西瓜—稻""春马铃薯—西瓜—秋马铃薯""马铃薯/西瓜＋春玉米—稻""马铃薯—黄瓜—晚稻""马铃薯—生姜—冬菜""马铃薯/春玉米/辣椒""马铃薯/鲜食玉米＋花生—豇豆—萝卜"等模式。三为粮饲型搭配,如"马铃薯/春玉米/甘薯""马铃薯—甘薯—萝卜"等模式。以贵州高原为例,与马铃薯间套作接茬蔬菜类型有白菜、芋头、萝卜、芜菁甘蓝、春扁豆、芸豆等。

二、马铃薯品种选择

（一）费乌瑞它

品种来源:农业部种子局从荷兰引进的马铃薯品种。该品种是以 ZPC50-35 为母本、ZPC55-37 为父本杂交选育而成。

特征特性:费乌瑞它属中早熟品种,生育期 80 d 左右。株高 45 cm 左右,植株繁茂,生长势强。茎紫色,横断面三棱形,茎翼绿色,微波状。复叶大,圆形,色绿,茸毛少。小叶平展,大小中等。顶小叶椭圆形,尖端锐,基部中间型。侧小叶 3 对,排列较紧密。次生小叶 2 对,互生,椭圆形。聚伞花序,花蕾卵圆形,深紫色。萼片披针形,紫色;花柄节紫色,花冠深紫色。五星轮纹黄绿色,花瓣尖白色。有天然果,果形圆形,果色浅绿色,无种子。薯块长椭圆,表皮光滑,薯皮色浅黄。薯肉黄色,致密度紧,无空心。单株结薯数 5 个左右,单株产量 500 g 左右,单薯平均重 150 g 左右。芽眼浅,芽眼数 6 个左右;芽眉半月形,脐部浅。结薯集中,薯块整齐,耐贮藏,休眠期 80 d 左右。较耐旱、耐寒,耐贮藏。抗坏腐病,较抗晚疫病、黑胫病。

产量品质:一般水肥条件下产量 1500～1900 kg/亩;高水肥条件下产量 1900～2200 kg/亩。块茎淀粉含量 16.58%,维生素 C 含量 25.18 mg/100g,粗蛋白含量 2.12%,干物质含量 20.41%,还原糖含量 0.246%。

适宜地区:该品种适应性较广,黑、辽、内蒙古、冀、晋、鲁、陕、甘、青、宁、云、贵、川、桂等地均有种植,是适宜于出口的品种。

（二）大西洋

品种来源:美国育种家用 B5141-6(Lenape)作母本、旺西(Wauseon)作父本杂交选育而成,1978 年由国家农业部和中国农业科学院引入后,由广西农业科学院经济作物研究所筛选育成。

特征特性:属中晚熟品种,生育期从出苗到植株成熟 90 d 左右。株型直立,茎秆粗壮,分枝数中等,生长势较强。株高 50 cm 左右,茎基部紫褐色。叶亮绿色,复叶大,叶缘平展,花冠淡紫色,雄蕊黄色,花粉育性差,可天然结实。块茎卵圆形或圆形,顶部平,芽眼浅,表皮有轻微网纹,淡黄皮白肉,薯块大小中等而整齐,结薯集中。块茎休眠期中等,耐贮藏。该品种对马铃薯普通花叶病毒(PVX)免疫,较抗卷叶病毒病和网状坏死病毒,不抗晚疫病,感束顶病、环腐病,在干旱季节薯肉会产生褐色斑点。

产量品质:2002 年冬种亩产量为 1485.6 kg,2003 年春夏繁种试验,亩产种薯为 2376.0 kg。2003 年秋种试验,平均亩产量为 1074.4 kg。蒸食品质好,干物质含量 23%,淀粉含量 15%～17.9%,还原糖含量 0.03%～0.15%,是目前主要的炸片品种之一。

适宜范围:适应范围广,在全国各地均有种植。

（三）宣薯 2 号

品种来源:云南省宣威市农业技术推广中心从中国南方马铃薯中心引进的实生种子,组合为 ECSort/CFK69.1,经连续多代无性株系选育而成。

特征特性:中熟品种,生育期 80～90 d。植株生长繁茂,株形直立,株高 60～80 cm,叶绿色,茎浅绿,花冠白色,无天然结实。结薯集中,薯块卵圆形,表皮光滑,芽眼浅,皮肉浅黄。

产量品质:一般水肥条件下单产 1900～2200 kg/亩。干物质含量 21.2%,蛋白质含量 2.14%,还原糖含量 0.16%,淀粉含量 16.24%,维生素 C 含量 22.1 mg/100g。

适宜范围:800 m 以上中、高海拔地区种植。

（四）威芋 3 号

品种来源:由贵州省威宁县农科所对"克疫"品种的实生籽后代系统选育而成。

特征特性:中晚熟品种,全生育期 100 d 左右,株高 60 cm 左右,株型半直立,茎粗 11 mm 左右,分枝 6 个左右。叶色淡绿,花冠白色,天然结实性弱。结薯集中,薯块长筒,黄皮黄肉,芽眼浅,表皮较粗,大中薯率 80%以上。抗癌肿病,轻感花叶病毒,耐贮藏。

产量品质:1993—1994 年参加国家级西南区试,平均亩产 1670 kg,比对照米拉增产 0.68%,在海拔 1200 m 以上的参试点中,两年平均增产 13.88%。1995 年贵州省及云南省生产试验结果平均亩产 2015.2 kg,较对照"米拉"品种增产 35.1%。淀粉含量 16.24%,还原糖含量 0.33%,食味中上等。

适宜范围:适宜贵州省海拔 1200 m 以上的冷凉地区种植。

(五)中薯 5 号

品种来源:中薯 5 号从中薯 3 号天然结实后代中经系统选育而成。选育单位中国农业科学院蔬菜花卉研究所。2001 年通过北京市农作物品种审定委员会审定,2004 年通过国家农作物品种审定委员会审定。

特征特性:早熟,生育期 60 d 左右。株型直立,株高 55 cm 左右,生长势较强。茎绿色,复叶大小中等,叶缘平展,叶色深绿,分枝数少。花冠白色,天然结实性中等,有种子。块茎略扁圆形,淡黄皮淡黄肉,表皮光滑,大而整齐,春季大中薯率可达 97.6%,芽眼极浅,结薯集中。田间鉴定调查植株较抗晚疫病、PVX、PVY 和 PLRV 花叶和卷叶病毒病,生长后期轻感卷叶病毒病,不抗疮痂病。苗期接种鉴定中抗 PVX、PVY 花叶病毒病,后期轻感卷叶病毒病。

产量品质:一般亩产 2000 kg,干物质含量 18.5%,还原糖含量 0.51%,粗蛋白含量 1.85%,维生素 C 含量 29.1 mg /100 g 鲜薯。炒食品质优,炸片色泽浅。

适宜地区:该品种适应性较广,适于二季作区。

(六)夏波蒂

品种来源:原名 shepody。1980 年加拿大育种家育成,1987 年从美国引进我国试种。2005 年 1 月通过青海省第六届农作物品种审定委员会第五次会议审定。

特征特性:属中熟品种,全生育期 120±3 d。幼苗开展,绿色;茎绿色,茎横断面三棱型。叶色绿,叶缘平展,复叶椭圆形,互生和对生;托叶呈倒卵形。聚伞花序,花蕾椭圆形,绿色;萼片绿色,披针形;花冠浅紫色,花瓣尖,尖端白色。雌蕊花柱中长,柱头圆形,无分裂,绿色;雄蕊 5 枚呈圆锥形,黄色,无天然浆果;薯块长椭圆形,薯肉白色,致密度紧,芽眼浅,芽眼数 9.30± 1.70 个;结薯集中,休眠期 30±2 d。耐寒性中等,抗旱性弱,薯块贮藏性中等。抗环腐病。

产量品质:单株产量 0.43±0.01 kg,单株结薯数 4.35±0.26 个,单块薯重 0.10±0.01 kg;高水肥条件下种植亩产 2000~3000 kg。薯块中淀粉含量 16.26%,维生素 C 含量 15.47 mg/100g,还原糖含量 0.27%,干物质含量 21.11%。是目前国内外马铃薯市场上加工薯条的最理想品种之一。

适宜范围:适宜中国北部、西北部高海拔冷凉干旱一作区种植。

(七)冀张薯 8 号

品种来源:张家口市农业科学院 1990 年从国际马铃薯中心(CIP)引进杂交组合(720087 ×X4.4)实生种子,经系统选育而成。原系谱编号:92-10-2。该品种于 2006 年 7 月通过国家农作物品种审定委员会审定并定名。2006 年 10 月申请了农业植物新品种保护,申请号:20060555.0。

特征特性:属中晚熟品种,生育期 112 d。株高 108 cm,分枝中等,茎叶浓绿色,叶片卵圆,花冠白色,花期长而繁茂,具有浓香味,天然结实性弱,抗卷叶病毒和花叶病毒病,耐晚疫病。薯皮淡黄色,薯肉白色,块茎扁圆形,芽眉稍大,芽眼平浅易去皮,结薯较集中,块茎膨大期为 45~50 d,单株结薯 5 个,大、中薯率 78% 以上。

产量品质:2012 年贵州省区域试验平均亩产 1374.39 kg,比对照增产 5.82%;2013 年省区域试验续试平均亩产 1836.73 kg,比对照增产 23.98％,增产极显著。两年平均亩产 1605.56 kg,比对照"米拉"增产 15.52％,增产点次为 70％。2013 年生产试验平均亩产 1954.10 kg,比对照增产 25.31％,增产点次 100％。块茎淀粉含量 11.80％,维生素 C 含量 11.7 mg/100g,蛋白质含量 3.39％,鲜薯还原糖含量 0.121％。

适宜范围:适宜北方一季作区、贵州省海拔 1100 m 以上地区种植。

(八)黑美人

品种来源:贵州省马铃薯研究所、贵州金农马铃薯科技开发有限公司和贵州金农食品科技有限公司引进,由甘肃省兰州陇神航天育种研究所与甘肃陇神现代农业公司采用航天育种技术选育而成。

特征特性:生育期 79 d 左右,为中早熟品种。株型直立,生长势较强,株高 59.51 cm 左右。茎绿带紫色,叶深绿色,单株主茎数 2.98 个。花冠白色,天然结实少。块茎大小中等整齐,长圆形,紫皮紫肉,薯皮光滑,芽眼浅。

产量品质:单株结薯数 5.89 块,平均单薯重 47.83 g。商品薯率 67.84％。2015 年平均亩产量 1158.00 kg。块茎总淀粉含量 8.92％,干物质含量 15.5％,维生素 C 含量 404.6 mg/kg,蛋白质含量 2.00％,还原糖含量 0.714％,每千克原花青素含量 227 mg。

适宜范围:适宜贵州省海拔 800 m 以上地区种植。

三、适于间套作的蔬菜种类和品种

多熟制马铃薯搭配蔬菜间套作栽培有很多模式。以贵州省为例,适宜与马铃薯进行间套作的蔬菜类型包含白菜、扁豆、黄瓜、菜豆等。以下列举一些优良品种供参考。

(一)黔白 5 号

品种来源:贵州省园艺研究所用自交不亲和系 C-1 和自交系 Zui-4 组配选育而成的白菜品种。

特征特性:中早熟杂交一代种,越冬栽培播种到叶球成熟 132 d。株型直立紧凑,株高 38.3 cm,开展度 48.1 cm。外叶深绿,叶柄白绿,叶面皱缩;叶球中桩合抱直筒形,浅黄绿色;结球紧实,单球重 1.25 kg,叶帮比 0.7881,净菜率 86.6％;抗病性强,耐寒、耐抽薹。

产量表现:2010 年贵州省区域试验平均亩产 4885.8 kg,2011 年省区域试验平均亩产 4663.4 kg,省区域试验两年平均亩产 4774.6 kg。2011 年省生产试验平均亩产 4485.5 kg。

(二)四季王

品种来源:韩国进口的白菜品种。

特征特性:早熟品种,定植后 52～56 d 可收获,单球重 4～5 kg。株型为炮弹形,叶色深绿,结球坚实美观。抗软腐病、黑斑病、病毒病能力强,耐抽薹。

产量表现:一般水肥条件下亩产净菜 5000 kg 以上,高水肥条件下可达 8000 kg。

(三)黔白 7 号

品种来源:贵州省园艺研究所用 66121 和 592a 组配选育而成的杂交一代种。66121 和 592a 是 1990 年和 1993 年分别从北京引入的石特 1 号和小白口中选择优良变异单株,经多代单株自交培育而成。

特征特性:属中早熟白菜品种,正季栽培生育期 80 d,夏季栽培生育期 69 d。植株整齐一致,株高 38 cm,开展度 47 cm×47 cm。夏季高温条件下结球率高,叶球紧实,净菜率高,叶球呈倒卵型,大小适中,中桩,软叶多,叶帮比 0.9852,单球重 1.6 kg 左右。肉质甜嫩,商品性好。耐热性好。

产量表现:2007 年、2008 年省区域试验平均亩产 4454.7 kg,比对照增产 12.94%,增产点次为 100%;2008 年、2009 年省生产试验平均亩产 4462.7 kg,比对照增产 14.13%,增产点次为 100%。

(四)强势

品种来源:北京市特种蔬菜种苗公司 1995 年从韩国汉城种苗公司引入。2001 年通过北京市认定。

特征特性:属中早熟白菜品种,生育期 70 d 左右。矮桩叠抱,生长势强,结球能力强。球高 27 cm,球径 17~19 cm,单株重 2~3 kg,株形为炮弹形,紧实,外叶少,外叶深绿,全缘叶,叶面光滑、平整,中肋浅绿,内叶黄色。品质佳。抗寒性强,苗期温度 13℃,能耐短期 8℃ 左右低温,耐抽薹,适宜反季节栽培。

产量表现:一般水肥条件下亩产 4000 kg 左右。

(五)中农 8 号

品种来源:由中国农业科学院蔬菜花卉研究所用 2 个优质、抗病自交系 211、273 配制而成的优质、多抗、丰产一代黄瓜杂种。1995 年、1997 年、1999 年先后通过山西省、北京市和全国农作物品种审定委员会审定。

特征特性:为普通花型一代杂种。植株长势强,生长速度快,株高 220 cm 以上。叶色深绿,分枝较多,主侧蔓结瓜,第一雌花着生在主蔓 4~6 节,以后每隔 3~5 节出现一雌花。瓜长 25~30 cm,瓜色深绿均匀一致,富有光泽,果面无黄色条纹,瓜把短,心腔小,瘤小,刺密,白刺,质脆,味甜,无苦味,风味清香,品质佳。

产量表现:平均每亩产量 5263 kg,高水肥条件下产量达 7500 kg 以上。

(六)中农 18 号

品种来源:由中国农业科学院蔬菜花卉研究用 081048 雌性系×081006 所选育的黄瓜品种。

特征特性:普通花有性杂交一代黄瓜品种。中早熟,从定植到始收 42 d 左右。植株生长势强,分枝中等。第一雌花始于主蔓第 5 节左右,间隔 0~2 叶出现一雌花,节间中等长度。瓜棍棒形、深绿色,无棱,腰瓜长 33 cm 左右,瓜粗 3.2 cm,瓜把短。刺瘤较密,口感较好。抗白粉病、霜霉病、枯萎病、WMV、ZYMV,中抗 CMV,高感黑星病。

产量表现:2010—2011 年参加山西省春露地黄瓜试验,两年平均亩产 4015.2 kg,比对照津春 4 号平均增产 10.1%。其中 2010 年平均亩产 4241.3 kg,比对照增产 5.8%;2011 年平均亩产 3789.0 kg,比对照增产 11.7%。维生素 C 含量 10.6 mg/100g,干物质含量 4.91%,总糖含量 2.12%,可溶性固形物含量 4.7%,Ca 含量 345 mg/kg,Zn 含量 2.98 mg/kg。

(七)碧丰 3 号

品种来源:广州市农业科学研究院选育。

特征特性:杂交一代品种。植株生长势和分枝性强,叶片绿色。从播种至始收春季 76 d、秋季 50 d,延续采收期春季 32 d、秋季 36 d,全生育期春季 108 d、秋季 86 d。第一朵雌花着生节位 16.2～20.0 节,第一个瓜坐瓜节位 17.8～24.0 节。瓜长圆锥形,瓜皮浅绿色,条瘤。瓜长 24.3～25.9 cm,横径 5.82～6.33 cm,肉厚 1.08～1.10 cm。抗病性接种鉴定为抗白粉病、中抗枯萎病。田间表现耐热性、耐涝性和耐旱性强。

产量表现:单瓜重 347.4～402.2g,单株产量 1.05～2.10 kg,商品率 93.18%～93.22%。平均亩总产量 2211.4 kg。粗纤维含量 0.69%,可溶性固形物含量 2.90%,维生素 C 含量 110 mg/100g,粗蛋白含量 0.81%。

(八)英国红芸豆

品种来源:自英国引进。

特征特性:早熟,生育期 100 d 左右。粒色紫红,肾形,矮生直立,株高 30～40 cm,主茎分枝 3～4 个,单株荚数 12～18 个,百粒重 45～50 g。

产量表现:一般水肥条件下亩产 100～150 kg。

四、间套作系统土壤水分和肥力的动态变化

间套作农作物在各自生长发育过程中,由于搭配类型的农作物根系生长不同,使得农作物在地下的根系出现深根系和浅根系、疏丛根系和密集根系在土壤耕作层中的分布。根据农作物根系分布范围的不同,将它们有效地间套作在一起,能够在生长发育过程中充分利用土层中的养分和水分。研究表明,烟草和薯类生长发育过程中需要大量的 K 肥养分,而玉米、小麦在生长发育过程中需要较多的 N 肥养分,将它们二者间套作可以减小农作物在生长过程中对土壤养分的竞争效应。豆科作物因为本身具有能够固氮的能力,可以增加间套作土壤系统中的 N 肥量,降低工业 N 肥的投入,因此在选择间套作作物时可以根据其生长周期内对各种肥料的需肥特性,对不同的作物搭配种植,使得空间配置内的多种作物对种植地区的土壤营养元素的利用起到互补互助、相互协调作用,充分发挥有效土地面积的生产能力。同时,在一些植被破坏严重、水土流失严重的山坡和山区,间套作模式可以增加地表的作物覆盖率和提高土壤水分利用效率,起到一定的水土保持作用。

以芜菁甘蓝与马铃薯的间作体系为对象,研究土壤水分的动态变化发现,3 种栽培模式的土壤含水量表现为芜菁甘蓝与马铃薯间作>单作芜菁甘蓝>单作马铃薯,表明间作模式下土壤含水量较高,土壤水分的均衡性更好,同时随着土层深度的增加,土壤含水量呈现明显的递增趋势。以蚕豆和马铃薯的间作体系为对象,分析土壤养分的变化规律发现,相较于单作,间作处理的土壤有机质和碱解氮含量降低幅度较小,速效钾和速效磷含量降低的幅度最大;而土壤全氮和全磷含量明显增大。对芸豆和马铃薯的间作模式进行研究也发现,间作有利于马铃薯对土壤中 K 素的吸收,但对 P 素的吸收不显著。

五、栽培要点

(一)精细整地

1. 深耕　深耕可以加厚活土层,增强保墒抗涝能力,有利于减少病虫草害。深耕时应注意以下几个问题:不要将生土翻上来;深耕应结合土壤改良进行;深耕的深度应根据土壤性质、作物类型而决定。土层厚、土质黏重的应适当深一些,根菜类、瓜类、豆类可深些,叶菜类可稍浅。

2. 整地做畦　翻耕后整地做畦,生产中常见的畦的形式有平畦、低畦、高畦、垄等。

（1）平畦　畦面与道路相平,地面整平后,不特别筑成畦沟和畦面。平畦适宜于排水良好、雨量均匀的不需要经常灌溉的地区。

（2）低畦　畦面低于地面,畦间走道比畦面高,以便蓄水和灌溉。适用于雨量较少的地区。

（3）高畦　在降水多、地下水位高或排水不良的地区,为了便于排水、减少土壤中的水分,需要采用凸起的畦,成为"高畦"。

（4）垄　垄是一种较窄的高畦,形式为垄底宽而上窄,栽培甘蓝、白菜、萝卜、瓜类、豆类常采用垄作。

（二）种植规格和模式

马铃薯与蔬菜间套作模式较多,种植规格不一。以马铃薯与芋头间作为例,2月上中旬按行距 70 cm 开挖 15 cm 的南北沟,进行芋头播种,种植密度为 3800 株/亩。于两行芋头中间开挖 15 cm 的沟,浇透水后按株距 25 cm 播种马铃薯,种植密度 3800 株/亩。芋头、马铃薯播种后马上覆盖地膜。

（三）播种

1. 按播种季节确定播种日期范围　在多熟制地区内,马铃薯可以春播、夏播、秋播和冬播。以贵州高原为例,有 2 月、3 月播种的春种,8 月、9 月播种的秋种,还有 11 月、12 月和次年 1 月播种的冬种。近年来,贵州省黔西北高海拔区域在 6 月、7 月也有马铃薯夏繁。配合马铃薯的播种日期,可以选择适宜的冬春喜温蔬菜或夏秋冷凉蔬菜进行间套作种植。

2. 按海拔确定播种季节和日期范围　以贵州地区为例。高寒山区（海拔 1500 m 以上）的马铃薯种植以春播一熟为主,播种时期主要在 3 月前后。中海拔地区（海拔 800～1500 m）以春、秋播两熟为主,一般春薯 2 月播种,5 月前后收获。秋薯 8 月中、下旬播种,11 月收获。低海拔地区（海拔 800 m 以下）以冬播为主,通常在 11—12 月播种。配合不同海拔地区马铃薯的播种日期,可以选择适宜的冬春喜温蔬菜或夏秋冷凉蔬菜进行间套作种植。

3. 马铃薯播种

见本书第一章第一节。

4. 蔬菜播种

（1）直播

①播种方式　有撒播、条播、穴播等。

撒播:将种子均匀撒播在畦面上。

条播:将种子均匀撒在播种沟内。

穴播:又称点播,指将种子播种在规定的穴内。

②播前处理　包括浸种、催芽、种子消毒等。

浸种:将种子浸泡在温水中,使其在短时间内充分吸水,达到萌芽所需的基本水量。根据浸种初始水温的不同,常见方法为一般（20～30℃）浸种、温汤（55℃）浸种 2 种方式。浸种前应将种子充分淘洗干净,除去果肉物质和种皮上的黏液,便于种子迅速充分吸涨。浸种水量以种子量的 5～6 倍为宜,浸种过程中要保持水质清洁,可中途换 1 次水。

催芽:将已充分吸涨的种子置于黑暗或弱光环境里,保持适宜温度、湿度和氧气供应,促使其迅速发芽。具体操作方法如下:将吸足水的种子用保水透气的材料（如湿纱布、毛巾等）包好,种子包呈松散状态,置于适温条件下。催芽期间,一般每 4～5 h 翻动种子包 1 次,以保证种子萌动期间有充足的氧气供给。每天用清水淘洗1～2次,达到去除黏液、呼吸热量,同时补充水分的目的。也可使用湿沙,将其与吸涨的种子按1∶1比例,混合拌匀催芽。催芽期间使用温度计随时监测温度。当大部分种子露白时,停止催芽,准备播种。若遇恶劣天气不能及时播种时,应将种子放在5～10℃的低温环境下,保湿待播。

种子消毒:指播种前杀灭种子表面或内部附着的病原物。常用的方法有药液浸种和药剂拌种。

其他处理:生产上常采用微量元素溶液浸种、激素处理、机械处理等多种方法,促进种子发芽,提升出苗质量。

(2)育苗移栽

①常规育苗　又称传统育苗,没有人工增温降温设施,仅依靠太阳光辐射来提高苗床温度,并且用透明或不透明覆盖物来防寒保温。目前在甘蓝类以及生菜类等绿叶菜类蔬菜的育苗中还在应用,但在果菜类蔬菜的育苗中已较为少见。

A. 配置营养土:播种床的床土疏松度稍大,即有机肥等材料的体积比例稍大,园土的体积比例稍小,有利于提高土温、保水,利于发根、出苗。分苗床的床土疏松度要小,即有机肥等材料的比例比播种床土稍小,园土比例稍大,使床土具有一定黏性,防止起苗时散坨。以下是一些常见的配方(按体积计算)。

a. 播种床床土配方

园土∶马粪＝2∶1

园土∶细炉渣(无炉灰)∶马粪＝1∶1∶1

园土∶泥∶腐熟圈粪∶草木灰＝4∶2∶3∶1

b. 分苗床床土配方

园土∶马粪＝2∶1

园土∶马粪∶稻壳(黄瓜、辣椒)＝1∶1∶1

腐熟草炭∶肥沃园土(结球甘蓝)＝1∶1

园土∶稻壳(番茄)＝2∶1

腐熟有机质堆肥∶园土(甘蓝、茄果类)＝4∶1

园土∶森林腐殖质土(通用)＝2∶1

B. 土壤消毒　为了预防苗期病虫害,除了注意选用病虫少的床土配料外,还应进行床土消毒,做到以防为主。床土消毒的方法主要是药剂消毒和物理消毒。

药剂消毒:每立方米营养土用敌克松40～60g充分混匀,或每平方米苗床用药5g,兑20倍细土混匀撒于浇过底水的苗床上,用于防治蔬菜苗期立枯病、黄萎病、猝倒病、软腐病等。

物理消毒:使用蒸汽将土温升高到90～100℃处理30min,待温度下降后就可以投入使用;用微波照射土壤,杀灭病菌和害虫;在土壤上喷洒浓度为2%左右(用水调和)的酒精,然后用塑料薄膜覆盖1～2周。

C. 确定播种量　确定播种量和育苗面积。根据每亩地用苗数、单位重量种子粒数、种子价值和安全系数计算每亩实际需要的播种量。

实际播种量(克/亩)＝[每亩需要苗数÷(每克总粒数)]×安全系数(1.5～2.0)

育苗面积主要依据单位苗床面积的播种密度来计算。播种密度主要决定于各种蔬菜秧苗的生长速度、苗龄,还要考虑种子发芽率、育苗技术、育苗条件等因素。既要充分利用播种床面积,又要避免播种过密。根据每平方米苗床的播种量可推算出每亩定植田所需苗床播种面积(表 3-1)。

表 3-1 蔬菜育苗播种面积和用种量

蔬菜类型	用种量(g)	播种量(g/m²)	苗床面积(m²)
黄瓜	150～200	50～80	3～4
架冬瓜	200～250	60～80	3～4
西葫芦	300～400	60～80	5～6
结球甘蓝	30～50	8～10	4～5
花椰菜	20～40	8～10	3～4
青花菜	20～30	8～10	3～4
芹菜	150～200	8～10(不分苗)	15～20
莴笋	20～25	5～8	3～4

注:引自《蔬菜育苗方式与技术》,张万萍整理,2018。

D. 做床 根据育苗期间的气候条件,可以分别在露地、风障、阳畦、改良阳畦、塑料大棚、日光温室或加温温室等场所设置。苗床宽 1.0～1.5 m,长 6～8 m 不等,装入预先配制好的营养土,或就地配制床土。冬、春季节育苗,床土要充分暴晒,提高土温,播种前搂平并稍加镇压。

E. 播种 浇足浇透底水,一般以湿透床土 7～10 cm 为宜。在浇水过程中如果床面下陷,需用床土填平。底水渗完后在床面撒一薄层床土或药土,称之为底土。撒底土后就可播种。甘蓝等蔬菜种子较小宜撒播,先育子苗,到苗一定大小后再分苗;瓜类、豆类等种子较大,多数采用点播。无论撒播还是点播均要求种子分布均匀。为保证播种均匀,撒播时可把种子拌上细沙或细土,点播的应在床面划上方格,间距则根据不同种类蔬菜要求而异,一般 6～10 cm 见方。

F. 覆土 播种后立即用过筛的床土进行覆土,如果床土黏性较大,可以掺少量细沙。覆土厚度依种子大小而异,标准为种子厚度的 5～10 倍,种子较薄的为 10 倍左右,种子较厚的为5 倍左右。一般覆土 0.5～1.5 cm,瓜类、豆类种子可在 2 cm 左右。

G. 盖膜 冬季、春季育苗可使用地膜覆盖床面,达到增温保墒的目的。

H. 确定定植期 一般根据当地的气候条件和土壤条件、作物种类、需要产品上市的时间以及茬口安排的具体要求,确定定植时间。春季栽培大多要求早熟丰产,但只要土壤和气候适宜,均应早定植。喜冷凉蔬菜,在春季土壤解冻后、10 cm 地温在 5～10℃时即可定植;喜温蔬菜,定植时 10 cm 地温应不低于 10～15℃,而且必须在终霜后进行。

I. 苗期管理

出苗期(从播种到齐苗):创造适宜种子发芽和出苗的环境条件,促进早出苗、早齐苗。在冬、春寒冷季节,维持和保证苗床的温度是管理措施的中心,播种后到出苗前要维持较高的温度,但当大部分幼苗出土后,要适当予以通风降温,以防止胚轴过长而成为高脚苗。

齐苗到真叶露心期:此时期幼苗易徒长,管理技术以防徒长为中心。齐苗后应适当降温,喜温果菜类夜间 10～15℃,白天 25℃左右;耐寒蔬菜夜间 7～10℃,白天 20℃左右。此期不应轻易浇水,以免降低地温。若床土过干可用喷壶喷水 1 次,喷水后覆细土 0.5 cm 左右。

真叶露心到分苗期:此时期是培育健苗壮苗的重要阶段,需要控制温度,增强光照,调节湿度,适当追肥。

分苗期:提倡早分苗,减少伤根数目,促使新根发生,迅速缓苗,降低移植对幼苗的抑制作用。一般以分苗1～2次为宜。

分苗到定植期:由于分苗时根系受伤,分苗后一般有3～5 d的缓苗期。缓苗期需要适当提高苗床温度,喜温果菜类白天气温25～28℃,夜间地温不低于15℃。耐寒性蔬菜比喜温果菜相应低3～5℃。分苗后应在苗床上覆盖小拱棚保温保湿,中午前后若气温过高可以短时遮阴。刚缓苗时若床土干燥可浇1次水,但水量不可过大,以润透床土为宜,以免降低床土温度,或因湿度过大引起病害蔓延,床土不干也可不浇。

定植前:定植前对秧苗进行适度的低温和控水处理,达到锻炼幼苗的目的,并结合进行囤苗。

②温床育苗　根据人工增温方式不同,分为酿热温床和电热温床两种形式。生产中普遍使用的是电热温床育苗,它是在冷床的基础上,通过铺设电热加温线来为苗床增温,从而能保证苗床维持较高且稳定的地温,达到培育健壮优质秧苗的目的。目前主要是在日光温室或塑料大棚中使用,冬季为了加强保温效果,还可以在苗床上搭建小拱棚。

③容器育苗　指利用各种容器进行蔬菜育苗的方法,是现代蔬菜育苗的主要方式。它的最大优点在于育苗及移栽、定植时,秧苗根系能得到有效保护,不会发生损伤,定植后没有缓苗期或缓苗期极短,秧苗成活率高,植株生长势强。常见的育苗容器有育苗钵(营养钵)和育苗盘,生产上经常使用的育苗钵为塑料营养钵,育苗盘包括育苗穴盘和普通平底育苗盘。平底育苗盘一般只用于需要分苗的育苗生产中,如果是一次播种即成苗的多使用穴盘作为育苗容器。

④无土育苗　指在育苗过程中不使用土壤,采用其他方法(营养液或基质)为秧苗提供水分和矿质营养的育苗方式。现在基质育苗已经普遍应用于国内蔬菜生产中,它是在营养液育苗的基础上,以透气性好的固体材料作为基质,利用穴盘或营养钵为容器、通过浇施含有各种必需营养元素的营养液,为秧苗供应营养和水分的育苗方式。

⑤工厂化育苗　蔬菜工厂化育苗是现代化蔬菜育苗技术发展到最高层次的一种育苗方式,在人为控制的最佳环境条件下,充分利用自然资源,采用科学化、标准化的技术管理措施,运用机械化、自动化手段,使蔬菜秧苗生产达到快速、优质、高产、高效率,成批而又稳定的生产水平。

⑥嫁接育苗　指利用不同植物体之间的亲和性,把植物体的适当部位转接到另一株植物体上,通过愈合使之成为新植物体的育苗方式。

⑦扦插育苗　取植物的部分营养器官插入土壤或某种基质(包括水)中,在适宜的环境条件下令其生根,然后培育出秧苗的技术叫扦插育苗。

(四)田间管理

1. 施肥　不同蔬菜由于生物学特性、栽培时期长短以及收获部位的不同,对土壤肥力的要求不同,应根据蔬菜种类对肥料的不同要求,做到有机肥与无机肥合理配合,大量元素与微量元素合理配合。

(1)根据养分吸收特点施肥　叶菜类喜N肥、果菜类喜P肥、根菜类喜K肥。

(2)根据不同生育期对土壤营养条件的要求施肥　如苗期可施适量速效肥料,结果期应增施P、K肥。

(3)根据土壤质地、栽培季节等条件施肥　沙质土壤保肥性差,故施肥应少量多次。高温多雨季节,应控制N肥的施用量,以免造成营养生长过盛。

（4）根据肥料的不同性质施肥　如铵态氮肥遇碱遇热易分解挥发出氨气，因而施用时应深施并立即覆土。尿素施入土壤后经微生物转化才能被吸收，所以尿素做追肥要提前施用，采取条施、穴施、沟施，避免撒施。

以西南地区云贵交界薯区的重要种植模式芜菁甘蓝与马铃薯间作为例，3月中旬播种前重施基肥，出苗后追施尿素和硫酸钾。芜菁甘蓝施尿素 2.4 kg/亩、过磷酸钙 19 kg/亩、硫酸钾 4 kg/亩，马铃薯施尿素 14.7 kg/亩、过磷酸钙 33.8 kg/亩、硫酸钾 9 kg/亩。

2. 灌溉　一般蔬菜产品中含有 75%～97% 的水分，远高于其他农产品，因此，必须保证水分供给充足。生产中需要根据蔬菜的种类、生长状况、气候条件和土壤性质进行适时适量浇水。

（1）根据蔬菜类型灌溉　白菜、黄瓜、甘蓝、芥蓝、花椰菜、芥菜、菠菜等类型，叶面积相对较大，但根系较弱，分布较浅，需要常浇勤浇，需水量也较大。胡萝卜、豇豆、菜豆等根系深度适中，需轻浇勤浇，保持畦面"见干见湿"。南瓜等深根性蔬菜，较耐干旱，在天气过旱、土壤缺水时浇水。

（2）根据生长状况灌溉　发芽期浇足播种水，幼苗期水分不宜过多，地上部功能叶及食用器官旺盛生长时需大量灌水。始花期对水分要求严格，多采取先灌水后中耕。产品器官接近成熟时期一般不灌水，以免延迟成熟或裂球裂果。

（3）根据气候条件灌溉　低温期尽量不浇水或少浇水，可通过多次中耕来保持土壤的水分。必须浇水时，尽量选择在晴天进行，最好在中午前浇完。高温期间可通过增加浇水次数、加大浇水量的方法来满足蔬菜对水分的需求，并降低地温。

（4）根据土壤性质灌溉　对于保水能力差的沙壤土，应多浇水，勤中耕。对于保水能力强的黏壤土，灌水量及灌水次数要少。盐碱地上可明水大灌，防止返盐。低洼地上则应小水勤浇，防止积水。

3. 防病、治虫、除草

（1）病害防治

①猝倒病　70% 代森锰锌可湿性粉剂 500 倍喷雾，安全间隔期 10 d；64% 杀毒矾可湿性粉剂 1000 倍喷雾，安全间隔期 3 d。

②炭疽病　50% 咪鲜安锰络合物可湿性粉剂 0.4～0.6 g/亩喷雾，安全间隔期 10 d；64% 杀毒矾可湿性粉剂 1000 倍喷雾，安全间隔期 3 d。

③疫病　64% 杀毒矾可湿性粉剂 1000 倍喷雾，安全间隔期 3 d；25% 瑞毒霉可湿性粉剂 1000 倍喷雾，安全间隔期 7～10 d。

④病毒病　病毒 A800 倍液，或 2.8% 植物灵 800 倍液等 7～10 d 喷 1 次，连续喷施 2～3 次。

⑤霜霉病　58% 甲霜灵锰锌可湿性粉剂 500 倍液、69% 安克锰锌可湿性粉剂 600～800 倍液、72% 克霜氰可湿性粉剂 500～700 倍液、72.2% 普力克水剂 800 倍液等喷雾。

⑥黑斑病　70% 甲基托布津 500～600 倍液、70% 代森锰锌 600 倍液或 75% 百菌清可湿性粉剂 500 倍液喷雾。

⑦软腐病　72% 农用链霉素可溶性粉剂 4000 倍液或新植霉素 4000 倍液。

（2）虫害防治

①蚜虫　50% 抗蚜威水分散粒剂 10～18 g/亩喷雾，安全间隔期 10 d；10% 蚍虫啉可湿性

剂 2000 倍液喷雾,安全间隔期 14 d。或黄板诱杀蚜虫或铺银灰色反光地膜驱蚜。

②烟青虫　20％速灭菊酯乳油 3000 倍液喷雾,安全间隔期 15 d;5％抑太保乳油 2000 倍液喷雾,安全间隔期 7 d。

③螨虫　15％速螨酮乳油 200 倍液喷雾,安全间隔期 7 d;40％菊杀乳油 500 倍液喷雾,安全间隔期 15 d。

④白粉虱　10％蚍虫啉可湿性粉剂 1500 倍液喷雾,安全间隔期 14 d。

⑤地老虎　敌杀死 800 倍液浸根。

⑥种蝇　50％辛硫磷乳油 500 倍液喷雾。

⑦潜叶蝇　10％吡虫啉可湿性粉剂 1500 倍液或 48％乐斯本乳油 500～1000 倍液喷雾防治。

(3)草害防治

①直播蔬菜除草　小粒种子直播的蔬菜对除草剂较为敏感,许多除草剂都可能影响蔬菜出苗,甚至导致出苗后逐渐死亡。可供播前和播后苗期使用的土壤处理剂种类较少,包括 33％二甲戊灵乳油、50％敌草胺可湿性粉剂、50％乙草胺乳油等。大粒种子直播或营养器官繁殖的蔬菜,对除草剂的耐药力较强,可供播前和播后苗期使用的土壤处理剂包括 48％氟乐灵乳油、50％扑草净可湿性粉剂、50％乙草胺乳油、24％乙氧氟草醚乳油、33％二甲戊灵乳油、72％异丙甲草胺乳油、50％敌草胺可湿性粉剂、60％丁草胺乳油、12.5％恶草酮乳油等多种类型。

②移栽蔬菜除草　移栽蔬菜对除草剂的耐受力较强。移栽前进行土壤处理,可酌情选用以下除草剂,如 48％氟乐灵乳油、50％扑草净可湿性粉剂、50％乙草胺乳油、24％乙氧氟草醚乳油、33％二甲戊灵乳油、72％异丙甲草胺乳油、50％敌草胺可湿性粉剂、60％丁草胺乳油、12.5％恶草酮乳油等。其中,瓜菜类尤其是黄瓜对多数除草剂都很敏感,芹菜对敌草胺敏感,需特别注意。

4. 应对灾害性天气　马铃薯多熟制种植区域地形地势复杂,海拔高度不一。各地的热量和雨量差异明显,常有一些影响蔬菜生产的灾害性天气产生。以贵州省为例,常见灾害性天气包括低温、暴雨、冰雹、春旱伏旱、凝冻等。

(1)低温　主要指冬末春初倒春寒(常出现晚霜)和秋季低温,3月中下旬的连绵雨和霜冻造成低温天气,直接影响春播品种瓜、豆类蔬菜和马铃薯的生产,造成低温烂种或抑制秧苗生长;秋季低温常出现在 10 月,持续时间长,影响秋季蔬菜的开花结果,甚至导致落果。

(2)暴雨　暴雨在 6—8 月间出现概率较高,直接影响春、夏播蔬菜的生育进程,同时容易引发大面积病虫害,造成毁灭性的绝收。

(3)冰雹　冰雹是春末夏初的主要灾害性天气,影响春播夏收品种和夏季直播晚秋采收品种,直接造成落花落果,茎叶损坏,严重年份可导致全田无收。

(4)春旱伏旱　春旱常出现在 3—5 月,影响早春蔬菜苗期的生长。伏旱主要发生在 7—8 月,此时正值各类蔬菜的生长旺盛时期或成熟采收期,持续高温干旱,对春季播种夏季收获和夏季播种的蔬菜品种生长影响特别大。

(5)凝冻　主要是指冬季 0℃ 以下结冰的天气,通常出现在 1—2 月,持续时间较长,对越冬蔬菜品种造成极大的危害。

针对以上灾害性天气,生产中形成了相应的防治措施。如选择抗寒优良品种,采用土壤热温床培育壮苗移栽,地膜加小拱棚覆盖栽培等方式,抵御春季低温;种植叶菜类品种抵御秋季低温;种植需水量大的品种,采用高厢起垄地膜覆盖栽培,及时开沟排水抵御暴雨洪灾;采用地膜加小拱棚覆盖栽培,通过及时在拱棚上覆盖草帘的方式抵御冰雹;通过选择夏秋喜温耐旱的速生蔬菜品种、浇足移栽定根水、覆盖地膜、水肥耦合等田间管理措施,抵御伏旱。

(五)收获

马铃薯收获的时期和方法见本书第一章第一节。

蔬菜生产中以产品器官是否达到商品成熟度,即是否成熟到适合于食用或加工、贮运,作为唯一的采收标准。但由于蔬菜种类繁多,采收方法存在较大差异。以花菜类蔬菜为例,当花球出现15～18 d后即可进行采收,此时花球充分发育长大,表面开始松散。为了防止在运输途中擦伤花球造成腐烂,采收时花球基部保留2～3片叶,花球表面用软质纸张包裹,装箱运输。

六、效益分析

马铃薯与蔬菜作物间套作的经济效益十分明显,以芋头、马铃薯、萝卜的间作模式为例,间作的平均亩产马铃薯达3048.6 kg、芋头达3688.7 kg、萝卜达4656.4 kg,折算经济效益,间作模式每亩地的产值达到20326.88元,远高于净作芋头(亩产值3106元)和净作马铃薯(亩产值4960元)。对芜菁甘蓝、马铃薯的间作模式进行效益分析,间作时亩产值达46655.2元,高于马铃薯或芜菁甘蓝的净作模式总产值。

在生态效益方面,马铃薯与蔬菜间套作模式,有利于作物间互补效果的提升,不但增加复种指数,扩大植被覆盖面,同时合理养地用地,维持土壤结构,改善了土壤理化性状。间套作模式提高了田间生态系统的稳定性,抑制杂草滋生和病虫害蔓延,减少农药使用,起到生态防治的作用。

参考文献

班新河,杨晓明,1998. 马铃薯套种冬瓜高产栽培技术[J]. 河南农业(2):11.

毕建水,郭征华,孙旭辉,等,2003. 莱阳芋头高效栽培技术[J]. 上海蔬菜(2):32-33.

陈金斌,2003. 芋头间作马铃薯栽培技术[J]. 福建农业科技(5):18-18.

陈开海,2000. 西葫芦套种马铃薯高产高效栽培技术[J]. 甘肃农业科技(11):36.

陈晓峰,隋好林,柳春杰,等,2018. 出口芋头品种比较筛选试验[J]. 现代农业科技(5):77,81.

陈之群,曹雪,胡晓丽,等,2018. 大棚马铃薯套种茄子3次收获高效栽培技术[J]. 中国蔬菜(5):101-103.

宫明方,金铃,肖昌志,等,2004. 威芋3号马铃薯品种简介及栽培技术要点[J]. 中国马铃薯(1):64.

郭志平,2007 克新4号马铃薯高产施肥技术的研究[J]. 中国土壤与肥料(5):29-31.

何康来,周大荣,王振营,等,2002. 甜玉米玉米螟的发生危害与防治措施[J]. 植物保护学报(3):199-204.

贺勋,2007. 瓜类蔬菜病虫无公害防治技术[J]. 四川农业科技(7):50.

胡涛,任秀梅,卓恒丽,2004. 马铃薯、丝瓜、芜荽、萝卜的间作立体套种技术[J]. 北京农业(2):2.

姜颂华,黄新碧,邓巨添,1994. 马铃薯与生姜—芋头间套栽培技术[J]. 农业科技通讯(12):27.

李彩霞,李志敏,2012. 豫东二季作区马铃薯套种芋头高效栽培技术[J]. 长江蔬菜(11):39-41.

毛春,李少辉,宁选跟,等,2004. 马铃薯优良品种威芋3号的选育[J]. 贵州农业科学(4):7-9.

齐振华,李永林,王松会,等,2004. 大棚芋头马铃薯萝卜间作模式及效益研究[J]. 西南园艺(3):4-5.

师家芸,王荣芳,肖昌智,2010. 威宁县马铃薯套作芜菁甘蓝模式研究[J]. 现代农业科技(13):114,117.

舒进康,陈孝安,李明聪,等,2013. 玉米窄行穿林套种秋马铃薯品种和播期的选择[J]. 中国马铃薯,**27**(6):341-344.

苏本营,陈圣宾,李永庚,等,2013. 间套作种植提升农田生态系统服务功能[J]. 生态学报,**33**(14):4505-4514.

苏光秋,2003. 马铃薯克新4号特征特性及栽培技术[J]. 福建农业(7):12.

田朝辉,李建欣,申庆华,2015. 马铃薯套种糯玉米秋胡萝卜露地高效栽培技术[J]. 中国种业(7):70-71.

田恩平,郭忠富,冯荔,等,2013. 全膜双垄沟播马铃薯套种大豆栽培技术及效益评价[J]. 宁夏农林科技,**54**(6):54-55,76.

王桂荣,2015. 甘蓝几种主要病害的综合防治措施[J]. 吉林蔬菜(5):27-28.

王荣谦,徐绳武,2014. 秋播油菜·马铃薯套种栽培技术模式试验[J]. 农技服务,**31**(2):37-38.

王天文,李桂莲,董恩省,等,2004. 威宁高海拔地区白菜-马铃薯(大蒜)无公害高效种植模式[J]. 贵州农业科学(5):54.

王托和,赵紫普,姜青龙,等,2013. 河西走廊早熟马铃薯大豆白菜间作栽培技术[J]. 农业科技通讯(3):126-127.

王岩,2010. 马铃薯、白菜、玉米间套种栽培技术[J]. 现代农业(6):39.

王应芬,牟琼,李娟,等,2016. 饲草新品种花溪芜菁甘蓝的选育及栽培技术[J]. 贵州农业科学,**44**(3):120-123.

韦贞伟,陈超,熊先勤,等,2015. 芜菁甘蓝马铃薯间作对其产量及经济效益的影响[J]. 草业学报,**32**(2):258-262.

吴薇,王安,焦庆清,等,2017. 芋头种质资源在泰州市种植表现与应用潜力分析[J]. 江西农业学报,**29**(3):56-61.

徐健,1999. 马铃薯克新3号特征特性及栽培要点[J]. 福建农业(1):9.

徐梅,张同禄,方川西,等,2010. 大棚芋头—马铃薯—萝卜高效立体种植技术[J]. 现代农业科技(12):112,116.

闫素珍,李林虎,秦晓燕,等,2014. 西葫芦主要病害的防治技术[J]. 内蒙古农业科技(4):53,72.

杨全枝,王璞,段宝定,等,2013. 马铃薯优良品种早大白的引种与栽培技术[J]. 陕西农业科学,**59**(6):244-246.

杨少波,1999. 芋头主要病害及防治[J]. 农家之友(12):26.

禹代林,边巴,2008. 绿色油菜栽培技术[J]. 农业科技通讯(5):120-122.

张发治,2011. 马铃薯克新3号高产栽培技术[J]. 现代农业科技(16):117.

张南冰,陆静,2012. 西瓜—马铃薯—白菜套种高产栽培技术[J]. 现代农业科技(8):114-115.

张圆,熊先勤,陈超,等,2014. 芜菁甘蓝-马铃薯间作体系土壤水分动态变化[J]. 贵州农业科学(11):87-91.

赵振宁,2015. 早熟马铃薯套种大豆栽培技术[J]. 农业科技与信息(24):41.

第四章 果树间作马铃薯

第一节 新疆绿洲果树间作马铃薯

一、新疆水资源简介

新疆位于欧亚大陆腹地,具有三山夹二盆(阿尔泰山脉、天山山脉、昆仑山脉,准噶尔盆地和塔里木盆地)、洪积冲积平原、山间盆地、荒漠戈壁等广泛多样性地理环境特征,形成了新疆复杂多样的气候条件。新疆属典型大陆性干旱气候,干燥少雨,蒸发强烈。多年年均气温10.4℃,年降水150 mm,年蒸发1500～3000 mm,是中国典型的纯灌溉农业地区。

新疆水资源可分为地表河流、湖泊水、地下水和大量的冰川水。水资源量830亿 m³ 以上,其中地表水789亿 m³,地下水(与地表水不重复部分)43亿 m³。因新疆盆地平原不产生径流,地表水和地下水同源于山区,平原绿洲区域的农业生产和生活用水主要依赖于山地河流出山口的径流量维系,其水分循环与中国东部湿润区截然不同。一个流域就是一个完全独立的地表水与地下水相互依存的生态功能单元。

新疆全区有570多条河流,大部分流程短,水量小。年径流大于10亿 m³ 的有18条,占河流总数的3%,径流量526亿 m³,占总径流量的59.8%;年径流不足1亿 m³ 的有487条,占河流总数的85%,水量仅有83亿 m³,占总径流量的9.4%。从地貌特征和水循环特点,全疆可分为山区和平原区二大区域。其中,山区大约70万 km²,97.1%的水资源形成于山区;平原区面积为94万 km²。由于山区降水量比较稳定,另外山区的冰川积雪对地表水水资源起着调节的作用,因此河川径流量年际变化幅度小,变差系数在0.1～0.5。径流量的年内分配很不均匀,多数河流春季(3—5月)水量小,占年水量的5%～30%;夏季(6—8月)占34%～81%;秋季(9—11月)占7%～24%;冬季(12月至翌年2月)占20%以下。因此,呈现出春旱、夏洪、秋缺、冬枯的时间分布特点。

新疆水资源空间分布极不平衡,"北多南少、西多东少"是其基本特征。以天山为界将新疆分为北疆和南疆两大部分,面积分别占新疆的28%和72%,年径流量则各占约50%。从和田地区的策勒县经巴州的焉耆线到昌吉州的奇台县划一直线将新疆分为面积大致相当的西北和东南两部分,西北区域的地表水资源为738亿 m³,占新疆地表水资源量的93%,而东南部分仅占新疆水资源总量的7%。

新疆河流水源的补给主要靠山地降水和三大山脉的积雪、冰川融水。其中中低山区主要为降雨补给,中山带主要为季节性积雪融水补给,高山带主要为冰川和永久性积雪融水补给。

（一）山地降水是形成众多河川径流的主要原因

新疆山区年降水量为 2062 亿 m³，占总降水量的 81.1%，经过山区调蓄与转化，产生了 798.8 亿 m³ 的水资源，其余水量以各种蒸散发（1263 亿 m³）形式返回大气中。

（二）新疆是中国冰川、积雪资源最为丰富的地区

冰川和积雪融水在水资源构成中占有重要的地位。新疆高山流域产流占地表径流的 80% 以上，其中冰川和积雪融水径流在总径流中的比例可达 45% 以上，积雪和冰川融水是河流的主要补给来源。在新疆北部的阿尔泰山和天山北坡河流主要以融雪径流补给为主，而在天山南坡、昆仑山、喀喇昆仑山和天山北坡的伊犁河流域的河流以冰川融水补给为主；以融雪径流为主要的河流主汛期在春季到夏初，而冰川融水补给的河流夏季是主汛期。新疆的冰川分布在阿尔泰山、天山、帕米尔、喀喇昆仑山和昆仑山，包含在额尔齐斯河、准噶尔内流河、中亚细亚内流河和塔里木内流河等水系中，共发育有冰川 18311 条，面积 24721.9 km²，冰储量 2623.5 km²，约占中国冰川总储量的 46.9%，是中国冰川规模最大和冰储量最多的地区。在干旱缺水的西北地区，冰川水资源就是绿洲生命线，哪里的山上有冰川，哪里的山前平原就有绿洲发育。

新疆季节性积雪水资源丰富。新疆隆冬时期积雪覆盖面积可达 100 万 km² 左右，冬季雪贮量在全国最丰富，达 181.8 亿 m³ 水当量，占全国冬季平均积雪贮量的 33.9%。新疆积雪的空间分布在山区和平原极不平衡，年平均积雪深度为 13.4 cm，其中山区 17.6 cm，平原 11.8 cm。

二、核桃树下间作马铃薯

（一）地域分布

新疆地处北纬 $34°5'\sim49°10'15''$，东经 $73°20'41''\sim96°25'$，幅员辽阔，总面积达 166 万 km²，约占中国国土面积的 1/6，在全国各省（区）中位居第一。新疆在气候划分上分为柴达木盆地和甘肃河西走廊中西段，同属西风带气候区。但其三面环山，远离海洋，中部由天山分成南北疆地区，且包括广袤的塔克拉玛干沙漠及两大盆地，日照充足，昼夜温差达 11℃ 以上，冬天严寒，夏季酷热，气温年较差达 30~40℃，形成典型的干旱、半干旱大陆性气候，自然环境很适合林果业发展。南疆马铃薯种植可分为山区一作区中晚熟单膜覆盖栽培和平原区二作区多膜覆盖栽培区，山区可建立马铃薯良种繁育基地。

核桃，又称胡桃、羌桃，为胡桃科植物，含有丰富的营养素，与扁桃、腰果、榛子并称为世界著名的"四大干果"，是中国重要的传统经济树种之一，栽培历史悠久，分布范围广泛。核桃对环境的适应性和抗逆性较强，适应性广，具有喜光、喜温、抗寒、抗旱、耐涝、抗风沙、耐盐碱、耐瘠薄等特性。核桃具有较高的营养价值，富含 Cu、Mg、K、维生素 B_6、叶酸和维生素 B_1，也含有纤维素、P、烟酸、Fe、维生素 B_2 和泛酸等，还富含较高的药用价值，具有破血祛瘀、润燥滑肠、养护皮肤和补脑之功效。

新疆核桃种植区域广泛，南疆于田至北疆博乐，西端塔什库尔干到东部哈密，由海拔 47 m 的吐鲁番至海拔 2300 m 的皮山县都有核桃的分布及种植。截至 2013 年，新疆全区果园面积已达到 139.71 万 hm²，约合 2086 万亩，核桃种植面积已达到 482.48 万亩，其中南疆地区（阿克苏、和田、喀什）占 479 万亩，居全国第二，成为新疆优势果业。南疆地区降水少、气候干燥、

光照充足,自然条件十分有利于核桃自然成熟,单产高,品质好。

新疆核桃产量主要集中在阿克苏地区、喀什地区、和田地区,称为南疆地区的"铁杆庄稼",2014年核桃产量为39.48万t,占新疆当年核桃总产量的99.22%。新疆核桃种植面积占全国的26.09%,产量占全国的90.59%,产值占全国的45.39%。林果业主要栽培模式是与棉花、粮食间作。在种植模式上,主要有林农间作栽培和建园式栽培,核桃与棉花、粮食间作是新疆核桃的主要栽培模式,占到核桃栽培总面积的90%以上。近年来,林果总产量呈现上升的趋势。

(二)田间配置

1. 核桃树龄选择　核薯间作充分发挥立体空间,属于立体种植。核桃树和马铃薯通过吸收光能转化为化学能,在光能利用率上要优于单一种植模式。间作模式还使系统内部温度升高,十分有利用于核桃树和马铃薯的生长。间作模式由于充分利用了水平空间,种植密度大,减少了土壤水分的蒸发,增加了空气的湿度,对核桃树和马铃薯都有保水的作用。

生产中通常选择6年以下树龄间作,当核桃树龄在8年以上时,树冠已接近郁闭,对马铃薯生长适宜温度及产量会有一定的影响。

2. 间作系统的田间配置　合理确定核桃树的株行距是间作模式中最主要的因素,也是影响马铃薯种植密度和经济效益的重要因素。生产中通常选择核桃树龄为6年以下时,株行距为5 m×6 m,马铃薯边行与核桃树距离为2 m。当树龄为8年以上时,选择行距8 m以上,株距4~6 m,马铃薯边行与核桃树距离为3 m,亩植株数为15~20株,有利于长期间作。选用树势强、树冠高大的扎343、新丰为主栽品种,盛果期亩产核桃150 kg左右。如选择建园式间作栽培模式,株行距3~5 m×4~6 m,亩植株数22~25株,选用早期丰产小冠型的新新2号、温185作为主栽品种,盛果期亩产核桃250~300 kg。

行间配比的影响主要表现在马铃薯受到光照强度的影响,在马铃薯幼苗期,核桃树的树冠还未形成,对马铃薯生长没有影响,当核桃树处于挂果期、盛果期时,树冠增大,对马铃薯起到遮阴效果,适应冷凉作物马铃薯的生长规律,进而对结薯产量有一定影响。研究表明,在上午和下午太阳发生斜射时果树在行间有遮阴,有的区域会出现重复遮阴,这与树高有一定关系,随着树龄的增大,对行间遮阴的范围也随之增大。在交互遮阴和双行的重复遮阴小于25%时,不影响马铃薯的生长。在交互遮阴范围大于30%时,会影响马铃薯的生长。因为果树的树冠对光的吸收、反射和投射,使得果树间作系统内光照强度明显减弱。

合理的间作配置使得核桃树产生适当的遮阴,核桃树也可以吸收、反射一部分的太阳辐射能,使得这些辐射能进入间作的马铃薯,能够延长光合作用的时间,提高光能利用率,增加作物的产量。

核桃树与马铃薯间作优势主要表现为,间作改变了核桃树与马铃薯的通风结构,大面积的果树增加了摩擦力,削弱了风的动能,果薯间作系统内的风力会逐渐减少,降低大风对马铃薯造成的伤害。通常选用6 m×8 m核桃间作模式。研究表明,间作模式的平均风速比单一模式的风速降低29.4%~43.7%,也可选择8 m×10 m间作模式。

(三)栽培管理

1. 品种选择

(1)核桃品种选择　全国核桃种植研究人员花费了15年的时间对核桃进行良种培育及选

择,最终形成16个国家级优良核桃新品种。在这16个核桃新品种中,80%的核桃带有新疆核桃的基因,其中有3个新品种是由新疆直接选送,10个是由内地省(区)从新疆核桃实生树或利用新疆核桃与当地核桃杂交。新疆作为国内最早进行核桃良种选育工作的省(区)之一,从20世纪60年代于当地开始,先后选育、通过鉴定26个各具特色的核桃新品种,其中15个获国家、省部级三等奖以上奖励。

目前,新疆主要种植的核桃品种有"扎343""新新2号""温185""新早丰""新丰""温179""新翠丰""温81"等,其主栽品种为"新丰""扎343""新新2号"和"温185"品种。和田地区主要种植6个品种:"扎343""新丰""温185""新早丰""温179""新新2号",其中适合林农间作栽培的是"温185""新新2号"和"扎343"。近几年,由于市场需求量减少,消费价格下降以及国家提倡农、林间作可持续发展等因素影响,逐渐呈现新品种代替旧品种的趋势。

①温185 由新疆维吾尔自治区林业科学研究院于1988年从温宿县木本粮油林场核桃"卡卡孜"子一代植株中选出。该树种树姿较开张,1年生枝呈深绿色,枝条粗壮。叶大,深绿色,由3~7片小叶组成复叶。雌雄花芽比为1:0.7,无芽座。花期在4月中下旬,属于雌先型品种,与雄花相比,雌花先于6~7 d开放,具二次枝和二次雌雄花。11月上旬落叶,结果母枝平均抽生4~5个枝,结果枝率100%,其中短果枝率69.2%,中果枝率30.8%,果枝平均长4.85 cm。果枝平均坐果2.17个,其中单果枝率31.5%,双果枝率31.5%,三果枝率29.6%,多果枝率7.4%。果实于8月下旬至9月上旬成熟,坚果圆。果基圆,果尖渐尖,似桃形。平均单果重为18.4g,果实大小4.7 cm×3.7 cm×3.7 cm。果壳淡黄色,壳面光滑,缝合线平,结合较紧密,壳厚0.8 mm,内褶壁退化,横膈膜膜质,易取整仁。果仁充实饱满、色浅、味香,仁重10.4g,出仁率65.9%,脂肪率68.3%。该品种早期丰产性极强,坚果品种极优,抗逆、抗寒性强,对肥水条件要求较高。

从平均出仁率来看,"温185"不仅高于国内主产区主栽核桃品种,还远高于日本"清香"核桃和美国"强特勒"核桃,高出日本"清香"核桃13.4个百分点,高出"强特勒"核桃15.9个百分点。从平均含油率分析,该品种最高,达到了68.3%,高于云南"大泡"核桃1.98个百分点,高出辽宁"辽核1号"核桃2.5个百分点。

②扎343 由新疆维吾尔自治区林业科学研究院于1978年从阿克苏温宿县的佳木林场试验站选出。该品种树姿开张。1年生枝深褐色或深青褐色,枝条粗直。叶片深绿色,由3~7片小叶组成复叶。花期在4月中下旬,属于雄先型品种,与雄花相比,雌花晚6~7 d开放,具有二次枝和二次雌雄花。11月上旬落叶。结果母枝平均抽生2.5个枝,结果枝率93%。果枝平均坐果1.58个,单果枝率50%,双果枝率25%,三果枝率25%。果实于9月上旬成熟,坚果卵圆形,果基部圆,果顶部小而圆。平均单果重为15.9g,果实大小3.3 cm×3 cm×3.3 cm。果壳淡褐色,壳面光滑,缝合线平或微隆起,结合紧密,壳厚1.16 mm,内褶壁退化,横隔膜膜质,易取仁。果仁饱满,仁色淡黄色。味香,出仁率54.02%,脂肪率67.48%。

③新新2号 由新疆维吾尔自治区林业科学研究院于1979年从阿克苏地区新和县依西力克乡吾宗卡其村菜田中选出。该品种树形紧凑。1年生枝条呈绿褐色,枝条较为细长,叶片较大,深绿色,由3~7片小叶组成复叶。雌雄花芽比为1:1.29,存在单芽或复芽。花期在4月中下旬,属于雄先型品种,与雄花相比,雌花晚7~10 d开放,具有二次枝和二次雌雄花,产生二次雄花的数量较多。11月上旬落叶,结果母枝平均抽生1~3个枝,结果枝率100%,其中短果枝率12.5%,中果枝率26.4%,双果枝率48.6%,三果枝率22.2%,多果枝率11.63%,果

实大小 4.4 cm×3.3 cm×3.6 cm。果壳浅黄褐色，壳面光滑，缝合线窄而平，结合紧密，壳厚 1.2 mm，内褶壁退化，横隔膜中等，易取整仁。果仁较为饱满、色浅、味香，仁重 6.2g，出仁率 53.2%，脂肪率 65.3%。

早实品种，晚熟型，树势中等，树冠较开张，适应性和抗逆性强，早期丰产性强，盛果期产量上等，品质优良，坚果中等大，坚果圆形或长圆形，果基圆，果顶渐尖，似桃形，纵径 4.4 cm，横径 3.3 cm，侧径 3.6 cm，平均 3.7 cm，平均单果干重 11.63g，壳面光滑美观，壳厚 1 mm，内褶壁退化，横隔膜中等，缝合线窄而平，结合紧密，易取整仁，出仁率 56.6%，仁重 6.2g，含脂肪率 65.3%，出油率 65%～75%，核仁饱满，色浅，风味香，属特级品质。耐干旱，抗病、耐贫瘠。

④新丰　新疆林业种苗总站选育，1995 年以后列为新疆推广品种。结果枝呈丛状鸡爪形，深青褐色或红褐色。有二次雄花。雌先型。和田地区 4 月上中旬开花，果实 9 月上、中旬成熟。发枝力强，每母枝平均发枝 5 个。短果枝占 24.6%，中果枝占 62.3%，属中短枝型。坐果率 50%～60%，果枝率 95% 以上，双果及多果率 68%，内膛结果能力弱，具早实丰产特性。坚果近短卵形，壳面褐色，较光滑。单果重 14.9g，壳厚 1.3 mm，出仁率 52.2%，仁色浅深。

不同品种各具优势，"温 185"树势较弱，产量高，出仁率高，为带壳销售或仁用品种；"新新 2 号"树势中庸，产量中上，坚果外观好，为带壳销售品种；"扎 343"树势强，产量适中，坚果外观好，为较优的带壳销售品种；新丰树势较强，产量高，种仁含油率高。近年来，新疆核桃良种化进程不断加快，阿克苏地区良种化高达 70% 以上，喀什地区约 60%，和田地区 50% 左右。核桃良种化进程的加快，促进了新疆核桃产业的发展。

(2)马铃薯品种选择

①费乌瑞它　早熟品种。1981 年由中央农业部中资局从荷兰引入，原名为 FAVORITA（费乌瑞它），山东省农业科学院蔬菜花卉所引入山东栽培，取名"鲁引 1 号"；1989 年天津市农业科学院蔬菜花卉所引入，取名"津引 8 号"，又名"荷兰薯""晋引薯 8 号""荷兰 15"，为中国主栽早熟品种之一。株高 43±5 cm。幼芽顶部较尖，呈浅紫色，中部黄色，基部椭圆形、浅紫色、茸毛少。幼苗开展，深绿色，植株繁茂，生长势强。茎紫色，横断面三棱形，茎翼绿色，微波状。复叶大，圆形，色绿，茸毛少。小叶平展，大小中等。顶小叶椭圆形，尖端锐，基部中间型。侧小叶 3 对，排列较紧密。次生小叶 2 对，互生，椭圆形。聚伞花序，花蕾卵圆形，深紫色。萼片披针形，紫；花柄节紫色，花冠深紫色。五星轮纹黄绿色，花瓣尖白色。有天然果，果形圆形，果色浅绿色，无种子。薯块长椭圆，表皮光滑，薯皮色浅黄。薯肉黄色，致密度紧，无空心。单株结薯数 5±2 个，单株产量 475±75 g，单薯平均重 150±50 g。芽眼浅，芽眼数 6±2 个；芽眉半月形，脐部浅。结薯集中，薯块整齐，耐贮藏，休眠期 80±10 d。早熟，生育期 80±2 d，全生育期 107±2 d。较抗旱、耐寒、耐贮藏。抗坏腐病，较抗晚疫病、黑胫病。块茎淀粉含量 16.58%，维生素 C 含量 25.18 mg/100g 鲜薯，粗蛋白含量 2.12%，干物质含量 20.41%，还原糖含量 0.246%。一般水肥条件下每亩产量 1500～1900 kg，高水肥条件下每亩产量 1900～2200 kg。

②中薯 3 号　早熟品种。由中国农业科学院蔬菜花卉研究所育成。生育期从出苗到植株生理成熟 80 d 左右。株高 60 cm 左右，茎粗壮、绿色，分枝少，株型直立，复叶大，小叶绿色，茸毛少，侧小叶 4 对，叶缘波状，叶色浅绿，生长势较强。花白色而繁茂，花药橙色，雌蕊柱头 3裂，易天然结实。匍匐茎短，结薯集中，单株结薯数 3～5 个，薯块大小中等，整齐，大中薯率可达 90% 以上。田间表现抗重花叶病毒，较抗普通花叶病毒和卷叶病毒，不感疮痂病。夏季休

眠期 60 d 左右,适于二季作区春、秋两季栽培和一季作区早熟栽培。春播从出苗至收获 65～70 d,一般每亩产 1500～2000 kg,大中薯率达 90%。薯块椭圆形,顶部圆形,浅黄色皮肉,芽眼少而浅,表皮光滑,淀粉含量 12%～14%,还原糖含量 0.3%,维生素 C 含量 20 mg/100g 鲜薯,食味好,适合作鲜薯食用。植株田间表现抗马铃薯重花叶病(PVY),较抗轻花叶病(PVX)和卷叶病,不感疮痂病,退化慢,不抗晚疫病。

③冀张薯 12 号 中晚熟鲜食品种,从出苗到收获 96 d。株型直立,生长势中等,茎绿色,叶绿色。花冠浅紫色,天然结实少,薯块长圆形,淡黄皮白肉,芽眼浅,匍匐茎短,结薯集中。株高 68.8 cm,单株主茎数 2.2 个,单株结薯 5.2 个,单薯重 184.9g,商品薯率 82.3%。接种鉴定,中抗轻花叶病毒病,抗重花叶病毒病,抗晚疫病;田间鉴定对晚疫病抗性高于对照品种紫花白。块茎淀粉含量 13.2%,干物质含量 20.6%,还原糖含量 0.82%,粗蛋白含量 2.05%,维生素 C 含量 17.9 mg/100g 鲜薯。

④中薯 6 号 中晚熟鲜食品种,从出苗到收获 90 d。株型直立,生长势强,茎绿色带紫色,叶深绿色。花冠白色,能天然结实。匍匐茎长度中等,薯块椭圆形,淡红皮淡黄肉,芽眼浅。株高 37.6 cm,单株主茎数 2.5 个,单株结薯数 5.7 个,单薯重 104g,商品薯率 83.4%。接种鉴定,抗轻花叶病毒病,抗重花叶病毒病,抗晚疫病;田间鉴定对晚疫病抗性高于对照品种费乌瑞它。块茎淀粉含量 13.6%,干物质含量 20.1%,还原糖含量 0.18%,粗蛋白含量 2.36%,维生素 C 含量 21.2 mg/100g 鲜薯。

⑤青薯 9 号 中晚熟,生育期 125±5 d,全生育期 165±5 d。株高 97±10.4 cm。幼芽顶部尖形、呈紫色,中部绿色,基部圆形,紫蓝色,稀生茸毛。茎紫色,横断面三棱形。叶深绿色,较大,茸毛较多,叶缘平展,复叶大,椭圆形,排列较紧密,互生或对生,有 5 对侧小叶,顶小叶椭圆形;次生小叶 6 对互生或对生,托叶呈圆形。聚伞花序,花蕾绿色,长圆形;萼片披针形,浅绿色;花柄节浅紫色;花冠浅红色,有黄绿色五星轮纹;花瓣尖白色,雌蕊花柱长,柱头圆形,二分裂,绿色;雄蕊黄色,圆锥形整齐聚合在子房周围。无天然果。薯块椭圆形,表皮红色,有网纹,薯肉黄色;芽眼较浅,芽眼数 9.3±1.57 个,红色;芽眉弧形,脐部凸起。结薯集中,较整齐,耐贮性中等,休眠期 45±5 d。单株结薯数 8.6±2.8 个,单株产量 945±0.61g,单薯平均重 117.39±4.53g。结薯集中,薯形长椭圆形,红皮,肉色淡黄,表皮光滑,抗病性强。植株耐旱,耐寒。抗晚疫病,抗环腐病。

⑥希森 6 号 薯条加工及鲜食中熟品种。该品种生育期 90 d 左右。株高 60～70 cm,株型直立,生长势强。茎色绿色,叶色绿色。花冠白色,天然结实性少。单株主茎数 2.3 个,单株结薯数 7.7 块,匍匐茎中等。薯型长椭圆,黄皮黄肉,薯皮光滑,芽眼浅,结薯集中,耐贮藏。干物质含量 22.6%,淀粉含量 15.1%,蛋白质含量 1.78%,维生素 C 含量 14.8 mg/100g 鲜薯,还原糖含量 0.14%,菜用品质好,炸条性状好。高感晚疫病,抗 Y 病毒,中抗 X 病毒。第 1 生长周期亩产 2191.1 kg,比对照夏波蒂增产 49.3%,第 2 生长周期亩产 2726.3 kg,比对照夏波蒂增产 44.1%。

2. 整地起垄 根据核桃树间距决定垄数,林下进行起垄播种。根据树木大小适当增加林下施肥量。起垄前每亩撒施二铵 30 kg、硫酸钾 20 kg、尿素 10 kg,撒施均匀后进行机械开沟起垄。垄面宽 50 cm,垄高 30 cm,垄间距 1.1 m。

3. 马铃薯播种 秋季起垄铺膜地块,春季地温回升较快可适期早播,当 10 cm 地温达到 7～8℃时进行播种。

在播前 20～30 d,将窖藏种薯取出挑选分级,30～40 g 以下为小薯,40～80 g 为中薯,80 g 以上为大薯。小薯不切块,中薯纵切一分为二,大薯切块重量在 30～40 g,保证带有 1～2 个芽眼,不允许切薄片或挖芽眼。切块前进行切刀消毒,切刀要在 0.5％高锰酸钾溶液中浸泡后使用,切到烂种薯时切刀要再次消毒,高锰酸钾现配现用,不可久置。种薯切块后室内摊晒两天,利于切口愈合。种薯切块后用 0.2％多菌灵或百菌清药液喷洒消毒,喷湿即可。

沙床催芽:采用当年 1 月 10 日对种薯进行室内温度 15～20℃沙床催芽,切芽块 25～30 g 拌沙,一层薯块一层沙,细沙保持 45％的潮湿度,薯块最上面用透气棉布覆盖,定期往棉布上喷水,使棉布保持 20％～30％的湿度。当芽长到 1～3 cm 时,地温稳定达到 7℃,进行大田播种,这种薯块出苗快、壮、早,发棵早,且有效降低梦生薯的发生率,增加了积温,提前 1 周左右出苗。

秋季播种需用 0.0125 g/kg 赤霉素溶液浸泡后催芽,浸泡时间 10～15 min,捞出晾干,置阴凉处催芽,齐芽后播种。

单垄双行播种,株距 20 cm,亩播种量约为 150 kg,打孔播种,两行孔眼均匀错开呈三角形打孔,播种深度 10 cm。薯芽朝上摆放,膜孔覆土要严实。播后要保持膜面干净整洁,有利于提高地温。

4. 马铃薯地膜覆盖

(1)南疆山区一作区单膜覆盖 南疆山区平均气温低于 10℃,无霜期不到 150 d,适合中晚熟品种种植。前一年 11 月,采用厚 0.008 mm 的白色地膜,膜宽 100 cm,起垄后覆膜,垄宽 70 cm,垄高为 15～20 cm,当垄上膜内 10 cm 地温稳定在 5℃时播种,一般在 3 月初。

(2)南疆平原区二作区双膜覆盖 南疆平原区平均气温 10～13℃,无霜期 200～220 d,适宜早中熟品种种植。上年上冻前起垄覆膜,膜宽 1.2 m,膜厚 0.008～0.010 mm,沿边线开深 5 cm 左右的浅沟,地膜展开后,靠边线的一边在浅沟内,用土压实,另一边在小垄中间,沿地膜每隔 1 m 左右用铁锨从膜边下取土原地固定,并每隔 2～3 m 横压土腰带。覆完第一幅膜后,将第二幅膜的一边与第一幅膜在沟中间相接,用下一沟内的表土压实,依次类推铺完全田。覆膜时要将地膜拉展铺平,从垄面取土后应立即整平的"双垄双膜"促早熟栽培技术。该技术解决了南疆早春低温播种晚、倒春寒冷害伤苗的问题,达到早播、早上市、高产、高效、抗寒的目标(图 4-1)。

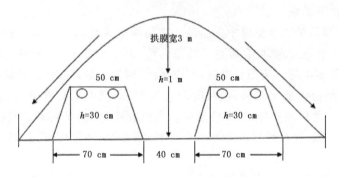

图 4-1 双垄双膜覆盖栽培(冯怀章,2008 年)

5. 田间管理

(1)核桃树管理

①土壤管理 果园土壤的耕作深耕压入有机肥是幼树提早结果和大树丰产的有效措施。

深耕在春季于萌芽前或夏、秋两季雨后进行。结合施肥将杂草埋入土内。

从定植穴逐年向外进行深耕，深度以 60～80 cm 为宜，但须防止损伤直径 1 cm 以上的粗根。核桃幼树生长较慢，行间土地可间作豆科作物或绿肥。成年果园每年 4—9 月用除草剂除草 2～3 次，秋冬中耕 1 次。

②水肥管理

施肥：核桃树施肥分基肥和追肥。果实采收后施入基肥，1～3 年幼树株施农家肥 5～15 kg＋尿素 0.15～0.2 kg＋二铵 0.10～0.15 kg；4～7 年初结果树施农家肥 30～50 kg＋二铵 0.15～0.20 kg＋硫酸钾 0.10～0.15 kg；8 年以上盛果期树施农家肥 80～120 kg＋二铵 0.4～0.5 kg＋硫酸钾 0.15～0.20 kg，施后及时浇水。

每年追肥 3 次，第 1 次在开花前或展叶初期，以速效 N 为主，占全年总量的 50%；第 2 次在 5 月底至 6 月初，施以 N 肥为主的 N、P 复合肥，占全年总量的 30%；第 3 次在 7 月底，以 P、K 为主，追肥以穴施为宜，深 20～30 cm，施后立即浇水。

施肥部位在树冠的垂直投影处，施肥方法有环状施肥、辐射状施肥、穴状施肥，基肥施肥深度 50～60 cm，追肥施肥深度 20～30 cm。

浇水：核桃喜湿润，耐涝，抗旱力弱，灌水是增产的一项有效措施。萌芽水在 3—4 月，核桃芽萌动并抽枝发叶，开花结实，需消耗大量水分，这一时期也是春旱多风季节，急需浇水。花芽分化水在 5—7 月，是果实花芽分化的关键时期，这一时期适时灌水，不但可提高当年的坚果产量、品质，也对来年开花结实有明显作用。果实硬壳水在 7—8 月上旬，是核桃硬核期，出现半仁或空壳，应及时灌水，促进核仁生长。越冬水在土壤上冻前结合秋施基肥灌足冬水，对核桃树越冬和增加春季土壤墒情、加速秋施肥快速分解十分有利。

③花果管理

去雄疏果：及时疏除过量雄花，以减少养分损失，宜早不宜迟。刚结果的幼树雄花芽较少，可不疏除。大树花量大，应及时去雄花，保持强壮的树势和合理的负载。方法为发芽前 15～20 d 摘除雄花芽，去雄量为全树总雄量的 90%～95%，保留顶部及外部枝条上 5%～10% 的雄花，注意留果量依品种、树势、管理水平而定。

适时采收：果实充分成熟的标志是青果皮由青变成黄绿色，果实顶部出现裂缝，达到 1/3 左右时采收为宜，提前采收不但影响产量，而且会降低品质。

④整形修剪　幼龄到初果期核桃主要是培养树形，扩大冠幅和培养结果枝组，冬季修剪以短剪骨干枝，回缩和疏除竞争枝，剪除背下枝、下垂枝、交叉枝和过密枝、病虫枝为主。夏季修剪以抹芽、摘心、拉枝、疏枝为主。

结果初期应有计划地培养强健的结果枝组，不断增加结果部位，扩大结果面积，防止树冠内膛空虚和结果部位外移。进入结果盛期后，树冠在继续扩大，结果部位不断增加，容易出现生长与结果之间的矛盾，修剪时注意剪除交叉枝、过密枝、病枯枝和结果转移枝，利用改造营养枝和徒长枝，处理背下枝与下垂枝，控制树高，培养良好的枝组。

⑤防治病虫害

核桃黑斑病：核桃黑斑病危害果实，降低出仁率，是一种细菌性病害。发芽前喷波美 35 度石硫合剂。5—6 月喷洒 1：2：200 倍波尔多液或 50% 甲基托布津可湿性粉剂 500～800 倍液，于雌花开花前、开花后和幼果期各喷 1 次。

核桃炭疽病：主要危害果实，是一种真菌性病害。在发病前喷 1：1：200（硫酸铜：石灰

：水)的波尔多液；发病期间喷 40％退菌特可湿性粉剂 800 倍液，或 50％多菌灵可湿性粉剂 1000 倍液，75％百菌清 600 倍液，70％或 50％托布津 800～1000 倍液，每隔半月 1 次，喷 2～3 次，如能加黏着剂(0.03％皮胶等)效果更好。

天牛：主要危害核桃枝干，是核桃树上的一种毁灭性害虫。在幼虫活动期，用敌敌畏药泥，塞虫孔杀死害虫或于冬末春初用呋喃丹进行根埋防治害虫。

金龟子和刺蛾：金龟子成虫及刺蛾幼虫致使核桃树被吃光，从而影响树的生长。发生严重时，用堆火或黑光灯诱杀；可选 90％敌百虫 800 倍液、敌敌畏 800 倍液、水胺硫磷 800 倍液、对硫磷 2000 倍液，杀虫率可达 90％以上。

螨类：3 月中旬至 4 月中旬全园喷施 5％ Be 石硫合剂，7—9 月危害高峰期喷施杀螨剂防治。

黑斑蚜：4 月中下旬至 8 月是防治关键时期，根据虫情预报喷施 40％的克蚜星乳油 800 倍液、50％的抗蚜威可湿性粉剂 1500 倍液等进行防治。

(2)马铃薯管理

①施肥

施肥：犁地前，每亩施腐熟有机肥 2000 kg，起垄前，每亩撒施磷酸二铵 35 kg、硫酸钾 20 kg、尿素 8 kg。发棵期追施尿素 5～10 kg；生长正常的地块则不需另外追肥。现蕾期，结合灌水亩追施钾肥 15～20 kg 或氮磷钾复合肥 15 kg，长势过旺地块少施肥或不施肥。为提高产量，在发棵期、现蕾期，分别叶面亩喷施磷酸二氢钾 150 g。

苗期管理：苗期要注意观察，如幼苗与播种孔错位，应及时放苗，以防烧苗，播种后遇降雨，在播种孔上易形成板结，应及时将板结破开，以利出苗，出苗后要及时查苗、补苗并拔除病苗。

中耕培土：苗齐后中耕 1 次，5～6 片叶时进行中耕浅培土，现蕾期中耕培土 1 次，培土 3～4 cm，封垄前最后一次中耕培土，尽量向根部多培土，增加产量并防止结薯过浅而使薯块表皮变绿影响商品性。

②灌溉 马铃薯整个生育期内，土壤要始终保持湿润，一旦发现缺水及时灌溉，南疆多采用井水漫灌。灌溉时严禁水量过大漫畦淹苗，水面达到垄高的 1/2 或 2/3 即可。发棵期视苗长势进行浇水管理。盛花期需保证水分充足。

③防病治虫 由于南疆特殊地理位置，属于大陆性干旱气候，光照长少雨，马铃薯病害发生较少。

黑胫病：主要侵染茎或薯块，从苗期到生育后期均可发病。幼苗染病一般株高 15～18 cm 出现症状，植株矮小，节间短缩，或叶片上卷，褪绿黄化，或胫部变黑，萎蔫而死。横切茎可见三条主要维管束变成褐色。薯块染病始于脐部。呈放射性状向髓部扩展，病部黑褐色，横切可见维管束呈黑褐色，用手压挤皮肉不分离。发病选用噻菌铜或氢氧化铜喷雾防治 2～3 次，每次间隔 7～10 d。

疮痂病：该病在 28℃左右的中性或微碱性沙壤土环境中宜发病。发病初期在块茎表皮产生褐色斑点，逐渐扩大成褐色近圆形至不定性大斑，侵染点周围的组织坏死，块茎表面变粗糙，质地木栓化。几天后病斑表面形成硬斑，疮痂内含有成熟的黄褐色病菌孢子球。防治措施：种薯消毒处理选用烯酰吗啉可湿性粉剂 35 g，加上 70％甲基托布津可湿性粉剂 35 g，再加 20％噻菌铜悬浮剂 5 mL 拌种，碱性强的地块采用多元调酸剂进行调酸。在坐果期选用噻菌铜或可杀得喷雾防治 2～3 次，每次间隔 7～10 d。

地老虎：地下害虫危害嫩苗和块茎，造成品质严重下降，还为病菌侵入创造了条件。秋季深翻地、清洁田园、诱杀成虫。药剂防治使用 40％的辛硫磷乳油 1500～2000 倍液，在苗期灌根，每株 50～100 mL。

6. 收获　核桃果实充分成熟的标志是青果由绿色变为黄绿色，约有 30％的果实青皮自然裂开，是果实采收的最佳期。据试验，核桃成熟前的 20 d，是单果重、出仁率、含油量等主要指标增加的高峰期。若提前采收，不仅影响产量，而且品质急剧下降。所以，为保证核桃产量和品质应适时采收核桃果。

当马铃薯植株生长停止、茎叶大部分枯黄时，适时收获。收获时应注意土壤湿度不宜过大，收获后及时遮阴晾晒，贮藏期间注意通风、避光。

（四）效益分析

从 2015—2017 年度新疆批发市场马铃薯价格图（图 4-2）可以分析出，批发价格波动范围较大，价格随着上半年库存减少而升高（鲜食薯市场和窖存薯市场价格差异较大）。4 月底至 5 月初升至最高，达到 2.95～3.08 元/kg。5—6 月内地和南疆鲜薯上市，价格下滑 4.22％～30.2％；随着北疆主产区中晚熟品种上市，市场价格继续走低。

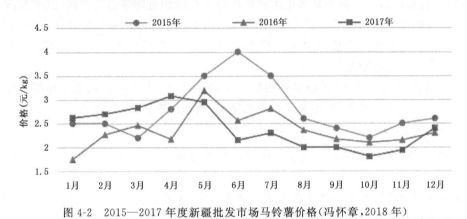

图 4-2　2015—2017 年度新疆批发市场马铃薯价格（冯怀章，2018 年）

双膜栽培费乌瑞它平均亩产 2080 kg，比对照（单膜）增产 212 kg，增产率 11.47％，亩效益 4023 元。该技术促马铃薯提早上市至 5 月，增加了亩效益，提升了鲜薯价值。

三、枣树下间作马铃薯

（一）地域分布

枣属（Ziziphus Mill.）是鼠李科（Rhamnaceae）50 多个属中最富经济价值的一个属，该属中有枣（Ziziphus jujuba Mill.）、酸枣（Z. acidojujuba C. Y. Cheng et M. J. Liu）和毛叶枣（Z. mauritiana Lam.）等多种重要栽培果树及观赏、药用、蜜源和紫胶虫寄主植物。枣树适应性强，结果早，寿命长，管理方便，收益快，具有重要的经济价值和生态价值。

南疆红枣作为新疆特色林果业的重要干果品种之一，最独特。其原因是南疆得天独厚的光热资源和气候类型为红枣产业创造了优越的自然条件。南疆光热资源丰富，年日照时数 2750～3029 h，≥10℃积温 3800～4100℃·d，特别是每年 4—10 月累计日照时数达 2027 h，平均每天的日照时数达到 10 h 以上，昼夜温差大，气候类型多样，十分适宜枣树的生长和枣果糖分及可溶性固形物的积累,还有独一无二的树上采摘条件,造就了新疆大枣果形饱满、色泽鲜亮、皮薄肉厚、口感甘甜醇厚。

新疆的红枣产业发展较快,栽培地区主要分布在南疆的喀什、阿克苏、和田、库尔勒地区,东疆的哈密、吐鲁番地区,其次在北疆的伊宁市、石河子市,博尔塔拉蒙古自治州亦有少量分布。尤其在若羌、阿克苏等环塔里木盆地地区,枣成为农民增收的一个重要组成部分。喀什红枣栽培面积最大,占全疆枣面积 28.65%,栽培品种以骏枣和灰枣为主,另有壶瓶枣、赞皇大枣、冬枣和梨枣等品种。阿克苏面积次之,占全疆的 27.54%,以骏枣、灰枣、壶瓶枣和赞皇大枣为主,另有七月鲜、阿拉尔圆脆枣、冬枣和梨枣等。和田地区 3.3 万 hm²,主栽品种为骏枣和壶瓶枣。巴州若羌和且末县以灰枣为主,另有少量赞皇大枣和冬枣。哈密地区以哈密大枣为主,枣果个大、品质上乘,在哈密地区规模化栽培历史悠久,现有面积约 2 万 hm²,另有赞皇大枣、骏枣和灰枣等品种。吐鲁番托克逊县主要是灰枣。阿克苏地区主要的鲜食枣品种只有冬枣和圆脆,多为零星栽培,没有大面积发展。

2009—2014 年新疆枣树种植面积由 2.25 万 hm² 增加至 4.74 万 hm²,总产从 1.31 万 t 增加至 14.54 万 t,单产由 583.08 kg/hm² 增加到 3069.59 kg/hm²,占全国总面积的近三分之一,占有举足轻重的地位。新疆环塔里木盆地红枣栽培面积近年来迅速增加,红枣栽培面积已达 30 万 hm²,南疆种植面积已突破 650 万亩大关,占全国总面积的近三分之一,产量 120 万 t,盛果期产量将占到全国总产量的 50%。到 2014 年红枣产量已经占到全国的 65%,在全国大枣生产中占有举足轻重的地位。

枣树与棉花、粮食间作是新疆枣棉粮的主要栽培模式,占到枣树栽培总面积 85% 以上。随着马铃薯主粮化战略的提出,枣薯间作发展迅速,面积不断扩大。

(二)田间配置

1. 枣树树龄选择 枣薯间作属于立体复合型农业种植,间作模式优于单一(马铃薯或枣树)种植模式,间作互生互利,相互影响。

枣薯间作田间配置行向多数情况下都是南北行向,主要是将马铃薯间作到树冠的两侧,使枣树和马铃薯接收到几乎相等的光照。

枣薯间作不同生长时期的生长特性不同:枣树根系分布较浅,树冠投影范围为根系水平分布集中区,约占总根量的 70%;中龄期(3~5 年)枣树生长较快,根系以垂直生长为主,以汲取更多的水肥;5 年后枣树表层土壤有明显的迅速下降趋势,5 年生以上树龄是枣树生长的转折点,在枣树的经营管理中应注意加强施肥管理。马铃薯属于浅根性作物,马铃薯用块茎种植的根为须根,没有直根;根系大都分布在土壤表层 40 cm,一般不超过 70 cm,在沙质土壤中,根深也可达 1 m 以上;马铃薯早熟品种的根系一般不如晚熟品种根系发达,且早熟品种根系分布较浅,晚熟品种分布广而深。

成龄期(6 年以上)枣树生长速度趋缓,根系则以水平方向生长为主。6 年生枣树将进入盛果期,树冠层影响马铃薯的光合作用与呼吸作用,并对地表土壤的温湿度产生重大影响。马铃薯是耐阴作物,马铃薯块茎膨大速度随着冠层覆盖度的增加而增大,并随着冠层的自然衰老和冠层覆盖度的急剧下降而减慢。

枣薯间作田在栽培过程中,6 年以上生枣树,随着树龄的增长,树冠扩大,枣园易密闭,影响马铃薯对光吸收转化,在光能利用率、通风增产方面降低,而且 CO_2 浓度增大,系统内部温度升高。因此,加强密度调控,对枣薯间作栽培进行合理布局,以确保树体和马铃薯正常生长和产量的稳定。现在新疆红枣种植的主要建园方式之一就是直播密植栽培技术。计划密植，分永久株和临时株，临时株以早结果为目的，永久株兼顾整形和结果。目前密植枣园便于机械化操作，常采用大行距、小株距的栽培模式。行距最小以 3 m 为宜，保证行间通透。所以，在保证南疆地区枣薯间作田高经济效益的情况下，选择树龄为 10 年以内生的枣树田，进行枣薯间作。

2. 系统的田间配置　　合理的田间配置是枣树和马铃薯高经济效益的重要因素。枣树的种植密度（株行距）是枣薯间作模式中最主要的组成因素。

南疆地区种植的枣树品种主要为灰枣和骏枣，枣薯间作田在枣树栽植后的第 1～3 年，直播红枣株距 0.2～0.5 m，行距 1～4 m。对高密度直播嫁接后第 2 年的骏枣园进行密度调节，株行距分别为：0.3 m×1.5 m、0.6 m×1.5 m、0.9 m×1.5 m、0.3 m×3.0 m、0.6 m×3.0 m 和 0.9 m×3.0 m。枣树行间间作马铃薯采用起垄宽窄行栽培，垄间距 1.1 m，垄顶宽 50～60 cm、垄高 20 cm，一垄双行，宽行 70 cm、窄行 40 cm、株距 20 cm。枣树与马铃薯边行间距为 0.5 m。

枣树生长到第 4～5 年，树冠逐步形成，枣树确定矮化密植的可选用 2 m×3 m、1.5 m×4 m 或 3 m×3 m、3 m×4 m 的株行距。中龄期枣树间作马铃薯等行距配置垄距 70 cm、垄高 20 cm，上下垄面宽分别为：50 cm，70 cm，株距 15～16 cm，一垄一膜一行，栽培时马铃薯与枣树树盘应适当隔开一定的距离，一般距树盘 0.5～0.8 m 以外种植马铃薯行，这期间对马铃薯整体种植量开始产生影响。

枣薯间作田根据土、肥、水条件和管理水平，枣树生长到第 6～10 年以内，枣树产量大幅提高，间作型枣园采取（4～6）m×（8～12）m 株行距；新疆枣树间作马铃薯现用树行间距 8 m 或 10 m，成龄期枣树适宜马铃薯宽窄行（70+40）cm 高密度配置，行间套种 5～7 垄马铃薯，马铃薯垄距 1.1 m，垄高 30 cm，上下垄面宽分别为：50 cm，70 cm，株距 25～30 cm（如图 4-3）。随着枣园种植年限的延长，枣薯间作系统内仍存在光照、水分、温度、养分之间的竞争矛盾，而光照影响较为突出，6 年生枣树对马铃薯的遮阴作用强，盛果期枣树全天遮阴 6～8 h，最大遮阴程度可达 80% 左右；枣树遮阴影响程度冠下区高于冠外区，因此，马铃薯边行与枣树行的保护带宽度为 1.0～1.5 m。

枣薯间作模式是高—矮搭配比较合理的农林间作模式，这种间作马铃薯在中、低密度下群体优势优于宽窄行，随着密度的增大和生育期的向后推移，成龄期枣树间作马铃薯宽窄行配置群体优势明显，这与马铃薯冠层结构及通风透光性有关。因此，枣薯间作田进行不同田间配置，可增强马铃薯光合作用，增加干物质积累量，从而提高马铃薯产量。

为了减少枣树对间作马铃薯的不良影响，可采取缩小株距、加大行距的办法，明确降低间作枣园栽培密度，加大枣树行距，修剪枣树，提高树干，有利于枣园果树通风透光和机械化操作，提高枣园单位面积经济效益和果园管理效率，充分利用了土地，具有巨大的经济效益。

3. 依生态条件和生产条件差异的不同规格和模式　　根据现有新疆的生态和生产条件的差异，枣薯间作系统具有不同规格和模式。简介如下：

新疆沙漠、戈壁及绿洲，采用直播酸枣嫁接良种建园，因土壤肥力不足，有机质含量低（0.3%～0.5%），播种酸枣前，在种植行上机械开沟，沟深 40～60 cm，宽 50 cm，沟底每亩施腐熟农家肥 6～8 m³，然后回填、灌水，春季直播酸枣。酸枣出苗后，防护林未成林前，行间设立防风固沙带，减少生长季风沙对幼苗的损伤。为保证机械化作业，采用宽行密植。幼龄枣园株

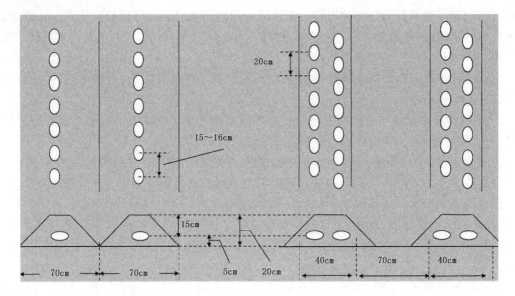

马铃薯等行距种植模式　　　　　　　　　宽窄行配置

图 4-3　枣园马铃薯配置(吴燕,2018 年)

行距(0.5~0.6)m×(3.0~3.5)m,每亩 444 株;盛果期枣园株行距(1.0~1.2)m×(3.0~3.5)m,每亩 222 株。

　　阿克苏地区的阿克苏市、阿拉尔市、温宿县、沙雅县和新和县等地处 80°E,40°N 附近。地形北高南低,平均海拔 1103.8 m,属暖温带干旱气候区。降水量稀少,蒸发量大,气候干燥。年平均气温 10 ℃,1 月平均气温−8℃,7 月平均气温 25℃。年平均降水量 100 mm 左右。年平均太阳总辐射量 543.92~589.94 kJ/cm²,年日照 2855~2967 h,无霜期长达 205~219 d;风沙浮尘天气较多,主要集中在春季和夏季 。春季升温快而不稳,秋季降温快。

　　以 5 个县(市)的幼龄园(1~3 年)和成龄园(5 年以上)2 类园区树形、株行距和主栽品种等的不同规格和模式为例,比较了骏枣、灰枣和七月鲜等品种的宽行密植和宽行栽培模式。沙雅县枣树间作马铃薯栽培模式,能充分利用光热资源,果实品质好;有利于机械化管理,成效显著,见表 4-1。

表 4-1　不同优生区枣树及枣/薯间作栽培模式(吴燕整理)

优生区	栽培模式	主栽品种	主要树形	株行距(m)	
				幼龄园(1~3a)	成龄园(5a 以上)
阿拉尔市	宽行密植	骏枣、灰枣、七月鲜	纺锤形	0.5~0.6×3.0~3.5	1.0~1.2×3.0~3.5
温宿县	宽行	骏枣、灰枣	开心形或疏散分层形	3~4×4~5	3~4×4~5
沙雅县	枣粮间作	骏枣、灰枣	疏散分层形	1×6~8	1×6~8
新和县	高密度	骏枣、灰枣	小冠疏层形	0.5×1	0.5×2
呼图壁县	平茬	七月鲜	纺锤形	0.8×2	0.8×2

　　近年来,矮化密植的枣园在新疆红枣主产区南疆地区占有十分重要地位。根据具体的土壤情况、管理的技术水平合理密植,大多采用以下 3 种密度:密植园 1.5 m×4.0 m,111 株/亩;高密植园 1.0 m×1.5 m,445 株/亩,中密植园介于前两者之间。矮化密植枣树树体多为

纺锤形,树高控制在 2 m 以内,冠径 1 m,干高 40～50 cm,密植枣园 6～7 年以后基本进入盛果期。这种直播密植的种植模式,种植株行距密度高,建成果园速度快,成本回收的时间短,受到当地农民欢迎,现在发展成为新疆南疆生产建设兵团建园的主流模式。

新疆生产建设兵团一师十一团对 60 余亩的 4～5 年生灰枣园通过确定永久行、永久株,对临时行、临时株实行有计划地间伐,调整枣园的合理种植密度,为计划密植枣园合理调整栽培模式,目前将株行间距控制在 2 m×6 m。树龄 5 年的骏枣,枣树行距 4 m,株距 1.5 m,南北方向栽植;马铃薯可播 5 垄 10 行。通过对现有枣树进行隔行隔株间伐,降低枣树种植密度,提高枣园单位面积经济效益,利于机械化管理,是当今果树矮化密植宽行种植发展的主流栽培模式,小冠果树发展成为果树栽培的新热点。

(三)栽培管理

1. 品种选择

(1)枣树品种选择

①当地品种　新疆枣树品种种质资源丰富,新疆地方品种 7 个,其中制干品种 2 个:新疆小圆枣和赞新大枣;兼用品种 5 个:敦煌大枣(也称哈密大枣、五堡大枣)、阿拉尔圆脆枣、疏附县的吾库扎克小枣、喀什噶尔小枣、新疆长圆枣,另有阿克苏小枣。众所周知,赞新大枣来自河北赞皇大枣的变异;哈密大枣(敦煌大枣)和甘肃小口枣等品种属一个品种的姊妹系。

经多年从气候相近地区引进的枣品种,筛选出了适合新疆栽培的优良枣品种,如喀什地区以骏枣和灰枣为主,另有壶瓶枣、赞皇大枣、冬枣和梨枣等品种。阿克苏主栽骏枣、灰枣、壶瓶枣和赞皇大枣,另有七月鲜、阿拉尔圆脆枣、冬枣和梨枣等。和田地区主栽品种为骏枣和壶瓶枣。巴州若羌和且末县以灰枣为主,另有少量赞皇大枣和冬枣。哈密地区以哈密大枣为主,另有赞皇大枣、骏枣和灰枣等品种。吐鲁番托克逊县主要是灰枣。阿克苏地区主要的鲜食枣品种只有冬枣和圆脆,多为零星栽培,没有大面积发展。

灰枣又名新郑灰枣,起源于河南新郑,约有 2700 余年栽培历史。全南疆均有种植,果实中等大小,皮薄肉厚,质脆,汁液中偏多,易裂果,味甜,品质上乘,为优良干鲜兼用品种。经测量,新疆产果实纵径平均 3.18 cm,最大 3.8 cm,最小 2.34 cm,横径平均 2.17 cm,最大 2.67 cm,最小 1.68 cm;单果重平均 7.68 g,最大 13.07 g,最小 1.28 g;可溶性固形物含量 31.16%,总糖 23.52%,可滴定酸 0.28%。本品种树势健壮,枝条稀疏。灰枣适应性强,耐旱,抗干热风、抗盐碱,但对枣疯病抵抗力较弱。结果较早,丰产性好。

骏枣又名交城骏枣,山西古老品种之一,栽培历史有 1000 余年。骏枣果实大,皮薄肉厚,质地酥脆,味甜多汁,采前易落果或裂果,鲜食、制干、加工兼用,品质上乘。经测量,新疆产果实纵径平均 4.20 cm,最大 5.42 cm,最小 2.82 cm,横径平均 3.06 cm,最大 4.22 cm,最小 2.13 cm;单果重平均 16.7 g,最大 33.71 g,最小 6.28 g;可溶性固形物含量 25.8%,总糖 18%,可滴定酸 0.43%。本品种树体高大,干性强,树姿半开张。骏枣适应性强,耐旱涝、盐碱,经济寿命长,早期丰产性强但产量不甚稳定。

哈密大枣,又名五堡枣,原产于新疆哈密市,主要分布在哈密地区。哈密大枣个大、肉厚、味甜、维生素 C 含量高,制干后果形饱满,皱缩程度小,在国内外享有盛誉。经测量,其果实纵径平均 3.56 cm,最大 5.35 cm,最小 2.63 cm,横径平均 3.48 cm,最大 4.03 cm,最小 2.63 cm;单果重平均 14.74 g,最大 24.68 g,最小 7.54 g;可溶性固形物含量 28.1%,总糖 19.9%,可滴定酸 0.41%。抗干旱,抗风沙,耐高低温。抗病虫害等方面,哈密大枣优于其他红枣品种。哈密大枣树势、发枝力较强,树体寿命长,是实施退耕还林与西部生态建设的理想经济林树种。产量高而稳定。成熟期不抗风,遇大风落果较严重。

②主要引进品种

金昌1号:由山西省农科院从壶瓶枣变异单株中选育得来。金昌号果实极大,果肉厚,果核小,果汁多,果形好,比较抗裂果。经测量,新疆产果实纵径平均4.51 cm,最大5.96 cm,最小2.76 cm,横径平均3.6 cm,最大7.08 cm,最小2.22 cm;单果重平均24.41 g,最大65.76 g,最小7.99 g;可溶性固形物含量28.3%,总糖20.6%,可滴定酸0.48%。本品种树势较强,树姿较开张。金昌1号早果,丰产性强,裂果率低,经济价值高。

壶瓶枣:又名太谷壶瓶枣,原产山西省的古老品种,起源历史不详。果大肉厚,松脆,味甜,汁中多,品质佳,采前落果严重,遇雨极易裂果浆烂。本品种树势强健,树体高大,干性中强,树姿半开张。壶瓶枣适应性和抗逆性强,耐寒耐旱耐碱,结果较早,产量高而稳定,适宜制干或加工。在新疆主要于喀什、和田地区种植。

赞皇大枣:又名金丝大枣,原产河北省赞皇县,有多年栽培历史,是目前中国发现的唯一自然三倍体。主要于阿克苏、阿拉尔、巴州且末县和部分团场种植。赞皇大枣果实中大,皮厚肉厚,质地致密,酥脆多汁,品质优良。经测量,新疆产果实纵径平均3.41 cm,最大4.36 cm,最小2.57 cm,横径平均2.92 cm,最大5.88 cm,最小2.25 cm;单果重平均13.33 g,最大25.05 g,最小7.61 g;可溶性固形物含量24.8%。本品种树体较高大,树姿直立或半开张,树冠多为自然圆头形。赞皇大枣丰产稳定,耐旱耐涝耐瘠薄,自花授粉坐果率极低,栽植时需配置其他品种作授粉树。

冬枣:又名冻枣、苹果枣,主栽于山东省沾化、河北省黄骅等地。冬枣果实近圆形,似苹果,皮薄肉脆,细嫩多汁,极甜略酸,枣香浓郁,裂果极轻。经测量,新疆产果实纵径平均2.87 cm,最大3.6 cm,最小2.14 cm,横径平均2.86 cm,最大3.73 cm,最小2.02 cm;单果重平均12.2 g,最大24.22 g,最小6.39 g;可溶性固形物含量31.1%,总糖23.2%,可滴定酸0.32%。本品种树势中等,树姿开张,成枝力强。冬枣丰产性一般,果实极晚熟,对水肥要求较高,品质极高,被认为是目前最好的鲜食品种。

梨枣:又名交城梨枣、临猗梨枣,原产于山西省运城一带,有多年的栽培历史。果实特大,果皮薄,肉质疏松,味甜,汁中等偏多,采前落果较严重。本品种树势中等,干性弱,发枝力强。梨枣喜水抗旱,抗寒能力较强,抗病虫害性较弱,早果速丰,丰产且稳定,但果实成熟期不一致。

京枣39:由北京市林果所近年选育而来。由新疆红枣协会引入,在南疆零星种植,面积很小,无成龄园,年产量很低,果实质地酥脆,酸甜多汁,品质上乘,但裂果严重。本品种树势强,干性强,树姿开张,丰产稳定,抗寒抗旱抗病均较强,耐盐碱耐瘠薄,是一个很有发展前途的新品种。

③新疆枣树品质特点 新疆枣树品质大致可分为干、鲜食、制干鲜食兼用和蜜枣品种4类。枣树品质是评定枣树品种优良性状的重要指标。制作干枣是新疆栽培枣的主要用途。新疆鲜食红枣果型长、色泽鲜艳、皮薄肉厚、汁多味甜、清脆适口,有冬枣、梨枣、金脆蜜、六月鲜、七月鲜、尖脆枣及引进的金陵圆枣、红大一号、伏脆蜜、乐金一号、早脆王、骏枣优系、无核丰、月光和京39,无论从产量还是从果实品质以及果树抗性等综合方面均较好,可以作为新疆地区的主要引进鲜食枣品种进行栽培推广。

新疆主产区发展制干的红枣果面光滑、色泽鲜艳、制干率高、不易裂口、肉质致密、味甘甜清香、肉厚核小、抗挤压、耐贮运。可选择灰枣、骏枣、新郑红 2 号、羌灰 2 号、灰枣新 1 号、金昌 1 号等品种及阿克苏的赞新大枣、喀什噶尔的喀什噶尔小枣、阿克苏的阿拉尔圆脆枣、哈密的敦煌大枣。还有引进的适宜制干枣品种的圆铃 1 号、沧无 3 号、无核红等。

生食和制干兼用品种有骏枣、壶瓶枣、赞皇大枣、灰枣、七月鲜、阿拉尔圆脆枣、乐金 1 号、金丝 1 号、金脆蜜等品种，果型美观，果面光滑，色泽鲜艳，成熟度一致，大小均匀，果皮薄，肉质松脆，含糖量高，汁多味甜，清脆适口，深受消费者欢迎。加工蜜枣品种梨枣，果个大，汁液少，含糖量低，是加工蜜枣优良品种资源。通过对枣树早实性、抗逆性、适应性、丰产性、品质等优良性状指标综合分析，筛选出了适合新疆枣区栽培推广的优良品种，满足了当地百姓经济发展的需求。

（2）马铃薯品种选择　经过多年的引进观察和对比试验，筛选出了费乌瑞它系列的早熟品种有荷兰 1 号、荷兰 5 号、荷兰 7 号、津引薯 8 号、中薯 3 号、中薯 6 号、中薯 7 号、中薯 8 号、尤金、早大白等，生育期均在出苗后 60 d 收获，平均亩产量在 1700～2000 kg，适宜春季栽培，夏季收获供应市场。

在南疆平原区适合南疆二季栽培及林果间套种栽培的早熟品种为：费乌瑞它，中薯 2 号、3 号、4 号、6 号，希森 6 号，早大白，郑薯 6 号以及零星种植津引 7 号、8 号等新品种，费乌瑞它的产量和商品薯率均位居第一，为首选早熟品种；南疆山区，平均气温低于 10℃，无霜期不到 150 d，一作区适合种植中早熟马铃薯品种：尤金、克新 4 号、郑薯 4 号、中薯 13 号等。

不同种植区域马铃薯的种植种类不同。早熟马铃薯品种是指在马铃薯出苗后 60～80 d 内收获的品种。早熟品种具有短生育期、提早形成植株块茎、快速膨大等特点。马铃薯植株比较矮小，耐阴性较强，具有生长周期短、成熟早、根系生长比较浅的特点，且物候期与枣树的物候期能够相互交错，是十分理想的间作作物。

2. 整地起垄　南疆枣树间作马铃薯，春季枣园栽培马铃薯多使用高垄覆膜技术。垄作土层厚，土壤空隙度大，增强旱薄地蓄水保肥能力，不易板结，有利于马铃薯根系生长。垄作地表面积比平地增加约 20%～30%，使土壤受光面积增大，吸热散热快；昼间土温可比平地增高约 2～3℃，夜间散热快，土温低于平地。由于昼夜温差大，有利于光合产物的积累。垄作的土壤含水量少于平作，有利薯块膨大。垄作马铃薯植株基部培土较高，可防倒伏。马铃薯栽培中有大垄、小垄之别。人工起大垄，垄台高 25～30 cm，适合于地势高、水肥条件差的地区。机械起小垄，垄高 5～20 cm，适合土壤中等以上的区域。

整地后起垄，土壤松碎，播种或栽种方便；不整地直接起垄，垄土内粗外细，孔隙多，熟土在内，生土在外，有利于风化。枣薯间作整地起垄在前一年上冻前 11 月中下旬，进行秋翻冬灌，并结合 30 cm 耕层每亩施有机肥 2000 kg，施足底肥（磷酸二铵 25 kg/亩，硫酸钾 10 kg/亩）及时耙磨，进行机械起垄覆膜，如图 4-4。

依据马铃薯的生物学特性及双膜作用的生态条件，构建马铃薯和枣树间作复合群体，马铃薯垄距 1.1 m，垄高 30 cm，上、下垄面宽分别 50 cm、70 cm，株距 25～30 cm，垄面上面铺 1.2 m×0.008 mm 黑（白）膜。5 年以内枣树，间作树行间距为 4 m 或 6 m，株距 1 m 或 2 m，行间种植 3～4 垄马铃薯；6 年以上枣树，间作树行间距 8 m 或 10 m，株距 4 m 或 6 m，行间种植马铃薯 5～7 垄，垄畦覆膜栽培的马铃薯具有出苗早的特点，对单位空间光、热、水、土资源的利用提高；抗旱春冷害，提早播种，早收获上市，并实现复播（图 4-5）。

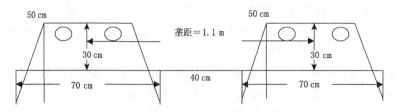

图 4-4　间作田垄作马铃薯示意(冯怀章,2008 年)

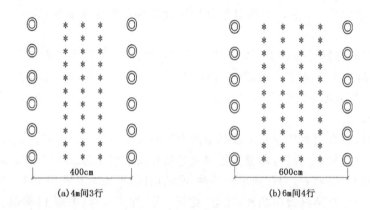

(a)4m间3行　　　　　　　　　(b)6m间4行

图 4-5　枣树和马铃薯间作小区示意(吴燕,2018 年)

3. 马铃薯播种

(1)播种时间　南疆马铃薯春季采用单膜和双膜覆盖促早熟栽培技术。应用双膜覆盖栽培技术马铃薯播种期为 1 月底、2 月初,较单膜覆盖栽培技术提前 30 d,收获期提前至 4 月中下旬;播种前 15～20 d 扣大拱棚提高地温,当棚内 10 cm 土层已经化冻、地温稳定在 5℃以上时即可播种。

(2)脱毒种薯处理　脱毒种薯处理包括:催芽、切块、拌种。播前 20 d 将种薯出库,选择合格的脱毒种薯,剔除病块和烂块,将种薯放在散射光、凉爽的地方催芽,同时当芽变绿变粗后即可播种。室内催芽温度 15～20℃,用湿麻袋覆盖保湿,经常翻动,当芽长出 1.5 cm 时,选壮龄薯切块,切块要均匀,每薯块重 25～40 g,每块种薯带 2 个芽眼;小于 40g 的种薯可整薯播种。种薯切块后用 0.2％多菌灵或百菌清药液喷洒消毒,喷湿即可。种薯切块后室内摊晒 2 d,利于切口愈合。注意:切块前对切刀进行消毒,特别是遇到病薯需用 70％的甲基托布津 500 倍液或 5％的高锰酸钾溶液进行消毒。

(3)播种方式　播种方式采用打孔穴播,2 行孔眼均匀错开,呈三角形打孔。

(4)播种深度　播种深度 10 cm,株距 20～25 cm,行距 70 cm。薯芽朝上摆放,膜孔覆土要严实。

(5)种植密度　种植密度为 4500～4800 株/亩,用种量为 150 kg/亩。

4. 马铃薯地膜覆盖

(1)南疆山区单膜覆盖技术　在前茬收获后深翻整地,播前施足底肥起垄。垄面宽 50 cm,垄高 30 cm,拍实垄面,然后趁墒播种,每垄播两行马铃薯,行距 40 cm,株距 25 cm,亩播 4800 株,播种后亩施用 20％拉索 200 g 兑水 75 kg 喷洒垄面,防除杂草。播后立即在垄两边开沟,用厚 0.008 mm、宽 80 cm 的地膜覆盖垄面,铺展拉平,紧贴垄面,将膜两边压入土内约 6 cm,每隔 3 m 左右加一土横梁,防风揭膜。待芽苗 80％露出地面时破膜放苗。

（2）南疆平原区双膜覆盖技术　为获取更高效益,提早上市,在南疆地区应用林果间作双膜覆盖马铃薯高效栽培技术。即在单膜覆盖的基础上加盖一层小拱棚,进一步增强增温效果,播期比地膜马铃薯提早 20 d 左右。具体栽培技术如下:

以泽普县波斯喀木乡 13 村林果间作双膜覆盖栽培技术为例。上一年前茬作物收获后,清理田块浇水,耕翻耙糖,施足基肥进行犁地,犁地之前亩施农家肥 2000 kg、磷酸二铵 12 kg、硫酸钾 6 kg、尿素 5 kg。施足基肥以后进行犁地、整地,犁地深度 25 cm,犁完后使用拖拉机进行开沟起垄,起垄高度 30 cm,垄面宽 50 cm(上面),沟宽 40 cm,垄间距 1.1 m,垄上播种行与垄边距 10 cm,播深 10 cm,错窝播两行。每亩保证播种 4800 穴。将已点播的垄床面整平,拣去杂物,播种后用 20％拉索 200 g 兑水 75 kg 喷洒垄面,防除杂草。播后立即在垄两边开沟,用宽 80 cm、厚 0.008 mm 的超微膜覆盖垄面,铺展拉平,紧贴垄面,将膜两边压入土内约 8 cm,每隔 3 m 左右加一土横梁,防风揭膜。等来年 1 月 16 日至 1 月 25 日,插竹弓、盖大棚膜(0.08 mm)。弓高 100 cm,竹弓跨度 3 m,两边插入走道内 10 cm,每 1.5 m 插一竹弓,加盖厚 0.08 mm 大棚膜,膜两边用土埋住压实,为防止大风揭开拱棚,在拱棚外每隔 10 m 用塑料绳两边拴土袋加固压膜,为保证拱杆牢固,在拱上沿方向拉 3 行绳子,拱杆上盖膜时间是来年 1 月 27 日至 2 月 5 日(图 4-6)。马铃薯双膜栽培主要选用早中熟菜用品种,主要应用于喀什、和田地区。

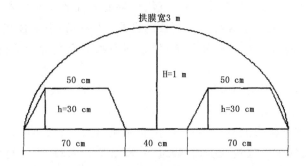

图 4-6　双膜栽培示意图(冯怀章等,2013)

5. 田间管理　新疆间作田枣树选用当地主栽品种灰枣、骏枣,株行距按 4 m×6m 模式定植,统一定干高度为 60～80 cm。枣薯间作行间种植早熟马铃薯,马铃薯喜冷凉,可以进行一年两季种植。春季种植马铃薯,冬前即起垄铺膜保温保墒,1 月 10 日左右催芽,2 月 20 日左右播种,5 月中下旬起收获;秋季马铃薯 7 月中旬催芽,8 月初种植,10 月中下旬初收获。早春提早种植提早收获,秋季延迟种植延迟收获。早春与枣树间作,春季枣树未发芽,透光性强,利于垄面温度升高,春播马铃薯发芽早,生长中后期,枣树叶能起良好的遮阴降温作用,果粮间作有效错过了高温病害期,利于马铃薯生长,夏秋季种植马铃薯,由于枣树遮阴降温作用,利于秋播马铃薯出苗。

现将马铃薯枣树间作田的田间管理总结如下:

（1）枣薯田定植、中耕、培土及枣树修剪　枣树间作田的枣树按照规范化栽植。按规划的株行距挖不低于 60 cm×60 cm 的定植穴定植,定植时间 3 月上旬至 4 月上旬。在新疆栽植先开定植沟,沟开好后,在沟的向阳面的 1/2 处挖 40 cm×40 cm×40 cm 的定植穴再定植,栽植时间为3月下旬至4月下旬,栽后要及时浇水,保证枣树进行春灌,要灌透水,促使枣树萌芽。

①枣树生育期修剪要点　整形修剪是果树栽培管理中的一项重要技术措施,增产提质效果很明显。根据枣树的特性,加强管理和整形修剪,完全可以加速树冠的形成,提前结果和延长结果期的经济寿命。

冬季修剪从枣树落叶后至萌芽前,除严寒期间外均可进行。其任务是应用短截、疏剪、回缩等方法,按照预定目标进行整形,控制树高,培养骨干枝,调整骨干枝角度,培养结果枝组。生长期修剪是指萌芽后至落叶前的整个生长期内所进行的修剪。夏季修剪主要有疏枝、摘心、抹芽、拉枝、环状剥皮和环切等内容。其任务是控制枣头生长,调整骨干枝方向,改善光照条件,调整养分分配,提高坐果率,提高果实品质。

②枣树不同生育时期整形修剪要点　生长期通过定干修剪促生分枝;枣树栽植1~2年间,根系较浅,生长较慢,树体幼小。2~3年后,树势转旺,地上部多是枣头单轴直立生长,很少分枝,在促进旺盛生长的基础上搞好整形。首先要定干,通过定干修剪促生分枝,依照目标树形选留主枝。一般经5~8年基本骨干枝培养好,称为骨干形成期。

生长结果期为树冠形成期,在继续培养主枝的基础上选留侧枝,并继续对骨干枝延长枝头短截,促发新枝,扩大树冠;逐步形成圆满的树冠,培养各类结果枝组,使产量迅速达到高峰。

树体生长势强旺,枝条萌发多,树冠离心生长加速,经济产量开始形成。

依照"四留五不留"的原则进行修剪。四留:骨干枝的枣头要留;外围枣头要留;健壮充实有发展空间的枣头要留;具有大量二次枝和枣股、结果能力强的枣头要留,以达到不断扩大树冠、弥补树冠空隙、逐年增加产量和准备更新枝的目的。五不留:下垂枝和衰弱枝不留;细弱的斜生枝和重叠枝不留;病虫枝和枯死枝不留;位置不当和不充实的徒长枝不留;轮生枝、交叉枝、并生枝不留。

为减少养分消耗,提高坐果率,对3年生以上不作主枝延长枝的枣头和不再继续延长的主枝枣头,回缩改造成结果枝组。树冠形成期,一般持续15~18年。

结果期修剪维持丰产树形的骨架,稳定产量和品质,延长结果年限;此时期的根系和树冠已达到最大限度,枣头的萌发数量减少,长势缓和,产量达到高峰,进入持续稳定结果时期,保持树冠完整均衡树势,注意结果枝的选留和局部更新,增加结果面积,保持健壮树势和良好的通风透光条件,稳定产量和品质,延长结果年限。

在修剪上依照疏剪结合,以疏为主。疏除干枯枝、病虫枝、交叉枝、并生枝、过密枝及直立的徒长枝,以改善通风透光条件,防止内膛枝条枯死和结果部位外移。对多年生骨干枝先端弯曲下垂的枝段,在壮枝壮芽处回缩,以利于抽生壮枝,抬高枝头角度,增强树势。对于骨干枝上萌生的枣头,要根据空间的大小,改造培养成中小型结果枝组。对衰老的结果枝组要逐渐轮替更新,可回缩到位置适当的更新枣头处,以新代老。在修剪程度上,萌发力强的品种,因发枝量多,可多去少留。萌发力弱的品种,枝量较少,应多留少去。土层深厚、土质肥沃、树势健壮的,修剪量宜轻,反之宜重。

结果更新期骨干枝开始下垂衰老,需在较大范围内更新,维持产量;此时期树体结果能力开始下降,树冠内开始出现枯枝,冠径开始回缩,逐渐不完整。骨干枝也开始下垂衰老,单轴延续生长的结果枝,因结果后压弯或下垂。修剪的主要任务是,在较大范围进行更新,尽量维持树冠完整,维持产量。首先要注意根系更新和肥水管理。回缩骨干枝先端下垂部分,促发新枣头,用以抬高枝头,恢复树势。要特别重视利用结果枝组内的新生枣头,用来更新结果枝组,以促继续结果。

衰老期树体根系出现死亡,枣股抽生枣吊少,要利用骨干枝基部隐芽萌发的枣头培养新骨干枝及新结果枝组,逐步代替原树冠。此时期枣树生长势明显衰退,根系出现死亡,树冠缩小,冠内干枯枝条增加,产量下降。枣股很大,但抽生枣吊少,新生枣头只在受强刺激时萌发。修剪要实施全面更新,利用骨干枝基部隐芽萌发的枣头培养新骨干枝及新结果枝组,逐步代替原树冠。这样还可以维持一定的产量。

(2)2月中下旬马铃薯苗期管理

①及时放苗　苗期注意观察,如幼苗与播种孔错位,应及时放苗,以防烧苗。播种后遇降雨,播种孔易板结,及时破壳,以利出苗。出苗后及时查苗、补苗并拔除病苗。放苗:3月15日左右对双膜马铃薯地进行放苗,此时膜下长出10%苗,因棚内温度较高,如不及时放苗,会出现烫苗、死苗情况。

②通风撤棚　齐苗后现蕾前白天拱棚内气温高于25℃时,需及时打开拱棚两端通风透气;苗高度10~25 cm(5~12片叶)。齐苗后白天棚内温度保持在25~28℃,夜间12~14℃,当外界气温稳定在18~20℃时,白天和夜间温度稳定下来以后将小拱棚逐渐取掉,有利于马铃薯的生长。注意棚膜除尘。南疆地区春天扬沙天气较多,棚膜上易积聚尘土,导致棚膜透光性较差,不利幼苗生长,因此,发现尘土较多及时对其进行清扫。

3月上中旬,双膜双垄马铃薯栽培地的白天和夜间温度稳定后,将小拱棚逐渐取掉,棚膜可重复使用。间作行间的马铃薯苗齐后中耕1次,5~6片叶时进行中耕浅培土,现蕾期中耕培土1次,培土3~4 cm,封垄前最后一次中耕培土,尽量向根部多培土,增加产量并防止结薯过浅而使薯块表皮变绿影响商品性。7 d左右中耕培土1次,培土厚度为3~5 cm。

(3)枣薯生育期水、肥、药管理

①枣薯间作田施肥　红枣每年施基肥1次,一般在果实采收后进行。秋天天气晴朗,温度适宜能够增加树体内有机肥料的贮藏,在第二年春天能够充分发挥;若秋季未施用,第二年春季土壤解冻后立即施用。基肥施用量:农家肥3000~4000 kg/亩,25%的N肥,35%的P肥,15%的K肥。施肥方法:在树干距树冠1/3~2/3处挖深30~50 cm环形沟,将有机肥、无机肥及表土混合均匀施撒其中。对于间作枣园也可将肥料混匀后撒施于地表,然后将撒施的基肥深翻,有利于枣薯间作田的作物生长。

马铃薯3月上中旬进行追肥,长势偏弱沟施尿素10~15 kg/亩,生长旺盛则不需追肥;沟灌一水,65 m³/亩;3月下旬亩追施硫酸钾($K_2O \geq 50\%$)15~20 kg/亩或氮磷钾复合肥15 kg/亩,叶面喷施磷酸二氢钾150 g/亩;沟灌二水,90 m³/亩;4月上旬沟灌三水,100 m³/亩;4月中旬沟灌四水,60 m³/亩;4月下旬沟灌追肥,尿素5~10 kg/亩,叶面喷施磷酸二氢钾150 g/亩;沟灌五水,55 m³/亩;马铃薯整个生育期内,土壤要始终保持湿润,一旦发现缺水及时灌溉,南疆多采用井水漫灌。灌溉时严禁水量过大漫畦淹苗,水面达到垄高的1/2或2/3即可。发棵期视苗长势进行浇水管理。盛花期需保证水分充足。

②枣树沟灌　年灌水量550~650 m³/亩,每次灌水80 m³/亩,灌水7次。滴灌灌水定额370~390 m³/亩,每次灌水30~40 m³/亩,灌水10~13次。

4月上中旬:枣树萌芽水(春灌水为180 m³/亩),追施枣树萌芽肥,尿素每株0.4 kg,P肥0.1 kg/株+红枣氨基酸有机肥(壮根肥)1 kg/亩。

5月下旬到6月初,花前浇水100 m³/亩。开花前10 d左右施用尿素0.2 kg/株,P肥0.3

kg/株,K 肥 0.3 kg/株。冲施滴灌高磷型肥料 2 kg/亩。

幼苗期生长速度缓慢,为促进须根和侧根生长,需中耕松土,将地温提升到常规值。在 6—7月,需要使用旋耕机对土地进行耕翻 1 次。

7月初到 7月 15 日,坐果后,浇促果水 100 m³/亩,施红枣氨基酸有机肥 1 kg/亩。追肥尿素 0.2 kg/株,K 肥 0.2 kg/株,K 肥 0.4 kg/株。冲施滴灌高钾型肥料 2 kg/亩。10 月底至 11 月初为枣果采收期,采收后应及早施足底肥、浇冬灌水 180 m³/亩。可采用以下 2 种施底肥方法:腐熟羊粪(鸡粪或牛粪)3000 kg/亩+过磷酸钙 50 kg/亩+生物菌有机肥 50 kg/亩+硼肥 10 kg/亩+ 基施微肥 5 kg/亩;优质复合肥($N+P_2O_5+K_2O$ 15:15:15)50 kg/亩+碳铵 50 kg/亩+过磷酸钙 50 kg/亩+生物菌有机肥 50 kg/亩+硼肥 15 kg/亩+基施微肥 8 kg/亩。

6. 间作田合理调控   3 月底 4 月初为了防止马铃薯茎叶徒长,可用 15% 多效唑 40～50 g/亩兑水 50 kg 进行喷雾;或当马铃薯植株现蕾开花 30% 左右时,摘除花蕾 2～3 次,促进马铃薯膨大,提高产量。

间作枣树花期干旱,为了增加空气的湿度,要实时进行清水喷洒工作,以提高花粉的发芽概率,具体要求早晚喷洒,湿度保持 70%～80%。

枣园花期加强追肥,5 月中旬用 0.3%～0.5% 尿素溶液喷洒叶片,提高花蕾分化及发育。

盛花期和幼果期用 0.3% 尿素和 0.4% 磷酸二氢钾溶液混合后叶面喷洒,提高坐果率和果实品质。

花期喷微量元素和生长调节剂,在盛花期要喷 1 次 10～15 mg/L 赤霉素(920),最好选择晚上喷洒,对增产有益。花期喷 0.2%～0.3% 硼砂活硼酸+0.2% 尿素+0.2% 磷酸二氢钾。花期喷 5～10 mg/L2.4D,幼果期喷 40～60 mg/L 萘乙酸或 30 mg/L2.4-D,效果均好。

7. 防病治虫

(1)马铃薯病虫害及防治

①马铃薯早疫病   又称轮纹病,是马铃薯生产中的常见病害,主要发生在叶和薯块等部位。叶片发病时,会出现有明显同心轮纹的近圆形黑褐色病斑;当发病较为严重时,叶片自下而上逐渐萎蔫干枯,同时,在薯块上会出现暗褐色的稍凹陷圆形病斑。

②马铃薯晚疫病   主要发生在叶、茎和薯块等部位。叶片被害初期,在叶缘发生水渍状不规则黄褐色病斑;当植株茎部受到危害时,会发生稍凹的褐色条斑;病害发生蔓延较快时,病株会很快枯萎;染病薯块内部组织变褐变坏死,无食用价值。

③马铃薯黑胫病   马铃薯黑胫病主要侵染茎或薯块,从苗期到生育后期均可发病。幼苗染病一般株高 15～18 cm 出现症状,植株矮小,节间短缩,或叶片上卷,褪绿黄化,或茎部变黑,萎蔫而死。横切茎可见 3 条主要维管束变成褐色。薯块染病始于脐部。呈放射性状向髓部扩展,病部黑褐色,横切可见维管束呈黑褐色,用手压挤皮肉不分离。发病选用噻菌铜或氢氧化铜喷雾防治 2～3 次,每次间隔 7～10 d。

④马铃薯疮痂病   该病在 28℃ 左右的中性或微碱性沙壤土环境中宜发病。发病初期在块茎表皮产生褐色斑点,逐渐扩大成褐色近圆形至不定形大斑,侵染点周围的组织坏死,块茎表面变粗糙,质地木栓化。几天后病斑表面形成硬斑,疮痂内含有成熟的黄褐色病菌孢子球。

马铃薯 3 月底 4 月上旬为防止马铃薯疮痂病,间隔 7～10 d 喷氢氧化铜 2～3 次,25～30 g/亩。

黑胫病防治可间隔 7～10 d 喷施硫酸铜 2～3 次,30 g/亩。

早疫病防治可每 7 d 亩喷施 70%代森锰锌可湿性粉剂 400～500 倍液,喷雾 2～3 次。

晚疫病防治可亩喷施霜脲·锰锌 300～400 倍液 1 次。3 月上中旬,用地虫亡 1000 倍液浇灌根部,防治地下害虫。

地下害虫危害嫩苗和块茎,造成品质严重下降,还为病菌侵入创造了条件。秋季深翻地、清洁田园、诱杀成虫。药剂防治使用 40%的辛硫磷乳油 1500～2000 倍液,在苗期灌根,每株 50～100 mL。

(2)枣树主要病害及防治

①枣缩果病　田间 7 月中旬开始发病,8 月中下旬进入高峰期,随着枣果成熟,发病逐渐降低。

②枣果黑斑病　主要危害果实,8 月下旬田间即可看到发病病果,然后呈持续增加的趋势,直到采收前调查,发病仍在加重。

③枣树叶斑病　整个生育期均可发生,5 月上旬田间即可看到叶斑病的病叶,枣树整个生育期呈上升趋势。

枣缩果病、枣果黑斑病和枣树叶斑病的发生与枣园间作模式关系较大,枣树间作发病重于枣树单作;枣缩果病、枣果黑斑病的发生危害程度与枣树品种之间关系密切,赞皇大枣、骏枣容易发病;不同灌溉方式条件下,枣缩果病、枣果黑斑病的发生危害程度差异不大,沟灌条件下枣树叶斑病发病低于设施滴灌地;不同树龄枣园调查结果显示,随着树龄的增加,3 种病害有逐渐加重的趋势。

防治措施:70%甲基托布津 800 倍液、70%代森锰锌 800 倍液、3%中生菌素 1000 倍液和嘧啶核苷类抗菌素 300 倍液对枣缩果病、枣果黑斑病和枣树叶斑病有较好的防治效果。

(3)枣树主要虫害及防治措施

①桃小食心虫　从 6 月初开始,要在枣园巡查,摘除虫果。秋季翻树盘或将树盘 10 cm 土壤扬土灭茧,夏季出土前地膜覆盖树盘;诱芯迷向防治,挂 6～8 个桃小食心虫诱芯。每亩 60 根,均匀悬挂,悬挂在距离地面 1.5 m 以上的树枝上,75～90 d 后重新悬挂 1 次。

②枣芽象甲　在 4 月中下旬,枣股的鳞片开裂、嫩芽外露时,便开始上树啃食嫩芽,致使枣树无法正常发芽。树盘覆盖地膜,树干绑缚防虫带防止其下树,减轻下一年上树为害的虫口基数。药剂防治可在树上喷 3%辛硫磷粉,每亩喷 1.5 kg 左右。每 3～4 天振树 1 次,使成虫落地中毒死亡。在枣树发芽期,对树体喷 25%杀虫星,或 25%辛硫磷乳油 1500 倍液。

③盲蝽象　发生在枣树 4 月初发芽期、开花坐果期和幼果期。降低枣树栽植密度,改矮化密植为大冠稀植,用高效、低毒农药种类进行防治。

(四)田间收获

1. 采收时间　枣薯间作田收获时间不一样,5 月初收春播马铃薯;枣的成熟期依品种及地区不同而异,早的 8 月可采,迟的 9—10 月可收。

2. 马铃薯采收　5 月上中旬收获马铃薯,80%～90%马铃薯茎叶变杏黄色,块茎停止膨大,茎叶衰老至枯萎停止浇水,停水 15 d 后割除马铃薯秧子,便于收获,并将收割的秧移出地块。收获时,人工挖掘或机械收获,破垄时不漏垄,搂净捡光,还要防止块茎损伤。机械收获前,田地两头要人工为收获机拐弯收出一定的空地,避免机械损伤。同时,收获后及时储藏,避免暴晒、雨淋和长时间暴露在阳光下导致商品薯变绿。产品装运要轻装轻卸,不要使薯皮大量擦伤或碰伤。注意残膜回收,随着地膜覆盖栽培技术的广泛应用,土壤中残膜积累越来越多,造成土壤板结、环境污染、家畜误食引起肠道疾病等危害。

因此,马铃薯收获后,应将地里残膜清理干净,以利来年种植。棚膜应回收重复利用。

3.枣的采收 到8月底9月初,间作田枣树要停肥控水,以促进树体木质化和养分的积累,同时要对枣树的根茎部位进行培土,高度设40 cm为宜,在落叶后封冻前进行树干的涂白工作,以便于防寒,另外高位嫁接有助于提高枣树的抗寒能力。9月10日前结束冬灌。10月初进行大枣收获,用4YS-24型红枣收获机对种植行距4 m以上、树干直径范围为8~20 cm的枣树进行红枣收获。

枣的成熟过程分为脆熟期和过熟期。脆熟期果面绿色减退变色,果面开始着色,此时枣果水分多,味甘而甜脆,生食制蜜枣即可采收。过熟期皮色转红,糖分增加,为制干枣采收期。

采收时间:在同一株树上,因开花期不同,成熟也有迟早。枣的成熟程序由绿转白,最后转红,采收的熟度看用途不同。鲜食用,在白绿时采收,制蜜枣用的亦在转白时采收,制干枣的在白转红时采收,制红枣、黑枣的则在充分成熟着红色时采收。为使品质一致,必须分3~4次采收。第1~2次采用带钩的竹竿或木棍钩下,最后1次用竹竿打落,这样打落了枣头枣尾,也代替修剪。

采收方法:树上成熟期先后不齐,宜用手采,分期采收。成熟一致的,用竹竿打落,在树下铺尼龙薄膜,收集枣果。果实采收后不要堆得太厚,以免发热腐烂,要立即加工,否则色泽很容易转变,影响色质与美观。

(五)效益分析

为增加枣园经营者的前期经济收入,在枣园建园期和幼树期,可选择枣树间作早熟马铃薯,降低幼树期的生产成本,提高枣园的综合经济效益。枣树抗逆能力强,萌芽晚,生长发育期集中,与马铃薯间作由于植株较矮,根系浅,不与枣树争光,是理想的枣园间种作物。枣薯间作既可以充分利用土地和农时营造田间小气候,又可获得较高的经济效益。

近年南疆三地州枣马铃薯间作种植行间距为2 m×6.0 m枣树的生长量较为显著,该间作株行距具有一定的生长优势,其红枣经济效益分析如下:

1.单马铃薯种植的经济效益 在南疆采用早熟马铃薯双膜覆盖技术,可提早收获,鲜薯可在5月上市,提高农民收益,增效效果明显。以泽普县马铃薯"双垄双膜"栽培技术为例,与非覆膜地块比较,生育期缩短25 d左右,填补本地马铃薯的市场空白,市场单价提高0.8元/kg,亩效益增收500元左右(表4-2)。

表4-2 示范区增产、早收、增收情况(冯怀章,2018年)

年份	试验/示范（亩）	测产产量（kg/亩）	单膜种植产量（kg/亩）	产量增幅（%）	上市提前天数（天）	亩增收（元）
2017	250	1824.5	1652	10.4	20	578

2.单枣种植的经济效益分析 以泽普县为例。2017年泽普县红枣种植生产成本达2374.31元/亩,较2015年增长40.84%,年均增长率18.68%;人工成本达到420.12元/亩,增长71.82%,年均增长率为31.09%;肥料成本增加至1191.8元/亩,增长57.57%,实现25.57%的年均增长率;机械成本出现减少,由2015年313.55元/亩减少至297.07元/亩,减少了5.26%;农药成本由2015年的207.01元/亩增长至281.39元/亩,增长35.93%,年均增长率达至16.60%,增长较为迅速;灌溉成本变化较不显著,截至2017年增长6.6%,年均增长

率1.54％。即：人工要素投入＞肥料要素投入＞机械要素投入＞农药要素投入＞灌溉要素投入（表4-3）。

表4-3　泽普县单枣种植要素投入情况（吴燕整理）　　单位：元/亩

年份	总成本	人工成本	肥料成本	机械成本	农药成本	灌溉成本
2015	1685.85	244.51	756.39	313.55	207.01	164.39
2016	2002.4	316.39	977.48	297.07	244.24	167.22
2017	2374.31	420.12	1191.82	305.7	281.39	175.28

2017年泽普县红枣的单位产量达到322.61 kg/亩，较2015年红枣单位产量提高38.06％，年均增长率17.6％，增长速度最为显著。2017年种植纯收入由2015年2403.55元/亩，增长至3603.65元/亩，增长49.93％，增长速度显著（表4-4）。

表4-4　泽普县红枣种植收益状况（吴燕整理）

年份	成本（元/亩）	单产（kg/亩）	价格（元/kg）	产值（元/亩）	利润（元/亩）
2015	1685.85	233.68	17.5	4089.4	2403.55
2016	2002.4	263.59	14.86	3916.95	1914.55
2017	2374.31	322.61	18.53	5977.96	3603.65

3. 枣马铃薯间作种植的经济效益分析　为了分析枣粮间作不同阶段与不同作物间作模式的投入产出比，以泽普县枣粮间作模式的总产值、生产总成本、纯收入为例进行核算（表4-5）。

表4-5　红枣—马铃薯间作模式经济效益汇总表（吴燕整理）　　单位：元/亩

时期	指标	红枣	马铃薯	合计
幼树期	产值	269	1307.8	1576.8
	物质投入	354	485.35	839.35
	人工投入	215	346.17	561.17
	总投入	569	831.52	1400.53
	纯收入	−300	476.28	176.28
盛果期	产值	7005.6	/	6836.6
	物质投入	2120.17	/	2120.17
	人工投入	601.29	/	601.29
	总投入	2721.46	/	2721.46
	纯收入	4284..14	/	4284.14

通过分析，在幼枣、马铃薯间作模式中每亩的总产值为1576.8元，其中红枣的产值为269元/亩，马铃薯的产值为1307.8元/亩，分别占总产值17.06％、82.94％。在间作模式的总投入上为1400.53元/亩，其中物质总投入为839.35元/亩，人工投入为561.17元/亩，产投比为1.13。

在枣粮间作模式的产枣期，每亩的总产值为4284.1元。由于红枣达到产枣期，原有的种植结构不能适应马铃薯的生长。枣树的茂密枝叶会严重影响到马铃薯的正常生长，因此，此时枣农都会放弃马铃薯的种植。此时，红枣的种植成为枣农的主要经营方式。总投入为

2721.46 元/亩,其中物质投入为 2120.17 元/亩,人工投入为 601.29 元/亩。

4. 三种种植模式的产投比(表 4-6)

表 4-6   三种种植模式的产投比(吴燕整理)   单位:元/亩

项目	总投入(元/亩)	总产值(元/亩)	产投比
单种马铃薯	831.52	1307.8	1.57
单种红枣	2374.31	5977.96	2.52
枣/马铃薯间作	2721.46	7005.60	2.57

在表 4-6 中发现,单种马铃薯种植模式的总要素投入为 831.52 元/亩,产值为 1307.8 元/亩,产投比为 1.57;单枣种植模式的总要素投入为 2374.31 元/亩,产值 5977.96 元/亩,产投比 2.52,枣、马铃薯间作种植模式的总要素投入为 2721.46 元/亩,产值为 7005.60 元/亩,产投比 2.57,是三种种植模式中产投比最高的模式。

三种种植模式的产投比由大到小依次为:枣、马铃薯间作模式>单枣种植模式>单马铃薯种植模式。产值排列:枣、马铃薯间作模式>单枣种植模式>单马铃薯种植模式。从经济角度分析,枣、马铃薯间作模式的经济效益高于单枣种植模式高于单薯种植模式。

以上可以看出:单枣种植、单马铃薯种植模式与枣、马铃薯间作的种植模式所带来的经济效益,枣、马铃薯间作耕作的效益相对于单枣种植、单马铃薯种植模式,具有较为显著的优势。枣薯间作的种植模式更有助于促进果农增收、提高果农收入。除此,在一定程度对提高果农耕作自信心、稳定农业生产及社会稳定也表现出推动作用。整体而言,枣、马铃薯间作的种植模式在经济效益方面高于单枣种植和单马铃薯种植模式。

5. 南疆地区枣、马铃薯间作生态效益

(1)防风固沙   每年南疆春季常有风沙的侵蚀,枣林和其他防护林一样具有防风固沙的功效。枣林对防风固沙起到了很大作用。枣树林带防护区内,风速降低 30%,水分蒸发量减少 10%以上,空气相对湿度提高 10%;枣粮间作区风速降低 20.9%~62.1%,气温降低 1.2~5.8℃,空气相对湿度提高 2.5%~11.3%,土壤含水率提高 4.54%~5.10%,蒸发量减少 8%~44.7%。

(2)防止水土流失   南疆三地州枣树栽植有三种形式:一是单一栽植枣树;二是枣粮间作;三是枣蔬菜间作。无论哪一种栽植形式,都有效地控制了水土的流失。枣树枝叶可减少雨水直接对地面的冲击,特别是一些密植枣园和标准化枣园,枣树的栽植密度大,更有利于阻挡雨水对地面的冲击。枣树的根系分布浅层土壤,主根可扎到地下 2~3 m,强大的根系固结着土壤,保护土层。此外,枣树可栽植于不同地形,利于水土保持。在枣粮间作的土地上,庄稼收割后,雨水减少,在无庄稼的冬春季节,雪水滋润万物,不会造成水土流失。

(3)调节气候,美化环境   枣树通过光合作用,吸收 CO_2,释放 O_2,减少空气污染,有利于人类的健康。枣林还有一个重要的功能就是调节气候,保持生态平衡。枣林庞大的根系从土壤深处源源不断吸收地下水,并把它蒸腾到大气中,使干燥的空气变得湿润,使炎热的夏季变得凉爽。

枣薯间作模式是服务于广大农户,从根本上解决、协调果树与作物之间的配合关系,找到适合南疆三地州枣薯间作推广的有效途径,农户因地制宜进行枣薯间作生产,具有重要的经济意义。

第二节　中国北方果树间作马铃薯

中国北方果树种类和品种甚多。归纳文献资料和生产实际，重点以苹果和梨树为例，介绍马铃薯的果下间作。

一、苹果树下间作马铃薯

（一）地域分布

中国是世界上苹果种植面积最大，也是总产量最高的国家，苹果产量约占世界总产量的55％。据2017年《中国农业年鉴》统计，2016年全国有23个省（区、市）栽植苹果，总面积3485.9万亩，总产量4388.2万t，平均单产1258.9 kg/亩。从表4-7可以看出，中国苹果主要生产于北方地区，年种植面积在200万亩以上的省（区、市）全在北方地区，从高到低依次为陕西、山东、甘肃、河北、河南、辽宁和山西，七省区总面积达到3006.6万亩，占到全国苹果总面积的86.3％；总产量在200万t以上的省（区、市）也全在北方，从高到低依次为陕西、山东、河南、山西、河北、甘肃和辽宁，七省区总产量达到3928.4万t，占到全国苹果总产量的89.5％（表4-7）。

表4-7　2016年全国各地苹果种植面积、产量和单产（方玉川整理）

地区	播种面积（万亩）	总产量（万t）	单产（kg/亩）
北　京	10.1	7.3	721.8
天　津	6.6	5.3	807.5
河　北	362.7	365.6	1008.0
山　西	225.5	428.6	1901.2
内蒙古	39.8	17.5	439.5
辽　宁	233.1	256.6	1100.8
吉　林	18.2	13.6	751.5
黑龙江	15.6	15.0	958.4
江　苏	46.4	56.4	1217.1
安　徽	20.6	37.4	1820.0
山　东	452.0	978.1	2164.2
河　南	234.8	438.6	1868.3
湖　北	2.0	1.3	655.8
重　庆	1.2	0.5	414.6
四　川	56.4	62.7	1112.2
贵　州	21.5	5.9	277.3
云　南	76.2	42.1	552.4
西　藏	2.4	0.6	263.2
陕　西	1057.2	1100.8	1041.2
甘　肃	441.3	360.1	816.0
青　海	1.8	0.4	242.7
宁　夏	57.8	57.2	990.0
新　疆	103.2	136.6	1323.5
全国总计	3485.9	4388.2	1258.9

陕西是中国苹果生产第一大省,2016 年栽植面积 1057.2 万亩,苹果总产量 1100.8 万 t,全省 107 个县(区)中,苹果生产基地县达到 43 个,数量居全国之首。目前以苹果生产经营为主的果业企业 3500 多家、合作社 7000 多个,苹果冷库和气调库 6732 个,贮藏能力 200 多万 t,苹果销售网络覆盖全国各大中城市,批量出口 21 个国家和地区。陕西也是中国乃至世界最大的浓缩苹果汁加工基地,产量和出口量均占全国 50% 和世界 30%。陕西省苹果产业涉及人口约 1000 万人,占全省总人口的 27%。以洛川、白水、印台、旬邑、凤翔等县(市、区)为代表的 20 多个基地县苹果收入占到农民人均纯收入的 70% 以上,苹果收入成为农民家庭收入的主要来源。苹果是陕西省农业名副其实的优势产业,也是陕西渭北、陕北南部地区农民脱贫致富、生态文明建设的支柱产业。

(二)田间配置

1. 苹果树龄选择　选择幼树或已结实的低龄树,尤其是 1~3 年新栽果树,树冠较小,与马铃薯间作,可达到充分利用土、肥、水、光、热等资源,果树基本不减产,且多收一茬马铃薯的目的。

1~3 年的苹果幼树正处于定干培养期和修剪定型期,不宜间作套种高秆作物,适宜间作套种豆类、小麦、薯类、花生等矮秆作物。种植马铃薯可缓解果树幼园前期投入高、产出低的矛盾,是果农比较容易接受的一项间作套种技术。

2. 间作系统的田间配置

(1)苹果树与马铃薯的行间配比　北方地区苹果栽植的株行距一般为 4 m×5 m 或 4 m×4 m,所以在两行果树中间,一般种植 2~3 垄马铃薯,一垄种植两行马铃薯,按"品"字形排列,马铃薯亩留苗 2500~3000 株;水肥条件好时,种植密度可达到 3500 株/亩以上。

(2)马铃薯边行与苹果树行的最适距离　果薯间作时,马铃薯根茎水平延伸向外侧的广度大约是 30~40 cm。所以,马铃薯的边行和苹果树行的最适距离为 50~60 cm,要给苹果留下 1.0~1.2 m 的营养生长带,这样的宽度有助于马铃薯的生长,而且不会和果树的生长争夺营养。

(3)苹果树下的马铃薯通风和透光条件　马铃薯喜阴凉,特别是结薯期,要求短日照,以 11~13 h 为宜,地温 15~18℃ 最为有利。当地温超过 25℃ 时,块茎膨大缓慢;当地温超过 29℃ 时,块茎停止膨大。所以,在果树行间种植马铃薯,马铃薯通风、透光不受影响,反而果树的遮蔽对马铃薯块茎膨大有促进作用。

(4)改善果园土壤和田间小气候　张水绒(2010)研究表明,苹果间套作马铃薯的优点是:一是利于土壤肥力提高。马铃薯喜 P、K 和微量元素,生产中一般重施有机肥、磷酸二铵、硫酸钾等肥料,且种植马铃薯需深翻耕地,兼顾了苹果的需求。二是提高了地温。苹果间作马铃薯,一般要覆盖地膜,春季覆膜可提高地温 2.03~5.83℃,从而使果树附近的地温也相应提高。三是马铃薯地上茎秆匍匐生长,不与苹果树争光,苹果株行间通风透光都不受影响。四是马铃薯生育期短,从种植到收获 3~5 个月时间,与苹果共处期短,利于苹果树有充足的营养,并且马铃薯在生长期、收获期与苹果树不发生冲突。

3. 依生态条件和生产条件差异的不同规格和模式

有灌溉条件时,提倡早春地膜覆盖栽培。据战庆丽(2017)介绍,在黑龙江省宾县,距果树 60 cm 留足通风生长带后起垄覆膜,垄距 85~90 cm,株距 25~28 cm,播深 20 cm,一般种植密度为每亩 2300~2600 株。

在干旱缺水地区,果园间作马铃薯,宜采用全膜覆盖栽培技术。张国林等(2011)介绍,在甘肃省静宁县幼龄苹果园间作马铃薯时,行距为 4 m 的果园每间作带可种植马铃薯 3 垄,播种前起底宽 70 cm、高 15 cm 的大垄和底宽 40 cm、高 10 cm 的小垄,用厚 0.008～0.010 mm、宽 120 cm 的高强度宽幅地膜全膜覆盖,在大垄垄侧距集雨沟 10～15 cm 处用点播器打孔播种。株距以 25～30 cm 为宜,保苗 2600～3500 株/亩。肥力差时,可适当稀植。

年降水量 400～500 mm 地区,苹果间作马铃薯一般多为露地栽培。在陕西省子洲县,距果树 50～60 cm 留足营养带后,用畜力或小型机械开沟播种马铃薯,行距 50～60 cm,株距 40～50 cm,每亩留苗 2100～2600 株。

(三)栽培管理

1. 品种选择

(1)苹果品种选择

①早熟品种

藤牧 1 号:别名巨森 1 号,原产于美国,1986 年引入中国,1990 年开始推广,是优良的早熟苹果品种。目前,在山东省、安徽省、河南省等地大面积栽培。该品种树势强健,树姿直立,萌芽力强,成枝力中等。果实圆形或长圆形,平均单果重 210 g,最大单果重 320 g。果形指数 0.86～1.16。果面光亮、洁净、底色黄绿。阳面红色,充分成熟时呈鲜红色,果肉黄白色,质脆、香味浓、酸甜爽口、果汁多、外观美观、品质上乘。7 月中上旬成熟,果实发育期 85 d。进入结果期早,栽后 3 年开花结果,易形成腋花芽,以短果枝结果为主,丰产稳产。

皇家嘎拉:别名新嘎拉、红嘎拉。原产于新西兰,是嘎拉的浓红型芽变,1980 年河北省农林科学院昌黎果树研究所从日本引入,随后在山东省、河南省、江苏省等地种植。植株性状与嘎拉相似,果实性状与嘎拉在着色程度上有差异。着色较浓,为全面浓红色并有不明显的断续条纹,富光泽,外观美,肉质致密而脆,风味香甜、品质上等。8 月中下旬成熟。

早乔纳金:该品种是山东省青岛市农业科学研究院于 1981—1990 年以乔纳金休眠枝为选育材料,采用辐射育种方法培育而成。1991 年鉴定,比乔纳金提前成熟 30 d 左右,1998 年通过专家认定,1999 年通过山东省农作物品种审定委员会审定。树体与乔纳金相似。果实中大,平均单果重 180 g,最大单果重 248 g。扁圆形或近圆形,果形指数 0.84,底色黄绿,全面鲜红,有暗红条纹,艳丽美观,果肉乳黄色,质细脆、汁多,酸甜适度,香味浓郁,果实硬度 7.8 kg/cm^2,品质上乘。果实 8 月上中旬开始着色,9 月上旬成熟,生育期 130 d 左右。

玉华早富:该品种是陕西省果树良种苗木繁育中心于 1997 年从苹果品种青富 13 号选出的早熟芽变品种,2005 年 5 月通过陕西省果树良种审定。果实圆形至近圆形,果形指数 0.88,平均单果重 231 g,最大单果重 304 g。果皮为鲜红色,条纹状,果皮光洁,无锈,有蜡质,果点较大、圆形,果肉黄白色,肉质致密、细脆,汁多,有香味,品质上乘。可溶性固形物含量 14.79%,果实硬度 13.7 kg/cm^2,维生素 C 含量 65 mg/g。耐贮藏,冷藏可贮藏到翌年 4 月。生长势强健,萌芽率高,丰产稳产,在陕西省 9 月中旬果实成熟。

②中熟品种

岳金:该品种是辽宁省果树研究所 1979 年取金冠矮生休眠枝以射线辐射处理后选出的无锈苹果新品种,1989 年命名为岳金。岳金果实外观与金冠基本相似,单果重 180 g 左右,果实圆锥形,顶部较金冠尖,色泽偏绿,果面黄绿色,果实基本无锈,外观光洁,贮藏性优于金冠,贮藏后期无皱皮现象。岳金幼树的生长势、萌芽率、成枝力、早果性、产量及物候期等与金冠相似,具有果实无锈或少锈与贮藏期间不皱皮的优势,克服了金冠品种存在的缺陷,保持了金冠品种的原有优点,可在生产中发展。

新乔纳金:又名红乔纳金,为乔纳金的浓红型芽变,是1973年日本青森县弘前市的斋藤昌美发现的乔纳金枝变。1980年登记发表,1981年引入中国,已在各地迅速推广。该品种果实圆形或长圆形,单果重300g左右,底色黄绿,着鲜红至浓红色,有条纹,着色比乔纳金深,色调艳丽,外观漂亮。果肉淡黄色,肉质细脆,致密多汁,含可溶性固形物15%左右,酸甜适度,风味与乔纳金相近,品质上乘。成熟期9月下旬至10月上旬,可存放2~3个月。结果早、丰产,长短果枝及腋花芽结果均好,为三倍体品种,需配植授粉树,如千秋、阳光等均可作授粉品种。

静香:该品种是日本青森县五户町的村上恒雄以金帅×印度杂交育成,为三倍体品种,是胜过陆奥的大果系黄色优良品种。果实圆形,单果重350g,底色绿色,阳面微有淡红晕,异常美观。肉质细,硬度中等,比陆奥早熟10d。利用矮砧栽培,收获期可提前7d。耐贮藏性好于陆奥。丰产,在众多的新品种中,静香是很有发展前途的品种。

金世纪:该品种是西北农林科技大学从新西兰引入的"皇家嘎拉"的芽变优系,2009年6月通过陕西省果树品种审定委员会审定命名。果实较大,平均单果重210g,近圆形,高桩,果形指数0.9;果面底色黄色,全面着鲜红色,有光泽,果实平滑,果点中大、平、褐色,蜡质中多,果粉少;果肉黄白色,肉质中细、致密,汁多,风味酸甜,具香气,可溶性固形物含量14.2%,果实较耐贮藏,常温下可存放1个月。树势强健,树姿半开张,萌芽力强,发枝力较弱,定植3年开始挂果,幼龄树以长果枝和腋花芽结果为主,成年树以短果枝和腋花芽结果为主。坐果率高,自花结实率较高,丰产。在陕西省渭北苹果产区,4月上旬萌芽,4月中下旬开花,7月底至8月初成熟。

③晚熟品种

烟富3号:是山东省烟台地区自主选育出的优良着色系富士芽变品种,具有果形端正、着色好、上色快等优点,现已成为山东省、河北省、陕西省、甘肃省等苹果主产区主推的富士系品种。果个大,平均单果重245~315g;果实圆形至长圆形、周正,果实指数0.86~0.89;果实易着色,浓红艳丽,片红,套袋果摘袋后5d左右即可达满红;不套袋果实的全红果比例78%~80%,着色指数95.6%;果肉淡黄色,致密脆甜,硬度8.7~9.4 kg/cm²,可溶性固形物含量14.8%~15.4%。树体长势旺盛,抗病性强;早果性好,丰产、稳产性强。

长富2号:该品种是1980年引入中国的着色系富士品种。果个大,单果重250~350g;果实为圆形或长圆形,底色黄绿,果肉黄白色,肉质细、致密、多汁,酸甜适度,有元帅系苹果的芳香,可溶性固形物含量18%。果实浓红、艳丽、条红型,果面80%~90%着鲜红条纹,果实其他性状和树体形状同其他富士品种。10月中下旬成熟。属于长枝型品种,树冠高大、树姿直立、生长势强。结果树树姿开张,生长健壮、萌芽力强、成枝力也强。抗寒性弱,在1月份平均气温－10℃线及以北地区,幼树常受冻害,在排水不良及酸性土壤,枝干轮纹病和粗皮病发生重。

寒富:该品种是沈阳农业大学于1978年以抗寒性强而果实品质差的东光为母本与果实品质极上而抗寒性差的富士为父本进行杂交,选育出的抗寒、丰产、果实品质优、短枝性状明显的优良苹果品种。果实短圆锥形,果形端正,全面着鲜艳红色,特别是摘掉果袋经摘叶转果后,果色更美观。单果重平均250g以上,最大单果重已达900g,是目前苹果当中单果重最大品种之一。果肉淡黄色,肉质酥脆,汁多味浓,有香气,品质优,耐贮性强。树冠紧凑,枝条节间短,短枝性状明显,再生能力强,以短果枝结果为主,有腋花芽结果习性。

陆奥：该品种是日本青森县苹果试验场 1930 年用金帅×印度杂交育成,1949 年种苗登记,1966 年引入中国,为三倍体品种。树体高大,树姿半开张。果个大,短圆锥形,单果重 350～400 g,最大单果重可达 650 g,果实底色黄绿,阳面着淡红色晕,果皮较厚。果肉黄白色,肉质松脆、汁多,酸甜适度,香味浓,品质上乘。10 月上中旬成熟,较耐贮藏,贮至翌年 1—2 月份风味更佳,贮藏期不皱皮。树势强健,枝条粗壮,萌芽力及发枝力较强,结果较早,栽后第 3 年即可结果。较易形成花芽,幼树主要以中、长果枝及腋花芽结果,坐果率较高。熟前落果较轻。在丘陵地栽培,果实风味更好。

瑞雪：为黄色、晚熟品种,是西北农林科技大学由"秦富 1 号""粉红女士"做亲本杂交选育的苹果新品种。果实圆柱形,果皮黄色,果面光洁,果点小,有蜡质;果肉黄白色,硬脆,肉质细脆,汁液多,风味浓;果个大,平均单果重 296 g,最大单果重 399 g;果形高桩,果形指数 0.90;可溶性固形物含量 16.0%,总糖含量 12.1%,可滴定酸含量 0.3%,果实硬度 8.84 kg/cm²,品质上等。果实生育期 180 d,成熟期较一致,无采前落果现象。在陕西渭北苹果产区 4 月中旬开花,10 月中旬果实成熟。树势中庸偏旺,萌芽率高,成枝力中等,具短枝状;抗逆性、抗病性较强;栽后第 2 年开花结果,早果,丰产性强。

瑞阳：由西北农林科技大学杂交选育的晚熟红色苹果新品种,亲本为秦冠×富士,2015 年3 月通过陕西省果树品种审定委员会审定命名。果实大小整齐,平均单果重 282.3 g,果形指数 0.84;底色黄绿,全面着鲜红色,果面平滑,有光泽,果点小,中多,果粉薄。果肉乳白色,肉质细脆,汁液多,风味甜,具香气。可溶性固形物含量 16.5%,可滴定酸含量 0.33%,硬度7.21 kg/cm²。树势中庸强健,易成花,丰产,幼树高接后次年成花结果,产量水平与秦冠相近、明显高于富士。

(2)马铃薯品种选择

苹果园间作马铃薯,马铃薯品种多选择中早熟品种。在 1～2 年幼龄果园里,或是水肥条件较好的果园,也可选择晚熟品种。

①早熟品种

费乌瑞它：荷兰 HZPC 公司用"ZPC-35"作母本、"ZPC55-37"作父本杂交育成。1980 年由农业部种子局从荷兰引入,经江苏省南京市蔬菜研究所等单位鉴定推广。又名法阿利塔、荷兰薯、荷 7 号、荷 15、鲁引 1 号、津引 8 号等。适合鲜薯食用和鲜薯出口。从出苗到成熟 60 d 左右。株型直立,分枝少,株高 65 cm 左右,茎紫褐色,生长势强。花冠蓝紫色、大,有浆果。块茎长椭圆形,皮淡黄色肉鲜黄色,表皮光滑,块茎大而整齐,芽眼少而浅,结薯集中。块茎休眠期短,贮藏期间易烂薯。蒸食品质较优,鲜薯干物质含量 17.7%,淀粉含量 12.4%～14%,还原糖含量 0.3%,粗蛋白质含量 1.55%,维生素 C 含量 13.6 mg/100g 鲜薯。易感晚疫病,感环腐病和青枯病,抗 Y 病毒和卷叶病毒,植株对 A 病毒和癌肿病免疫。一般亩产约 1700 kg,高产可达 3500 kg/亩。

中薯 3 号：中国农业科学院蔬菜花卉研究所用"京丰 1 号"作母本、"BF66A"作父本杂交育成。1994 年通过北京市农作物品种审定委员会审定。生育期从出苗到植株生理成熟 75～80 d。株型直立,株高 60 cm 左右,茎粗壮、绿色,分枝少,生长势较强。复叶大,叶缘波状,叶色浅绿。花冠白色,易天然结实。薯块卵圆形,顶部圆形,皮肉均为浅黄色,芽眼少而浅,表皮光滑。结薯集中,薯块大而整齐。块茎休眠期为 50 d 左右,耐贮藏。食用品质好,鲜薯淀粉含量 12%～14%,还原糖含量 0.3%,维生素 C 含量 20 mg/100g 鲜薯,适合鲜薯食用。植株较抗病毒病,退化慢,不抗晚疫病。平均亩产 1500～2000 kg,高产可达 3000 kg/亩,稳产性较好。

中薯 5 号:中国农业科学院蔬菜花卉研究所从中薯 3 号天然结实后代中选育而成。2001年通过北京市农作物品种审定委员会审定。适合鲜薯食用栽培。2004 年通过了全国农作物品种审定委员会审定。出苗后 60 d 可收获。株型直立,株高 50 cm 左右,生长势较强,分枝数少,茎绿色。复叶大小中等,叶缘平展;叶色深绿,花白色,天然结实性中等,有种子。块茎圆形、长圆形,皮肉均为淡黄色,表皮光滑,大而整齐,芽眼极浅,结薯集中。炒食口感和风味好,炸片色泽浅。鲜薯干物质含量 19％左右,淀粉含量 13％左右,粗蛋白质含量 2％左右,维生素 C 含量 20 mg/100g 鲜薯。一般亩产 2000 kg 左右,春季商品薯率可达 97.6％。植株田间较抗晚疫病、PLRV 和 PVY 病毒病,不抗疮痂病,耐瘠薄。

豫马铃薯 1 号:河南省郑州市蔬菜研究所用"高原 7 号"作母本、"762-93"作父本杂交育成。1993 年通过河南省农作物品种审定委员会审定,原名为郑薯 5 号。出苗后 60～70 d 收获。植株直立,株高 60 cm 左右,茎粗壮、绿色,分枝 2～3 个。叶片较大,绿色。花冠白色,能天然结实。薯块圆或椭圆形,黄皮黄肉,表皮光滑,芽眼浅,结薯集中,块茎大而整齐。食用品质好,鲜薯淀粉含量 13.4％,粗蛋白质含量 1.98％,维生素 C 含量 13.87 mg/100g 鲜薯,还原糖含量 0.089％,适合鲜薯食用和出口。块茎休眠期约 45 d,较耐贮藏。植株较抗晚疫病和疮痂病,较抗马铃薯 X 病毒(PVX)和 Y 病毒(PVY),感卷叶病(PLRV)。在二季作地区表现高产、稳产。一般春季亩产 2000 kg 左右,高产可达 4000 kg/亩,秋季亩产 1500 kg 左右,高产达2500 kg/亩。

②中熟品种

克新 1 号:黑龙江省农业科学院马铃薯研究所用"374-128"作母本、"疫不加(Epoka)"作父本杂交育成。1967 年通过黑龙江省农作物品种审定委员会审定,1984 年经全国农作物品种审定委员会认定为国家级品种。该品种在一些地区亦被称为紫花白。主要作鲜薯菜用,但目前在中国也用于炸条加工和全粉加工。生育期从出苗到收获 95 d 左右。株型开展,株高 70 cm左右,分枝数多,茎绿色,生长势强。叶绿色,复叶肥大。花冠淡紫色,雌雄蕊均不育。块茎椭圆形,淡黄皮白肉,表皮光滑,芽眼多,深度中等。结薯集中,块茎大而整齐。块茎休眠期长,耐贮藏。食用品质中等,鲜薯干物质含量 18.1％,淀粉含量 13％～14％,维生素 C 含量 14.4mg/100g 鲜薯,还原糖含量 0.52％。植株抗晚疫病,块茎易感晚疫病,高抗环腐病,植株对马铃薯轻花叶病毒过敏(PVX),抗重花叶病毒(PVY)和卷叶病毒病(PLRV),较耐涝。一般亩产约 1500 kg,高产可达 2500 kg/亩以上。该品种因块茎前期膨大快,适应性广,一、二季作区均可栽培。主要分布在黑龙江、吉林、辽宁、内蒙古、山西、陕西等北方省(区),是中国目前种植面积最大的品种。

夏波蒂:1980 年加拿大福瑞克通农业试验站用"F58050"为母本、"BakeKing"为父本经有性杂交育成。1987 年引入中国试种,未经审定或认定,但被辛普劳等公司作为炸条品种在各地种植。炸条品质和食用品质优良。生育期从出苗到收获 95 d 左右。株型开展,株高 60～80cm,主茎绿色、粗壮,分枝数多。复叶较大,叶色浅绿。花冠浅紫色,花期长。块茎长椭圆形,白皮白肉,芽眼浅,表皮光滑,薯块大而整齐,结薯集中。鲜薯干物质含量 19％～23％,还原糖含量 0.2％。该品种对栽培条件要求严格,不抗旱、不抗涝,田间不抗晚疫病、早疫病,易感马铃薯花叶病毒病(PVX、PVY)、卷叶病毒病和疮痂病。一般亩产 1500～3000 kg。该品种适宜肥沃疏松、有灌溉条件的沙壤土。适合于北部、西北部高海拔冷凉一作区种植。

LK99：甘肃省农业科学院马铃薯研究所于 1999 年从引进美国油炸加工马铃薯品种 Kennebec 的脱毒组培苗出现的特异植株系统选育,于 2008 年通过甘肃省农作物品种审定委员会审定并命名。生育期 85 d 左右,幼苗生长势强,植株繁茂性中等,茎绿色,叶片宽大、深绿色,株型半直立,株高 50～55 cm。花冠白色,天然不结实。结薯集中,单株结薯 4～5 个,商品薯率 85.0%。薯块椭圆形,白皮白肉,芽眼少且极浅,薯块干物质含量 22.81%,淀粉含量 16.32%,还原糖含量 0.171%,粗蛋白含量 2.83%,维生素 C 含量 16.37 mg/100g 鲜薯,蒸煮食味优。中抗晚疫病,对花叶病毒病和卷叶病毒病在田间具有很好的抗性,薯块休眠期较长,耐贮藏。一般亩产 1500～2500 kg。

冀张薯 12 号：是河北省高寒作物研究所用大西洋作母本、新品系 99-6-36 作父本选育而成的马铃薯品种,2011 年 3 月通过河北省农作物品种审定委员会审定命名,2015 年 1 月通过第三届国家农作物品种审定委员会第四次会议审定。生育期 96 d 左右,株形扩散,生长势强,株高 67 cm,主茎粗壮,主茎数 2.12 个;植株茎、叶浅绿色,花冠淡紫色,天然结实性中等;块茎椭圆形,薯皮光滑淡黄色,薯肉淡黄色,芽眼平浅,结薯较浅且集中,薯块大而整齐,商品薯率 87%～89%。总淀粉含量 15.5%,维生素 C 含量 18.9 mg/100 g 鲜薯,粗蛋白含量 3.25%,还原糖含量 0.25%,干物质含量 19.2%。植株田间抗马铃薯 PVX、PVY、PVS、PLRV 病毒和晚疫病。一般亩产 3000 kg 左右。

③晚熟品种

晋薯 16 号：山西省农业科学院高寒区作物研究所用 NL94014 作母本、9333-11 作父本,通过杂交选育而成的马铃薯品种,2006 年通过山西省农作物品种审定委员会审定命名。生育期 110 d 左右,株型直立,株高 106 cm 左右,茎粗 1.58 cm,分枝数 3～6 个。叶形细长,叶片深绿色;花冠白色,天然结实少,浆果绿色有种子。薯形长圆,薯皮光滑,黄皮白肉,芽眼深浅中等。植株整齐,结薯集中,单株结薯 4～5 个,商品薯率达 95% 左右。块茎休眠期中等,耐贮藏。干物质含量 22.3%,淀粉含量 16.57%,还原糖含量 0.45%,维生素 C 含量 12.6 mg/100g 鲜薯,粗蛋白含量 2.35%。植株抗晚疫病、环腐病和黑胫病。适宜干旱地区栽培,平均亩产 1500 kg 以上。

冀张薯 8 号：河北省张家口市农业科学院用 720087×X4.4(引自 CIP 杂交实生种子)有性杂交系统选育而成,2006 年通过国家农作物品种审定委员会审定。生育期 112 d。株型直立,株高 68.7 cm,茎、叶绿色,单株主茎数 3.5 个,花冠白色,天然结实性中等,块茎椭圆形,淡黄皮、乳白肉,芽眼浅,薯皮光滑,单株结薯 5.2 个,商品薯率 78%。高抗轻花叶病毒病和重花叶病毒病,耐晚疫病。维生素 C 含量 16.4 mg/100g 鲜薯,淀粉含量 14.8%,干物质含量 23.2%,还原糖含量 0.28%,粗蛋白质含量 2.25%;蒸食品质优。一般亩产 2000 kg 左右。

青薯 9 号：青海省农林科学院生物技术研究所用 387521.3/APHRODITE 系统选育而成的马铃薯品种,2006 年 12 月通过青海省农作物品种审定委员会审定命名,2011 年 10 月经第二届国家农作物品种审定委员会第五次会议审定通过。生育期 120 d 左右。株高 86.6～107.4 cm,植株直立,分枝多,生长势强,枝叶繁茂,茎紫色,叶深绿色,复叶挺拔、大小中等,叶缘平展,花冠浅红色,天然结实性弱。结薯集中,块茎长椭圆形,红皮黄肉,成熟后表皮有网纹、沿维管束有红纹,芽眼少而浅。平均单株结薯 5.8～11.4 个,平均单薯重 112.9～121.9 g。植株抗马铃薯主要病毒病 PVX、PVY 和 PLRV,田间高抗晚疫病。淀粉含量 19.76%,干物质含量 25.72%,还原糖含量 0.253%,维生素 C 含量 23.03 mg/100g 鲜薯。平均亩产 3000 kg

左右。

陇薯 7 号：甘肃省农业科学院马铃薯研究所用庄薯 3 号×菲多利选育而成的马铃薯品种，2008 年通过甘肃省农作物品种审定委员会审定命名，2009 年通过农业部国家农作物品种审定委员会审定。生育期 125 d 左右。株高 57 cm 左右，株型半直立，幼苗生长势强，植株繁茂，花冠白色，天然结实性较弱。结薯集中，单株结薯 6～10 个，商品薯率一般在 80％以上。薯块长椭圆形，黄皮黄肉，芽眼较浅，结薯集中，薯块干物质含量高，还原糖含量低，耐低温糖化，干物质含量 25.23％，淀粉含量 18.75％，粗蛋白含量 2.68％，维生素 C 含量 20.31 mg/100 g 鲜薯，还原糖含量 0.177％。植株抗马铃薯 X 病毒病、中抗马铃薯 Y 病毒病，轻感晚疫病。平均亩产 2000 kg 左右。

陇薯 10 号：甘肃省农业科学院马铃薯研究所用固薯 83-33-1 为母本、抗晚疫病资源材料 119-8 为父本通过杂交选育而成的马铃薯品种，2012 年 2 月通过甘肃省农作物品种审定委员会审定命名。生育期 110 d 左右。植株半直立，主茎分枝 2～3 个，植株生长势强，无天然结实。叶片深绿色，表面有光泽，茸毛较少，叶缘平展，结薯集中，单株结薯 3～5 个，薯块椭圆形，整齐美观，商品薯率一般 90％以上。薯皮光滑，黄皮黄肉，芽眼极浅，薯形评价好，食味优。薯块休眠期长，耐运输、耐贮藏，适合菜用鲜食。薯块干物质含量 22.16％，淀粉含量 17.21％，粗蛋白含量 2.39％，维生素 C 含量 215.7 mg/100g 鲜薯，还原糖含量 0.57％。抗晚疫病，对卷叶病毒病具有较好的田间抗性。平均亩产 1500～2000 kg。

2. 整地起垄

选择土层深厚、结构疏松，肥力上中等、排灌条件好的黄绵土和绵沙土，前茬作物以矮秆的禾谷类和豆科作物为好，忌重茬，也不得与茄科类（番茄、辣椒、茄子、烟草）或十字花科（白菜、甘蓝等）作物轮作，以防止共性病害的发生。秋季要深耕，增加活土层、蓄水蓄肥。一般深度 25～30 cm，能充分接纳秋冬雨水，为马铃薯提供一个良好的生长环境。

马铃薯的种植有垄作与平作两种方式。垄作的主要优点是土层深厚，增加了马铃薯结薯层，且有肥料集中利用、排涝和防止水土流失的作用；缺点是北方春旱严重，无灌溉条件时，不利于出苗或幼苗生长不良。平作覆土较浅，有利于马铃薯出苗整齐一致，但雨季易形成径流，且马铃薯结薯层薄，块茎容易"青头"。所以，一般水肥条件好或覆膜栽培时采用垄作栽培，水肥条件较差的地块上栽培时采用平作栽培。

果薯间作的规格和模式，一是受果园地势的影响。一般 4～5 m 的两行果树之间，向阳地果园种植马铃薯时给果树留 1 m 营养带即可，马铃薯边行距果树 50 cm 左右；而背阴地果园，要留足 1.2～1.5 m 营养带，即马铃薯边行距果树 60～75 cm 左右。二是受果园水肥条件影响。水肥条件好的果园，行间马铃薯一般覆盖地膜，且马铃薯密度大；水肥条件差的果园，行间马铃薯一般露地平作，且种植密度较小。三是受苹果树树龄影响。以地膜覆盖栽培为例，1～3 年生果园马铃薯边行距果树 50 cm，行间种植 6～8 行马铃薯；而 4～5 年生果园马铃薯边行距果树 75～80 cm，行间种植 4～6 行马铃薯。

3. 马铃薯播种

(1)播种日期选择　当 10 cm 地温稳定在 7～8℃时，即可播种，可根据栽培条件和经济用途调整播种期。以陕北地区为例，地膜覆盖条件下，为了提早上市，尽量种植早熟品种，在 4 月上中旬播种；若采用露地栽培，中早熟品种 5 月中下旬播种，晚熟品种 5 月上旬播种。

(2)脱毒种薯处理　选用高级别脱毒种薯。种薯出窖后要挑选优质种薯，除去冻、烂、病、伤、萎蔫块茎,选取薯块整齐、符合本品种性状、薯皮光滑细腻柔嫩、新鲜的幼龄薯或壮龄薯。播前 20 d 左右将种薯出窖,置于明亮室内或室外避风向阳处平铺 2~3 层,2~3 d 翻动 1 次,温度保护在 15~18℃催芽,待幼芽长达 1 cm 并晒成绿或紫色时即可。大芽块是马铃薯丰产的关键,每个芽块的重量最好达到 50 g,最小也不得低于 30 g。芽块最好随切随播,不要堆积时间太长(堆积期间芽块堆内发热,时间过长易造成幼芽灼伤)。播时用滑石粉和春雷霉素、甲基托布津拌种(1 kg 种薯用滑石粉 15 g、甲基托布津和春雷霉素各 0.4~0.5 g),以减少病菌传染,促进伤口愈合,保持种薯水分。生产中,提倡用 25~50 g 小整薯播种,利于增强抗旱抗逆性。

(3)规格播种　以条播为主,在果树行间等距离开沟,将处理好的种子种入后覆土,根据生产需求垄作或平作,也可覆盖地膜。大龄果园间作马铃薯时,牲畜和机械进出果园不方便,也可人工穴播。播种深度 10~15 cm,根据土壤墒性可酌情深播或浅播。种植密度根据果园水肥条件和马铃薯品种熟性而异,高水肥条件下早熟品种 3000~3500 株/亩,中晚熟品种2500~3000 株/亩;水肥条件差时,早熟品种 2500~3000 株/亩,中晚熟品种 2000~2500 株/亩。

4. 马铃薯地膜覆盖　果薯间作时,一般采用地膜覆盖栽培。一是早春地膜覆盖可以提高地温,使得马铃薯提早上市,提高经济效益。二是在果树行间种植地膜马铃薯,降雨时可集蓄垄上地膜的多余雨水,为苹果和马铃薯生长提供水分。三是地膜覆盖有抑制果园杂草生长的作用。

5. 田间管理

(1)苹果树管理　苹果树形宜采用细长纺锤形。幼树期冬季轻剪、长放、疏枝相结合。进入结果期后,以中、小枝组结果为主,对细弱枝组要及时更新复壮。因定植 5 年后果园不宜再间作马铃薯,所以下面只介绍定植后 1~5 年的修剪管理。

①定植当年的修剪　定植当年夏季,对中干顶部 1/4 区段的侧梢长至 10~12 cm 时摘心(及时疏除竞争枝),长至 10~12 cm 时再摘心。将中干牢牢固定在支架上,定植时或 7 月底到 8 月上旬将下部 4~5 个分枝拉至水平以下(110°左右)诱导成花。优质苗木通常带有很多花芽,在定植当年就可以开花结果。

②定植第 2 年的修剪　定植当年冬季和翌年春天萌动前,对中干、分枝都不短截,疏除竞争枝、角度小的侧枝、直径超过着生部位中干 1/2 的侧枝,以及长度超过 60 cm 的侧枝(牢记大枝形成大树),疏枝时要留斜茬(抬剪修剪),以便以大枝换小枝。苗木生长较弱时,可以对中央干进行轻短截,注意控制竞争枝。继续拉枝,拉枝角度 90°~110°,个别可以到 120°。第 2 年必须让树结果,早结果是控制幼树旺长的最好途径。

③定植后 3~5 年的修剪　第 3 年树体已达到 3.5 m 的预定高度,应该让树体顶部结果,使其弯曲。顶部弯曲后回缩至较弱的结果分枝处,以控制树高。去除直径超过 2 cm 或长度超过 90 cm 的侧枝,将老的过分下垂的侧枝回缩至弱的结果分枝处。

(2)马铃薯管理

①施肥　马铃薯生长除需要 N、P、K 等大量元素外,还需要 Ca、Mg、S、Fe、Zn、Mn 等中微量元素,这与苹果需肥有共同之处。所以,马铃薯施肥还可以为苹果生长提供营养元素。马铃薯生长前期以地上部营养生长为主,要重施基肥,亩施农家肥 2000 kg 左右,尿素 30 kg、磷酸二铵 30 kg、硫酸钾 10 kg。马铃薯开花后转入地下部结薯,所以进入现蕾期后就开始追肥,亩追施尿素 15 kg、硝酸钾 15 kg、硫酸锌 1 kg、硫酸亚铁 1 kg,分次随水追入。

②灌溉　在北方,苹果多种植在灌溉较差的地区,灌溉水源有河流、蓄水坝、地下机井、高抽站、旱井等。果园间作马铃薯时,灌溉重点要满足苹果的要求,马铃薯只有特别受旱时或追肥时才灌溉。灌溉的方式有沟灌、喷灌、滴灌等多种方式,其中滴灌最为省水,可以实现水肥药精准使用,已成为首选的灌溉方法。

③防病治虫除草　苹果轮纹病、白粉病、炭疽病和马铃薯晚疫病、早疫病都是真菌性病害,所以在马铃薯开花期防治疫病时要用广谱性、低毒、高效的杀菌剂,如代森锰锌、丙森锌、苯醚甲环唑、精甲霜灵、嘧菌酯、乙膦铝、霜霉威盐酸盐、恶霜灵等药剂喷雾防治,能兼防部分苹果病害,为了避免病害产生抗药性,要几种交叉使用,用药间隔时间7~10 d。

苹果园残枝败叶较多,利于害虫越冬,易发生地下害虫危害。果园里害虫以地下害虫和蚜虫为害较为严重。种植马铃薯防治地下害虫时,每亩用杀地虎(10%二嗪磷颗粒剂)0.5 kg或大地英雄(8%克百威·烯唑醇颗粒剂)1 kg,拌毒土或毒沙(20 kg左右)撒施,然后翻入土中;或在播种时进行穴施、沟施;或在马铃薯生长期撒施于地表,然后用耙子混于土壤内即可。防治蚜虫可用10%吡虫啉可湿性粉剂2000~3000倍液,或5%抗蚜威可湿性粉剂1000~2000倍液喷雾防治。

北方地区危害马铃薯的杂草有藜、反枝苋、马齿苋、刺儿菜、马唐、牛筋草、益母草、燕麦草、三棱草等。杂草防治不提倡用化学除草剂,尽量通过农业措施防治。一是覆盖黑色地膜,可有效控制膜下杂草为害。二是早中耕、深中耕,可以杀死大量苗期杂草。三是马铃薯生长后期要勤培土,既能增加结薯层,防止块茎变绿,又能有效铲除杂草。

北方农牧交错地带种植业结构多样、地形地貌复杂,为农区鼠害的发生提供了一个广阔的栖息、繁殖、迁移生境,是历史上鼠害、鼠疫重点流行发生防疫区。据崔珍等(2007)研究,陕西省榆林市常年因鼠害而造成的粮食损失率达10%~20%,鼠害是农业生产中一个重要生物灾害。优势鼠种有:褐家鼠、小家鼠、达吾尔黄鼠、子午沙鼠、中华鼢鼠、大仓鼠、花鼠、三趾跳鼠、五趾跳鼠等。陕北地区是陕西苹果的主产区之一,也是陕西省鼢鼠鼠害的重发区,开展农区鼠害防控工作非常必要。为了保障安全生产,需大力推行绿色灭鼠技术,特别是规模化养殖场、集约化种植区要重点推广"毒饵站"灭鼠技术和TBS(围栏+捕鼠器)技术,推广使用不育剂、生物杀鼠剂等新型鼠药,降低化学杀鼠剂的使用量。

6. 收获

(1)苹果适时收获　要根据果实处理目的不同进行采收,对于供给当地鲜食的,可在果实充分成熟时采收;对需要长途运输销售的要早采收;对于有冷藏条件的可以适当晚收;对于用作长期贮藏的需在适度成熟时采收。

(2)马铃薯适时收获　当田间大部分植株茎叶变黄枯萎、块茎停止膨大时即可收获。收获时应尽量避免太阳光照射,并按市场需求标准分级(或不分级)整理包装。

(四)效益分析

1. 经济效益　苹果幼树期间作马铃薯有着良好的经济效益。张水绒(2010)对陕西省宝鸡市千阳县12户果农的间作农作物效益进行调查,间套小麦、马铃薯、玉米各4户,间作马铃薯亩产量1000~1500 kg,平均每亩毛收入1000元左右,纯收入700元,较间作玉米增收133.3%,较间作小麦增收250.0%。据李聪颖等(2010)在甘肃省泾川县调查,苹果间作马铃薯,苹果基本不减产,且可多收一茬马铃薯,当年投资,当年见效,采收时期7月中下旬正好填补市场空当,经济效益好。一般亩产马铃薯1500 kg,收入1200元。

2. 生态效益　苹果间作马铃薯有着良好的生态效益,一是果树行间种植马铃薯有效改善了土壤和果园小气候,提高了幼树成活率;二是行间种植马铃薯,拦蓄雨水避免了水土和养分的流失,有利于培肥土壤、改造中低产田;三是种植马铃薯可以减少杂草,收获马铃薯将苹果枝叶深翻入地中,减少了害虫和病害的越冬基数,减少了化学农药使用,有利于无公害果品生产。

二、梨树下间作马铃薯

梨在温带落叶果树中的地位仅次于苹果,在世界各地都有较多的栽培,是市场常见的果品之一。

(一)地域分布

梨的适应性很强,适于各种气候和土壤条件生长,分布遍及全国。据 2017 年《中国农业年鉴》统计,2016 年全国 31 个省(区、市)(不含港澳台地区)都栽植梨树,总面积 1669.5 万亩,总产量 1870.4 万 t,平均单产 1120.4 kg/亩。从表 4-8 可以看出,年栽植梨树 100 万亩以上的省(区、市)有 4 个,依次为河北、辽宁、四川和新疆;年产量达到 100 万 t 以上的省(区、市)有 7 个,依次为河北、山东、新疆、辽宁、河南、安徽和陕西,大都为北方地区(表 4-8)。

河北省是梨的重要产区,栽培历史悠久。2016 年,梨栽植面积 297.0 万亩,总产量 499.2 万 t,栽培面积和产量均居全国第一位,在世界也居于领先水平,传统优势果品鸭梨和雪花梨的产量在稳步增加的同时(2016 年鸭梨和雪花梨产量分别为 175.8 万 t 和 83.3 万 t,占全国鸭梨和雪花梨总产量的 58.4% 和 19.0%),随着新品种的推广,皇冠梨、黄金梨等市场占有率也在逐年攀升。

表 4-8　2016 年全国各地梨种植面积、产量和单产(方玉川整理,2018 年)

地区	播种面积(万亩)	总产量(万 t)	单产(kg/亩)
北　京	11.7	10.1	865.6
天　津	7.7	4.0	521.9
河　北	297.0	499.2	1680.9
山　西	56.1	79.1	1410.8
内蒙古	10.1	6.5	643.9
辽　宁	151.1	121.0	800.8
吉　林	18.5	12.6	683.4
黑龙江	5.7	3.3	581.8
上　海	2.7	3.0	1122.0
江　苏	58.5	75.8	1296.2
浙　江	33.9	38.7	1142.8
安　徽	57.2	114.2	1998.6
福　建	32.9	24.1	733.5
江　西	36.8	16.2	440.3
山　东	68.6	133.9	1952.7
河　南	81.9	117.5	1434.4
湖　北	55.1	47.4	861.4

地区	播种面积(万亩)	总产量(万 t)	单产(kg/亩)
湖　南	54.0	18.3	339.4
广　东	13.4	10.9	816.1
广　西	32.6	34.0	1044.3
海　南	…	…	…
重　庆	55.1	41.1	746.0
四　川	117.6	99.7	847.5
贵　州	84.8	32.1	378.6
云　南	86.3	52.6	609.7
西　藏	0.3	0.1	495.3
陕　西	71.6	104.2	1456.6
甘　肃	53.6	40.4	754.7
青　海	1.4	0.4	300.7
宁　夏	3.3	1.9	573.0
新　疆	110.9	128.0	1155.1
全国总计	1669.5	1870.4	1120.4

(二)田间配置

1. 梨树树龄选择　梨树间作马铃薯时,选择幼树或已结实的低龄树,一般要求树龄在 5 年之内,其中以 1～3 年最好。刘青山等(2009)研究表明,新植的幼龄梨树由于枝少冠矮,占地面积仅为全园面积的 1/5～1/3,2～4 年生的幼龄梨树树冠投影面积为 5.5%～30.5%。在幼龄梨园间作马铃薯,可使果园土地的覆盖面积增加 55%～75%,从而提高了果园土地利用率。

2. 间作系统的田间配置

(1)梨树与马铃薯的行间配比　新栽梨树多采用株行距 3 m×5 m、3 m×4 m 的栽植形式。栽植后在梨树两侧各延伸 0.5 m,培宽 0.2 m、高 0.2 m 的土埂,行间则留出 3～4 m 的空地,种植 4～6 行马铃薯。

(2)马铃薯边行与梨树行的最适距离　为了保证不影响梨树生长,种植马铃薯时要给梨树留下 1.0 m 以上营养生长带,即马铃薯的边行和梨树行的最适距离为 50 cm 以上。

(3)梨树下的马铃薯通风和透光条件　梨树树冠距离地面为 70～80 cm,马铃薯株高一般 50 cm 左右。因此,在幼龄梨园间作马铃薯具有良好的通风透光效果,可以充分利用梨园空间,梨树与马铃薯两者之间互不影响。北方地区的果园土壤多为沙壤土,很适合马铃薯的生长,因此,在幼龄梨园间作马铃薯是发展山区立体农业的好模式。

(4)梨薯间作提高了肥水利用率　马铃薯的播种期较晚,其生育前期避开了梨树的新梢生长旺期,解决了相互争夺水分、养分的矛盾。同时,由于梨树属于深根性植物,吸收土壤里的深层养分,而马铃薯属浅根性植物,只分布在土壤表层 30 cm 处,吸收浅层土壤里的养分、水分。果树根系与马铃薯两者之间在土壤里的合理分布,减少了养分、水分的浪费,提高了肥水利用率。

(5)梨薯间作可以改良土壤结构,提高土壤肥力　马铃薯具有疏松土壤的作用,间作马铃薯可以改良土壤结构,达到改良土壤的效果。秋季马铃薯收获后,将其枝叶埋入树冠下,腐烂后能增加土壤的通透性和提高土壤有机质含量,改良土壤结构,提高土壤保水蓄墒的作用。

3. 依生态条件和生产条件差异的不同规格和模式　柳让等(2009)介绍,在辽西北半干旱地区,3 m×5 m规格的梨园,行间距梨树边行留1.0～1.2 m营养带,行间空地起垄2～3垄,垄宽100 cm,采用地膜覆盖栽培,每垄播两行,小行距30～40 cm,株距25 cm,种植密度2100～3200株/亩。

据铁征(2009)介绍,在青海省东南部,以3 m×5 m规格的梨园为例,新植果园到4～5年初果期果树,行间除去水渠及人行道以外,有2.5 m行间可以利用。按80 cm起垄,采用地膜全沟覆盖,利于保墒缓解地下水源紧张矛盾,可种3行马铃薯,合理密植,株距20～25 cm,种植密度1600～2000株/亩。随着果树树冠发育逐年缩小马铃薯用地。

据范秋堂(2008)介绍,在山西晋东南地区,以3 m×5 m梨园为例,新植果园1～3年内梨树行间除去水渠及人行道以外,有4 m行间可利用。按80～100 cm起垄,可种4～5行马铃薯,随着梨树树冠扩大逐年缩小马铃薯用地,至只种2～3行。成年果树进行高枝换优时,因种植规格不同,为保证马铃薯密度,可适当减少马铃薯行距到70 cm,适宜间作期为3～5年。

(三)栽培管理

1. 品种选择

(1)梨的品种选择

①早酥梨　由中国农业科学院果树研究所育成。果实属于大型果,平均单果重250 g左右,最大单果重可达700 g。果实倒卵圆形或长圆形,顶部突出,常具有明显的棱沟。果皮黄绿色或绿黄色,果面平滑,有光泽,果皮薄而脆,果点小,不明显;梗洼浅而狭,萼片宿存,中大;果肉白色、质细酥脆而爽口,石细胞少,汁多,味淡甜,品质上等。生长势强,枝条粗壮,角度开张。萌芽力高,成枝力中等偏弱。开始结果年龄较早,以短果枝结果为主,连续结果能力强,丰产稳产。抗旱力强,抗黑星病和食心虫。

②雪花梨　原产于河北省定州市,赵县是著名的集中产区,素有"赵县雪花梨"之称。果肉洁白如玉,似雪如霜,故称其为雪花梨。果肉细脆而嫩,汁多味甜,果汁含糖量11％～15％,还含有大量的蛋白质、脂肪、果酸、矿物质及多种维生素等营养成分,此梨除生食风味独特外,还可加工成梨罐头、梨脯、梨汁等各具风味的食品和饮料。雪花梨还有较高的医用价值,有清心润肺、利便、止咳润燥、醒酒解毒等功效,中药"梨膏"即是用雪花梨配以中草药熬制而成的。树势强健,枝条基角小,树势较直立。萌芽率高,成枝力中等。开始结果时期较早,以短果枝结果为主,中长果枝和腋花芽结果能力较强,短果枝寿命短,连续结果能力差。丰产性强。

③鸭梨　为河北省古老地方品种,适应性强,丰产性好,果实大而美,肉质细脆多汁,香甜,较耐贮,适宜在黄淮海平原沙地栽培。该品种树势强健,树皮暗灰褐色,一年生枝黄褐色,多年生枝红褐色,成枝率低。叶片广卵圆形,尖端渐尖或突尖,基部圆形或广圆形。果实外形美观,梨梗部突起,状似鸭头。9月下旬至10月上旬收获,初呈黄绿色,风味独特,营养丰富。主要特点是果实中大(一般单果重175 g,最大单果重400 g),皮薄核小,汁多无渣,酸甜适中,清香绵长,脆而不腻,素有"天生甘露"之称。内含丰富的维生素和Ca、P、Fe等矿物质,在维生素B族中堪称佼佼者。含糖量高达10％以上,可贮藏保鲜5～6个月。具有清心润肺、止咳平喘、润燥利便、生津止渴、醒酒解毒等功效。

④皇冠梨 成熟早,一般 7 月下旬即可上市。果实椭圆,平均 250 g 左右,果面黄白,果点小类似黄冠苹果。皮薄、肉厚,质细,松软多汁,风味酸甜适口且带蜜香,果核小,可食率高,石细胞少,可溶性固形物含量 11.6%。一般管理条件下,1 年生苗形成顶花芽率达 17%,2~3 年生即可结果。以短果枝结果为主,短果枝占 68.9%,中果枝占 10.8%,长果枝占 16.8%,腋花芽占 3.5%,一般每果台可抽生 2 个副梢,连续结果能力强。平均每果台坐果 3.5 个。采前落果轻,极丰产稳产。

⑤黄金梨 果实近圆形,果形端正,果肩平,果形指数 0.9,果皮黄绿色,贮藏后变成金黄色。果肉乳白色,果核小,可食率达 95% 左右,肉质脆嫩,多汁而甜并有清香气味,无石细胞,可溶性固形物含量 15% 左右。较耐贮藏,0~5℃可贮藏 6 个月左右。生长势旺,树姿开张,一年生枝绿褐色,叶片大而厚,卵圆或长圆形,叶缘锯齿尖锐而密,嫩梢叶片黄绿色向上皱折,是区别其他品种的重要标志。当年生新梢不披茸毛。幼树生长旺,萌芽率低,成枝力弱,旺梢中上部易形成腋花芽而结果并易形成短果枝,结果早,丰产性好。

⑥红香梨 中国农业科学院郑州果树研究所用库尔勒香梨为母本、鹅梨为父本杂交选育而成。果形长卵圆形或纺锤形,平均单果重 270 g,最大单果重 650 g,果面洁净、光滑、果点大。果皮底色绿黄、阳面 2/3 鲜红色;果肉白色,肉质细嫩,石细胞少,汁多、味甘甜、香味浓,品质极上。长果枝结果习性,生长势中庸,萌芽率高,成枝力中等,树冠内枝条稀疏。长枝甩放后容易成花,成花率高。有腋花芽结果习性。

⑦秋月 系日本农林水产省果树实验场用 162-29(新高×丰水)×幸水杂交,1998 年育成命名,2001 年进行品种登记的中晚熟褐色砂梨新品种。中国于 2002 年引进试栽。秋月梨果形端正、果实整齐度高。果形为扁圆形,果形指数 0.8 左右,果实大小整齐,商品果率高。平均单果重 250 g,最大单果重 1000 g 左右。果皮黄红褐色,果色纯正;果肉白色,肉质酥脆,石细胞极少,口感清香,可溶性固形物含量 14.5% 左右。果核小,可食率可达 95% 左右,品质上等,贮藏后不变味(无酒精等异味)。无采前落果,采收期长。

⑧甘梨早八 甘肃省农业科学院果树研究所用四百目(日本砂梨)×早酥梨杂交育成,属早熟品种。树冠圆锥形,树姿直立。树势较强,生长旺盛。树冠半开张,枝条萌芽率高(71.5%),成枝力弱(剪口下抽 23 个长枝),以短果枝结果为主,有腋花芽结果习性,坐果率高,平均每果台 2.3 个果。果实卵圆形,单果重 175~256 g,最大单果重 380 g,果皮细薄、绿黄色,果点稀小、有蜡质光泽、外观美;果实肉质极细、酥脆、特别细嫩化渣,是目前化渣的梨,果肉乳白色,汁液特多、浓甜爽口,风味浓,可溶性固形物含量 14.5%,果心极小,无石细胞,除种子外均可食用,品质极上,综合性状超过圆黄梨。

(2)马铃薯品种选择 梨树间作马铃薯品种选择原则与苹果相同,具体见本节第一部分。

2. 整地起垄 马铃薯是不适宜连作的农作物。种植马铃薯的地块要选择上一年或前几年没有种植过马铃薯和其他茄科作物的地块。如果一块地上连续种植马铃薯,不但引起土传病害严重,如疮痂病、黑胫病等,而且引起土壤养分失调,特别是某些微量元素,使马铃薯生长不良,植株矮小,产量低,品质差。马铃薯与禾谷类作物和豆科作物轮作增产效果较好。

马铃薯生长需要 15~20 cm 的疏松土层,因此种植马铃薯的地块最好选择地势平坦,有灌溉条件,且排水良好、耕层深厚、疏松的沙壤土。前作收获后或整地前,要进行深耕细耙,深度 25~30 cm。深耕可使土壤疏松、通透性好,消灭杂草,提高土壤的蓄水、保肥能力,有利于根系的发育和块茎的膨大。整地时一定要将大的土块破碎,使土壤颗粒大小适中。如果施用有机肥,可以整地时施入并混合均匀。当用化肥作基肥,而且施用量较大时,可在整地时施入,或者在播种时将肥料集中施在播种沟内或播种穴内。

梨薯间作的规格和模式,主要受梨树树龄影响,一般4~5 m的两行梨树之间,1~3年生梨园,距梨树留50 cm,行间种植5~6行马铃薯,随着梨树树冠扩大逐年缩小马铃薯用地,一般5年以上梨园不再间作其他农作物。

3. 马铃薯播种

(1)播种时期　确定马铃薯播种适期的重要条件是生育期的温度,原则上要使马铃薯结薯盛期处在日平均温度15~25℃条件下。而适于块茎持续生长的这段时期愈长,总产量也愈高。一般当土壤10 cm深处地温稳定达到7~8℃就可以播种。在春季播种时,用地膜覆盖可提高地温3~5℃,同一地区提早播种10 d左右,可达到早收获、早上市、获得较高经济效益的目的。

(2)播种深度　播种深度受土壤质地、土壤温度、土壤含量、种薯大小与生理年龄等因素的影响。当土壤温度低、土壤含水量较高时,应浅播,盖土厚度3~5 cm。如果土壤温度较高、土壤含水量较低时,应深播,盖土厚度10 cm左右。种薯较大时,应适当深播,而种植微型薯等小种薯时,应适当浅播。老龄种薯应在土壤温度较高时播种,并比生理壮龄的种薯播得浅一些。土壤较黏时,播种深度应浅一些,而土壤沙性较强时,应适当深播一些。

(3)播种密度　播种密度取决于品种、用途、施肥水平等因素。早熟品种播种密度应当比中晚熟品种大一些。用作炸片原料薯和淀粉加工原料薯生产的品种播种密度应当比用炸条品种大一些。在单种马铃薯情况下,早熟品种播种密度每亩应当在4000~5000株;晚熟品种播种密度每亩在3000~3500株;淀粉加工用原料薯的播种密度每亩应当在3500~4000株。与梨树间作时,根据梨树树冠大小,合理安排种植密度。

4. 马铃薯地膜覆盖　梨园间作马铃薯时,一般采用地膜覆盖。据刘青山等(2009)介绍,在辽宁省建平县,梨树间作马铃薯时,行间空地地膜覆盖栽植马铃薯,播种密度为垄宽100 cm,播2行,小行距30 cm,穴距25 cm,播种后及时覆盖地膜。铁征(2009)介绍,在青海省尖扎县,梨树间作马铃薯,行间2.5 m种植马铃薯,按80 cm起垄,种植3行马铃薯,垄高20~25 cm,全膜覆盖栽培,降雨量不仅满足了马铃薯生长,多余水分还可通过地膜集蓄到梨树根部利用。

5. 田间管理

(1)梨树管理　梨树幼树的管理主要是施肥、浇水、修剪、防治病虫害。

①施肥　施肥在每年的5月上旬梨幼树新梢生长旺期前进行,株施N、P、K配比为2:1:1的果树专用肥0.1~0.2 kg;8月下旬施入有机肥,1~3年生每株施25~50 kg,4~5年生每株施50~100 kg,并结合施肥及时灌水和中耕除草。

②灌水　一年应掌握4次,梨树萌芽前灌催芽水,开花后灌促果水,花芽分化期灌促花芽分化水,落叶后灌封冻水。

③修剪　梨树幼树修剪以简化冬剪、强化夏剪为主。冬剪于3月底前完成,主要是对中心干、各主枝进行短截;夏剪主要是对各主枝进行以拉枝为主的开张角度,配以摘心、扭梢、喷施植物生长调节剂等技术措施,促其及早成花结果。

④防治病虫害　梨树萌芽前喷施1次5波美度石硫合剂,5月下旬至6月上旬喷施600~800倍液甲基托布津1~2次,防治早期落叶病;5月下旬至6月上旬是梨茎蜂、天幕毛虫、蚜虫

为害盛期,每隔 20 d 喷 1 次 50％辛硫磷 1000 倍液进行防治,共喷 2～3 次。

(2)马铃薯管理

①中耕、追肥、灌水　水地栽培时,苗齐后结合中耕、培土进行第 1 次追肥,每亩追尿素 15 kg;现蕾期进行第 2 次追肥,每亩追尿素和硫酸钾各 10 kg。追肥时以沟施为主,若有喷灌、滴灌等设施,肥料也可通过根外追肥的方法施入。旱地栽培时,现蕾开花期进行两次中耕除草,结合降雨每亩追尿素 15 kg、硫酸钾 10 kg,并进行培土,起低垄(5 cm 左右),增加结薯层。有灌溉条件时,在团棵期、现蕾期、开花期等需水关键期进行灌水,灌溉方式最好用滴灌,不仅省水,而且可实现水肥一体化施用。

②病虫害防治　马铃薯病虫害较多,下面介绍几种北方地区常见的病虫害。

A. 晚疫病:是马铃薯北方主产区最严重的一种真菌病害。在叶片上出现的病斑像被开水浸泡过,几天内叶片坏死,干燥时变成褐色,潮湿时变成黑色。在阴湿条件下,叶背面可看到白霉似的孢子囊枝。通常在叶片病斑的周围形成淡黄色的褪绿边缘。病斑在茎上或叶柄上是黑色或褐色的。茎上病斑很脆弱,茎秆经常从病斑处折断。有时带病斑的茎秆可能发生萎蔫。晚疫病最适宜的发生条件是温度为 10～25℃,同时田间有较大的露水或降雨。通过雨水从茎、叶上淋洗到土壤里的分生孢子会感染块茎,被感染的块茎有褐色的表皮脱色。将块茎切开后,可看到褐色的坏死组织与健康组织分界线不明显。感染晚疫病的薯块在贮藏期间发生普遍的腐烂。晚疫病的最初传播来源是邻近的薯田或番茄、杂草和有机堆肥。当出现 A1 和 A2 交配型有性过程时,产生的休眠孢子可在土壤中存活,导致马铃薯大田的早期感染。晚疫病的防治,首先要选择抗病品种;其次,播前严格淘汰病薯。一旦发生晚疫病感染,一般很难控制,因此必须在晚疫病没有发生前进行药剂防治,即当日平均气温在 10～25℃,下雨或空气相对湿度超过 90％有 8 h 以上的情况出现后,4～5 d 后应当喷洒药剂进行防治。可用代森锰锌、烯酰吗啉、嘧菌酯、精甲霜灵、双炔酰菌胺、氟吡菌胺、霜脲氰、氟啶胺等药剂喷雾交替防治,时间间隔为 7～10 d。

B. 早疫病:是最主要的叶片病害之一。坏死斑块呈褐色、角状,在叶片上有明显的同心轮纹形状,较少扩散到茎上。因受较大的叶脉限制,病斑很少是圆形的。病斑通常在花期前后首先从底部叶片形成,到植株成熟时病斑明显增加。会引起枯黄、落叶或早死。腐烂的块茎颜色黑暗,干燥似皮革状。防治措施:应在生长季节提供植株健康生长的条件,尤其是适时灌溉和追肥。叶片喷施有机杀菌剂可以减少早疫病的蔓延。一般晚熟品种较抗早疫病。当早疫病较为严重时可以用代森锰锌、丙森锌、嘧菌酯、精甲霜灵、恶霜灵等药剂喷雾防治,如果一次没有防治住,则需要进行多次喷施,间隔 10 d 左右。

C. 环腐病:由马铃薯环腐病菌引起的环腐病是在温带地区反复发生的病害。当使用温带地区的种薯时,偶尔也会在热带地区发生,而且可能会与青枯病(褐腐病)相混淆。症状往往在中后期发生并包括萎蔫(通常只是一个植株上的某些茎枯萎)。底部的叶片变得松弛,主脉之间出现淡黄色。可能出现叶缘向上卷曲,并随即死亡。茎和块茎横切面出现棕色维管束,一旦挤压可能会有细菌性脓液渗出。块茎维管束大部分腐烂并变成红色、黄色、黑色或红棕色。块茎感染有时可能会与青枯病混淆,除非在芽眼周围不出现脓状渗出物。环腐病是一种主要靠种薯传播的病害,病原存活在一些自生的马铃薯植株中。细菌不能在土壤中存活,但可能被携带在工具、机械、包装箱、袋上。防治措施应使用无病种薯。在播种干净的薯块之前,要消除田间前茬留下的薯块,然后是严格的无菌操作,并将箱子、筐子、设备、工具消毒。使用新的包装袋。最好能用整薯播种,防止切刀传播此病害。

D. 黑胫病和软腐病 由欧文氏杆菌引起的马铃薯植株的黑胫病和块茎的软腐病是分布很广的病害,在湿润的气候条件下尤为有害。有些小种在温暖气候下发生,另外一些小种在冷凉气候下发生,有的小种只在炎热气候条件下发生。症状是当湿度过大时,黑胫病可以在任何发育阶段发生。黑色黏性病斑最通常是从发软的、腐烂的母薯沿茎秆向上扩展。新的薯块有时在顶部末端腐烂。幼小植株通常矮化和直立。可能出现叶片变黄和小叶向上卷曲,通常紧接着就是枯萎和死亡。在田间或贮存期间,软腐病通常发生在块茎机械损伤或者由病虫害引起的损伤之后。感染组织变湿和乳化至变黑和软化,而且很容易与健康组织分离开来。防治措施是避免将马铃薯种植在潮湿的土壤中,不要过度灌溉。成熟后尽量小心地收获块茎,避免在阳光下暴晒。块茎在贮存或运输前必须风干。某些品种的抗性要较其他品种高一些。目前,没有发现能有效防治黑胫病和软腐病的化学药剂。

E. 桃蚜和其他蚜虫 蚜虫[桃蚜(*Myzus persicae*)和其他蚜科蚜虫(*Aphididae*)]可发生在许多不同的作物上。它们体形小(1~2 mm)、软且通常是绿色的。有翅的个体是侵染的开始,而无翅蚜虫则是起始于植株幼嫩部分和叶片的背面。蚜虫吸食寄主的汁液使植株变弱;含糖分泌物有利于黑色真菌在叶片上的生长。蚜虫在植株的移动是病毒性病害的有效传毒媒介。蚜虫种群在田间可以很容易地在植株顶部或叶片的下表面鉴别出来。它们也可能在贮藏期间块茎的幼芽上出现,从这里将病毒传给种薯。虫卵可以越冬,但在不利条件下,蚜虫可以周年在母卵上繁殖。有翅蚜虫能随风迁移较远的距离。蚜虫的许多天然天敌是有效的生物防治手段。不同食肉性和寄生性昆虫(如瓢虫科的甲虫和食蚜虫的黄蜂)也以蚜虫为食。一些菌系的真菌可以引起它们的死亡。药剂防治,应优先选择对蚜虫有选择性而对其天敌影响较小的农药。如用50%抗蚜威可湿性粉剂1000~2000倍液、20%氰戊菊酯乳油2000倍液进行叶面喷施。

F. 地老虎 地老虎是数种夜蛾的幼虫,能将幼小植株的茎咬断。健壮的灰色幼虫可长达5 cm,白天潜伏在植株的基部。靠近地表的块茎偶尔也会被侵害。同一科(地老虎)的某些种类偏好以叶片为食。这些幼虫的后背有很明显的斑点和线条。当点状或田间局部感染很典型时,可以集中施用杀虫剂。如使用90%晶体敌百虫800倍液、40%辛硫磷乳油800倍液、2.5%溴氰菊酯乳油2000倍液和5%来福灵乳油2000倍液喷施对防治1~3龄幼虫非常有效。对3龄以上的幼虫或成虫可在黄昏时将含有糠、糖、水和杀虫剂的毒饵放在植株的基部进行诱杀。

6. 收获

(1)梨的收获时期和方法 确定何时采收主要根据果实的成熟度。采收过早,果实尚未成熟,不仅产量低、品质差,而且不耐贮藏。采收过晚时,果肉衰老快,就更不耐贮运。确定果实的成熟度时,通常根据果皮颜色变化、果肉颜色、味道及种子颜色。绿色品种的果皮当绿色逐渐减弱,变成绿白色(如砀山酥梨)或绿黄色(如鸭梨)、果实中的种子变褐、果肉具有芳香、果梗与果台容易脱离时,表明果实已经成熟。黄色品种和褐色品种的梨,如果表面铜绿色或绿褐色的底色出现黄色或黄褐色,果梗与果肉容易脱落时,表示已到采收适期;如果果面变成浓黄色或半透明黄色,则表示果实已经过熟。对于西洋梨来说,采收后果实需经一定时间的后熟过程,待果肉变软后才能食用。所以,不能等在树上完全成熟以后再采收,应在成熟前采收。

(2)马铃薯收获时期和方法 一般说来,当马铃薯植株达到生理成熟期就可以收获了,生理成熟期的标志是:大部分茎叶由绿转黄,直到枯萎,块茎停止膨大,易与植株脱离。收获时期的确定除了要考虑植株的成熟期外,还需要考虑品种的用途、市场的需要等。为了保证收获的质量,提高商品薯率和提高经济效益,需要考虑与收获相关的技术,例如提高块茎表面的成熟度,减少收获、运输和贮藏过程中的机械损失(擦伤)。此外,收获前准备好各种物品并联系好马铃薯的销路也很重要。

(四)效益分析

1. 经济效益　梨树间作马铃薯是在不影响梨树生长的情况下间作马铃薯的技术,所以一般梨树不减产,只是多收一季马铃薯。以陕北地区为例,梨树间作马铃薯,一般每亩收获马铃薯1200～1500 kg,马铃薯价格以1.3元/kg左右计算,可收入1500～2000元,除去种植马铃薯增加的投入(每亩以700～800元计),可增加收入800～1200元。

2. 生态效益　据柳让等(2009)研究,梨园间作马铃薯后,由于覆盖面积的增加,夏季温度变幅减小,可以有效防治果树日灼病的发生。梨树和马铃薯在秋季的需水量都较小,无须灌溉,幼龄梨树不会因夏秋水分过多而抽条。调查结果表明:间作马铃薯的梨树,幼树1年生枝抽条率较无间作栽植抽条率降低35%～55%。不仅如此,梨园间作马铃薯,还可作为梨树的配植作物,有利于病虫害的防治。

三、其他

北方地区果树品种很多,除苹果、梨外,栽培面积较大的有葡萄、核桃、桃、杏、红枣等,这些果树在幼龄期可以间作一些低秆作物,在不影响果树生长的情况下,可以多收一季其他农作物。马铃薯生育期较短,植株也较矮小,与果树间作不争肥、不争水,是良好的间作农作物之一。

(一)葡萄树下间作马铃薯

李勃等(2016)详细介绍了山东省泰安地区春暖棚马铃薯间作葡萄栽培技术。

1. 春暖棚结构及葡萄定植　蔬菜大棚结构主要为春暖棚,南北向,长度60m,跨度7.2m,拱杆采用氧化镁制作,拱高2.2m,拱杆间距1.3m,每个拱杆下架设2根水泥立柱,立柱间隔2m。利用拱杆和立柱设立平棚架用做葡萄架,平棚架距离大棚顶端至少30 cm,便于通风,防止大棚膜烫伤葡萄新梢。马铃薯于元旦前后种植,葡萄应在秋季落叶后至冬季封冻前定植。在春暖棚内沿一侧立柱,按南北棚向挖深80 cm、宽60 cm的定植沟,沟的两侧壁各铺一幅宽度1 m,厚度0.08 mm以上的薄膜,起到限制根系、集中肥水的作用。将腐熟的有机肥和土按照1:6的比例回填,并每亩掺入过磷酸钙50 kg。葡萄选择极早熟或早熟、耐弱光、休眠期短的品种,如喜乐、夏黑等。葡萄苗成熟度要高,基部直径在0.8 cm以上、有3～5个饱满芽、根系发达,一级嫁接苗,按照2 m的株距单行定植,定植后灌透水,埋土覆盖,防止冬季受冻或抽干。

2. 间作的规格与模式　马铃薯春暖棚间作葡萄,将葡萄主蔓置于大棚膜和二膜之间,利用温度差异将马铃薯和葡萄的生长高峰错开,马铃薯快速生长时葡萄尚未萌芽,不遮光;葡萄开花坐果期马铃薯已经采收,二者互不影响,延长了大棚的利用时间。采用根域限制技术结合T形架栽培,充分发挥了该项技术"占天不占地"的特点,葡萄不与马铃薯争肥争水,充分提高了大棚的空间利用率。葡萄相对于其他蔬菜作物用工少,效益高,在对马铃薯产量影响很小的情况下,增加了葡萄产出,提高了单位土地面积的经济效益,是具有推广价值的间作模式。

（二）核桃树下间作马铃薯

近年来,吕梁贫困山区的山西、陕西将核桃作为精准脱贫攻坚的重要产业来抓,核桃种植面积不断扩大。以榆林市为例,2017 年全市核桃栽植面积达到 36 万亩,但 95% 的核桃仍属于 5 年以下的果前期幼龄林,选择合适的间作农作物,增加幼龄核桃园收入非常必要。

1. 核桃树龄选择　核桃树进入盛果期需要 7～8 年的时间,而幼龄期核桃树由于矮小、株距大,可间作马铃薯等矮秆作物。所以,核桃树下间作期限为 3～5 年,最多间作 7～8 年,不影响核桃的生长发育和田间管理,能保证核桃的优质、高产、高效。

2. 间作系统的田间配置　近年来,随着果树高光效修剪和栽培技术的示范、推广,核桃提倡稀植,一般株行距为 3 m×5 m,间作要留好核桃保护带,马铃薯不能对核桃树生长造成影响,保护带一般宽 60～80 cm。马铃薯提倡大小行栽培,大行 60 cm、小行 40 cm,株距 35 cm 左右。采用地膜覆盖栽培时,以 1m 为一带起垄覆盖地膜,垄宽 60 cm,垄两边打孔播种,一膜双行,行距 40 cm,播深 6～8 cm,一般每亩种植密度 3000 株左右。

3. 马铃薯管理　春季,当 10 cm 地温稳定在 7～8℃时开始播种。一般在 4 月中旬播种,播种深度 8～10 cm 为宜。采用地膜覆盖栽培时,播期可提早 10 d 左右。一般每亩马铃薯施腐熟农家肥 3000～4000 kg,磷酸钾 20～25 kg,钙镁磷肥 30 kg,尿素 10～15 kg。生长后期降雨增多,应及时拔除杂草,以增加光照和流通空气。

危害马铃薯的病害有晚疫病、早疫病、黑胫病等,害虫有蚜虫、地老虎、蛴螬等,防治办法参考本节梨树下间作马铃薯栽培技术。

（三）桃树下间作马铃薯

桃树是北方地区的主要经济树种之一,近年来河北、山西、河南、陕西、甘肃等省涌现出一批桃树种植专业村。陕西省米脂县印斗镇马家铺村就是其中杰出代表。该村依托名优地方品种"米脂红桃",大力发展桃产业,目前种植面积达到 1800 亩,年产值达到 350 万元。当地幼龄桃园与多种农作物间作,马铃薯是主要间作农作物之一。

1. 间作树龄选择与原则　桃树一般生长 3 年进入结果期,5 年才进入盛果期,幼龄期桃树由于矮小、株距大,可间作其他作物。为了不影响桃树生长,一般要求间作的农作物生育期短、植株较矮。马铃薯一般生育期 100 d 左右,植株高度 50～100 cm,不会遮挡桃树的光照,收获后秸秆可为桃树生长提供部分绿肥,是其间作的最佳农作物之一。

2. 间作结构形式　新栽桃树多采用 3 m×5 m、3 m×4 m 的栽植形式。间作时,在桃树两侧各延伸 0.5～0.6 m,即给桃树生长留足 1.0～1.2 m 的营养带后,行间有 3.0～3.8 m 的空地可种植马铃薯,根据地形可种植 5～6 行马铃薯,种植密度 2000～2500 株/亩,采用地膜覆盖时可适当密植。

3. 马铃薯栽培管理　马铃薯播前要深耕 25～30 cm,既可增加马铃薯的结薯层,又能提高桃园土壤的通透性。基肥以有机肥和 P、K 肥为主,追肥以 N、K 肥为主,肥料种类以缓释、控释肥为主,可以兼顾桃树对肥料的需要。害虫防治以蚜虫为主,桃蚜是马铃薯病毒病的传病介质之一,所以桃园间作的马铃薯只能作为商品薯销售。防治马铃薯病害时,要用广谱性、低毒、高效的杀菌剂,如代森锰锌、丙森锌、多菌灵、甲基托布津、百菌清、福星、金力士等药剂喷雾防治,可以兼防桃炭疽病、黑星病等真菌性病害。马铃薯收获后,将其枝叶深埋在桃树树冠下,腐烂后可增加土壤有机质含量,同时可以避免桃树病虫害在马铃薯植株残体中越冬,减少桃树病虫害危害。

(四)杏树下间作马铃薯

杏树是北方地区退耕还林的重要经济林树种之一。以榆林为例,以大扁杏为主的杏树栽植面积达到100万亩左右,尤其是榆阳区近年来依托杏树红叶文化节旅游,开展杏仁深加工,产值倍增。大扁杏间作马铃薯是当地的一种主要间作模式。

1. 间作的田间配置 杏树挂果较迟,一般4～5年,所以间作马铃薯可选择7年生以下幼龄杏树。杏树一般栽植在坡地上,采用环山等高挖水平沟方法,株行距2 m×3 m或1 m×4 m,而且土壤肥力较低,所以在留足1 m杏树营养带后,行间种植马铃薯3～4行,以畜力开沟或人工挖穴播种,种植密度2000株/亩左右。

2. 大扁杏及马铃薯田间管理 大扁杏修剪一般采用冬剪,宜重剪,以疏、缩、放、撑、拉为主,一次到位。要谨慎应用短剪,因为多数品种有冒条的习性。马铃薯要选择中早熟品种,脱毒种薯切块后用药剂拌种,施肥、防治病虫害要兼顾杏树生长,实现大扁杏、马铃薯"双丰收"。

第三节 中国南方果树间作马铃薯

一、概述

近年来,中国果品(包括各种瓜类)产量逐年增加,据不完全统计,自2012年至2016年每年瓜果产量净增1000万t左右,2016年产量已经达到2.8亿t,全国人均占有量超过200 kg。苹果、梨、桃、柑橘、猕猴桃、枣、西甜瓜、草莓、葡萄、石榴、樱桃等果树产量早已位居世界第一(束怀瑞等,2018)。中国长江以南地区主要栽培的果树有柑橘、荔枝、龙眼、杨梅、芒果、杨桃、香蕉、番木瓜、番石榴、火龙果、番荔枝等。本节主要针对南方主产的柑橘、桑树与马铃薯间作情况。

二、柑橘间作马铃薯

(一)柑橘国内外种植情况

柑橘是全球最重要的经济作物之一,在热带、亚热带地区均有种植。近年来世界柑橘种植面积稳步增长,据联合国粮食及农业组织(FAO)数据,2000—2015年由876.73 hm²增至1343.27 hm²(2015年数据是根据2000—2014年年均增长率推算而来),年均增长率2.90%。目前世界柑橘种植主要集中于亚洲,其种植面积占世界柑橘种植总面积的52.90%,美洲、非洲的占比分别为24.50%、16.60%,欧洲和大洋洲的合计占比为6%(齐乐等,2016)。近几年,柑橘种植面积排名前10位的国家分别为中国、印度、尼日利亚、巴西、墨西哥、美国、西班牙、埃及、意大利和阿根廷。中国、印度、摩洛哥是近年来柑橘种植面积增长最快的国家。

柑橘是世界第一大类水果,21世纪以来柑橘增产速度持续加快,占世界水果总产量的比重呈稳定增进趋势,据FAO数据,2000—2015年,世界柑橘产量由11517.80万t增至17848.22万t,占世界水果总产量的比重也由24%增至27%。近年来世界柑橘生产逐渐由美洲向亚洲和部分非洲国家(埃及、尼日利亚、南非等)转移,亚洲在世界柑橘总产量中的占比已高达 44.90%,略高于美洲的 34.70%,但需说明的是,亚洲柑橘种植面积是美洲的 2 倍,可见美洲的整体生产效率要优于亚洲。此外,柑橘生产规模上,发展中国家占绝对优势,十大主产国中只有美国、西班牙、土耳其 3 个发达国家。主产国中,中国、印度的产量增长最快,分别从 2000 年的 923.58 万 t、441 万 t 增加到 2014 年的 3546.93 万 t、1114.66 万 t,其次是埃及、土耳其和南非,2000—2014 年产量分别增长了 85.69%、70.26% 和 56.93%。

柑橘主产于热带、亚热带国家,主要分布在南、北纬 20°~31°,栽培的北限已达北纬 45° 的俄罗斯的克拉斯诺达尔,南限是南纬 41° 的新西兰北岛。但生产大规模出口或用于加工的柑橘经济产区几乎都分布在南、北纬 20°~31° 的亚热带地区。中国、巴西和美国产量最多,三国产量占世界总产量的 47%。此外,西班牙、意大利、日本、墨西哥、印度、埃及、巴基斯坦、土耳其、阿根廷、以色列、摩洛哥等国也是世界柑橘的主要生产国。

中国柑橘栽培面积和产量均居世界第一,2008 年栽培面积 310.11 万 hm^2,产量 2331.3 万 t,主要分布在长江流域及其以南地区,在北纬 20°~31°、海拔 600 m 以下的缓坡、丘陵地带。中国柑橘栽培主要有湖南、福建、广东、四川、广西、湖北、浙江、江西和重庆 9 个省(自治区、直辖市),台湾、上海、江苏、云南、贵州次之,安徽、陕西、甘肃也有一定栽培规模(陈杰忠,2011)。

(二)柑橘营养价值及分类

柑橘可谓全身是宝,其果肉、皮、核、络均可入药。橘子的外果皮晒干后叫"陈皮"(因入药以陈的药效好,故名陈皮)。而橘瓣上面的白色网状丝络,叫"橘络",含有一定量的维生素 P,有通络、化痰、理气、消滞等功效。橘核性味苦、无毒,有理气止痛的作用,可以用来治疗疝气、腰痛等症。就连橘根、橘叶等也可入药,具有舒肝、健脾、和胃等不同功能。柑橘类水果所含有的人体保健物质,已分离出 30 余种,其中主要有:类黄酮、单萜、香豆素、类胡萝卜素、类丙醇、吖啶酮、甘油糖脂质等。

柑橘(*Citrus reticulata* Blanco)属芸香科柑橘属植物。柑橘喜温暖湿润气候,耐寒性较柚、酸橙、甜橙稍强。芸香科柑橘亚科分布在北纬 16°~37°。柑橘是热带、亚热带常绿果树(除枳以外),用作经济栽培的有 3 个属,分别是枳属、柑橘属和金柑属。中国和世界其他国家栽培的柑橘主要是柑橘属,栽培品种以鲜食和加工果汁为主。按中国习惯,根据其形态特征将柑橘属分为大翼橙类、宜昌橙类、枸橼类、柚类、橙类和宽皮柑橘(张玉星,2011)。

(三)田间配置

1. 柑橘树龄选择　马铃薯与幼龄柑橘园进行周年间作,将提高单位面积产出 87%,盈利增加 76%(陈霞等,2010)。从资源的利用程度、经济效益、生态效益以及对果树生长和柑橘园产量的影响综合分析来看,能充分利用自然资源,提高柑橘园的整体效益,提高资源的可持续利用率。

果园间作模式的生物结构特征优于单一的果林种植方式,生物量和生产力都大大地提高,在空间分布与时间利用过程上形成了共生互利关系。柑橘间作马铃薯一般均在幼龄树 5 年生以内,其中 1~3 年生幼龄树间作马铃薯种植密度较高,产量也高,3 年以上间作马铃薯密度降低,产量随之降低,5 年生以上柑橘园不建议间作马铃薯。

2. 间作系统的田间配置　果园间套作是在同一土地经营单位上,把果树和牧草、绿肥、中草药、食用菌、农作物等进行间套作种植,形成的独具特色的土地经营管理方式。果园间套作模式作为生态农业的一种主要形式,已发展成为农业、林业、水土保持、土壤、生态环境、社会经济及其他应用学科等多学科交叉研究的前沿领域,是集农林业所长的一种可持续发展实践(张坤,2016)。果园间套作模式作为传统而新兴的土地利用方式及资源动态管理模式,在解决农林"争地"矛盾、改善生态环境、提高资源利用率、增加农民收入、促进经济与环境的持续协调发展等方面具有重要的作用,具有持续性、多样性、高效性和稳定性等特点,是当前可持续农业及林业优先研究的重点之一(高峻,2009)。推广新幼果园间作套种蔬菜立体栽培技术,是实现以菜养树,以菜养地,克服粮树争地矛盾,实现当年建园、当年增收、增加农民收入的有效办法。所谓果菜间作是指在果树行间间作蔬菜使果树和蔬菜同时生长。

柑橘园常规栽植密度一般以株行距 3 m×6 m(37 株/亩)或 3 m×4 m(56 株/亩)或 3 m×3 m(76 株/亩)或 3 m×3.5 m(63 株/亩)为宜。马铃薯种植一般采用 1 m 宽的地膜种 2 行,2 m 宽地膜种 4～5 行。大小行种植时,大行距 60 cm,小行距 40 cm,株距 20～25 cm,开沟播种,种芽向上栽种薯块。柑橘幼树定植后在冬季间作或混作马铃薯,马铃薯种植行需距离柑橘定植穴 0.5 m 以上,以防耕作过程中损伤到柑橘树生长。马铃薯生长过程中,根系主要分布在 0～40 cm 土层中,其所需土壤水分主要集中在 7—9 月份,该时期正是降水量较为充沛的主汛期,土壤水分含量高,作物生长发育与果树争水争肥现象较小,因而,果园空地种植马铃薯对果树生长发育影响较小。

柑橘园间作马铃薯不仅直接影响柑橘光合作用、呼吸作用、生长发育、果实品质,而且对土壤有机质分解、养分迁移转化、微生物活性、水热交换、生物多样性等产生重要影响(张雷一等,2014),与果园中生物因子存在着复杂的相互反馈作用。柑橘园间套作模式由于增加林间作物活动层面,具有立体结构,可调节果园近地层的大气温度,增加大气相对湿度,调节土壤温度,改变土壤湿度,形成利于果树生长发育的微域小气候环境。柑橘园间套作系统中不同时期林间作物的高度、盖度不同,上述调节作用不同。

马铃薯是西南部地区的重要农作物,栽培历史悠久,具有稳定的、较高的经济效益。近年来受马铃薯主粮化政策的影响,贵州省马铃薯产业化发展,使得其栽培面积不断增大,改变了原有的生产布局,致使马铃薯轮作倒茬困难。马铃薯多年连续不断地种植导致马铃薯产量下降,土壤质量下降,病虫害频繁不断地发生,而农作物间套作是解决这一问题的关键。当不同作物间套作时,利用作物生物学特性的差异以及在时间、空间上对自然资源的高效利用和土壤养分的互补性,间套作能提高作物对土壤养分的吸收和利用并解决对养分吸收的不均,减少土壤养分的闲置及浪费,对作物的植株养分含量及其产量有一定程度的影响。

3. 柑橘间作马铃薯的模式 平地和沙地进行柑橘间作马铃薯,实施大行距、小株距,南北成行,行距为树高的 3～5 倍,大致 10～20 m,株距 3～5 m。柑橘园常用的间作物有薯类、豆科植物和蔬菜等,间作豆科作物有大豆、小豆、花生、绿豆和红豆等。这类作物植株矮小,需肥水较少,是沙地果园的优良作物。马铃薯前期需肥水较少,对果树影响较小,后期需肥水较多,对过旺树可促使果树提早结束生长,且影响树体光合作用。

山地柑橘间作,柑橘一般栽在土层比较厚的梯田边缘或壕顶外侧,梯田面上种植了马铃薯、花生、地瓜、大豆、小麦等。当梯田壁较高或间作的柑橘树冠较小时,常一阶梯田一行果树,一垄马铃薯。当梯田壁较矮或间作果树树冠高大时,则隔一梯田栽一垄马铃薯(图 4-7)。

(四)栽培管理

1. 品种选择

(1)柑橘品种选择 中国是柑橘生产大国,但是目前品种结构较单一,成熟期过于集中,致

图4-7　柑橘幼龄园与成年园间作马铃薯生长情况（杨雪莲摄）

使部分柑橘品种已出现明显滞销（谭金娟，2007）。品质问题已经成为阻碍中国柑橘产业健康发展的关键因素。因此，为了中国柑橘果品的品质和商品性，浙江、广东、广西、湖南、湖北等柑橘主产区的相关专家进行了较多的柑橘新品种选育方面的研究。

在浙江选育的柑橘优良新品种中，按成熟时间看，既有特早熟的品种，又有中晚熟的品种，主要特点是优良性状稳定、易丰产、果实酸度小、品质好。特早熟温州蜜柑有大分和日南1号，它们各项优良性状稳定，表现良好，尤其是大分在9月下旬就表现出明显的减酸特征，风味好。中晚熟宽皮柑橘品种南香表现树势中等、易丰产、果实品质优、耐寒性稍弱、抗旱性中等。在浙江选育的柑橘优良新品种中另一优点就是果实无籽或少核。由浙江省丽水市林业科学研究所和浙江农林大学等单位联合选育的无子瓯柑是从普通瓯柑中选育出的芽变单株（徐象华等，2006）。

广东省农业科学院果树研究所先后选育了"金葵蜜橘""和平椪柑""粤引红脐橙""少核红橙"等多个优良新品种。这些品种的优点就是果实总糖含量和维生素含量比较高，品质好，适应性强，丰产稳产效果好。其中"金葵蜜橘"是广东省佛冈县"砂糖橘"园中的变异优株（周碧容等，2011）。

由广西柑橘研究所和资源县科技局选育的桂脐1号是纽荷尔脐橙优良芽变株系（甘海峰等，2011）。由湖南省选育的优良新品种早蜜椪柑，是由辛女椪柑芽变得到的优良椪柑品种（彭际森等，2012）。由华中农业大学园艺植物生物学教育部重点实验室和株归县柑橘良种繁育示范场选育的伦晚脐橙是华盛顿脐橙的芽变（谢宗周等，2011）。中国农业科学院柑橘研究所、国家柑橘工程技术研究中心和国家柑橘品种改良中心进行了《柑橘栽培品种（系）DNA指纹图谱库的构建》的研究，为建立柑橘种苗纯度及真实性鉴定技术体系和技术规范奠定基础（雷天刚等，2009）。西南大学马喜军进行了柑橘遗传图谱的延伸加密以及抗寒性遗传分析和QTL定位研究（马喜军，2014）。

（2）马铃薯品种选择　中国南方大部分地区属于中热带、亚热带和北温带湿润季风气候，气候温暖、湿润，无霜期长，四季分明，热量丰富，适宜马铃薯生长。中国启动马铃薯主粮化战略以来，马铃薯产业得到了越来越多的重视与发展。南方利用冬季空闲耕地种植马铃薯对保障粮食安全有重要意义。南方冬闲田马铃薯一般在冬春季种植，期间雨水多、湿度大，易造成烂薯，且气温低易出现冻害（段慧等，2017）。因此，筛选适宜的优质马铃薯品种对南方冬闲田马铃薯产业发展有着重要意义。

马铃薯消费按其用途可以具体分为食用、饲用、种用、加工、损耗和其他用途6项。根据FAO统计数据,中国2013年马铃薯消费结构为59.7%用于食用,22.9%用于动物饲料,8.7%作为食用性加工,5.0%的损耗,3.2%留作种用,0.4%用于其他用途(杨雅伦等,2017)。中国南方地区种植马铃薯以食用为主,部分为饲用和加工品种。根据南方生态气候特征筛选出适宜西南混作区、南方冬作区的优质马铃薯品种,以宣薯2号、鄂马铃薯14号、鄂马铃薯15号、中薯3号、兴佳2号、费乌瑞它、中薯11号与中薯12号产量较高,商品性较好,可在南方混作和冬闲田进一步试种推广(段慧等,2017)。中国培育并引进大量优良薯种,并实施试点政策加快脱毒种薯和先进配套栽培技术的推广,促进了马铃薯种植行业生产水平的提高。

2. 柑橘建园　柑橘建园需进行科学规划,选择适宜品种,严把苗木质量关,做好土壤改良,科学安排栽植密度。柑橘建园主要包括:园址选择、配套设施建设、林地清理、整地挖穴、施基肥、苗木种植以及管理等一系列技术措施。

首先选择地势平缓、靠近水渠、土壤肥沃、有机质含量较高、土壤深度大于50 cm的林地作为柑橘园,要规划在园内建设道路、房屋以及供水系统等配套设施(谢红梅,2013)。选好园后,要在挖垦整地前,对造林地上的杂草、树木以及较大的树兜等进行清除。土地平整后进行整地挖穴,表土层回填后,应施放基肥,基肥以有机肥或P、K肥以及复合肥为主。将优质柑橘苗木放入定植坑,定植要做到根舒、苗正、土实,确保苗木成活。

3. 柑橘园土壤管理　新柑橘园需进行深翻熟化,即深翻改土,该方法对所有的果园都适合。果树根系的分布较为复杂,浅根系主要集中在土层20~40 cm,深根系果树根系主要集中在20~60 cm土层内,有的甚至更深,如干旱区可达100 cm以上。柑橘园深翻改土的方法是每年在栽植穴(沟)以外,以柑橘树主干为中心,开挖同心圆沟或在行间挖直沟,一般沟深要求60~80 cm,宽度视劳力而定。然后施入基肥,回填土时将表土填在果树根系分布最多的层次。直径在1 cm以上的根应尽可能保留,损伤的须削平断面以利愈合。以后每年扩大进行,直至全园深翻完毕。深翻时期以果树休眠期或秋冬季为宜。深翻改土后除增施有机肥外,还可加入壤土或沙土以改良土壤,地下水位高或土层较浅的果园可逐年培土,或深沟排水以加深耕作层。

果园的土壤管理,国内习惯使用清耕法,即在生长季节不断除草,使园土保持疏松。幼龄果园为充分利用土地,除在树盘范围内保持清耕外,树行间常与绿肥作物和花生、甘薯等间作。欧美各国果园多采用生草法,包括全园生草和行间生草,以后者居多,即用多年生禾本科和豆科植物在果树定植当年混播,以后每年生长季节刈割几次,以减少在果树坐果、花芽分化等关键时期或旱季与果树竞争水肥的矛盾。

果园覆盖法,即将刈割的牧草或绿肥鼠茅草被覆树冠下面的措施。覆盖范围随着树冠增大而扩大,其作用在于疏松土质、减少水分蒸发、抑制杂草滋生和改善果树根系活动范围。同时,逐渐腐烂的覆盖物还可不断增加土壤有机质和有利微生物的活动,兼有清耕法和生草法的优点。覆盖厚度开始时至少在15 cm以上,以后每年添加,保持20~25 cm厚度。用杂草、麦秸等为材料时须加盖薄层土壤以免被风刮走。在年降水量达600 mm的地方行全园覆盖,一般可不再灌溉。此外,塑料薄膜覆盖也已在草莓、菠萝、柑橘、苹果、梨和葡萄等果园中应用。

果园施肥,以测土配方施肥结合果树生长表型诊断为依据。施用的肥料种类日益趋向以高浓度复合肥料为主。有的国家有专门工厂按照果园具体要求生产包括各种微量元素的复合肥料。但厩肥和堆肥等有机肥的应用仍受重视(周录红等,2009)。

果园灌水在降水量不能满足果树生长发育需要的果树产区均需灌水。南方地区主要以滴管为主，部分条件优越的山地可采用喷灌方法，该方法可起到防霜冻和降低夏季树体温度的作用，并可配合施用肥料、农药（李聪颖等，2010）。

柑橘园按照种植园地及其种植密度适当间作马铃薯，改变了柑橘园层次单一、结构简单、抵抗外界灾害能力弱等弊端，具有保持水土、培肥地力、改善柑橘园的生态环境、有效地保护柑橘园中天敌种群等作用。柑橘园间作马铃薯符合农业可持续发展及生态农业的要求。欧美一些发达国家50～60年前就开始推行果园间套作，目前绝大多数的果园采用了间套作绿肥的方法。

4. 柑橘园间作马铃薯后田间管理　南方地区以鲜食用薯种植为主，马铃薯主栽区包括云南、贵州、四川、重庆4省（市）和湖北、湖南两省的西北山区。该区地势复杂、海拔高度变化很大。无霜期长，雨量充分，特别适合马铃薯生产。该区一年四季均可种植，已形成周年出产、周年供给的产销格式。贵州省威宁县马铃薯具有薯块大、产量高、品质优、退化慢、口感好、耐运输、耐贮藏，产量和质量在全国均处于一流水平。在推进马铃薯规模化、科学化种植的过程中，威宁先后培育了威芋3号、威芋4号、威芋5号等一系列优良品种。到2013年，威宁马铃薯种质资源（保存品种）有386个，有17个品种在大田中得到广泛推广。2013年，全县共种植马铃薯170.33万亩（其中脱毒马铃薯110.2万亩），总产量289.1万 t，总产值达34.6亿元，书写了小土豆大产业的华美乐章。

近年来，威宁依靠科技进步，利用现有科技成果，马铃薯原原种生产能力不断加大。2012年，以马铃薯原原种生产为主的威宁泰丰科技园——贵州省唯一一个省级重点马铃薯特种产业园区生产原原种1300万粒，2013年达2000万粒。采用"公司＋基地＋农户"运作模式的威宁马铃薯特种产业园区，核心区可年产脱毒马铃薯原原种5000万粒，原种与一级良种175万 kg。脱毒马铃薯产业示范园区总产值达2.9亿元，总销售收入达2.5亿元，带动3000余户农户种植脱毒马铃薯10万亩，直接转移农村剩余劳动力5万人次，带动300多户贫困户脱贫。与此同时，威宁马铃薯原种扩繁基地、一级良种扩繁基地、二级良种扩繁基地面积不断扩大。单是2013年，种薯扩繁基地达36.2355万亩，总产量55.1万 t，总产值15.9亿元。

目前，适合南方的马铃薯品种很多，除费乌瑞它还有粤引85-38、鲁引1号、津引8号、荷兰巧、宣薯2号、鄂马铃薯14号、鄂马铃薯15号、中薯3号、兴佳2号、中薯11号、中薯12号和台湾红皮等。贵州省除以上品种外还种植大量本地研发品种威芋3号、威芋4号、威芋5号等品种。在南方种植柑橘园间作马铃薯一般采用冬闲套作和春季混作两种方式。

冬闲柑橘园间作马铃薯，不仅可增加复种指数，增加粮食总产量，而且可以填补北方马铃薯供应的空档，增加农业生产效益，前景十分广阔。近几年来，利用冬闲田种植马铃薯在南方地区发展迅速，南方地区已被国家农业部确定为未来中国马铃薯发展的重点区域。播种技术作为栽培技术体系中的重要组成部分，对马铃薯产量与品质的影响较大。合理密植既能使个体发育良好，又能发挥群体的增产作用，以充分利用光能、地力，从而获得高产。播种期与马铃薯产量有着密切的关系，南方冬闲田种植马铃薯一般在冬季播种，晚春收获。如果播种过早，出苗后易遭受晚霜危害；如果播种过迟，收获期推迟，耽误柑橘生长。马铃薯为浅根性作物，种薯的播种深度和入土方式会对马铃薯根群的分布和新生薯块的生长产生直接影响。播种过浅，块茎入土不深，生长后期培土浅或培土不及时，很容易产生绿薯而影响商品性；播种过深，出苗缓慢或引起烂种，因此，适当深播（10 cm），可获得出苗齐、出苗率高、长势旺盛的植株，同时可获得较高的商品薯率与马铃薯产量。

(1)间作马铃薯播种期确定及催芽　南方冬闲田马铃薯生产最适宜的播种期为 12 月中、下旬,产量较高,效益好;适宜的马铃薯种植行株距为 50 cm×20 cm,适宜的播种方式是种薯芽眼朝下,脱毒种薯为早熟品种费乌瑞它,属荷兰系马铃薯品种。

间作马铃薯因其生长季节短,播前催壮芽尤其重要,采用药剂拌种、暖种催芽和降温壮芽等过程。播种前的 15 d,挑选具有本品种特征,表皮色泽新鲜、没有龟裂、没有病斑的块茎作为种薯(郑世发等,2010)。

(2)间作马铃薯定植与施肥　按照垄距为 50～60 cm 开沟,沟深 10 cm,在沟内施化肥,化肥上面施有机肥。在有机肥上面播芽块,尽量使芽块与化肥隔离开。按照马铃薯品种要求的密度播种,早熟品种株距为 20 cm,中熟品种株距为 25 cm。覆土达 6～10 cm 厚。中等地力条件下,保证每亩种植 5000 穴以上。大田播种完成后,在地头、地边的垄沟里播一定量的芽块,以备大田缺苗时补苗用。

施肥采用平衡施肥(配方施肥)。按马铃薯的需肥规律施肥,前人研究结果显示亩产块茎 1000 kg 时,需要从土壤中吸收 N 5.6 kg、P 2.2 kg 、K 10.2 kg。马铃薯对肥料三要素的需要以 K 最多,N 次之,P 较少。N、P、K 的比例为 5:2:9。不具备平衡施肥条件的地方,中等地力每亩施农家肥 3000 kg,含 K 量高的三元复混肥 75～100 kg 。

(3)间作马铃薯幼苗期(出苗—现蕾)管理

①中耕培土　第一次中耕培土时间在苗高 6 cm 左右,此期地下匍匐茎尚未形成,可合理深锄。10 d 后进行第二次中耕培土,此期地下匍匐茎未大量形成,要合理深锄,达到层层高培土的目的。现蕾初期进行第三遍培土,此期地下匍匐茎已形成,而且匍匐茎顶端开始膨大,形成块茎,因此要合理浅耕,以免伤匍匐茎。苗期三次中耕培土,增强土壤的通透性,为马铃薯根系发育和结薯创造良好的土壤条件。

②防治害虫　苗期乃至结薯期、长薯期的主要虫害是蚜虫、地老虎和红蜘蛛,田间发现个别虫害时,即可防治。防治药物要使用高效低毒低残留的农药。

③追肥　在土壤肥力好、底肥充足的条件下,一般不需要追肥。但有追肥之必要时,可在 6 叶期追肥,追肥过早,起不到追肥作用,追肥过晚增产效果差,甚至贪青徒长,造成减产。

(4)间作马铃薯结薯期(现蕾—落花)管理　及时摘除花蕾。对于大量结实的品种,要摘除过多花蕾,节约养分,尤其节约光合产物,促进地下部结薯。摘除花蕾时,不要伤害旗叶。此期是需水最多的时期,要避免干旱,遇干旱要浇水,使土壤含水量保持田间最大持水量的 70% 左右。此期易发生、流行马铃薯晚疫病,可在发病前期,用甲霜灵锰锌、瑞毒霉、代森锰锌、百菌清、硫酸铜、敌菌特进行预防(庞淑敏等,2012)。

(5)间作马铃薯结薯期(落花—块茎生理成熟)管理　此期根系逐渐衰老,吸收能力减弱,要注重防早衰,叶面喷施一次 0.5%～1.0% 的磷酸二氢钾溶液,可有效地防早衰,使地下块茎达到生理成熟。大部分茎叶由绿转黄,继而达到枯黄,地下块茎即达到生理成熟状态,应该立即收获。

5. 柑橘间作马铃薯后病虫害综合防治

(1)预防为主　首先,做到推广无病虫优质苗木,实行无病虫栽培。其次,合理稀植,树冠大枝修剪,改善通风透光条件,减少病虫侵染。最后,实行平衡施肥,增强树体抗病虫能力。加强预测预报,预防为主,防治及时。物理与生物防治为主,化学防治为辅,喷药全面彻底。休眠期彻底清园,减少病虫越冬基数。

(2)主要病害及其防治　柑橘病害分为危害性病害和常规病害。危险性病害指危害严重、传播快、防治极为困难或无法防治的病害。目前柑橘主要危害性病害有黄龙病、溃疡病和病毒类病害(邓子牛,2015)。

①柑橘黄龙病　柑橘黄龙病是由细菌引起的检疫性病害,通过接穗苗木和木虱传播,感染后从根系到枝梢全部带菌。初期典型症状是在绿色的树冠中出现1条或多条黄化枝梢,叶片均匀黄化或斑驳黄化,这是鉴定黄龙病最典型的症状。随着根系的逐步腐烂,病树逐渐黄化衰弱、枯死。果实出现畸形果、小果、不着色果,有的果实在果蒂附近变橙红色,而其余部分仍为青绿色,此症状为田间诊断的典型依据。

目前还没有抗黄龙病的柑橘栽培品种,也没有任何药剂可以治疗黄龙病,因此,对于黄龙病只能预防,控制发病进程,所有区域内的果园必须同时进行防控,否则效果不佳。防治黄龙病的综合措施如下:防治柑橘木虱是黄龙病防控最重要的措施。每次新梢抽发1~2 cm时,全面喷洒1~2次杀虫剂。参考药剂:10%吡虫啉可湿性粉剂、5%氟虫腈悬浮剂、25%噻虫嗪水分散粒剂等。冬季施用200倍绿颖等矿物油进行广谱性的清园,杀虫杀卵,减少虫口基数;发现病树,应立即连根挖除,集中烧毁,减少病原。挖除病树前应喷洒杀虫剂,以防柑橘木虱从病树传播。病株率超过30%的果园,应全园挖除植株,集中烧毁,彻底清园;在新区建园和病区补栽砍伐树时,使用无病苗栽植是最重要的措施,结合防治木虱,避免感染黄龙病。土壤不传播黄龙病,但是活的根系是带菌的,栽树前要清除定植孔周边土壤的残留根系。

②柑橘溃疡病　柑橘溃疡病是一种重要的检疫性细菌病害,危害柑橘叶片、枝梢与果实,削弱树势和降低产量,影响果实品质。溃疡病主要是靠人为携带果实和苗木远距离传播,病菌存活力强,一旦传入,不易根除。一般甜橙类品种最易感病,柚类、柠檬也有感病,宽皮柑橘不容易感病,但是克里曼丁红橘则比较容易感病。

溃疡病的防治主要是实行严格检疫,禁止从病区输入柑橘苗木和果实等;严格使用无病苗木。在疫区加强病害的预测预报,及时防治。春梢新叶展开后、夏秋梢新梢萌发后应及时施药1~2次;谢花后20 d、35 d和50 d各喷药1次保护幼果。常用药剂有0.5%~0.8%倍量式波尔多液、77%氢氧化铜可湿性粉剂、72%农用链霉素可溶性粉剂、27.12%碱式硫酸铜(铜高尚)悬浮剂等杀菌剂。冬季清洁田园后喷0.5%~0.8%倍量式波尔多液。

③柑橘病毒类病害　有10余种,其中在中国为害严重的主要有衰退病(茎陷点型)、碎叶病、裂皮病、温州蜜柑萎缩病等。病毒病主要通过苗木传播,柑橘衰退病还可以通过蚜虫传播。病毒病只能通过使用无病毒苗木来预防,一旦感病,无法治疗,只能烧毁病树。田间要防治蚜虫,减少传毒媒介。

常规病害即一般果园均可发生且多次发生的病害。柑橘常规病害有疮痂病、炭疽病、黑点病(砂皮病)、黑斑病等真菌性病害。这些病害危害幼叶、新梢和幼果。防治方法为在芽长约1 cm时,喷药1次以保护新梢;在落花2/3时,喷药1次保果,隔15 d左右再补喷1次。8月下旬或9月初,视降雨情况再喷药2次,以保护果梗、果实。在5月中下旬以后,连续喷药3次以防治砂皮病。有效药剂:70%甲基硫菌灵可湿性粉剂、10%甲醚苯环唑水分散粒剂等。

(3)柑橘园主要虫害　柑橘园主要虫害有大实蝇、小实蝇、螨类、粉虱类等。柑橘虫害综合防治方法主要可分为农业防治、物理防治、生物防治、生态防治和化学防治等几种方法。

①柑橘大实蝇和小实蝇　柑橘大实蝇只危害柑橘,1年发生1代。柑橘小实蝇1年可发

生多代,且是杂食性的,寄主很多。柑橘实蝇类成虫将卵产于柑橘果皮之下,孵化后的幼虫(俗称蛆)在果实中潜食,蛀食果实,这种果实俗称蛆柑。果实受害后,出现未熟先黄现象,造成落果和腐烂。

防治措施:要及时清理虫果、落果和烂果,集中埋入深 50 cm 以上土坑,用土覆盖严实或倒入沤肥水池中长期浸泡,以减少入土幼虫。成虫出土和幼虫入土时地面喷药,参考药剂:65%辛硫磷、90%敌百虫、80%敌敌畏、20%灭扫利等。每亩用 0.5 kg 的 5%辛硫磷颗粒剂撒施土面,以消灭入土幼虫和蛹。

②螨类害虫 柑橘红蜘蛛、黄蜘蛛危害柑橘的叶片、枝条、果实及花蕾等。柑橘锈螨危害叶片和果实,使叶背和果实出现赤褐色斑,逐渐扩展至整个叶背和果实而呈黑褐色,果皮粗糙无光泽,使果实品质降低。

防治措施:选择高效低毒杀螨剂,每一个种类的药剂 1 年最好只使用 1 次,以免产生抗药性。花前可使用 10%四螨嗪悬浮剂、15%哒螨灵乳油、1.8%阿维菌素乳油等,花后使用 40%炔螨特乳油、25%三唑锡可湿性粉剂、20%氟螨螓悬浮剂和 95%机油乳油。

③柑橘粉虱类害虫 粉虱诱发煤烟病,严重的引起枯梢、落叶、落果。为害严重的主要有柑橘粉虱和黑刺粉虱。应根据粉虱发育进度,进行及时防治。

防治措施:主要进行合理修剪,结合疏除过密春梢,剪除带虫(卵、若虫和伪蛹)枝叶,清除残枝枯叶,集中烧毁。利用黄板诱杀成虫效果较好。在卵孵化高峰期,采用药剂(25%扑虱灵可湿性粉剂、10%吡虫啉可湿性粉剂)防治。

④其他害虫 果实表面的很多斑痕是由虫害造成的,主要害虫有蓟马、螽蟖、螨类、蚧类、卷叶蛾、潜叶蛾、叶甲类、叶蝉、蜗牛和实蝇等。

主要防治方法有频振式杀虫灯和药物杀虫。频振式杀虫灯对金龟子、叶蝉有很好的诱杀作用。从 4 月中下旬至 6 月在柑橘园用频振式杀虫灯诱杀金龟子,在 9—11 月诱杀叶蝉。药物防治需在 4 月上中旬用尼索朗 2000 倍液进行喷雾,重点防治侧多食跗线螨及红蜘蛛;在 4月下旬(盛花前)和 5 月上旬(盛花后)喷 90%的晶体敌百虫。防治金龟子、蓟马、叶甲和叶蝉等。

(五)效益分析

幼龄果树,因树体矮小,占地面积少,土地利用率低,而且投入大,效益低。为了合理充分地利用空闲地,可在其行间实行套作,不但能提高经济效益,而且可起到覆盖地面、防治杂草滋生和改良土壤的作用。

柑橘周年间作具有良好的水分涵养功能,其平均土壤含水量显著最高,较幼龄果园提高41%,随雨后天数的增加,其土壤含水量下降速度缓慢且下降幅度较小。柑橘周年间作的作物产量提高 1.4~8.0 倍;柑橘周年间作 N、P、K 养分吸收总量最高,是幼龄果园的 3~4 倍,与其他处理比较达差异显著水平。有机质增加量表现为柑橘周年间作>柑橘—马铃薯>柑橘—白菜>柑橘—大豆>幼龄果园,柑橘周年间作的土壤有机质含量和有机无机复合度明显高于其他处理。柑橘周年间作表现出良好的截流保肥效果。因此,将柑橘周年间作马铃薯模式运用于南方地区,有利于水土保持、提高农产品效益和农业的可持续发展。

三、桑园间作马铃薯

(一)中国桑树发展史和分类

中国是丝绸的故乡,丝绸是中国的瑰宝。种桑养蚕起源于中国,至今已有 5000 多年的历史。栽桑、养蚕、缀丝、织绸是中国古代人民的伟大发明,是对人类的重大贡献,在世界文明史上有着光辉的一页。早在 3000 年前,"丝绸之路"就成为中国与世界各国经济、政治和文化交流的桥梁,成为传播东方文明的使者,"丝绸之路"与中国的"四大发明"齐名,在历史上产生过极其深远的影响。中国是丝绸大国,蚕茧产量和生丝产量居世界首位。全国现有桑园面积 70万 hm²,种桑养蚕农户 2000 万户,年产鲜茧 50 万 t,每年的丝绸工业产值约 700 亿元。目前,中国的蚕茧和生丝产量分别约占世界总产量的 78% 和 72%。丝类、绸缎和丝绸服饰的出口量分别占世界贸易量的 90%、50% 和 45%。据海关统计,2004 年中国真丝产品出口 31.99 亿美元,比 2003 年增长 27.65%,其中,蚕丝类出口 4.79 亿美元,增长 14.48%;蚕丝织物类出口 5.89 亿美元,同比增长 42.82%;蚕丝服装和其他制成品出口 21.29 亿美元,同比增长 27.19%。随着世界经济结构的调整和升级,国际丝绸贸易和消费格局的变化,过去的主要丝绸生产国法国、日本、韩国等已相继退出,世界丝绸生产加工中心正向中国转移。从长远发展趋势看,中国茧丝绸业在世界上具有极为重要的战略地位(张竹青,2007)。

桑叶是家蚕的饲料,桑树品种的改良和提高是蚕丝业技术改革的基础,桑树叶质对蚕体强健及茧质、种质乃至丝质和产量都有很大影响。桑树是落叶性多年生木本植物,乔木多,灌木少。植物体中有白色乳汁,叶互生,叶裂或不裂,叶缘有锯齿,叶柄基部侧生早落性托叶。穗状花序,花雌雄异株或同株,果实肉质肥厚,相集而成为聚花果或称桑葚。

桑树在植物分类学上的位置是桑科(Moraceae)桑属(*Mores*)桑种(*Mores alba*)。目前,中国主要桑种有 15 个桑种,4 个变种,即鲁桑(*Mores multicaulis*)、白桑(*Mores alba*)、山桑(*Mores bombycis*)、广东桑(*Mores atropurpurea*)、蒙桑(*Mores mongolica*)、瑞穗桑(*Mores mizuho*)、华桑(*Mores cathayana*)、黑桑(*Mores nigra*)、长果桑(*Mores laevigata*)、川桑(*Mores notabilis*)、鸡桑(*Mores australis*)、唐鬼桑(*Mores nigriformis*)、长穗桑(*Mores wittiorum*)、细齿桑(*Mores serrata*)、滇桑(*Mores yunnanensis*)以及蒙桑的变种鬼桑(*Mores mongolica* var *diabolica*)、白桑的变种大叶白桑(*Mores balba* var *macrophylla*)、垂枝桑(*Mores alba* var. *pendula*)、白脉桑(*Mores alba* var. *venose*)(张竹青,2007)。以上桑种和变种分布于全国不同地区。

中国收集保存的桑树种质分属 15 个桑种 3 个变种,是世界上桑种最多的国家。其中栽培种有鲁桑、白桑、广东桑、瑞穗桑;野生桑种有长穗桑、长果桑、黑桑、华桑、细齿桑、蒙桑、山桑、川桑、唐鬼桑、滇桑、鸡桑;变种有鬼桑(蒙桑的变种)、大叶桑(白桑的变种)、垂枝桑(白桑的变种)。

2005 年广西蚕茧产量跃居全国第一,推动全国蚕茧产量重返 60 万 t 水平,并持续保持相对稳定状态。2006 年广西桑园面积跃居全国第一,此后蚕茧产量和桑园面积连年保持全国第一地位,占全国比重不断增长。全国白厂丝平均等级由 3A80 提高到 4A,江苏、浙江等东部地区可常年生产 5A 级以上高品位生丝(陈涛,2012)。

四川省作为全国三大蚕桑主产区之一,在国际国内市场上占有举足轻重的地位。2012年,全省有桑园面积 12 万 hm²,年发种量 200 多万盒,蚕茧产量 11.3 万 t,居全国第 3 位,全省年产丝类产品 2.8 万 t,全省蚕种良种繁育体系配套,年产优质蚕种 200 多万盒,仅次于广西壮族自治区,居全国第二位(李瑶等,2014)。2016 年,全省桑果产量突破 6 万 t,农民桑果销售收入超过 3.6 亿元。以优势产区攀西地区的德昌县为例,2016 年全县果叶兼用桑园面积达 3 万亩,投产面积 0.85 万亩,产桑果 25025 t,农民售果收入 13500 万元,加工企业年产桑葚浓缩汁 500 t,饮料 1000 t,果桑实现总产值 2.1 亿元(刘刚等,2016)。蚕桑产业是四川省的传统农业产业之一,也是全省具有竞争力的优势产业之一,在长期的发展过程中形成了独有的特色:一是四边桑、荒坡荒地种桑比例高,密集桑园少,节约了大量的土地成本;二是农村剩余劳动力资源丰富,劳动力成本低,降低了蚕桑业生产成本;三是农作制度形式灵活多样,桑园套种及蚕桑资源综合利用水平相对较高。这些都为形成四川省蚕桑产业的竞争优势奠定了坚实的基础。

安徽省是全国蚕桑主产区之一,现有桑园 5.87 万 hm²,养蚕户 35 万户,行业年创产值 24 亿元。

湖北省是全国农业区划确定的桑蚕最适宜区域,栽桑养蚕已有 4000 多年的历史,是全国蚕桑十大省份之一,蚕桑生产已成为湖北省英山、罗田、麻城、南漳、远安等县市重要特色产业。全省现有桑园 2.45 万 hm²,鲜茧年产量 1500t,茧丝绸年产值 4 亿元,年创汇 1000 万美元,茧丝绸产业为中国和湖北省经济建设做出了重大贡献。

随着中国经济发展以及产业转型升级步伐的加快,蚕桑产业同样面临着从传统产业向现代产业转变、由粗放型经营向集约型经营转变的现实需求。农业土地资源的日益紧缺、从业人员的老龄化、养蚕比较效益的下降等问题,都要求蚕桑产业必须加快产业生产方式的转变,提升集约化经营水平(李瑶等,2014)。"东桑西移"工程的持续推进以及农业低碳生态发展战略的确定,同样要求南方蚕桑产业重新认识产业发展的功能和定位,加快产业布局优化和结构升级,推进承接东部产业转移的战略框架制定及产能建设。

(二)田间配置

1. 幼龄桑园间作马铃薯的技术措施　近年来桑树按照用途分为叶用桑和果用桑两大类,其中叶用桑为主栽品种。桑园一般采用冬季间作马铃薯的栽培方式。该方式具有较大的经济价值,一是能够有效地提高光能利用率和园地产出;二是能够充分利用耕地并合理利用桑园浅层养分,提高土壤利用率;三是能够均衡地利用农村劳力资源,提高农民收入。桑园间作的历史悠久,实行桑园间作是增加桑园产出、防御市场风险、稳定蚕桑产业的重要途径。

叶用桑主栽品种有鲁桑、荆桑、湖桑 32 号、农桑 14 号、川桑 48-3、伦教 40 号等,果用桑主栽品种有粤葚大 10、桑特优 2 号、桂诱 M161、剑阁 18 号、川桑 83-6、天全 16 号、台湾果桑 72C002 等品种。叶用桑园一般以宽行密株栽植为宜,定植密度 1.5 万～1.8 万株/hm²,规格 2m×0.33 m 或 1.66 m×0.33 m(田跃勤等,2010)。桑园间作马铃薯最佳时间为桑园建园桑苗龄 1～3 年内。

2. 桑园田间管理

(1)桑园选址及土壤管理　桑树对环境的适应性较强。除平原是理想的栽桑土地外,丘陵、山地、鱼塘基、滩地以至田边、路边和房屋前后的空地等均可栽植。其中,丘陵山地以坡度 20°以下和标高 700 m 以下的地段为宜,坡度大于 15°时宜筑梯田。中国广东、浙江、江苏等省素有在鱼塘(池)周围栽桑的传统,广东的"桑基鱼塘",以桑养蚕、蚕粪养鱼、塘泥肥桑,相互促进,成效尤为卓著。桑园的土壤准备包括土壤平整、土壤改良、修筑排灌沟渠、道路等项措施,一般在栽植前的冬季进行。如土壤含盐量达 0.3% 以上时,要降低含盐量,并防止返盐;酸性强的土壤须施用石灰等进行改良。

（2）桑苗育苗及定植　栽植前先进行桑苗繁育,然后将育成的桑苗移植桑园。温暖地区多行冬栽或春栽,寒冷地区多行春栽。植沟（穴）深、宽各约 50 cm。一般将桑苗根茎交界部位埋入土中 3～6 cm。沙壤土、坡地宜稍深,黏土、平原低地宜稍浅。栽后填土踏实,按树型养成要求高度剪去苗干,并全面整地。单位面积的栽植株数和空间配置形式,是成林早迟、盛产年限的支配因素。一般树型愈低,密度可愈大。稀植桑园,树干较高,树冠较大,抗逆性较强,树龄较长;但成林迟,土地利用率低,早期收获量少。密植桑园则树型养成快,成林早,一般亩栽 2000 株的桑园在栽植当年秋季就能收获桑叶养蚕,第 2～3 年达高产水平。中国现有成片桑园的大体密度为:广东地区每亩 5000～6000 株,多的 8000 株左右;浙江、江苏等地 800～1000 株。栽植形式根据栽植密度和桑园作业决定。通常行间是作业道,行距在 150 cm 以上;如采用机械作业,行距宜相应增加。每亩株数超过 2000 株时,常采用宽窄行形式,以宽行为作业道。

（3）桑树树形管理　桑树定植后,通过剪定、疏芽、摘心等技术措施,养成一定的树型,有利于多生枝条,增加桑叶产量,并便于收获和田间作业。树型根据栽植密度、肥培管理及收获方式决定。一般按树干高度有地桑（树干接近地面）、低干桑（树干 70 cm 以下）、中干桑（树干 71～160 cm）、高干桑（树干 161 cm 以上）及乔木桑（接近自然型）等不同形式。又因夏伐时伐条的方式不同,可分为齐枝条基部伐条的拳式和在枝条基部留 3～7 cm 伐条的无拳式。前者伐条后由潜伏芽萌发成新条,重复伐条形成桑拳,树型变动甚少,采用较普遍;后者伐条后由休眠芽萌发成新枝条,因每次伐条在枝条基部留有一定长度的枝条,故树型逐年增高,经过若干年后须进行截干,降低树型。成片桑园多采用地桑、低干和中干型;边地、滩地以中干为主。从不同地区看,中国珠江流域多地桑,长江流域的江、浙两省多低、中干桑,四川省和黄河流域多中、高干桑。

（4）桑园管理　桑园管理主要包括土壤管理和桑树管理两方面。桑园土壤管理主要是在多施氮肥的前提下,配合适当比例的 P 肥、K 肥,有利于提高桑叶质量。每生产桑叶 100 kg 约需 N 1.5～1.7 kg。N、P、K 比例,丝茧育的桑园为 10∶4∶5,种茧育的桑园为 5∶3∶4。全年施肥量中,春肥约占 20%～30%,夏秋肥占 50%～60%,冬肥占 10%～30%;寒冷地区以春肥为主,温暖地区以夏秋肥为主。华南珠江流域采叶次数多,施肥次数也相应增加。桑园土壤易板结,通常全年进行冬、春、夏 3 次耕翻。冬耕在桑树落叶后土壤封冻前进行,宜稍深;春耕在春季发芽前进行,宜浅;夏耕在夏伐后进行,耕深约 10～13 cm。此外还需视杂草生长和土壤水分情况及时进行除草和灌溉、排水等措施。

桑树管理主要措施有:①疏芽。即在夏伐后疏去细弱和过密的新芽,使每株发育出一定的枝条数并分布均匀。一般每亩留条 6000～10000 根。②整枝。即在桑树停止生长后剪除细弱和受病虫危害的枝条以及死、枯枝等,以增强树势,减少越冬病虫害。③剪梢。即剪去枝条梢端,使养分集中,提高发芽率。通常剪去条长的 1/4～1/3,长枝多剪,短枝少剪,花果多的品种可剪去 1/2。枝条长势较一致的桑园以水平式剪梢为宜。④预防霜、冻、风、雹等气象灾害。除注意气象预报,采取相应的预防措施外,受害后应剪除被害枝条,雍直倒伏树干,加强肥培管理。

3. 马铃薯间作播种前准备　幼龄桑园间作马铃薯前需精细整地。上一年冬季土壤封冻前,将桑树行间深翻 1 次,耕深 15～20 cm。有灌溉条件的桑园,可冬灌 1 次,以保证土壤墒情,次年播种前再浅耕 1 次,耕深 12～15 cm。及时清除田间大石子和杂草,桑树行间土地整平耙细。桑园间作马铃薯以中早熟品种为好,宜选用抗旱抗寒抗病丰产品种克新 2 号、抗疫白等,播种量 1875～2250 kg/hm^2。提前做好种薯预处理工作。为了预防马铃薯疫病的发生,最好选用 40 g 左右小整薯直接开沟或挖穴下种。单个薯块重量在 70 g 以上的,要进行切块处理。具体方法是:在播种前 2～3 d 将其切成每个重量达到 40～50 g、含有 2～3 个芽眼的切块,并用草木灰进行拌种后备用。同时在切块过程中对切刀用 0.20% 的高锰酸钾溶液浸渍或火燎法做消毒处理,做到切块 1 次,消毒 1 次,以防病菌感染(魏亚凤等,2015)。

在播种前 3～5 d 施入液体有机肥 18.75～20 t/hm²,均匀泼洒在幼龄桑园行间即可,同时施用碳铵 750～1000 kg/hm²,磷酸二铵 225～250 kg/hm²,结合第 2 次桑园耕挖,翻埋于土壤中(李念一,2016)。

幼龄桑园间作马铃薯在 12 月中下旬月初播种为宜(刘明月等,2011)。播种密度 5 万～6 万株/hm²。在桑行正中并沿着桑树行向开挖 2 条播种沟,沟深 15～18 cm、顶宽 20～22 cm,播种沟间距 40 cm。开沟完毕及时将马铃薯下种。将切好的种薯均匀摆放在播种沟内,间距 20～25 cm,在摆放种薯时相邻播种沟与邻行呈插花排列,间距不变。一边下种,一边覆土,保持土壤湿润为宜,覆土以填平播种沟为度。播种完毕及时在田垄上盖膜,选用幅宽 80 cm 塑料薄膜,每 2 行覆盖 1 层。

4. 幼龄桑园间作马铃薯的田间管理

(1)及时放苗 马铃薯间作后要加强田间观察,及时破膜放苗,否则会引起烧苗烂苗。一般在播种后 25 d 左右开始放苗,具体方法是划破幼苗上方薄膜即可,并将苗孔周围用土压严,以防跑墒和大风吹破地膜。

(2)松土除草 及时拔除桑行两侧、操作道以及钻出薄膜的杂草。松土和除草结合进行,及时对桑行和操作道进行松土。

(3)灌溉保墒 当出现旱情时,对有灌溉条件的桑园,要及时实施灌溉,一般在齐苗和开花后幼薯形成期各灌水 1 次,以不淹没地膜为度。无灌溉条件的桑园,通过勤松土等措施保墒。

(4)防病治虫 最常见的病虫害是晚疫病和蚜虫。当田间发现晚疫病时,要及时拔除中心病株,并对病株周围用 58% 甲霜灵·锰锌可湿性粉剂 500～800 倍液或 64% 杀毒矾可湿性粉剂 400～500 倍液喷雾。从现蕾期开始,每周 1 次,连续 3～4 次,收获前 20 d 停用。喷药宜在 9:00—10:00 或 16:00—17:00 进行,叶片正、反两面要喷匀喷到,农药交替使用。如有蚜虫发生,用 25% 抗蚜威粉剂 2000～3000 倍液及时喷雾防治。

(5)喷施叶面肥 播种后一般不再进行地面追肥,只进行叶面喷肥。现蕾至开花时,用磷酸二氢钾 2250 g/hm² 兑水 750 kg/hm² 均匀喷洒于叶面。喷药防治病虫害与叶面喷肥结合进行,以提高劳动功效。

(6)收获 植株茎叶开始枯黄凋落、薯块充分长大、薯皮老化时即为收获适期。一般在 6 月底至 7 月初进行,用农具挖出马铃薯块茎即可,茎叶作为绿肥翻埋于土壤之中,以增加土壤有机质含量,培肥桑园,促进苗梢生长和桑树快速成林(田跃勤等,2010)

(三)效益分析

马铃薯以块茎为主要收获利用对象。马铃薯块茎富含营养,是不同国家、不同种族人民都非常喜欢的一种食品。马铃薯最大特点是粮菜兼用,不仅可以当作主食,而且可以烹制成多道可口的菜类供人们食用。以淀粉含量计算 5 kg 马铃薯相当于 1 kg 粮食。为了应对全球灾荒饥饿问题,国际粮农组织则把马铃薯作为重要的粮食战略物资之一。由此可见,马铃薯的作用和重要战略地位以及展示的发展前景。幼龄桑园行间种植马铃薯,既增加了马铃薯种植面积,扩大了马铃薯种植范围和规模,带动和促进了马铃薯产业的发展,同时又显著增加了单位桑园面积的产出,一般单产马铃薯 26.25 t/hm² 以上,对贫困地区解决温饱以及增加市场有效供给,丰富城乡人民菜篮子,改善城乡人民生活都有着十分重要的意义。

在幼龄桑园行间种植马铃薯,首先提高了土地的利用率和桑园的光能利用率;其次能稳定增加群众收入。种植马铃薯投入较低,约 6000～7500 元/hm²,而且产量稳定,销售价格不断上升,种植户收入可观。一般幼龄桑园间作马铃薯单产马铃薯在 26.25 t/hm² 以上,高产可达 30 t/hm² 以上。马铃薯块茎附加值较高,后续加工效益好。新鲜马铃薯除了直接做成饭菜外,可加工成多种干制成品或半成品,而且还可作为商品直接出口,加工增值效益成倍增长。因此,通过在幼龄桑园行间种植马铃薯,不仅调整优化了农村产业结构、促进农民增收,而且可以通过延伸马铃薯产业链条,促进地方工业发展,提升产业的整体经济效益。

四、其他南方果树与马铃薯间作

(一)中国果树种植概况

中国具有丰富的果树种质资源。据不完全统计,全世界 45 种主要果树作物种类包含了 3893 个植物学种,起源于中国的为 725 种,占世界的 18.62%;苹果、梨、葡萄、桃、李、杏、枣、核桃、柑橘、枇杷、龙眼、荔枝等大宗果树起源中国的野生种数量占世界的 56.13%;45 种主要果树作物种类栽培种有 15 种起源在中国或部分起源在中国,占 33%(王力荣,2012)。

中国幅员辽阔,地形复杂,气候变化多样,其中包括寒、温、热三带,以上原因决定了植物种类的多样性和差异性,也形成了一定的果树分部带和特定产区。果树分布带主要为:耐寒落叶果树带、干旱落叶果树带、温带落叶果树带、温带落叶和常绿果树混交带、亚热带常绿果树带、热带常绿果树带、云贵高原落叶和常绿果树混交带、青藏高原落叶果树带等以上这八大果树带。果树的主要产区如下:一是苹果产区。苹果产区主要分布在温带落叶果树带以北,主要区域为甘肃和宁夏东南部,山西和陕西中部,四川阿坝、甘孜州,辽宁西南部、燕山以南,太行山以东,山东中部。二是梨产区。梨产区主要分布在温带落叶林果树带以北,从北到南依次以秋子梨、白梨、沙梨和洋梨为主。三是柑橘产区。柑橘的种植生产受气象条件影响较大,主要分布在华南丘陵平原、江南丘陵、四川盆地、云贵高原等地。四是葡萄产区。中国气候多变,地形复杂,从北到南有多个葡萄生产区,主要以东北和西部地区、华北及渤海湾区、西北及黄土高原区、秦岭、淮河以南亚热带区和云贵高原及川西部分高海拔区等五个区域。五是桃产区,桃树种植区域主要在西北高原、华北平原、长江流域、云贵高原以及青藏高寒海拔高度 4000 m 以下的地区(周圣凯,2016)。

(二)南方果树与马铃薯间作概况

中国南方主要生产柑橘、李、梨、枇杷、香蕉、火龙果等,新建果园前 2～3 年,各类幼树正处于定干培养期和修剪定形期。果树幼园套种马铃薯、花生、蔬菜等蔬菜或牧草绿肥等作物,有效缓解了果树幼园前期投入高、产出低的矛盾。

在南方果园冬闲间作或套作马铃薯有效提高果园产出,提高果园土地利用率。汤新元等(2003)在果园套作蔬菜亩产花生 186t、产鲜马铃薯 1520 kg、蔬菜(大葱、芹菜和大白菜)2100 kg,经济效益显著。利用幼龄果园行间空闲土地和光热资源等适于间作套种的客观条件栽种马铃薯,通过间作方式可使同等条件下水肥、光热资源协调利用以及病虫杂草防治得到互补优化。

1. 品种选择　幼龄果园间作马铃薯应选择早中熟品种,以中密度3 m×2 m或3 m×3 m为主要规格,利用行间3 m(扣除与树间距各0.5m,实际只有2.0 m)种植马铃薯4行,行距50 cm,株距15~20 cm。马铃薯则根据不同品种和当地栽培条件定植栽培。按照马铃薯生长的品种特性,适时早播。马铃薯一般在气温为4℃以上,并缓慢回升的12月上旬至次年1月下旬采用地膜覆盖栽培。

2. 播种规格和质量　在精细整地、施足有机底肥的基础上,要使套种作物在果树幼园的有效面积内获得较高的产量和经济效益,既要保证各种作物的播种规格,还要保证各种作物在套种时的播种质量。具体规格为:在中、稀植的果树幼园内马铃薯、花生在树与树之间的大行内,均可播3~5个小行,以行距50 cm、株距10~15 cm为宜,亩播马铃薯和花生2800~3300株。播种后将配比好的N、P、K肥按量均匀施入,覆土盖严以防烧苗。墒情较差的可酌情灌水,并防止草荒。

3. 合理施肥　因套种作物的可利用面积仅约占树行间的60%~70%,因此,底肥要一次施入,还要适度增加养分总量。一般第一茬作物马铃薯需肥量大,应占总施肥量的60%~70%,第二茬作物占20%~30%,第三茬作物占10%。有专用肥的地区,应尽量施入专用肥,但总养分量绝对不能减少。果树间作马铃薯要保证施足有机肥

4. 综合管理　及时中耕除草,合理灌水,做好病虫害综合防治,确保各种作物顺利生长发育,获得较高的质量和产量。幼龄果园套作马铃薯应套种低矮品种。果树幼园正处于生长定干、养树定形期。定形期间,需要充分的光照和通风透光条件。因此,栽培的马铃薯品种株高不能高于50 cm,以免影响幼树生长发育。

果园幼树与套种马铃薯间距应适度。果园幼树正处于根系发育期,离果树较近,容易在操作过程损伤果树根系生长点,使果树生长发育受阻。较远,套种马铃薯对树行间空地的利用率极低,产量低、效益差,以离果树30~50 cm为宜。并随着果树的生长,间距应逐年扩大,套种马铃薯面积应逐年缩小。

间作作物及早收获并及时清洁田园。由于各种作物生育期和栽培时间较紧,马铃薯、花生应在成熟后立即收获,精细整地后及时播种,以免播种时间偏迟影响下一季作物的经济效益。果园空闲期需及时清洁田园,将果园残枝败叶及间作作物残留枯叶及时清理干净,保持田间清洁。

参考文献

阿不都热合曼·马合苏提,尚亚伟,2014. 核桃园间作马铃薯不同灌溉方式对比试验[J]. 农村科技(11):24-25.

安贵阳,杜志辉,郁俊宜,等,2012. 中熟苹果新品种"金世纪"[J]. 园艺学报,**39**(8):1603-1604.

陈波浪,盛建东,李建贵,等,2011. 红枣树氮、磷、钾吸收与累积年周期变化规律[J]. 植物营养与肥料学报,**17**(2):445-450.

陈杰忠,2011. 果树栽培学各论南方本(第四版)[M]. 北京:中国农业出版社.

陈霞,谢永红,程玥晴,2010. 柑橘园间作模式优化与效益分析[J]. 南方农业,**5**(4):56-58.

程智慧,2010. 蔬菜栽培学各论[M]. 北京:科学出版社.

丛洁,2013. 新疆地区水资源管理利用初探[J]. 中国西部科技,**12**(1):75-75.

崔珍,叶彩萍,2007. 榆林市农区鼠害发生规律及其综合治理技术研究[J]. 安徽农学通报,**13**(19):154-155.

邓铭江,等. 2005. 新疆水资源及可持续[M]. 北京:中国水利水电出版社.

邓铭江.2009. 新疆水资源战略问题探析利用[J]. 中国水利(17):23-27.

邓铭江,2010. 新疆水资源问题研究与思考[J]. 第四纪研究,**30**(1):107-114.

邓铭江,李湘权,龙爱华,等,2011. 支撑新疆经济社会跨越式发展的水资源供需结构调控分析[J]. 干旱区地理,**34**(3):379-390.

邓妍妍,2013. 果蔗间作马铃薯栽培技术[J]. 现代园艺(21):39-40.

邓子牛,2015. 柑橘病虫害防治[J]. 湖南农业(5):36-37.

段慧,王素华,杨丹,等,2017. 适宜南方冬闲田种植的优质马铃薯品种筛选[J]. 作物研究,**31**(5):486-489.

范秋堂,闫小兵,王玉红,等,2008. 果薯间作技术[J]. 山西果树,(5):52-52.

冯国华,尤平达,刘涛,2004. 新疆年降水量多年变化分析[J]. 新疆农业大学学报,**27**(2):66-71.

冯怀章,倪萌,罗正乾,等,2013. 南疆林果生产区域马铃薯双膜套种栽培技术[J]. 农村科技(7):7-8.

冯丽红,郭总总,2016. 南疆地区枣区间套马铃薯高产高效栽培技术[J]. 新疆农业科技(3):36-38.

甘海峰,肖远辉,梅正敏,等,2011. 柑橘新品种——桂脐1号的选育[J]. 果树学报,**28**(4):729-730.

高华,赵政阳,王雷存,等,2016. 苹果新品种"瑞雪"的选育[J]. 果树学报,**32**(3):120-123.

高疆生,唐都,徐崇志,等,2015. 不同施肥方案对幼龄枣树营养生长特性及产量的影响[J]. 新疆农业科学,**52**(4):637-642.

高彦,肖宝祥,白海霞,等,2006. 苹果新品种——玉华早富的选育[J]. 果树学报,**22**(5):589-590.

工永蕙,1992. 枣树栽培[M]. 北京:农业出版社.

郭裕新,单公华,王斌,1991. 金丝小枣的早实丰产优系——金丝新1号与金丝新2号[J]. 落叶果树(2):45-46.

黄朝宏,2011. 粮桑间作高效栽培模式研究[J]. 现代农业科技(21):68-69.

雷天刚,何永睿,吴鑫,等,2009. 栽培品种(系)DNA指纹图谱库的构建[J]. 中国农业科学,**42**(8):2852-2861.

李勃,李晨,韩真,等,2016. 泰安地区春暖棚马铃薯间作葡萄栽培技术[J]. 落叶果树,**48**(4):45-46.

李聪颖,周录红,2009. 新幼果园间作地膜马铃薯栽培技术[J]. 中国农技推广,**25**(12):24-24.

李聪颖,周录红,2010. 新幼果园间作地膜马铃薯栽培技术[J]. 农业科技与信息(3):24.

李登科,王永康,隋串玲,等,2011. 大果型制干加工枣新品种——晋赞大枣的选育[J]. 果树学报,**28**(6):1130-1131.

李高峰,王一航,文国宏,等,2008. 马铃薯新品种LK99的选育[J]. 中国蔬菜(6):35-36.

李金见,黎永谋,2012. 云南省桑园间作马铃薯免耕栽培技术[J]. 现代农业科技(7):121-121.

李林光,2013. 介绍几个苹果优良品种[J]. 农业知识(31):22-25.

李培基,1988. 中国季节积雪资源初步评价[J]. 地理学报,**43**(2):108-119.

李秀,2015. 阿克苏核桃丰产栽培技术[J]. 现代园艺(12):40.

李妍,2012. 苹果幼园套种马铃薯栽培技术[J]. 农业科技与信息(1):43-44.

李瑶,张社梅,2014. 提升四川省蚕桑产业生产效率的策略分析[J]. 中国蚕业,**35**(2):48-52,55.

李勇,于翠,邓文,2014. 桑园套种马铃薯田间优化配置模式研究[J]. 湖北农业科学,**53**(23):5779-5784.

李志欣,刘进余,苗锋,等,2011. 枣抗裂果新品种沧金1号的选育[J]. 中国果树(4):13-15.

刘刚,黄盖群,杨远萍,等,2016. 关于加快推进四川果桑产业发展的建议[J]. 四川蚕业,**44**(3):8-11.

刘辉丽,田利琪,王帅帅,等,2013. 河北省梨产业现状及发展对策[J]. 中国果树(3):82-84.

刘孟军,李宪松,刘志国,等,2015. 一种适于高度密植枣园的简化整形方法[J]. 中国果树(3):68-70.

刘孟军,汪民,2009. 中国枣种质资源[M]. 北京:中国林业出版社.

刘明月,秦玉芝,何长征,等,2011. 南方冬闲田马铃薯播种技术[J]. 湖南农业大学学报(自然科学版),**37**(2):156-160.

刘青山,任宝君,2009. 幼龄梨园间作马铃薯栽培模式[J]. 现代农业科技(4):29-29.

刘婷,王小青,高晋芳,等,2014.幼龄核桃园套种矮秆作物技术[J].农业技术与装备(20):39-40.

刘月娇,倪九派,张洋,等,2015.三峡库区新建柑橘园间作的截流保肥效果分析[J].水土保持学报,29(1):226-230.

柳让,马桂珍,2009.辽西北半干旱地区幼龄梨园间作马铃薯栽培模式探讨[J].现代农业(12):35-36.

穆振侠,姜卉芳,刘丰,2010.2001-2008年天山西部山区积雪覆盖及NDVI的时空变化特性[J].冰川冻土,32(5):875-882.

潘青华,白金,郑立梅,2003.优质鲜食大枣新品种京枣39[J].农业新技术(1):24-25.

庞淑敏,蒙美莲,方贯娜,等,2012.怎样提高马铃薯种植效益[M].北京:金盾出版社.

彭际淼,杨水芝,龙桂友,等,2012.柑橘新品种早蜜椪柑的主要性状及栽培要点[J].中国南方果树,41(4):56-58.

漆联全,2004.新疆红枣高产栽培技术[M].乌鲁木齐:新疆科学技术出版社.

齐乐,祈春节,2016.世界柑橘产业现状及发展趋势[J].农业展望(12):46-52.

秦淑琴,杨俊杰,2015.干旱区沙土地核桃早期高产栽培技术[J].北方果树(9):25-27.

曲泽洲,孙云蔚,1990.果树种类论[M].北京:农业出版社.

全亮,冯一峰,熊仁次,等,2016.生草栽培对枣园微域环境及土壤理化性状的影响[J].北方园艺(9):183-187.

冉龙平,2012.宁南县桑园间作冬季马铃薯喜获丰收[J].四川蚕业,40(1):16.

单公华,郭裕新,周广芳,1998.新一代金丝小枣——金丝新1号[J].山西果树(3):18.

施雅风,2005.简明中国冰川目录[M].上海:上海科学普及出版社.

史彦江,等,2007.新疆红枣高效栽培技术讲座(二)[J].农村科技(2):36-37.

束怀瑞,陈修德,2018.我国果树产业发展的时代任务[J].中国果树(2):1-3.

宋来庆,李元军,赵玲玲,等,2013.脱毒"烟富3号"苹果品种的主要特点和栽培管理要点[J].烟台果树(3):26-27.

苏宏超,沈永平,韩萍等,2007.新疆降水特征及其对水资源和生态环境的影响[J].冰川冻土,29(3):343-350.

汤新元,余景云,2003.果树幼园高效套种栽培技术[J].西北园艺(果树专刊)(5):26.

田世儒,王太荣,2015.新新2核桃及其优质高效栽培技术[J].现代园艺(10):43-44.

田跃勤,田金全,陈玉平,2010.幼龄桑园间作马铃薯的比较优势与技术措施[J].现代农业科技(14):130-131.

铁征,2009.果树马铃薯高效种植技术要点[J].青海农技推广(4):33.

王长柱,高京草,刘振中,2003.早熟大果型鲜食枣品种——七月鲜[J].园艺学报,30(4):499.

王长柱,高京草,高文海,等,2007.枣品种改良研究进展[J].果树学报,24(5):673-678.

王成,孙凯,王龙,2014.南疆绿洲区滴灌红枣不同生育期水肥利用研究[J].节水灌溉(5):18-21.

王舰,蒋福祯,周云,等,2009.优质抗旱马铃薯新品种青薯9号选育及栽培要点[J].农业科技通讯(2):89-90.

王雷存,赵政阳,高华,等,2015.晚熟苹果新品种"瑞阳"[J].园艺学报,42(10):2083-2084.

王力荣,2012.我国果树种质资源科技基础性工作30年回顾与发展建议[J].植物遗传资源学报,13(3):343-349.

王太荣,2010.优质薄皮核桃温185丰产栽培技术[J].园艺特产(8):65.

王玉春,王娟,陈云,等,2008.马铃薯新品种晋薯16号选育[J].中国马铃薯,22(3):191-191.

魏亚凤,李波,汪波,等,2015.南通市桑园冬季间作高效模式及综合栽培技术[J].农学学报,5(11):63-68.

文国宏,王一航,李高峰,等,2008.马铃薯新品种陇薯7号的选育[J].中国蔬菜(4):35-37.

文国宏,王一航,李高峰,等,2013.菜用型马铃薯新品种陇薯10号[J].中国蔬菜(3):35-36.

吴翠云,常宏伟,林敏娟,等,2016. 新疆枣产业发展现状及其问题探讨[J]. 北方果树(6):41-44.

吴永萍,王澄海,沈永平,2011.1960—2009 年塔里木河流域降水时空演化特征及原因分析[J]. 冰川冻土,**33**
　　(06):1268-1273.

武婷,等,2011. 枣园间作栽培的标准要求和栽培形式[J]. 西北园艺(果树)(2):9-10.

武旭亮,2016. 沙雅县林果间作马铃薯种植管理技术[J]. 农民致富之友(2):41-42.

谢开云,金黎平,屈冬玉,2006. 脱毒马铃薯高产新技术[M]. 北京:中国农业科学技术出版社.

谢宗周,邓秀新,伊华林,等,2011. 晚熟脐橙新品种——伦晚脐橙的选育[J]. 果树学报,**28**(4):733-734..

徐象华,斯金平,谢建秋,等,2006. 柑橘新品种无子瓯柑的选育[J]. 果树学报(5):781-782.

徐有海,李勇,胡兴明,等,2012. 桑树红薯间作模式群体光合特性初步研究[J]. 湖北农业科学,**51**(14):
　　3026-3030.

许丽,2011. 新疆水资源可持续利用浅析[J]. 科技经济市场(1):44-45.

杨念,王蔚宇,刘倩,2013. 河北省梨果产业生产现状及影响因素分析[J]. 产业与科技论坛,**12**(22):25,95.

杨青,崔彩霞,孙除荣,2007.1959—2003 年中国天山积雪的变化[J]. 气候变化研究进展,**3**(2):80-84.

杨雅伦,郭燕枝,孙君茂,2017. 我国马铃薯产业发展现状及未来展望[J]. 中国农业科技导报,**19**(1):29-36.

杨针娘,1991. 中国冰川水资源[M]. 兰州:甘肃科学技术出版社.

袁国军,宋宏伟,卢绍辉,等,2014. 早熟鲜食枣新品种——尖脆枣的选育[J]. 果树学报.**31**(2):337-338.

岳磊,罗凯,马丽,等.2014. 花椒马铃薯间作对花椒园节肢动物群落结构的影响[J]. 南方农业学报,**45**(4):
　　580-584.

战庆丽,2017. 苹果幼树行间套种低秆经济作物栽培技术[J]. 种子科技(6):89-90.

张锋,高峰,2011. 鲜食制干兼用红枣品种佳县长枣[J]. 北方园艺(15):34.

张国林,高平霞,王芳丽,2011. 静宁县幼龄果园间作全膜马铃薯栽培技术[J]. 甘肃农业科技(4):46-47.

张雷一,张静茹,刘方,等,2014. 林草复合系统的生态效益[J]. 草业科学,**31**(9):1789-1797.

张平,2016. 洋芋与核桃间作栽培技术[J]. 农民致富之友(9):205.

张水绒,2010. 苹果幼树园间套地膜马铃薯是理想的高效间作模式[J]. 果农之友(1):12-13.

张希近,马恢,尹江,2008. 鲜食菜用马铃薯新品种"冀张薯 8 号"的选育[J]. 园艺与种苗,**28**(5):296-297.

张玉星,2011. 果树栽培学总论(第 4 版)[M]. 北京:中国农业出版社.

赵小弟,杨美丽,高彦斌,等,2011. 渭北旱塬苹果幼树间作模式效益比较[J]. 西北园艺(4):6-7.

郑世发,黄燕文,2010. 蔬菜间作套种新技术(南方本)[M]. 北京:金盾出版社.

周碧容,易干军,周成安,等,2011. 柑橘新品种"金葵蜜橘"[J]. 园艺学报,**38**(8):1607-1608.

周春涛,田梅金,2010. 冬季桑园间作马铃薯栽培技术[J]. 北方蚕业,**31**(4):64-64.

周录红,李聪颖,2009. 陇东地区新幼果园间作地膜马铃薯栽培技术[J]. 中国农技推广,**25**(12):21.

周荣飞,李敏,张连忠,2013. 新疆喀什地区枣的栽培现状及发展建议[J]. 落叶果树,**45**(5):57-58.

周圣凯,2016. 我国果树发展现状及发展趋势[J]. 现代农村科技(23):32.

周伟新,1994. 幼龄果树套作辣椒技术[J]. 农村科技(5):27.

周琰,张洋军,阿不都热依木·吾斯曼,等,2016. 泽普县"核桃-马铃薯"间作模式下春播马铃薯高产栽培技术
　　[J]. 农村科技(12):5-6.

朱荣贵,罗正乾,2014. 林果套种模式下不同基肥对马铃薯产量和品质的影响[J]. 新疆农业科学,**51**(2):
　　269-274.

左庆华,尹江,田国联,等,2012. 马铃薯新品种冀张薯 12 号选育[J]. 中国马铃薯,**26**(2):192-192.

左艳,杨先义,罗永猛,等,2015. 不同间作模式对早实核桃幼林生长的影响[J]. 天津农业科学,**21**(12):
　　92-94.

第五章 马铃薯轮作

第一节 一熟制地区马铃薯的年际轮作

一、应用地区

中国北方地区无霜期较短,光热条件只能满足农作物一年一熟,但耕地面积较大,具备年际间茬口倒换的条件。马铃薯粮菜经饲兼用,生育期短、适应性广,在北方地区农作物年际轮作中发挥着重要作用。

(一)华北地区

华北马铃薯种植区主要包括内蒙古自治区中西部、河北省北部和山西省中北部,地处内蒙古高原,气候冷凉,年降水量在 300 mm 左右,无霜期在 90~130 d,年均温度 4~13℃。≥5℃积温 2000~3500℃·d,分布极不均匀。土壤以栗钙土为主。由于气候凉爽、日照充足、昼夜温差大,适合马铃薯生产,是中国马铃薯优势区域之一,单产提高潜力大。本区大部分马铃薯生产为一年一熟,一般 5 月上旬播种,9 月中旬收获。马铃薯轮作方式主要为年际轮作,有杂粮杂豆—马铃薯—小麦轮作、马铃薯—小麦轮作、马铃薯—杂粮杂豆轮作、马铃薯—小麦或杂粮杂豆—向日葵—小麦或杂粮杂豆轮作等模式;适宜玉米种植区也可与玉米进行轮作。

(二)东北地区

东北马铃薯种植区主要包括黑龙江和吉林两省、内蒙古自治区东部、辽宁省北部和西部,地处高寒,日照充足,昼夜温差大,年平均温度在 -4~10℃,≥5℃积温 2000~3500℃·d。土壤为黑土,适于马铃薯生长,为中国马铃薯种薯、淀粉加工用薯的优势区域之一。本区马铃薯种植为一年一季,一般春季 4 月份或 5 月初播种,9 月份收获。马铃薯轮作方式主要为年际轮作,与玉米、大豆、小麦、水稻、牧草、杂粮杂豆类作物进行轮作倒茬。

(三)西北地区

西北马铃薯种植区主要包括甘肃省、宁夏回族自治区、陕西省西北部和青海省东部。本区地处高寒,气候冷凉,无霜期 110~180 d,年均温度 4~8℃,≥5℃积温 2000~3500℃·d。降水量 200~610 mm。海拔 500~3600m。土壤以黄绵土、黑垆土、栗钙土、风沙土为主。由于气候凉爽、日照充足、昼夜温差大,生产的马铃薯品质优良,单产提高潜力大。本区马铃薯生产为一年一熟,一般 4 月底至 5 月初播种,9—10 月上旬收获。马铃薯轮作方式主要为年际轮作,主要与玉米、高粱、油菜、大豆及杂粮杂豆类作物轮作倒茬。

二、轮作的农作物种类

马铃薯忌连作,如果连作种植,一是产量降低,品质下降,特别是病、虫、草害更加严重。二是由于营养吸收单一,土壤中 K 肥和微量元素含量下降,影响土壤肥力,对种地养地十分不利。在北方一季作区,与马铃薯进行年际轮作的农作物种类很多,包括粮食作物、经济作物、蔬菜作物、绿肥作物、牧草作物等。

(一)与马铃薯轮作的粮食作物种类

在北方地区马铃薯生产中,与粮食作物轮作最多,主要有玉米、水稻、小麦、高粱和杂粮杂豆类作物(谷子、糜子、荞麦、燕麦、莜麦、绿豆、小豆、蚕豆、芸豆、豌豆等)。

玉米是中国北方地区的主要粮食作物,还是北方农牧交错带主要的饲料作物。据刘腊青(2016)介绍,玉米是内蒙古自治区的第一大宗农作物,种植面积和产量分别约占到全区粮食作物面积和产量的 50% 和 70%。在国家调减"镰刀弯"地区玉米种植面积的大背景下,和林格尔县等内蒙古自治区玉米主产区由过去单种玉米改为玉米—马铃薯轮作,玉米茬土壤疏松,属软茬,是马铃薯生长发育的良好茬口,既有利于减少病害的发生,也有利于减少杂草生长。

在内蒙古自治区阴山南北一带,无霜期短、土壤贫瘠,可与马铃薯进行轮作的作物较少。燕麦具有生育期短、适应性强、耐旱、耐贫瘠等特性,成为当地与马铃薯轮作的最佳作物选择之一。在内蒙古乌兰察布市,马铃薯与燕麦轮作不仅有利于土地整理和土壤保护,而且可以发挥适宜大规模种植燕麦的地理优势,在促进旱作农业发展、提升土地综合收益、增加农民收入等方面起到十分明显的作用。

苦荞生育期短,耐旱、耐瘠薄,富含生物类黄酮,是重要的保健食品资源,也是北方地区马铃薯重要的倒茬作物。农业部小宗粮豆专家指导组、全国农业技术推广服务中心发布的《2017年苦荞生产技术指导意见》指出,中国北方苦荞区主要包括河北、山西、内蒙古、陕西、甘肃、青海、宁夏等省(区),苦荞忌连作,要积极推广马铃薯—荞麦—燕麦轮作或马铃薯—豆类—荞麦轮作,避免重茬,提高产量和品质。

在陕北地区,谷子是马铃薯年际轮作的主要农作物之一。马铃薯收获时深翻土壤、茎叶全部还田,是谷子良好的前茬。而谷子是禾本科作物,其需肥特性和病虫害种类与马铃薯不同,后茬种植马铃薯不会出现微量元素缺乏和土传病害滋生现象。

(二)与马铃薯轮作的经济作物种类

在北方一季作区,与马铃薯进行年际轮作的经济作物很多,主要有大豆、棉花、向日葵、油菜、花生、胡麻与中药材等。

在东北地区,大豆是马铃薯的良好前茬。大豆因为有固氮作用,能恢复提高土壤的肥力和蓄水能力,为马铃薯的生长发育制造了良好的土壤条件。

在新疆维吾尔自治区,马铃薯可与棉花进行年际轮作。马铃薯和棉花没有同源病害,且作物收获器官和根系分布深浅不同,进行轮作有利于改善土壤理化性质和减轻病虫害发生。

在陕西省定边县、靖边县等山区,气候干旱、降水量少、无霜期短,适宜种植的农作物种类少,春油菜是当地与马铃薯进行年际轮作的主要作物之一。一般有马铃薯—油菜—荞麦、马铃薯—谷子(糜子)—油菜、马铃薯—油菜—大豆(绿豆、小豆)等轮作模式。

（三）与马铃薯进行轮作的蔬菜作物种类

马铃薯是茄科作物，所以不能与番茄、辣椒、茄子等茄科蔬菜作物轮作。马铃薯与十字花科作物有同源病害，所以也不能和白菜、甘蓝等作物轮作。马铃薯是块茎作物，不与甜菜、胡萝卜、山药等块根块茎类作物轮作。北方地区蔬菜作物种类较少，除去上述作物，适宜与马铃薯进行轮作的蔬菜作物主要有西瓜、甜瓜、西葫芦、丝瓜、洋葱、大蒜、芹菜、菜豆等。

（四）与马铃薯进行轮作的绿肥和牧草作物种类

绿肥是利用植物生长过程中所产生的全部或部分绿色体，直接耕翻到土壤中作肥料。在中国北方地区，种植毛叶苕子、箭筈豌豆、苜蓿等绿肥作物，将鲜草作饲草，根茬作绿肥，籽实作为饲料和绿肥种子，所以既是绿肥也是牧草。马铃薯是北方地区重要的农作物之一，通过与绿肥、牧草作物进行年际轮作，可以起到促进马铃薯生长、改善土壤性状等作用，实现用地与养地结合，促进耕作制度改革。

段玉等（2010）研究结果表明，苕子、豌豆与马铃薯进行年际轮作，能显著提高后茬马铃薯的产量，绿肥作物增施 P 肥可以起到"以磷增氮"的作用。绿肥后茬减少施 N 量 30%，减产不明显，说明在干旱地区种植绿肥后可以减少 N 肥用量 30%。

据张久东等（2011）研究，在甘肃省河西地区，随着栽培年限的增加，由于马铃薯连作出现的一系列问题，近年来严重制约了当地的薯业发展。通过用绿肥作物进行轮作间作，改单一种植马铃薯为绿肥与马铃薯结合种植的生产模式，是解决马铃薯连作系列问题并发展畜牧业的新途径。当地与马铃薯进行轮作的绿肥作物有毛叶苕子、箭筈豌豆、草木樨、紫花苜蓿、沙打旺等。

陕西省榆林市北部近年来马铃薯产业发展迅猛，连作障碍成为制约马铃薯优质高产的瓶颈问题。近年来，通过与紫花苜蓿、草木樨、沙打旺等绿肥、牧草作物进行年际轮作，土壤肥力有效提升，促进了马铃薯产业良性循环。

三、轮作的意义和作用

轮作是指同一块地上有计划地按顺序轮种不同类型的作物和不同类型的复种形式。同一块地上长期连年种植一种作物或一种复种形式称为连作。

（一）连作造成马铃薯减产的原因

1. 农田肥力下降，养分失衡　马铃薯是喜肥作物，尤其对 K 吸收比例高，数量大，同时对 N 和 Ca 的消耗量也较大，年年种植马铃薯，必然造成土壤中这些元素的严重匮乏，使土壤中的养分比例严重失调，作物生长发育受阻，产量下降。据有关部门统计，种一年马铃薯，隔一年再种马铃薯则比三年以上轮作土壤 0～20 cm 的速效钾含量减少 36.8%。

2. 土壤蓄水保墒能力下降　马铃薯根系发达，分布较深，是需水较多的作物，蒸腾系数达 400～600，即形成 1 kg 干物质消耗 400～600 kg 水，马铃薯产量相对较高，其生物产量比麦类作物高 2.5～3.0 倍，单位面积的耗水总量大大超过了麦类作物。马铃薯块茎含水量又高达 75%～80%，地上部分的含水量达 70%～90%，保持自身正常生理活动所需水分比谷类作物多，同时收获时从土壤中带走的水分比禾谷类作物多。如每亩产块茎按 1000 kg 计算其生物产量为 2000 kg，其中，块茎干物质重为 200 kg，植株干物质重约 200 kg，合计干物质 400 kg，水分为 1600 kg。相当于生育期集中降水 300 mm，这一需水量还不包括地面蒸发，仅地上部分和块茎每亩就要从土壤中带走水分 1600 kg。从以上推算可以断定,在同一降雨条件下与谷类作物比较,马铃薯茬的土壤水分是较低的。因此连作会造成土壤水分难以得到恢复,遇到旱年更为严重,致使减产。

3. 马铃薯的病虫害加重　连作能使危害马铃薯的病菌在土壤中的潜藏量越来越多,通过土壤和残株传播的病虫害加重。马铃薯环腐病、黑胫病、青枯病、早疫病等会大量发生;一些专食性或寡食性的害虫,如线虫也会发生;一些伴生性和寄生性杂草危害加重,如狗尾草、菟丝子、固子蔓等与马铃薯争夺养分、水分,争夺空间,恶化生长环境。因此,连作产量锐减、品质下降,连作年限越长减产速度越快。实施马铃薯与其他作物轮作,更换其寄主,改变其生态环境和食物链组成,使之不利于某些病虫害的正常生长和繁衍,从而达到减轻马铃薯病虫害和提高产量的目的。据陈世平(2010)介绍,连作 8 年的马铃薯其疮痂病的发病率为 96％,接种一茬萝卜再种马铃薯则疮痂病发病率显著降低,只有 28％。某些障碍性病、虫、草害,特别是病害,即使应用最新型的农药也无济于事,唯有轮作才能有效地控制这类病害。

4. 马铃薯根系有毒物质累计增加　在马铃薯生长过程中,根系不仅从环境中摄取养分和水分,同时也向生长介质中分泌物质,释放无机离子,溢泌或分泌大量的有机物。这些物质和根组织脱落物一起统称为马铃薯的根分泌物,马铃薯的根分泌物主要为含 N 和不含 N 的有机化合物,根分泌物组成和含量的变化是植物响应环境胁迫最直接、最明显的反应。由于连作使环境胁迫下土壤微生物种群、土壤酶活性发生变化、酶的活动性下降,根细胞内氧自由基大量积累并产生毒害作用,细胞的活性增强;细胞膜脂产生过氧化作用,膜结构遭受破坏,透性增强;连作也使还原性有毒物质积累加强,这些有毒物质对马铃薯根系生长有明显的作用。马铃薯属茄科作物,因此不能直接和其他茄科作物如烟草、茄子、辣椒、番茄等轮作。因茄科类作物在土壤中吸收营养物质种类与马铃薯大致相同,并有互相感染的共同病虫害。甜菜等块茎作物不与马铃薯轮作,因与马铃薯同属喜 K 作物,轮作后常导致土壤 K 肥不足,同时还有共同的病虫害如疮痂病、线虫病。马铃薯与禾谷类作物、油料、豆类可以轮作,因为这些作物病虫害及杂草的危害,营养类型不同。而且马铃薯是中耕作物,经多次中耕,地疏松又少杂草,是禾谷类作物、油料作物的良好前茬。如把收后的茎叶压入田间做绿肥,则对后作增产更有利。

(二)马铃薯合理轮作

合理轮作是通过合理的安排作物种植年际间的种植顺序,起到蓄水保墒、充分而合理地利用全年自然降水和土壤中储存的水分、均衡地利用土壤养分、改善土壤理化性状、调节土壤肥力、防治和减轻病虫危害,防除和减轻田间杂草的作用,达到合理利用农业资源,提高经济效益的目的。

马铃薯要实现持续高产优质,必须进行轮作。一是轮作可以均衡利用土壤中的营养元素,把用地和养地结合起来。二是可以改变农田生态条件,改善土壤理化性状,增加生物多样性。三是免除和减少某些连作所特有的病虫草的危害。利用前茬作物根系分泌的灭菌素,可以抑制后茬作物上病害的发生,如洋葱、大蒜等根系分泌物可以抑制马铃薯晚疫病的发生,小麦根系的分泌物可以抑制茅草的生长。四是合理轮作倒茬,因食物条件恶化和寄主的减少而使那些寄主性强、寄主植物种类单一及迁移能力小的病虫死亡。腐生性不强的病原物如马铃薯晚疫病菌等由于没有寄主植物而不能继续繁殖。五是可以促进土壤中对病原物有拮抗作用的微生物活动,从而抑制病原物的滋生。

（三）马铃薯轮作倒茬的原则

1. 注意不同环境病虫害发生程度不同　同科农作物有同样的病虫害发生。不同科农作物轮作，可使病菌失去寄主或改变生活环境，达到减轻或消灭病虫害的目的。如马铃薯疮痂病在土壤中存活年限较长，与甜菜、山药等根茎类作物轮作，会加重病害发生。不同病菌存活时间不同，轮作的年限也不同。

2. 每年选择不同科作物种植　马铃薯可与禾本科、菊科、葫芦科和豆科等多种作物轮作。如：马铃薯—瓜类—大豆，马铃薯—向日葵—玉米，马铃薯—大豆—玉米，马铃薯—玉米—瓜类等。

3. 注意不同作物对养分需求不同　不同作物对养分的需求不同，如禾谷类需要 N 肥较多，豆类作物需要 P 肥较多，而根茎类作物需要 K 肥较多，所以马铃薯最好与禾谷类和豆类作物轮作，要避免与根茎类作物轮作。

4. 注意不同农作物的根系深浅不同　玉米属浅耕性作物，马铃薯是深耕性作物，它们进行轮作，土壤中不同层次的肥料都能得到利用。

5. 注意不同作物对土壤肥力的影响不同　种植豆科作物可增加土壤有机质含量，提高土壤肥力。而长期种植需 N 较多的作物，会使土壤中营养元素失去平衡，土壤肥力下降，导致马铃薯发生营养缺素症。所以，北方地区经常选择种植大豆、绿豆、小豆等豆科作物与马铃薯进行年际轮作。

6. 注意不同作物对杂草抑制作用不同　一些生长迅速或栽培密度大、生育期长、叶片对地面覆盖度大的作物，对杂草有明显的抑制作用；而发苗慢、叶片小的作物，易滋生杂草。

四、马铃薯轮作周期

马铃薯最忌连作、迎茬。马铃薯不直接和其他茄科作物如烟草、茄子、辣椒、番茄等换茬，甜菜等块根作物也不与马铃薯轮作。马铃薯连作 3 年或与茄科作物轮作，不论施肥与否，都减产 2/3 以上。迎茬种植即种一年隔一年，减产 15.3％。据宁夏回族自治区固原市农业技术推广服务中心调查，马铃薯连作 1 年减产 5％～10％，连作 2 年减产 10％～15％，连作 3 年减产 20％以上。同时导致淀粉含量、商品率和品质降低。所以，马铃薯生产中，提倡进行 3 年以上的轮作。

（一）马铃薯一年轮作

在陕西省榆林市的北部风沙滩区，近年来随着机械化水平的不断提高，马铃薯家庭农场规模不断扩大。据统计，榆林北部榆阳、定边、靖边三县区有 500 亩以上的马铃薯家庭农场 100 多个，使得土地租金不断增加，每亩达到 300～500 元，且承包年限不断减少，一般 5 年左右。因马铃薯收入较当地其他主要作物效益高 1～2 倍，农场主们为了追求生产效益，一般实行一年一轮的隔年轮作，如马铃薯—玉米—马铃薯、马铃薯—谷子—马铃薯、马铃薯—胡萝卜—马铃薯、马铃薯—向日葵—马铃薯等。

（二）马铃薯二年轮作

在黑龙江北部积温较低地区，大力推行玉米与大豆、小麦、马铃薯进行年际轮作。在黑龙江克山农场，全场 40 万亩土地除 1 万亩试验、示范基地外，其余 39 万亩土地，严格按照马铃薯—玉米—大豆或马铃薯—大豆—玉米的轮作顺序，以每年 13 万亩的面积进行年际轮作种植。

（三）马铃薯多年轮作

据宁夏回族自治区农业技术推广总站 2016 年发布的马铃薯合理轮作指导意见,在该区干旱区、半干旱偏旱区,一是实行休闲轮作制,利用休闲蓄纳雨水,熟化土壤,恢复地力,歇地比糜子、荞麦地土壤含水量平均高 30%,种马铃薯出苗率提高 40%,杂草少 6.6～11.0 倍,增产 80%至 1 倍。其轮作方式:歇地—地膜西瓜—马铃薯—糜子(或谷子);歇地—马铃薯—地膜玉米—向日葵(一膜两年用)。二是实行半休闲轮作制,利用扁豆、豌豆等豆类作物代替歇地轮作方式:豆类—马铃薯—地膜玉米—向日葵(一膜两年用);豆类—小麦—马铃薯—糜子(或谷子)。在半干旱区,马铃薯与豆类,禾谷类作物轮作为好,既有较好的土壤水分、养分条件,又能减轻病虫害的防治。其轮作方式:豆类—小麦—小麦—马铃薯;豆类—马铃薯—小麦—胡麻;豆类—小麦—小麦—玉米—马铃薯。

上述轮作制的优点:一是豆类是典型的豆科作物。它能恢复提高土壤的肥力和蓄水能力。豆茬比连作麦茬有机质增加 2.3 g/kg,含 N 增加 0.12 g/kg,速效 N 增加 12.5 mg/kg,速效 P 增加 1.77 mg/kg;增加了土壤蓄水保墒能力,提高了水分有效利用率,春播前测定,0～200 cm 土层内土壤贮水量比麦茬地多 12.6 mm,比胡麻茬多 28.68 mm,为马铃薯的生长发育制造了良好的土壤条件。二是小麦茬被安排为马铃薯的前作,因小麦收获早,能伏耕晒垡蓄水,加速土壤养分的转化,据测定,连作 2 年的麦茬地,土壤有机质含量仅比豆茬地低 2.9 g/kg,比胡麻茬高 3.6 g/kg,速效 N 仅比豆茬低 4.18 mg/kg,比胡麻茬多 20.5 mg/kg,速效 P 比豆茬低 8 mg/kg,比胡麻茬多 5.29 mg/kg;土壤含水量比糜子茬地高 30%。同时杂草少、病虫害轻,因而使马铃薯增产 30%。三是玉米被安排为马铃薯的前作,玉米施肥量充足又是地膜栽培,留膜留茬过冬,早春清理残膜后,整地种植马铃薯,土壤含水量高,比秋耕地土壤含水量高 2.9%,而且杂草少,病虫害轻。

宁夏还提倡进行粮草轮作,将草木栖、苜蓿纳入轮作恢复提高地力。草木栖轮作,土壤有机质可增加 1.40～2.12 倍,土壤全氮增加 46%,P 增加 11%～23.6%,水解氮增加 19.8%～36%,土壤水稳定性团粒增加 42%,容重低 0.28 g/cm³,孔隙度增加 34%,抗旱保墒能力提高,增产幅度达 41.6%～164%。2 年生的苜蓿地有机质和全氮分别增加 10.2 g/kg 和 0.58 g/kg,3 年生的苜蓿地有机质全氮增加 10.71 g/kg 和 0.648 g/kg,增产幅度 50%至 1 倍。

五、轮作模式

（一）马铃薯与粮食作物轮作

在粮食作物中,马铃薯与玉米轮作最为普遍,下面以马铃薯与玉米轮作为例介绍马铃薯与粮食作物的年际轮作模式。

1. 应用地区和条件　玉米是北方地区第一大宗农作物,所以马铃薯与玉米进行年际轮作的模式在中国华北、东北和西北地区均广泛分布。因玉米需水需肥大,一般选择水肥条件较好的灌区,在干旱地区马铃薯与玉米轮作时,需要采取地膜覆盖方式。

2. 轮作周期　马铃薯与玉米进行年际轮作,轮作年限一般 3 年以上,如马铃薯—玉米—玉米、马铃薯—玉米—豆类等。在土地资源紧张地区,有马铃薯与玉米进行隔年轮作的习惯。

3. 栽培技术要点　王红丽等(2015)研究总结出西北半干旱区玉米马铃薯轮作一膜两年

用栽培技术,旨在为半干旱区农田生产力的持续提高、节本增效和农田环境保护提供技术支持。该技术特点是全地膜覆盖,起单垄沟,第1年玉米种植在沟内,玉米收获后不揭膜、不灭茬、不整地,第2年直接将马铃薯点播在垄侧。其优势一是充分利用降水提高土地生产力,两年合计产量显著增加;二是高耗水作物和低耗水作物轮作,保障半干旱区水分生态安全;三是有效降低农田病虫害发生概率,提高作物品质。

(1)起垄覆膜　按作物种植走向(缓坡地沿等高线)开沟起单垄,垄宽70 cm、高10 cm,沟宽40 cm,要求垄沟宽窄均匀,高低一致(图5-1)。用厚度0.008~0.010 mm、宽100 cm的地膜全地面覆盖。覆膜时沿边线开深5 cm左右的浅沟,地膜展开后靠边线用土压实,依次覆膜。

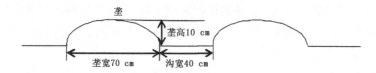

图5-1　起垄覆膜示意(王红丽等,2015)

(2)规格播种　马铃薯播种前7 d左右将玉米秸秆运出,用细土封住地膜破损处。一般在4月中下旬,当膜下10 cm土壤温度稳定在8~10℃时即可播种,用马铃薯点播器在前茬垄面上采用三角形双行错位破膜点播,播深10~15 cm,株距33~35 cm,每穴播小整薯1个或切块种薯2个,然后用土压实封严播种孔。肥力较高、降水量较多地块保苗3500~4000株/亩,肥力较低的旱坡地保苗3000~3500株/亩,中早熟品种可适当加大密度。

(3)加强田间管理　薯苗长至1~3叶时及时放苗。待大部分幼苗出土后,在未出苗的穴孔进行补种或移栽。做好追肥、灌水、中耕、除草、病虫害防治工作。

(4)收获后地膜回收　马铃薯收获后结合整地及时人工或用废旧地膜回收机清除废膜,集中处理,以防污染土壤。

(二)马铃薯与油料作物轮作

与马铃薯进行年际轮作的油料作物有油葵、大豆和油菜等。下面以油葵为例介绍马铃薯与油料作物的年际轮作。

1. 应用地区和条件　马铃薯与油葵进行年际轮作主要分布在华北和西北地区,如内蒙古自治区乌兰察布市、锡林郭勒盟、鄂尔多斯市,甘肃省白银市、定西市,宁夏回族自治区固原市、吴忠市,陕西省榆林市、延安市。马铃薯与油葵都是深根系作物,要求种植在地势平缓、土质疏松、肥力中上等、排灌良好的地块。

2. 轮作周期　马铃薯与油葵进行年际轮作,轮作年限一般3年以上,如马铃薯—油葵—玉米、马铃薯—油葵—谷子、马铃薯—油葵—蔬菜等。

3. 轮作油葵对马铃薯生长发育及抗性生理指标的影响　为了探索轮作油葵对连作马铃薯生长发育及抗性生理的影响,徐雪风等(2017)选取马铃薯连作4年、连作4年后轮作油葵1年、连作6年、连作6年后轮作油葵1年的同一块试验田,以该试验田前两年分别种植藜麦、玉米的地块为对照,测定土壤理化性质、土壤酶活性及土壤微生物数量变化,测评土壤环境,再在该试验田种植马铃薯,对其幼苗光合作用、抗氧化酶活性及马铃薯生长发育指标进行测定,结果表明,随着连作年限增加,马铃薯根际土壤pH值总体升高,偏碱性,有机质和有效磷含量逐渐减少,碱解氮含量上升;土壤酶活性与连作年限呈负相关;随着连作年限增加,土壤中细菌数量、放线菌数量和细菌与真菌比（B/F）呈下降趋势，真菌数量呈增加趋势；土壤环境的恶化导致马铃薯植株生长量减少，叶绿素相对含量降低，叶片光合速率下降，超氧化酶（SOD）活性下降，O_2^- 产生速率加快，丙二醛（MAD）含量上升。轮作油葵明显降低了土壤 pH 值，提高了土壤有机质、有效磷和碱解氮含量，增加了土壤酶活性、细菌数量和 B/F 值，降低了真菌数量，改善了根际土壤微环境，对植株生长发育起到促进作用；增加了马铃薯叶片相对叶绿素含量、光合速率，SOD 活性增强，而 O_2^- 水平和 MAD 含量下降。可见轮作油葵减轻了马铃薯膜脂过氧化作用和自由基伤害，促进了马铃薯生长发育，且整体效果以连作 4 年后轮作油葵较好。

4. 栽培技术要点

（1）油葵栽培技术要点　一是选用良种。选用丰产性好、出油率高、适于密植栽培的矮大头 567、矮大头 667、新葵杂 4 号等优良品种。二是施足底肥。结合整地亩施 20-10-15 的配方肥 50 kg。三是规格播种，当 10 cm 地温稳定在 5℃ 以上时，即可播种，北方地区油葵播种时间一般在 4 月上中旬，在热量资源较好的地区，播种时间可以延长到 5 月下旬。亩留苗密度 3500～4000 株左右。四是现蕾至开花期遇旱浇水，并亩追施尿素 10～15 kg、硫酸钾 10 kg。五是人工辅助授粉。油葵是异花授粉作物，采用人工授粉能有效提高单位面积产量和葵籽的出油率，可放蜜蜂授粉或用人工辅助授粉器授粉或相邻花盘相互抖动摩擦授粉，进行 2～3 次效果更好，授粉时间一般在盛花期上午 9—10 时较为适宜。六是适时收获。收获不宜过早或过晚，过早含水量较高，过晚易霉变，均影响产量和含油量。一般在植株上部 4～5 片叶和茎秆上部及花盘背面变黄、籽粒变硬时即可收获。收获后立即在晒场上脱粒摊开晒干、扬净储藏防止霉变。

（2）马铃薯栽培技术要点　一是选用良种。旱地选择晋薯 16 号、冀张薯 8 号、青薯 9 号、陇薯 10 号等品种；水地选用陇薯 7 号、冀张薯 12 号、费乌瑞它等品种，要选择高代脱毒种薯种植。二是整地施肥。播前深耕土地，亩施 12-19-16 的配方肥 50 kg，磷酸二铵 20 kg。三是切块播种。马铃薯播前要催芽，切块时切刀用 75％酒精消毒，切块后种子用滑石粉和甲基托布津拌种。西北地区 4 月下旬至 5 月上旬播种，华北地区 5 月中下旬播种。种植密度 3500～4000 株/亩。四是中耕追肥。马铃薯苗齐后要进行中耕，垄高 15 cm 左右。结合灌水进行追肥，一般亩追施尿素 10～15 kg，硫酸钾 15 kg。五是防治病虫害。马铃薯的主要病虫害有晚疫病、早疫病、黑痣病、茎腐病、蚜虫、二十八星瓢虫等，要做到提前预防、综合防控。六是适时收获。当田间大部分植株茎叶变黄枯萎、块茎停止膨大时即可收获。收获时应尽量避免太阳光照射，以上午或傍晚为宜。

（三）马铃薯与绿肥和牧草轮作

1. 应用地区和条件　马铃薯与绿肥、牧草进行年际轮作主要分布在内蒙古、辽宁、河北、山西、陕西、甘肃、宁夏等北方农牧交错带。当地畜牧业较为发达，马铃薯与绿肥和牧草轮作，既可培肥土壤，又可为牲畜提供优质饲料。

2. 绿肥和牧草种类　在北方一作区，与马铃薯进行年际轮作的绿肥和牧草有毛叶苕子、箭筈豌豆、草木樨、紫花苜蓿、沙打旺、青贮玉米等。

3. 轮作周期　牧草生长年限较长，如草木樨为 2 年生，紫花苜蓿和沙打旺属于多年生，所以马铃薯与绿肥、牧草进行轮作，轮作年限一般为 3～5 年，甚至更长。

4. 马铃薯与绿肥、牧草作物轮作研究　马铃薯是内蒙古阴山北麓的主要农作物。近年来，马铃薯种植面积逐年增大，马铃薯连作的一系列问题严重制约了马铃薯产业的发展，发展绿肥作物是解决马铃薯连作和发展畜牧业的新途径,实际生产上许多地方的农民已经开始应用绿肥作物进行轮作、间作,改单一马铃薯为绿肥作物与马铃薯间作轮作的农牧结合生产模式,并为当地发展畜牧业开辟了新途径。段玉等(2010)在内蒙古农牧业科学院武川旱作试验站进行绿肥作物与马铃薯轮作研究,结果表明,苕子和豌豆增施 N、P 化肥均有显著的增产效果,增产可达 13%～36%。箭筈豌豆增产效果好于蒙苕一号。尽管马铃薯平衡施肥的茬口后效最好,但与绿肥作物各施磷酸二铵处理之间没有显著差异。毛叶苕子和箭筈豌豆两种绿肥作物茬口对后茬马铃薯产量基本没有影响。绿肥后茬减少施 N 量 30%,减产不明显,说明在干旱地区种植绿肥后可以减少 N 肥用量 30%。

秦舒浩等(2014)在甘肃省定西市开展箭筈豌豆、天蓝苜蓿和陇东苜蓿等 3 种豆科牧草与马铃薯的轮作试验。结果表明,这 3 种牧草对马铃薯连作田土壤速效 N、速效 P 及速效 K 含量有不同程度的促进作用。对于马铃薯 2 年以上连作田,轮作 3 种豆科牧草均能起到提高土壤 N 素有效性的作用,速效 N 含量最高提高 476%,且可显著提高 3 年以上连作田速效 P 含量,增幅最高可达 207%。对于 3～4 年连作田,轮作天蓝苜蓿可提高土壤速效 K 含量,其他连作年限及轮作箭筈豌豆和陇东苜蓿均没有提高土壤速效 K 含量。轮作豆科牧草后,不同连作年限马铃薯连作田土壤电导率值均显著下降,与对照相比,土壤的电导率值最大降低 69.7%,说明实施马铃薯与豆科牧草轮作对防止马铃薯连作田土壤盐渍化有显著效果。轮作豆科牧草使连作田土壤脲酶、碱性磷酸酶和过氧化氢酶活性均显著提高。从第 2 年连作开始,轮作豆科植物对后茬马铃薯产量产生明显影响,第 3～4 年连作期间,轮作天蓝苜蓿和箭筈豌豆对后茬马铃薯增产效果较明显。

曹莉等(2013)通过轮作箭筈豌豆、天蓝苜蓿和陇东苜蓿 3 种豆科牧草,对连作马铃薯田土壤可培养细菌和真菌数量分布、微生物活性、土壤脲酶活性、碱性磷酸酶活性及过氧化氢酶活性均有明显的促进作用,与种植牧草前相比,轮作牧草后土壤中真菌/细菌最高可降低 50.72%,说明真菌数量下降,通过轮作不同连作年限马铃薯田土壤微生物菌群从真菌型向细菌型转化;与种植牧草前相比好气型固氮菌数量最高增加 283.69%;脲酶活性最高增加 6.4 倍;碱性磷酸酶活性和过氧化氢酶活性均显著提高。但是对连作土壤的改良作用高低还与豆科牧草种类及土壤连作年限有关,不同连作年限的土壤对不同种类的豆科牧草表现出不同的敏感性。

六、效益分析

(一)生态效益

马铃薯作为一种容易受到多种病虫害侵扰的作物,忌连作,喜欢轮作倒茬。马铃薯通过无性繁殖,收获块茎,容易受到多种土传病害的影响。如果一块地上连续种植马铃薯,土传病害的发生概率会显著提高,这主要是因为如青枯病、疮痂病、黑胫病、湿腐病、干腐病以及镰刀菌枯萎病等土传病害的病原菌能够在土壤中寄存、越冬,在土壤环境适宜的条件下,病原菌大量繁殖,都潜伏在土壤中,土壤是病害传播的一种途径。实施轮作倒茬可以改变农田土壤生态环境,农田生物群落也将随之发生变化,去除和减少某些连作所特有的病虫草害,从而减少病虫害防治的农药用量,对于提高马铃薯食用安全非常必要。

马铃薯轮作,有利于改善土壤理化性状。马铃薯是喜 K 作物,随着连作年限的增加,造成土壤中 K 元素不断被消耗,而 N、P 等元素过剩,导致土壤养分失衡,土壤板结,土壤肥力下降,根系土壤微生物结构遭到破坏。轮作会打破以上连作障碍,轮作后的土壤有机质含量和有效 N、P、K 含量均比连作高,说明轮作的"改土""增肥"效果是明显的。王红丽等(2015)在连续种植 2 年马铃薯的土壤上进行不同轮作方式田间试验,探讨轮作方式对马铃薯土壤酶活性及土壤微生物数量的影响。试验结果表明:与对照(裸地)相比,小麦—豌豆—马铃薯轮作时土壤过氧化氢酶活性有增加的趋势;豌豆—马铃薯—豌豆轮作条件下,土壤的蔗糖酶活性提高,且在马铃薯成熟期提高幅度最大,为 47.95%。轮作条件下土壤多酚氧化酶活性低于连作;轮作方式不同,土壤脲酶活性变化明显,在马铃薯块茎膨大期,豌豆—马铃薯—豌豆轮作方式的土壤脲酶活性比小麦—马铃薯—小麦高 14.73%。马铃薯块茎膨大期根区土壤微生物数量测定结果显示:随着连作年限的增加,细菌数量及微生物总量降低,真菌数量升高了 54.66%;小麦—豌豆—马铃薯轮作后,土壤中的细菌、放线菌数量最高,分别为 6.40×10^6 CFU/g 和 2.22×10^6 CFU/g。所以生产中,马铃薯与其他作物轮作,可以减少化肥的使用量,产量和品质都得到了提高。

(二)经济效益

1. 马铃薯与玉米轮作增加经济效益　以黑龙江省讷河市为例,2011 年在同义镇建设马铃薯、玉米轮作(中低产田改造)项目 1 万亩,马铃薯平均亩产由 1500 kg 提高到 2100 kg,年增产优质马铃薯商品薯 300 万 kg,鲜薯价格按 0.8 元/kg 计,年增加产值 240 万元;玉米亩产由 450 kg 增加到 650 kg,年增产优质玉米 200 万 kg,按 1.6 元/kg 价格计算,年增加产值 320 万元。项目区受益农业人口 4340 人,人均增收 1075 元。

2. 马铃薯与向日葵轮作增加经济效益　以内蒙古自治区太仆寺旗为例。马铃薯作为当地主导产业之一,近年来给农民带来巨大效益,种植面积也逐年增加,但轮作倒茬作物效益低的问题日益显现,为有效解决轮作倒茬问题,将向日葵确定为马铃薯倒茬作物。2014 年,太仆寺旗马铃薯、向日葵轮作面积 3 万亩,每亩生产葵花籽 240 kg,收购价 2.25 元/kg 左右,每亩纯收入可达 1000 多元。轮作向日葵后,马铃薯较连作田块亩增产 300 kg 左右,每亩可增收 350 元左右,经济效益显著。

3. 马铃薯与大葱轮作增加经济效益　据王雅等(2011)介绍,在陕西省兴平市,马铃薯与大葱轮作种植。马铃薯采用高低垄种植,垄宽 70 cm,高 25 cm,垄距 60 cm,株距 30 cm,种植密度 4000 株/亩。大葱耕作带 90 cm,沟深 25 cm,宽 30 cm,株距 50 cm,定植密度 1.8 万株/亩左右。该模式具有争早、赶鲜的特点,经济效益较高。地膜马铃薯产量 2000 kg/亩,产值 2000 元/亩;大葱亩产量 3500 kg,产值 4800 元/亩。两种作物共计产值 6800 元/亩,较纯种粮食增加纯收入 3700 元/亩。

4. 马铃薯与绿肥、牧草轮作增加经济效益　以陕西省榆林市为例,马铃薯与紫花苜蓿进行轮作。紫花苜蓿第 1 年收获干草 0.6t/亩,第 2 年和第 3 年可收获干草 1.3t/亩,平均售价以 1300 元/t 计,3 年销售收入分别为 780 元/亩、1690 元/亩、1690 元/亩。第 4 年种植马铃薯,每亩可生产鲜薯 3500 kg,价格以 1.2 元/kg 计,可实现销售收入 4200 元,较连作马铃薯每亩增收 500 kg,每亩增收 600 元。

第二节　多熟制地区马铃薯的年内轮作

多熟制地区马铃薯的年内轮作实际上是在同一田块上有顺序地在季节间连续种植中利用

不同作物之间的接茬关系,实现包括马铃薯在内的多种作物一年多熟。要避免以茄科作物为前茬。在茬口衔接上,也要避免"异株克生"现象。熟区划分主要以热量(积温)条件为依据(王铁生,2013)。主要分为二熟制区和三熟制区,其中二熟制区为≥0℃积温为4000～4200℃·d至5900～6100℃·d的华北、西南、江淮、长江中下游、东南丘陵等地区,三熟制区主要分布在≥0℃积温在5900～6100℃·d以上的西南盆地、长江中下游、东南及华南水田地区。

一、马铃薯与粮食作物轮作

(一)马铃薯与水稻的水旱轮作

水旱轮作能降低地下水位,排除渍水,提高土温和水温,从而降低土壤还原性物质的含量,有利于来年稻根对土壤养分的吸收;旱作增施的有机肥料,可使土壤疏松多孔,通透性和持水性增强;冬季旱作冬翻晒白,可改良土壤的物理性状,活化土地养分;同时既可减轻病虫草危害,降低生产成本,又能提高复种指数,增加粮食产量和经济效益。

1. 二熟轮作

(1)应用地区和条件　应用地区包括陕西省的南部、湖南省、湖北省的东部、河南省、山东省、江苏省、上海市、浙江省、安徽省、江西省等省(市)的全部。无霜期在180～300 d,年平均气温10～18℃,年降水量500～1750 mm,是中国水稻的高产区。

(2)马铃薯与水稻轮作种植模式和关键技术

①早春马铃薯—水稻轮作　采用马铃薯—水稻水旱轮作高产高效栽培模式,水稻秸秆还田可减少马铃薯种植季节有机肥用量。有效解决马铃薯连作中疮痂病、晚疫病等病害发病严重的问题。同时水稻季前种植1季马铃薯,做到了既不与水稻争地,又解决了浙中地区冬闲田闲置的问题,可大力推广应用。

以浙江省海盐、金华等地区为例:

茬口安排:充分利用水稻种植前的温光条件,种植1季春马铃薯,可提高农田的利用率,增加粮食产量和种植效益。水稻于4月下旬至5月中旬播种,5月下旬至6月上旬移栽,11月中下旬收割。马铃薯于1月中下旬播种,3月上中旬出苗,5月中旬上市。

品种选择:马铃薯宜选用适合当地的早熟优良的脱毒马铃薯种薯,如中薯3号、中薯5号、兴佳2号、费乌瑞它等。水稻选用生育期较长、抗性好的晚熟超高产品种浙优18等。

②马铃薯栽培技术要点

种薯切块:播种前15～20 d开始切块。将种薯切成30～50 g/块,保证每块种薯芽眼1～2个。用50%多菌灵300倍液浸泡1 min消毒后晾干。

大田准备:选择地势高爽田块,水稻留茬15～20 cm,稻板免耕做畦,畦宽1.7 m,沟宽20～30 cm,沟深15 cm左右。沟泥均匀铺散在畦中央。播前用50%乙草胺加40%毒死蜱封草、防治地下害虫。

播种:每畦播4行,株距25 cm,播种7.5万枚/hm²左右。注意播种时芽眼斜向下。播后每公顷撒施硫酸钾型复合肥1500 kg,注意复合肥距种薯5 cm左右,避免与种薯直接接触造成烂种。

稻草覆盖:播种后覆盖稻草,稻草厚度15 cm左右,每公顷需干燥稻草40 t。稻草横向覆盖,下部朝沟,上部相叠。过薄会漏光造成青薯,过厚造成薯茎基部细弱影响产量。稻草覆盖后,再覆盖一层白色地膜,有利于固定稻草,避免大风吹散。提高结薯部位温度,促进马铃薯生长,增加产量。

大田管理与收获:马铃薯出苗后揭除地膜或挖洞放苗。生长期间注意防治晚疫病等病害,5月中旬当茎叶落黄时即可收获。

③马铃薯地膜覆盖栽培

种薯选择,消毒催芽:春季栽培应选用早熟优良脱毒种薯,以利于提高产量和品质,如东农303、兴佳2号、中薯3号、中薯5号、费乌瑞它等。种薯表皮常携带多种病原菌,播前需用甲基托布津浸种5min或喷薯堆后覆盖薄膜闷蒸2h进行消毒处理。为节约用种,大、中薯应切成25g带有2~3个芽的种块,要保证每个切块均有顶部芽眼。

精细整地筑畦:马铃薯根系主要分布在30 cm表土层中,应选择土壤肥力中上、土层深厚、排灌方便的沙质壤土种植。马铃薯为高产作物,全生育期消耗养分较多,每产1000 kg鲜薯需吸收纯N 5.8 kg、P 2.5 kg、K 10.8 kg,N∶P∶K比例为2∶1∶4。由于马铃薯生育期较短,结薯早,前中期需养分多,加上地膜覆盖不利于后期追肥,因此应重施基肥。播种前,结合秸秆还田,亩追施有机肥1000 kg、过磷酸钙15 kg、硫酸钾15 kg作基肥,结合施肥耙碎整平田块,开沟筑高畦,畦面宽0.8m、高30 cm。齐苗后和现蕾期视田间长势追肥。

适期播种:春季栽培马铃薯,根据早春终霜期和后茬作物等确定播种期,一般以10 cm土温稳定在7℃以上为宜,金华地区一般在1月下旬2月上旬播种。地膜覆盖栽培的可提前10 d播种。为节约劳动力,可采用宽畦的宽行窄株方式播种,株行距为60 cm×30 cm,穴播,每亩栽4000株左右。出苗后及时开孔揭膜放风。

中耕培土,清沟排水:中耕培土2次,第1次在出苗期,结合破膜放风,用清沟土压膜封口;第2次在封行前,结合清沟排水进行根部培土,同时可减少马铃薯露青比例。浙中地区降雨量较大,遇阴雨天气应及时清理排水沟,防止田间积水。

病虫害防治:马铃薯病虫害主要有晚疫病、疮痂病、蚜虫、地老虎等,应以预防为主,并采取综合防治措施。马铃薯老产区,晚疫病是危害春马铃薯的主要病害。防治方法:选用抗病品种,做好种薯处理,淘汰带病种薯;加强栽培管理,重施基肥,增施P、K肥,清沟排水,降低田间湿度,提高植株抗病力;当田间出现中心病株时,可用58%甲霜灵锰锌可湿性粉剂800倍液或60%扑他林可湿性粉剂800倍液防治。

适时采收:适时收获是马铃薯获得丰产丰收的重要保证。当春马铃薯地上部分茎叶由绿转黄、干枯时,即表明块茎已经成熟,可以采收。

④水稻栽培技术要点

残留稻草处理:马铃薯收获后部分稻草秸秆没有腐烂,需打捆移到田埂边,浸水腐烂后作有机肥。

适期播栽:"浙优18"等晚熟杂交粳稻适宜播种期为4月下旬至5月中旬,播种量60 g/盘,移栽期为5月底至6月上旬,秧龄控制在15~18 d。种植密度30 cm×22 cm,每丛2苗。亩基本苗1.5万丛左右,有效穗控制在15万~18万。

施肥技术:马铃薯用肥量足,没有全部吸收,可适当减少水稻基面肥用量。施肥掌握前促、中控、后补原则,重施基肥,早施分蘖肥,看苗施穗肥,增施P、K肥。共追肥3次,第1次在栽插后5~7 d,每公顷施尿素187.5 kg,促进早发;第2次在栽插后14 d,每公顷施尿素225 kg、氯化钾90 kg;第3次在栽插后30 d左右,每公顷施尿素187.5 kg。

水分管理:活棵分蘖阶段,中大苗移栽的,移入大田后需要水层护理,浅水勤灌;小苗移栽的,移栽后应以通氧促根为主。达到目标穗数 80％时开始搁田,搁田以土壤板实、有裂缝、行走不陷脚为度,稻株形态以叶色落黄为主要指标。在基蘖肥用量合理时,搁田 1～2 次即可。遇多雨天气,需及时排水,少雨地区可灌 1 次水,待进入无效分蘖叶龄期时,田间恰好断水。长穗、结实期浅湿交替灌水。

病虫害防治:水稻生长前期,每公顷可喷洒 20％ 杜邦康宽 150 mL、稻腾 450 mL、25％ 吡虫啉 150～225 g 防治稻飞虱、螟虫。分蘖末期至破口前后,每公顷用 5％井冈霉素水剂 3000 mL、好力克 150～225 mL 兑水 600～750 kg 喷雾防治纹枯病、稻曲病,每次间隔 7 d,连续喷雾 3 次,喷药时田间要保持水层。苗期注意防治稻飞虱、稻蓟马、稻象甲等,抽穗前后注意防治稻曲病,共防治 3 次以上,分别为抽穗前 7～10 d、抽穗期齐穗后各 1 次,2～3 种药剂混合使用。

(3)水稻—秋冬马铃薯轮作　以福建省邵武市为例。

①水稻栽培技术要点　选用高产优质抗病超级稻品种,改单晚为中稻高产、超级稻品种,改单季稻(迟播)为中稻种植,延长营养生长期,使每亩产量达 600～800 kg。

适时早播,培育壮秧,合理密植:中稻播种期可提前到 3 月下旬至 4 月上旬,插秧期可提前到 4 月下旬至 5 月上旬;稀播种,育壮秧,喷施多效唑,培育三叉壮秧,秧龄控制在 35 d 左右;密植规格 20 cm× 20 cm 或 20 cm × 23 cm(根据品种分蘖强弱而定),每亩插 1.43 万～1.70 万丛。

合理施肥,科学水管:为确保超级稻高产,施肥应做到有机肥和无机肥配合施用。按每亩产量 750 kg 计算,应施 N 12～13 kg、P_2O_5 6～7 kg、K_2O 12～13 kg,N：P_2O_5：K_2O 为 1.0：0.5：1.0,同时每亩施用有机肥 500～ 700 kg。施肥应掌握"头肥重、中肥稳、后期肥料要保证"原则,破口期、齐穗期每亩各喷磷酸二氢钾 0.25 kg,满足超级稻高产需肥要求。水管应掌握"寸水护苗、浅水分蘖、够苗搁田、干干湿湿至成熟"的科学管水方法。

严防病虫害:注意防治稻瘟病、纹枯病、细条病和螟虫、稻纵卷叶螟、稻飞虱。因施肥量大,茎叶生长旺盛,应密切关注纹枯病的发生为害,若有发生,用井冈霉素防治;稻瘟病可用三环唑或加收米,细条病可用叶青双、螟虫、稻纵卷叶螟可用杀虫双,稻飞虱可用扑虱灵防治。

②马铃薯栽培技术要点

品种选择与整地:选用地方适宜的早、中熟优良脱毒马铃薯。一般深耕 20～25 cm,排水良好的田做窄平畦,排水差的田做高窄畦。宽畦双行,畦宽 80～100 cm、高 26 cm;窄畦单行,畦宽 60～70 cm、高 25～30 cm。低洼地或中稻田做高畦深沟,以利排水。

适时播种,合理密植:秋冬马铃薯生育后期在不受早霜影响下,宜适当迟播以免结薯期间高温影响。秋马铃薯在 9 月上旬至下旬播种,冬马铃薯可在 9 月下旬至 10 月上旬播种。未完成生理休眠的种薯,播种前 15～20 d 用 1～5 mg/kg 赤霉素催芽,芽长 0.5 cm 即可播种。采用浅播浅盖的方法,一般播种深度为 10 cm 左右。每亩播种密度 3500～5000 株、移栽密度 3000～4000 株,可采用窄畦单行开穴,行距 100 cm、穴距 35～40 cm,每亩 1500 穴,每穴植 2 株,每亩植 3000 株;也可采用宽畦双行开穴,畦宽 100 cm、沟宽 30～35 cm,穴行距 27～30 cm ×30～40 cm,每亩 4000 穴,每穴放种 1 块,每亩 4000 株。

科学田管:出苗后即查苗补苗。补苗方法一是补种,二是移栽。移栽宜在阴天或傍晚进行,浇水以提高成活率。中耕除草和培土。齐苗后及早进行第 1 次中耕,深度 8～10 cm,结合除草;10～15 d 后进行第 2 次中耕,稍浅些;现蕾期进行第 3 次中耕,深度应比前两次浅。后两次中耕结合培土,第 1 次培土宜浅,第 2 次稍厚,但总厚度不超过 10 cm。适时排灌。苗期保持土壤湿润,现蕾开花期需水量最大,后期需水量逐渐减少,雨水过后应清沟排水,防止涝害。适施 N 肥,增施 K 肥。N 肥对根、茎、叶的生长和提高块茎产量有促进作用,但不能过多。马铃薯对三要素需求以 K 最多,N 次之,P 最少。每生产 500 kg 块茎需吸收 N 2.5～3.0 kg、P_2O_5 1.0 kg、K_2O 4.0～5.0 kg,马铃薯一生以现蕾开花期吸肥最多。

防治病虫害:马铃薯病害有花叶病(病毒病)、晚疫病、青枯病、疮痂病、早疫病、环腐病、黑胫病。除选用抗病品种外,发生晚疫病用 80% 代森锰锌、烯酰吗啉、丁子香酚等药剂进行防治,发生青枯病应拔除病株,发生疮痂病用福尔马林、升汞溶液、代森锌等喷施。害虫有二十八星瓢虫、蛴螬、金针虫、地老虎,可用敌百虫、辛硫磷、敌敌畏、呋喃丹等喷雾或撒施。

2. 三熟轮作

(1)应用地区和条件 包括海南、广东、广西、福建等省(区)的大部分地区及云南南部。无霜期达 300 d 以上,最长可达 365 d。年平均气温在 18～24℃,最热月平均温度为 28～32℃,最冷月平均气温为 12～16℃,≥5℃积温 6500～9500℃·d。年降水量 1000～3000 mm,属夏长冬暖、四季不分明的海洋性气候区。该区种植马铃薯多数在冬、春两季,利用冬闲田地栽培。

(2)种植模式和关键技术

①广东省惠州市博罗县"早稻—晚稻—马铃薯"轮作三熟模式

A. 早、晚稻栽培技术要点

种植时间:早稻宜在 2 月 25 日至 3 月 5 日播种,3 月 15—25 日移植,6 月 25 日至 7 月 5 日成熟收获。晚稻宜赶在 7 月 10 日前播种,7 月 15—25 日移植,10 月 25—31 日成熟收获。

稻种选择:马铃薯与水稻轮作三熟模式对茬口有一定要求,所以宜选择全生育期适宜、抗性强的优质稻种,例如早稻品种选择合丰占、华航 31,晚稻品种选择华航 31、粳籼 89 等。

播种育秧:播前晒种,再以清水选种。采用秧盘育秧,每亩准备 434 孔秧盘 50 个(561 孔秧盘 40 个)。每亩用种量 3 kg。播前 1 d 整好秧箱,铺放底土,每亩施三元复合肥 25 kg 作基肥。均匀撒播稻种,再覆盖薄土,灌满墒水。早造秧应覆盖地膜,晚造秧应覆盖遮光网。移植前 3～4 d 施送嫁肥,每亩用尿素 7.5 kg;同时喷施送嫁药,如 30% 苯甲丙环唑乳油 4000～6000 倍液,每亩用乳油 20 mL。插前 2 d 排水,以利移栽。

大田移植:秧龄 3.5～4.0 片叶宜移栽,一般早造秧期 15～20 d,晚造秧期 13～15 d。优选机插,也可以抛秧。机插宜采用薄水移栽,栽后灌水护苗。

大田管理:早造稻可免施基肥,因前茬种植马铃薯有机肥用量充足,且残枝回田。晚造稻应施足基肥,每亩施复合肥 30 kg+过磷酸钙 15～25 kg。回青分蘖期追施分蘖肥,每亩用尿素 5～7 kg+氯化钾 5～6 kg。深水回青撒施 60% 丁草胺乳油,每亩用乳油 250 mL+15 kg 细沙混匀。每亩总苗数达到目标穗数 80% 时,应多次轻搁田。拔节长穗期应施分化肥,每亩尿素 7～8 kg+氯化钾 6～7 kg。倒二叶抽出期停止搁田。施药 5% 井冈霉素,每亩用药 250 mL,兑水 100 kg。晚造稻灌浆结实期叶色偏淡施破口肥,每亩施尿素 2.5～3.0 kg。收割前 7 d 断水。

病虫害防治:主要在拔节期、破口期,针对稻飞虱、三化螟、稻纵卷叶螟、纹枯病、稻瘟病等进行防治。治病害用稻瘟灵、井冈霉素,治虫害用毗虫啉可湿性粉剂等。

B. 马铃薯冬作栽培技术要点

种植时间:冬作马铃薯播种时间宜 10 月 25 日至 11 月 5 日,收获上市时间宜 2 月 25 日至 3 月 5 日。

薯种选择:薯种宜根据市场定位和消费习惯,选择抗病、高产、商品性好的品种,例如费乌瑞它、大西洋、中薯18、中薯20等品种。同时应选择经过脱毒的一级种薯或二级种薯,不应采用商品薯做种,以免带来病害而影响产量。

精细整地:马铃薯对土壤疏松度要求较高,所以应深耕细耙,松土层厚度应达到25 cm以上。采用起垄机整成垄高25 cm以上、畦面宽80～90 cm、沟宽25 cm的双行植畦面。要求垄、沟平直,土块细碎。开深沟施足基肥,每亩施精制有机肥500 kg＋马铃薯专用控释肥100 kg＋硅钙镁磷肥25 kg,或者有机肥500 kg＋三元复合肥25～30 kg＋过磷酸钙25～30 kg＋硫酸钾10 kg＋0.5～1.0 kg硼砂;同时还应加入48％毒死蜱·辛硫磷1 kg。开沟施于畦中,即双行薯中间。

种薯处理:种薯播种前1 d切块,并选择通风透气的室内切块。切块前,先用75％酒精或0.5％高锰酸钾水溶液对刀具进行浸泡消毒,每次浸泡5～10 min。切块100 kg后应更换消毒液。切块尽量利用顶端优势,每个切块上至少有1个芽眼。切块后30min内种薯要进行消毒,可采用2.5 kg甲基托布津可湿性粉剂＋2.5 kg 58％甲霜灵锰锌可湿性粉剂＋0.2 kg 72％农用链霉素＋50 kg滑石粉混匀成粉剂消毒。

大田播种:开沟条播或穴播,深度5～6 cm,品字形双行种植。株行距25 cm×25 cm,种植密度约5000株/亩。播时应芽眼朝下,切口向上,覆土后淋湿,再在畦面上覆盖专用地膜,并用适量润湿的碎土盖住薄膜。覆土厚度不宜超过5 cm,以免影响出苗。发芽长根后及时灌溉,以确保出苗率。

大田管理:齐苗后进行定苗和中耕培土。每穴保留1～2株壮苗。第1次中耕培土在苗高10～15 cm时进行,培土5～6 cm,同时除草。在封行前进行第2次培土,培土34 cm。出苗60％～70％时开始第1次追肥,以后每隔7～10 d追施1次。在封行前大约追施4～5次。追肥以复合肥为主,每亩施复合肥10～12 kg,再加尿素和硫酸钾各2～3 kg,兑水稀释后淋施。以后视长势增减。现蕾期,如果植株徒长,可喷施多效唑进行抑制。为防止生长后期植株脱肥早衰,可追施叶面肥。用水应遵循"前期足水,中期少水,后期湿润"的原则,根据天气情况进行浇灌,一般以沟灌润土方式较好,灌至沟深1/3～1/4,待畦中土壤润湿后再排干水。有霜冻,应提前沟灌保温。

病虫害防治:应以防为主、治为辅,根据天气和病虫害情况进行防治。地老虎用甲氨基阿维菌素苯甲酸盐防治。种后40 d到采收前,可每隔10 d一次喷施百菌灵、精甲霜灵、春雷霉素、啶虫脒、代森锌、活力素等配制的药剂,预防青枯病、早晚疫病、蚜虫等病虫害。

②浙江省金华市"春马铃薯—早中稻—秋马铃薯"水旱轮作栽培模式

据何春玲(2011)介绍,该模式要点如下。

茬口安排:春马铃薯于12月底至1月上中旬播种,5月采收;早中稻于4月下旬播种(采用旱育秧技术),8月下旬收割;秋马铃薯于9月上中旬播种,11月中下旬采收。

A. 春马铃薯高产栽培技术要点

选用良种:选用结薯早、块茎膨大快、休眠期短、高产、优质、抗病的早熟品种的脱毒良种,如中薯3号、东农303等。

整地施肥,催芽播种:播前翻耕、整地施腐熟有机质肥料(鸡粪或猪粪)22.5～30.0 t/hm²,播前进行种子催芽,将种薯切成25 g左右薯块,保证每块种子有1～2个芽,切块后用0.05％农用链霉素浸种3 min,晾干,伤口愈合后播种,防止有害生物的侵入。一般畦宽1.7 m左右,施45％含硫复合肥750～1050 kg/hm² ＋46％尿素150 kg/hm² 覆盖播种;播种密度为40 cm×(20～25) cm。

地膜覆盖,提前上市:春马铃薯覆盖地膜,有利于保温保墒、抵御低温干旱等不利自然因素,确保植株安全越冬,具有播种早、出苗齐、结薯早、产量高、上市早、效益好等特点。地膜覆盖栽培比常规露地栽培可提早15 d左右上市,增产5250 kg/hm²,增收1.2万元/hm²。播后选用幅宽2 m、厚度0.005 mm或0.006 mm的强力超微膜地膜覆盖,覆盖地膜前墒情保持湿润,最好雨后覆盖,四周压实,出苗后打孔放苗。

病虫草害防治:可用90％乙草胺(禾耐斯)300 g/hm²防治杂草,用80％敌百虫800倍液＋40％锌硫磷600～800倍液防治地下害虫(地老虎、金针虫),宜在傍晚时施用。3月中下旬采用烯酰吗啉或瑞毒霉锰锌防治2～3次,以避免发生晚疫病。

B. 早中稻栽培技术要点

选用良种,适时播种:水旱轮作所用的水稻以早中熟品种为主,4月下旬播种,8月下旬成熟,能满足春、秋两季马铃薯茬口衔接的需要。如早熟优质、耐肥抗倒、抗病的株两优02和五优308,能为马铃薯种植户提供口粮。

旱育壮秧:实行旱育秧,充分利用土地,扩大前作播种面积,提高效益。采用30 cm×60 cm的育秧盘,育秧苗土拌壮秧剂10 g/盘,每个育秧盘用种量为100 g/盘,将催芽后的种子均匀撒在盘土上,覆盖育苗土0.5 cm,播种后浇足透水,以确保水稻发芽出苗。浇水后渗干不存明水,在存有明水时,要将多余的水放掉。秧龄3叶1心时便可移栽,移栽秧龄不超过30 d。

合理密植:早中稻种植行株距为27 cm×20～25 cm,栽苗1～2棵/丛。

统筹肥水,间歇灌溉:充分利用前作未吸收肥料,不施基肥,只施分蘖肥,在活棵后结合除草剂撒施尿素105 kg/hm²左右,以后看苗情适施穗肥,施尿素30～45 kg/hm²,发足80％有效苗时,适时搁田,以后间歇灌溉,后期干干湿湿养老稻,以提高产量争效益。

病虫害综合防治:可采取物理与生物药剂相结合的方法,加强病虫害综合防治,注重螟虫、稻虱、纹枯病的防治。

C. 秋马铃薯栽培技术要点

选用优质良种:秋马铃薯生育期处于高温、高湿的季节,宜选用生育期较短、薯块膨大快、休眠期短的东农303、中薯3号等品种。一般选春薯小块无病种薯(25～50 g),可有效缓解种薯退化,降低成本。

种子处理:由于秋马铃薯所用的种薯大多未通过休眠处理,应采取人工措施打破休眠期,方法是在播种前10 d左右将种薯放在10～15 mg/kg赤霉素溶液中浸5～6 min,然后取出晾干,放在阴凉处进行催芽,芽长1 cm左右便可播种。

适时播种,合理密植:在气温稳定在25 ℃以下时开始播种,当地以9月上中旬为宜。栽植密度为40～45 cm×22～25 cm,栽苗8.25万～9.00万穴/hm²,用种量为2400～2700 kg/hm²,播种覆土后用90％乙草胺750～900 g/hm²兑水1500 kg/hm²均匀喷雾,防治杂草,同时在畦面上覆盖稻草或杂草,保湿、防雨、降土温、促全苗。待苗高15 cm左右进行培土,以增加土壤通透性,增加昼夜温差,有利于优质高产。

合理施肥,加强田间管理:秋马铃薯生育期短,应一次性施足基肥,施用腐熟鸡(鸭)粪22.5 t/hm²＋复合肥(15-15-15)750 kg/hm²,开沟条施或在翻耕前施下,注意肥粒必须离种薯块5 cm以上,以防烂种。当叶龄6～7叶期,看苗施好追肥,做到旱时灌好跑马水,雨天防渍水;对生长后期发现叶片早衰的植株,用磷酸二氢钾和尿素各 1.5 kg/hm² 兑水 750 kg/hm² 进行 1~2 次根外喷施。秋播马铃薯容易发生蚜虫、疮痂病、晚疫病的危害,蚜虫可用 41.8% 阿维菌素乳油 2000 倍液,或 10% 吡虫啉喷雾防治。疮痂病选用 72% 农用链霉素可溶性粉剂 5000 倍液、新植霉素(100 万单位)5000 倍液喷雾,晚疫病用 50% 烯酰吗啉·锰锌可湿性粉剂 800 倍液,或 58% 甲霜灵锰锌可湿性粉剂 800 倍液喷雾防治。

(二)马铃薯与玉米轮作

主要应用于中原、西南二季作区及南方冬作区。

以双季鲜食糯(甜)玉米—马铃薯为例。

1. 茬口安排　玉米采取育苗移栽,3 月上旬播种春玉米,6 月中下旬前后开始采收;6 月中下旬播种夏玉米,8 月下旬进入采收期;9 月上旬前播种早熟马铃薯,1 月底开始采收。

2. 春玉米栽培技术要点　在大棚内育苗,播种后要加盖 2 cm 厚土杂肥,再小拱覆膜。齐苗后,根据气温变化,应随时揭膜通风,加强炼苗,防止徒长。采用宽窄行,宽行 0.8 m,窄行 0.5 m,3 叶左右移栽,每厢栽 4 行,株距 0.3 m,密度为 5.25 万株/hm²。移栽前将厢面加盖黑色地膜。移栽后及时补苗,注意中耕除草和剥除分蘖;大喇叭口期追施尿素 300 kg/hm²。初次改种玉米的稻田,地老虎危害很轻,一般不需防治,在拔节期和大喇叭口期,选用 90% 晶体敌百虫或敌杀死喷杀玉米螟,同时应注意对纹枯病和蚜虫的防治。在授粉后 25 d 左右,适时采收,防止过嫩或过老,以免影响鲜食品质。

3. 夏玉米栽培技术要点　一般在春玉米开始采收前 3~5 d 播种,要求苗床平整,床面土壤细碎,播种时种子要着床均匀,被盖一层土杂肥后支撑遮阳网,注意保持土壤湿润。春玉米收获后,及时挖除玉米秸秆,使土壤留有大小适当的穴窝。使用玉米专用复合肥施入穴内作基肥,在两穴之间中耕松土后再栽植玉米。要求带土移苗,尤其注意移栽质量,做到不伤茎叶、不损根系、栽稳压实。有条件则可加盖遮阳网,以促进成活。注意抗旱保苗,及时补苗;活苗后结合中耕松土早施提苗肥,用清淡腐熟粪水 30 万 kg/hm²,加尿素 60~70 kg/hm² 浇施。大喇叭口期,用尿素 225 kg/hm²,对清淡粪水追施穗肥;夏玉米病虫为害较春玉米重,拔节期、大喇叭口期应重点防治玉米螟,用药和方法同春玉米。在生长后期,注意防治斜纹夜蛾,但禁止使用剧毒高残留农药。在夏玉米生长过程中,要注意灌水。

4. 马铃薯栽培技术要点　夏玉米收获后,清除秸秆、地膜和杂草,保持厢面平整干净,疏通厢沟。选用无病斑无破损、芽眼明显的种薯,摆放在室内阴凉处,再盖 5 cm 厚湿润细沙催芽,待芽长 1 cm 左右时即可播种,大种薯切成适当大小带芽薯块,小种薯可不必切开,播前对种薯进行消毒处理。每厢播 7 行,行距 0.5 m,株距 0.25 m,密度为 8 万株/hm²,用优质土杂肥 20 万 kg/hm² 盖种,在种薯行间再施复合肥 225 kg/hm²,注意不要接触种薯,然后覆土或者在厢板均匀覆盖稻草 10 cm 厚,但应防止稻草堵塞厢沟。前期温度高、干燥,要适时灌溉浇水,后期注意排水防渍。在 11 月底 12 月初可根据薯块生长情况和市场行情分批采收。

二、马铃薯与蔬菜作物轮作

(一)应用地区和条件

主要应用于中原、西南二季作区及南方冬作区。本模式适宜于地势平坦,土壤疏松、地力肥沃、排灌方便的地方生产。不同的蔬菜,通过合理的轮作种植,不仅能使病原菌失去寄主植物,改变其生活环境,还能达到有效减轻或者消灭病虫害的目的,例如葱蒜采收之后种植大白菜,可以明显地减轻软腐病。采用粮菜轮作、水旱轮作,对控制土壤传染性病害更有效。从分类学上,属于同一个科的蔬菜不宜轮作,比如马铃薯、番茄、辣椒都属于茄科作物,不宜轮作。

（二）轮作系统的蔬菜种类

马铃薯:前茬为葱蒜类、黄瓜,其次为禾谷类作物及大豆。茄科作物不宜相互轮作,与根菜类也不宜相互轮作。与其他作物套种时应注意:应选早熟、植株矮小的品种;共生期尽早缩短;产品器官形成盛期错开;少争夺温、光、水、肥和影响种植管理。

胡萝卜:秋冬胡萝卜前茬作物多为小麦、春白菜、春甘蓝、豆类等。后茬作物可接种小麦、洋葱、春甘蓝、大葱、马铃薯等。

豆类:含菜豆、豌豆、荷兰豆、甜脆豆、架豆等,不宜连作,轮作3年以上,前茬为秋冬菜或闲地。

大蒜:最忌连作,或与其他葱属类植物重茬。秋播大蒜的前茬以早熟菜豆、瓜类、茄果类和马铃薯的茬口最好;春播大蒜以秋菜豆、瓜类、南瓜、茄果类最好;是其他作物的良好前茬。

小白菜与乌塌菜:可与瓜类、豆类、根菜类及大田作物轮作。春植的菜可与茄果类、豆类、瓜类等间套种。夏秋菜可与芹菜、茼蒿、胡萝卜混播。秋季早秋白菜可与花椰菜、甘蓝、秋土豆等间套种。

大白菜、甘蓝、青菜等:与马铃薯、水稻轮作,不宜连作及与其他十字花科作物轮作。在轮作中:①选收获期较早的蔬菜;②选前茬施肥较多的蔬菜如黄瓜、西瓜;③葱蒜为前作,可以减少病虫害。

（三）种植模式

1. 地膜马铃薯—大葱高效轮作模式

(1)茬口安排:1月中下旬播种马铃薯,5月下旬收获。大葱采取育苗移栽,3月中旬育苗,5月下旬马铃薯收获后移栽葱秧,9月下旬至10月上旬收获上市。

(2)栽培技术要点

选用良种:马铃薯选用早熟、优质、高产品种及脱毒种薯,如兴佳2号、中薯3号、中薯5号、费乌瑞它等。大葱选用中华铁杆葱或八零白。

精选薯种:播前15～20 d,选择薯块完整、表皮光滑、芽眼明显、具有本品种特性的薯块(剔除病、烂、伤的块茎),进行催芽、晒种、切块。切块时要求每块带2个芽眼,以30 g为宜,用草木灰拌后即可播种,播量150 kg/hm² 左右,注意随切随播,不宜放置和受冻。

大葱育苗:选择地势向阳、平坦、肥沃的田块做苗床,施磷酸二铵25 kg/亩或P、K肥30 kg/亩,深翻25～30 cm,做床宽90 cm,播量2 kg。3月20日前后进行催芽、撒播,播后及时覆膜,保温提墒,防止板结。出苗后要经常保持床面湿润,到促腰期去掉薄膜,苗长到3～5叶期移栽,移栽前10 d停止浇水,适当蹲苗。

整地施肥:早春浅耕耙糖,施优质农家肥3000 kg/亩。马铃薯播种时,每亩在薯块之间穴施磷酸二铵15 kg、硫酸钾20 kg或优质草木灰80～100 kg;马铃薯收获后及时清除残株和废地膜,结合整地补施每亩农家肥4000 kg、磷肥50 kg/亩、尿素10 kg/亩,将垄耙平,做畦,使畦面平整,保证灌水均匀,以便大葱移栽。

规格播种:地膜马铃薯1月中旬到2月中旬开沟播种,播深6～8 cm,芽眼朝上,垄上种两行,播后覆土整平垄面,立即覆膜。膜宽 75 cm,使用农膜 3 kg/亩左右。底墒不足时,应先灌水蓄墒,严禁缺墒播种;大葱 6 月上旬至 7 月上旬前移栽。定植前开沟,将葱秧摆在沟的阴侧,移栽一行葱秧,封土盖根,及时灌水。

田间管理:地膜马铃薯幼苗长出 1～2 片叶时,要及时打孔放苗。放苗时间选择在晴天上午 10 时前、下午 4 时后,阴天可全天放苗,同时用细土封严幼苗周围的地膜,以利保温保墒。幼苗生长期间要适时灌水,中耕除草。现蕾前以促苗早发为主,后期控制徒长,促进块茎膨大。可用 15％的多效唑 40～50 g/亩喷施,或喷施膨大素和叶面喷肥 2～3 次。发棵期每隔 10 d 喷 1 次药防治病虫害。防治马铃薯疫病,可用甲基托布津可湿性粉剂 500 倍液,播前喷施于芽块上;对二十八星瓢虫用 40％氧化乐果乳油 1000 倍液喷雾防治 1～2 次。

葱苗定植后根部封土 3.5 cm,立秋、处暑、白露及秋分各培土 1 次。立秋时结合降雨或灌水追施尿素 5 kg/亩,再用甲基托布津滴灌渗入土壤防治地下害虫;白露施碳酸氢铵 100～150 kg/亩。在大葱生长期,可用代森锰锌 600 倍液或农抗 120 药剂 100 倍液喷雾防治紫斑病。霜降后,当葱叶生长基本停止,叶色变黄绿时为收获适期,便可收获上市。

2. 红打瓜—青蒜—马铃薯轮作模式

(1)茬口安排 红打瓜 5 月 10 日前后播种,5 月底 6 月初移栽,8 月上旬采籽结束;青蒜于 8 月中旬播种,12 月 20 日前收完;马铃薯于 12 月下旬至翌年 1 月中旬播种,播后覆盖地膜,5 月中旬收获结束,其后可种植水稻等秋季作物。

(2)栽培技术要点

①土壤选择及施基肥 选择土层深厚、排水良好、有一定灌溉条件、2～3 年内未种植瓜类、葱蒜类、茄科、块根作物的沙壤土或壤土,忌黏土或黏壤土。红打瓜、青蒜、马铃薯生育期短,植株矮,生长量小,施肥重心应前移,基肥占总施肥量的 70％～80％,P、K 肥全部作为底肥。

红打瓜:每亩施优质农家肥 1000 kg、三元复合肥 40 kg、硼砂 0.5 kg。

青蒜:每亩施腐熟饼肥 1130 kg 或鸡粪 2000 kg、蔬菜专用有机复合肥 50 kg、磷酸二铵 25 kg。

马铃薯:每亩施土杂肥 4000 kg 或腐熟饼肥 100 kg、三元复合肥 50 kg、尿素 15 kg。

施肥方法:有机肥于耙前全田撒施,化肥在整地开沟后条施,青蒜田化肥与有机肥混拌后撒施。为防治地下害虫,每亩用 100 mL 地虫净或 0.2 kg 辛硫磷混拌 20 kg 干细土或饼肥后施用。

②种子处理及合理密植 为提高播种质量,使种子出苗快而整齐,应在播前对种子进行预处理。种子处理的方法有选种、晒种、浸种、消毒和催芽。

红打瓜:选成熟度好、籽粒饱满、发芽势强、经过提纯的种子,播前晒 1 d,放入清水中预浸 2～3 h 后,再用 50～55℃ 的温水浸种,边浸边加入开水保持恒温,15～20 min 后开始搅拌,使水温快速降至 25～30℃,继续浸种 2～3 h 后,用清水搓洗干净。在 25～30℃ 下催芽,露白后即可播种育苗。

青蒜:蒜瓣可直接分级播种,也可用井水浸泡 15 h。捞出用 1％石灰水泡 30 min,再用 0.2％磷酸二氢钾液浸 4～6 h,晾干后播种,播后用稻草覆盖。

马铃薯:选薯面光滑、芽眼充实、颜色鲜亮、无病虫危害的薯块作种薯,将薯块放在阳光下晾晒 1～2 d;选晴天切块,使刀口距芽眼 1～2 cm,每小块重 25～30 g 且有 1～2 个健壮的芽眼;切块切开后立即放入 1～5 mg/L 赤霉素和 400 倍多菌灵溶液中浸泡 10～15 h,捞出晾干,可直播,也可催芽后播种。马铃薯催芽选避风向阳处建催芽床,床宽 1.0～1.5 m,床底铺 10 cm 厚细土或河沙,将薯块均匀摆放,床面覆土厚 2～3 cm,浇足水,用塑料小拱棚覆盖,夜间加草帘保温,15～20 d 后长成 0.5～1.5 cm 长绿色粗壮的阳生芽时即可播种。每亩大田用种量:打瓜籽 0.40 kg、干蒜头 90 kg、马铃薯 150 kg。株行距:红打瓜 26 cm×100 cm,青蒜 6.7 cm×15 cm,马铃薯 20 cm×50 cm。播种深度:青蒜 3～4 cm,马铃薯 10 cm,马铃薯覆膜前喷施乙草胺,以防草害。

③田间管理

A. 红打瓜管理:团棵期,促进根系发育,培育壮苗;伸蔓期,第 1 雌花开放前促进蔓叶健壮生长,第 1 雌花开放后防止蔓叶徒长,促进第 2 雌花坐瓜;坐果期,控制营养生长,防止化瓜;膨瓜期,供足水肥。防治好病虫害,防止茎叶早衰,促进籽粒饱满。中耕除草,团棵期中耕 2～3 次,伸蔓期拔草 1～2 次。开好三沟,保持排水通畅。适时追肥,当瓜蔓长到 30 cm 长时,每亩追尿素 10 kg,结合浇水粪开沟施入;当幼果坐稳后,追施壮果肥,每亩施尿素 10 kg。

及时整枝,每株留蔓 4～5 条,选第 2 雌花留瓜,每株留 3～4 个瓜,同时,留主蔓放空养根;旺长的主、侧蔓可在距头 30 cm 处压蔓;瓜坐稳后停止整枝。防治病虫害。打瓜病害有蔓枯病、炭疽病等,虫害有地老虎、蚜虫、红蜘蛛等,应及时防治。对蔓枯病的老病区,移栽后每隔 10 d 喷施抗枯宁、托布津等药剂,连喷 3～4 次。

B. 青蒜管理:萌芽期保持土壤湿润,防止土温过高,促进早出苗。1～2 叶期适当控制灌水,促进根系发展;4～6 叶期灌水追肥,保持较高的营养水平,避免因"退母"使叶片变黄而降低商品性;收获前一周停止灌水以增强茎叶韧性。

清除杂草。封行前人工拔除杂草 1～2 次。

灌水追肥。萌芽期遇高温干旱天气及时引水灌溉;4～5 叶期每亩追施尿素 20 kg,结合灌水或降雨进行。

病虫害主要有叶枯病、灰霉病、蒜蛆和葱蓟马,注意用药控制。

C. 马铃薯管理:团棵期促下带上;发棵期促上带下;结薯期促下控上,促控结合。

破膜放苗。2 月中旬气温回升后,陆续出苗,要及时划膜引苗,用细土封严孔口。

查苗补缺。播种时在畦头培育备用苗,待齐苗后移苗补缺。

防止冻害。强寒潮来临前用湿稻草盖苗,寒潮过后将草揭去。

根外追肥。团棵后,用磷酸二氢钾 300 倍液或硼砂 250 倍液,加尿素 100 倍液,每隔 7～10 d 喷施 1 次。

中耕培土。4 月中旬土温达 16℃ 时揭去地膜,结合浇水,壅根培土。

调控株型。对生长过旺的植株,及时抹芽,摘去花蕾;有徒长趋势的,在现蕾至初花期喷施 0.2% 的矮壮素液或 150 mg/L 的 15% 多效唑液 1～2 次。

防治病虫害。主要是做好晚疫病、蚜虫、地下害虫的防治工作,团棵后每隔 7～10 d 用药防治晚疫病。

收获:春马铃薯块茎形成早,为抢早上市,提高经济效益,可在上部叶片开始变黄时收获。红打瓜在皮色变老、瓜皮发软时即可收瓜采籽。红瓜籽采收应注意:不宜在下午采籽,否则湿籽过夜影响瓜籽色泽和光泽,应在晴天上午采籽,下午晒籽,次日再晒一个太阳;不能用清水淘洗,否则会使籽色变暗,应在破瓜后连汁带籽倒入水缸或木盆内,捞净瓜瓤,倒入滤汁筐,再用瓜水淘洗干净;不要在水泥地等传热快的地方晒籽,防止瓜籽因受热不均而变形、变色,最好用编织带铺晒。

3. 早春马铃薯—越夏丝瓜轮作模式

(1)适栽品种选择

①早春马铃薯品种选择 由于早春栽培马铃薯时多存在"倒春寒"等不良影响,因此,宜选用中早熟、高产、品质优良且抗寒抗病性较好的品种,如中薯3号、中薯5号、费乌瑞它、早大白等品种。

②丝瓜品种的选择 丝瓜品种宜选用生长势及抗病性强、瓜条色深绿、瓜棱小的高产耐热品种,如无棱丝瓜、新丝一号、长圆丝瓜及玉春1号等优良品种。

(2)早春马铃薯催芽播种及田间管理

①及时进行催芽 为确保早上市,应改为拱棚内催芽。一般2月上旬至2月中旬在温棚里进行集中催芽。选用脱毒种薯,切块要求均匀一致,每块要有1~2个芽眼,尽量带顶部芽眼,每芽块以30~40 g为宜,50 g以下整薯可直接播种。为防止病菌感染,切块时用75%的酒精或0.5%的高锰酸钾溶液随时进行刀具消毒。切块后摊放到遮阴处风干切口,备播种。

切块催芽。早春马铃薯生产可切块后直接播种,也可催芽后播种。催芽播种出苗快而整齐,具体催芽方法为:切块后用沙土堆积催芽,用含水60%左右的沙土,先在地面铺干净湿土,然后一层土豆块一层沙土堆叠,上下薯块不接触,最后上面用沙土盖好,再用塑料薄膜覆盖。在12~18℃温度条件下,待芽长0.5~1.0 cm时,在散射光下晾晒半天,使芽转绿,可播种。

②整地施肥 选择地势平坦,土壤肥沃,土层深厚、疏松的沙质壤土或壤地块为佳。春早熟栽培生长期短,需肥集中,生产中需重施基肥,亩施腐熟农家肥3000~4000 kg,或腐熟饼肥100 kg,结合整地沟施45%三元复合肥40~60 kg。采用高垄整地,垄中心宽90 cm,垄高25 cm以上。

③适时播种覆膜 2月底至3月上旬,选择晴暖天气,亩用种薯120~150 kg,采取单垄单行定植,垄距70 cm,株距35 cm,定植深度8~10 cm,一次性培土成垄,每亩定植4000~4500株。培好垄后,用耙子将垄面土块耙细,然后覆盖地膜,膜要紧贴地面,拉紧拉实,垄两边有10 cm压土。

④加强田间管理

适时破膜:早春马铃薯地膜覆盖约30 d出苗,出苗后天气晴好时可视天气情况,适时破膜。

合理水肥:早春温度低适当浇水,中耕保墒,齐苗后结合松土追施促棵肥,亩用尿素5 kg。盛花期喷施0.2%~0.3%的磷酸二氢钾溶液50 kg,促薯块膨大。

从现蕾开花到块茎膨大期,需水量增大,应及时浇水,保持土壤湿润,促进薯块膨大。收获前10 d停止浇水,有利于商品薯或种薯贮藏。

摘花控长:马铃薯开花后及时摘除花蕾以减少养分消耗,如马铃薯出现徒长,在封行前可通过深耕、控水的方法来调控。花期可叶面喷施马铃薯膨大素或0.001%多效唑,控制茎叶生长,促进块茎膨大。

⑤商品薯采收 早熟品种出苗后60 d可采收,也可根据市场需求提早收获上市。收获薯防止暴晒,运输要轻拿轻放,避免碰伤薯皮。

（3）丝瓜育苗及田间管理

①种植方式和移栽时期　早春马铃薯收获以后，及时撤除拱棚设施，利用种植马铃薯高垄的垄背，在两株马铃薯种植穴的中间种植一行丝瓜，平均行距 0.7～0.8 m，株距 0.4 m。5月中旬前后在下午光照不太强烈时定植。当丝瓜苗平均长至株高 20 cm 左右时，及时搭建1.8～2.0 m 高的丝瓜架，可按照 6 m×6 m 的距离栽 2 m 高的水泥（木棒）立柱，立柱顶部拉上12～14 号铁丝，两头地锚固定，立柱间再用 18～20 号铁丝连成 0.6～0.7 m 的网即可。

②适时培育壮苗　定植前一个月催芽播种。

催芽方法：将丝瓜种浸于 55℃ 温水中并不断搅拌，当水温降到 30℃ 停止搅拌，再将种子装入纱布袋中置于温水中浸泡 12～15 h，淘洗干净后置于 30℃ 左右的湿润环境中催芽，每天用清水淘洗 1～2 次，出芽后播种。

育苗方法：营养钵育苗，营养土用 1000 倍甲基托布津杀菌，浇透水后播种，覆土 1.2～1.5cm，出苗前保持 22～28℃，出苗后白天 23～28℃，夜间 15～18℃，当丝瓜苗长至平均 2～4 叶一心，马铃薯收获后尽早定植。定植时可穴施微生物菌肥或腐熟后的有机肥。

③定植后的田间管理　前茬作物收获后在丝瓜秧根系两侧 0.5～0.7 m 范围内施肥，每亩撒施腐熟的有机肥 300 kg、磷酸二铵 25 kg、尿素 10 kg 克，通过划锄将肥土掺匀。植株高60 cm 左右时出现侧枝，此时应保留侧枝以增加光合作用。在株高 1.5 m 左右时不再留侧枝。大量开花时，应于早上 9 时前进行人工辅助授粉，此时若蜂类昆虫较多时可不用人工授粉也能结瓜，但是辅助授粉能增加丝瓜的商品性。进入结瓜期要肥水充足，经常浇水，保持地面潮湿，每次浇水时随水冲施肥料，施肥应少量多次，苗期不提倡冲施尿素等纯 N 肥，以防"烧苗"或徒长，提倡重施 P 肥（磷酸二铵可作底肥，如作追肥前期施用效果较好）、K 肥（如硫酸钾复合肥、优质冲施肥等）和生物菌肥。同时，生长中后期及时打掉老杈、黄叶，增强通风透光。

（4）病虫害防治

马铃薯病虫害防治：在早春拱棚马铃薯的栽培中，前期植株体较小加上气温较低，病虫较少。但进入旺盛生长期，尤其进入结薯期高温多雨现象较多，应注意及时排涝并防治多发性病虫害。病害如晚疫病、早疫病、细菌性疮痂病等，虫害多为白粉虱、蚜虫等。防治晚疫病可用68.75％银法利悬浮剂 1000 倍液与 64％杀毒矾可湿性粉剂 600 倍液于发病前或初期及时喷洒防治，连喷 2～3 遍。防治早疫病和细菌性疮痂病可用安泰生或 70％甲基托布津 1000 倍液＋农用链霉素 4000 倍液及早混合喷洒 2～3 次。若发病迅速时，可用上述药剂使用上限适当增加浓度喷防即可。若虫害上升时，可在防治病害的药剂中适当加入 70％艾美乐或敌杀死等药剂。

丝瓜病虫害防治：丝瓜生长盛期正是夏季高温多雨与高温干旱交替进行的时期，应注意及时排涝或防旱。同时可采取摘心等多种措施防治丝瓜旺长。丝瓜病害多为霜霉病、疫病、细菌性角斑病等，虫害多为白粉虱、菜青虫、蚜虫等。防治丝瓜霜霉病、疫病等病害可用 68.75％银法利悬浮剂 1000 倍液＋70％安泰生可湿性粉剂 800 倍液或 64％杀毒矾可湿性粉剂、43％好力克等及早喷雾防治；若丝瓜细菌性角斑病等细菌性病害发生时，可在上述药剂中加入 72％硫酸链霉素或单独用 77％可杀得干悬浮剂 2000 倍液等进行防控。防治蚜虫、白粉虱、菜青虫等可用 70％艾美乐＋敌杀死＋扑虱灵进行有效防控，效果较明显。

（5）及时采收　一般开花后 15～20 d 为商品瓜的适宜采收期，此时果实的瓜条饱满，果皮具光泽，果实商品性较佳，可保证品质和增加坐果。夏季气温较高，瓜条生长较快，当丝瓜长

25～30 cm,瓜皮较绿、饱满时应及时采收上市。

三、效益分析

合理的轮作具有很高的生态效益和经济效益。

(一)经济效益

可增加复种指数及粮食产量,降低化肥、农药、除草等生产成本。

例如:马铃薯—水稻水旱轮作模式,该模式鲜薯亩产 1800～2200 kg,高产地块可达 2800 kg 以上;水稻亩产 500～650 kg,经济效益显著。而马铃薯与水稻轮作三熟模式栽培技术的探索,大部分农户及种植专业户获得显著的经济效益,比两季稻单产值增加 1.8 倍以上,单产纯收入增加 2 倍以上。

"春马铃薯—早中稻—秋马铃薯"(简称"薯—稻—薯")种植模式两熟马铃薯纯收益 72243 元/hm²,比"春薯—旱作—秋薯"模式增加 12802.5 元/hm²,增幅 21.5%。"薯—稻—薯"模式效益的提高主要有两个原因:一是改善农田生态环境,提高了马铃薯产量,其中春马铃薯增产 1950 kg/hm²,秋马铃薯增产 3210 kg/hm²;二是减少薯块病虫害,提高了春秋马铃薯的优质商品率,春马铃薯提高 1.6%,秋马铃薯提高 6.5%。

"甜玉米—马铃薯"轮作模式的产量和产值调查结果显示,利用前茬甜玉米地冬种马铃薯的经济效益比连种甜玉米明显增加。"甜玉米—马铃薯"轮作模式为种植 3 茬甜玉米后轮种马铃薯。由于土壤中残留有大量的 N、P、K 等养分,种植马铃薯时基本不用施基肥,并可减少追肥用量。每亩可节省费用 300 元左右,而且马铃薯早生快长、提早上市效益高。马铃薯收获后,可实施茎叶回田,增加有机肥,提高地力,有利下一茬甜玉米的生长。实践证明甜玉米可提早上市 3～5 d。江门市冬季的光、温、水等气候条件非常适宜马铃薯生长,每年春、夏、秋季连续种植 3 茬甜玉米后冬季种植 1 茬马铃薯,每亩产值平均达 8000 元以上,其中甜玉米的产值平均为 5000 元左右、马铃薯产值达 3000 元左右,扣除总成本 3500 元后年纯收益可达 4500 元,比连作 4 茬甜玉米(产值 6500 元、总成本 3500 元)年增收 1500 元。经济效益提高 50%。

红打瓜—青蒜—马铃薯轮作模式(张长龙等,2003)其上市期早于北方,品质优于南方,因而售价相对较高,经济效益较好。据调查,平均每亩产打瓜籽 98.6 kg、青蒜 2070 kg、马铃薯 1494 kg,产值为 3940 元,纯收入 2332 元,分别比水稻—油菜种植模式增收 4.5 倍和 6.6 倍。

陕西省兴平市丰仪、庄头等乡镇应用地膜"马铃薯—大葱高效轮作模式"(王雅等,2011)具有争早、赶鲜等特点,有很高的经济效益和推广价值。地膜马铃薯 2000 kg/亩,产值 2000 元/亩;大葱亩产量 3500 kg,产值 4800 元/亩。两项共计产值 6800 元/亩,较纯种粮食增加纯收入 3700 元/亩。

(二)生态效益

1. 防治病虫草害 作物的许多病害如烟草黑胫病、蚕豆根腐病、甜菜褐斑病、西瓜蔓割病等都通过土壤侵染。如将感病的寄主作物与非寄主作物实行轮作,便可消灭或减少这种病菌在土壤中的数量,减轻病害。对危害作物根部的线虫,轮种不感虫的作物后,可使其在土壤中的虫卵减少,减轻危害。

合理的轮作也是综合防除杂草的重要途径。因不同作物栽培过程中所运用的不同农业措施,对田间杂草有不同的抑制和防除作用。如密植的谷类作物,封垄后对一些杂草有抑制作用;玉米、棉花等中耕作物,中耕时有灭草作用。一些伴生或寄生性杂草如小麦田间的燕麦草、豆科作物田间的菟丝子,轮作后由于失去了伴生作物或寄主,能被消灭或抑制危害。水旱轮作可在旱种的情况下抑制,并在淹水情况下使一些旱生型杂草丧失发芽能力。

2. 均衡利用土壤养分　由于各种作物从土壤中吸收各种养分的数量和比例各不相同,如禾谷类作物对氮和硅的吸收量较多,而对钙的吸收量较少;豆科作物吸收大量的钙,而吸收硅的数量极少。两类作物轮换种植,可保证土壤养分的均衡利用,避免其片面消耗。因此,轮作可培肥地力,提高肥料利用率。

3. 调节土壤结构及肥力　谷类作物和多年生牧草有庞大根群,可疏松土壤、改善土壤结构;绿肥作物和油料作物,可直接增加土壤有机质来源。另外,轮种根系伸长深度不同的作物,深根作物可以利用由浅根作物溶脱而向下层移动的养分,并把深层土壤的养分吸收转移上来,残留在根系密集的耕作层。同时轮作可借根瘤菌的固氮作用,补充土壤氮素,如花生和大豆每亩可固 N 6~8 kg,多年生豆科牧草固 N 的数量更多。水旱轮作还可改变土壤的生态环境,增加水田土壤的非毛管孔隙,提高氧化还原电位,有利土壤通气和有机质分解,消除土壤中的有毒物质,防止土壤次生潜育化过程,并可促进土壤有益微生物的繁殖。

因此,合理轮作,倒换茬口,可以很好地提高作物产量,减少肥料和农药的施用量,保护生态环境。但由于不同作物之间的生物学特征以及对土壤环境所造成的影响不同,所以对下茬作物产生的影响各不相同。在选择前茬作物时要尽量避免选择和茄科类作物连作,马铃薯和油菜等十字花科类作物轮作能够显著降低病虫害的发生率,提高马铃薯的商品率,从而获得更高的经济效益。

参考文献

曹莉,秦舒浩,张俊莲,等,2013. 轮作豆科牧草对连作马铃薯田土壤微生物菌群及酶活性的影响[J]. 草业学报,**22**(3):139-145.

陈军,卞晓波,张良,等,2016. 浙中丘陵地区马铃薯-水稻水旱轮作高产高效栽培技术[J]. 上海蔬菜(2):40-40.

陈生良,陈水良,沈涛,等,2016.“马铃薯-水稻”轮作模式研究[J]. 中国农业信息(10):110.

陈世平,2010. 彭阳县马铃薯生产中存在的问题[J]. 农业科技与信息(21):24-25.

董云艳,杜晶,裴军,2010. 马铃薯甘薯轮作一年二熟栽培技术[J]. 农业科技通讯(4):132-132.

段玉,曹卫东,妥德宝,等,2010. 内蒙古阴山北麓马铃薯与绿肥作物轮作研究[J]. 内蒙古农业科技(2):26-28.

冯世鑫,马小军,闫志刚,等,2013. 黄花蒿与马铃薯等秋种作物轮作的效应分析[J]. 西南农业学报,**26**(1):79-83.

黄显良,姜先芽,陈茂妥,等,2016. 浅析“稻-稻-马铃薯”三熟轮作种植模式的特点及高效栽培技术[J]. 农业科技通讯(6):202-204.

黎子里,2017. 马铃薯与水稻轮作三熟模式栽培技术[J]. 农村经济与科技,**28**(12):34.

连铭,2009. 毛豆-晚稻-马铃薯高效轮作模式栽培技术[J]. 福建农业科技(1):19-20.

刘世菊,2015. 早熟马铃薯与夏秋大白菜轮作经济效益高[J]. 农业开发与装备(12):129.

刘腊青,2016. 和林格尔县玉米与马铃薯轮作高产高效栽培技术[J]. 现代农业(10):33-35.

柳金棋,2012. 薯-稻-薯水旱轮作栽培技术[J]. 上海蔬菜(3):63-64.

马晔华,2010. 两种地膜马铃薯轮作模式[J]. 西北园艺:蔬菜专刊(4):23-24.

秦舒浩,曹莉,张俊莲,等,2014. 轮作豆科植物对马铃薯连作田土壤速效养分及理化性质的影响[J]. 作物学报，**40**(8)：1452-1458.

王红丽，马一凡，侯慧芝，等，2015. 西北半干旱区玉米马铃薯轮作一膜两年用栽培技术[J]. 甘肃农业科技，(2)：86-88.

王霞，2014. 浅谈商南县地膜马铃薯晚茬玉米轮作栽培的推广[J]. 新农村：黑龙江(18)：86-87.

王雅，刘亚琴，2011. 地膜马铃薯-大葱高效轮作栽培技术[J]. 陕西农业科学，**57**(4)：272.

徐雪风，李朝周，张俊莲，2017. 轮作油葵对马铃薯生长发育及抗性生理指标的影响[J]. 土壤，**49**(1)：83-89.

张长龙，余根山，黄育华，2003. 红打瓜—青蒜—马铃薯轮作技术[J]. 长江蔬菜(1)：22-23.

张庆霞，宋乃平，王磊，等，2010. 马铃薯连作栽培的土壤水分效应研究[J]. 中国生态农业学报，**18**(8)：1212-1217.

张元力，2009. 马铃薯-中稻轮作高产栽培技术[J]. 现代农业科技(18)：42.

郑寨生，张雷，张尚法，等，2013. 子莲-春马铃薯轮作栽培技术[J]. 长江蔬菜(18)：170-171.

Sturz A V，雷波，2004. 红三叶草-马铃薯轮作可以提高马铃薯产量[J]. 国外作物育种(1)：32.